W0255661

Verlag und Herausgeber danken Herrn Dr. K. HAENEL, Handschriftenabteilung der Niedersächsischen Staats- und Universitätsbibliothek Göttingen, für die Bereitstellung von Kopien aus dem Nachlaß F. KLEINS (siehe auch Fotos auf den Seiten 242, 244–246, 294).

Das Foto auf Seite 4 stellte freundlicherweise das Archiv für Geschichte der Naturforschung und Medizin, Deutsche Akademie der Naturforscher Leopoldina Halle/Saale, zur Verfügung (Matrikel-Mappe: 2581).

Verlag und Herausgeber danken der Leipziger Universitätsbibliothek (Außenstelle an der Sektion Mathematik der Karl-Marx-Universität), insbesondere Frau I. LETZEL, und der Berliner Universitätsbibliothek (Zweigstelle Mathematik der Humboldt-Universität), insbesondere Herrn H. HADAN, für vielfältige Unterstützung sowie Herrn Prof. Dr. G. FISCHER, Mathematisches Institut der Universität Düsseldorf, für die Zustimmung zur Übernahme des Fotos auf Seite 241.

Der Verlag dankt außerdem Herrn Buchbindermeister W. FRENKEL, Leipzig, für die hilfreiche Unterstützung.

Klein, Felix:
Funktionentheorie in geometrischer Behandlungsweise / F. Klein.
Hrsg. von F. König. – 1. Aufl. – Leipzig :
BSB Teubner, 1987. – 296 S.: 155 Abb.
(Teubner-Archiv zur Mathematik ; 7)
NE: GT

ISBN 978-3-322-00383-6 ISBN 978-3-322-90549-9 (eBook)
DOI 10.1007/978-3-322-90549-9

TEUBNER-ARCHIV zur Mathematik · Band 7
ISSN 0233-0962

Ursprünglich erschienen bei B. G. Teubner Verlagsgesellschaft, Leipzig in 1987
1. Auflage
VLN 294-375/80/87 · LSV 1035
Lektor: Jürgen Weiß
Satz: INTERDRUCK Graphischer Großbetrieb Leipzig – III/18/97
Bestell-Nr. 666 376 6

04100

F. Klein

Funktionentheorie in geometrischer Behandlungsweise

Vorlesung, gehalten in Leipzig 1880/81
Mit zwei Originalarbeiten von F. KLEIN aus dem Jahre 1882

Herausgegeben, bearbeitet und kommentiert

von

F. KÖNIG

Dieser Band enthält das Wintersemester der zweisemestrigen Vorlesung „Funktionentheorie in geometrischer Behandlungsweise“, mit der FELIX KLEIN seine Leipziger Lehrtätigkeit im Oktober 1880 begann, ergänzt durch eine Inhaltsübersicht des zweiten Teils dieser Vorlesung, ein Verzeichnis der Teilnehmer am damaligen Kleinschen Forschungsseminar und fotomechanische Nachdrucke zweier Originalarbeiten KLEINS aus dem Jahre 1882.

Die Vorlesung wurde nach einer handschriftlichen Ausarbeitung und unter Verwendung von Notizen aus KLEINS Nachlaß für die Veröffentlichung vorbereitet.

Zentrale mathematische Fragen und Probleme des 19. Jahrhunderts, die für die Entwicklung der Mathematik von weitreichender Bedeutung waren und sind, werden in leicht zugänglicher Form dargestellt und durch die Kommentierung aus aktueller Sicht historisch eingebettet.

Von dieser Vorlesung existierten bisher nur wenige handgeschriebene Fassungen und eine nicht in den Buchhandel gelangte Autographie aus dem vorigen Jahrhundert, so daß hiermit nun erstmals eine umfassende Publikation vorliegt.

Springer Fachmedien Wiesbaden GmbH

This volume contains the material for the first semester of a two-semester course on "Theory of Functions from a Geometrical Point of View", with which FELIX KLEIN began his teaching career at Leipzig in October 1880. The volume also contains an outline of the work for the second semester, a list of participants at KLEIN's research seminar of that time and copies of two of KLEIN's research papers of 1882.

The course was prepared for publication by means of a hand-written transcription and by using notes from KLEIN's estate.

Fundamental mathematical questions and problems of the 19th century, which were of far-reaching importance for the development of mathematics – and still are, are presented here in an easily accessible form and are put into historical perspective through comments from a contemporary point of view.

Up to now there have existed only a few hand-written versions of this course and an autograph dating from the last century which is not available in the book trade. Thus this volume provides for the first time a comprehensive publication.

Ce tome contient le premier semestre des leçons (s'étendant sur deux semestres) sur «La théorie des fonctions traiteé par la géométrie» que FELIX KLEIN a commencé à donner dans le cadre de son enseignement à Leipzig en octobre 1880, complété par un aperçu sur le contenu des leçons du second semestre à partir des notes des participants au séminaire de recherche de KLEIN de cette époque et par une reproduction photomécanique de deux travaux originaux de KLEIN de l'année 1882.

Les leçons ont été préparées a partir d'une mise au point manuscrite et de notices provenant de l'œuvre posthume de KLEIN.

Des questions mathématiques centrales et des problemes du XIXe siècle qui furent et sont d'une grande importance sont présentés sous une forme facilement accessible et sont historiquement situés grâce à un commentaire donnant le point de vue actuel.

Etante donné qu'il n'existait que quelques rédactions manuscrites de ces leçons et une autographie du siècle précédent ne se trouvant pas dans le commerce, on trouve ici pour la première fois une publication réunissant des fragments épars.

Этот том содержит первый семестр годового курса лекций „Теория функций комплексного переменного, изложенная с геометрической точки зрения", ставшего началом Лейпцигской преподавательской деятельности Феликса Клейна в октябре 1880-го года. Том дополнен оглавлением второго семестра, переченью участников научного семинара Клейна того времени а также фотомеханическими перепечатками подлинников двух статьей Клейна из 1882-го года.

Курс лекций был подготовлен к публикованию по рукописьменной разработке и с помощью записок из наследия Клейна. Центральные математические вопросы и задачи 19-го века, имевшие и имеющие большое значение для развития математики, представлены в легко доступной форме и сопровождаются историческими комментариями с современной точки зрения. Поскольку от этих лекций до сих пор существовало лишь несколько рукописных экземпляров и не поступившая в книжную торговлю автография с прошлого века, настоящая книга представляет собой первую их обширную публикацию.

Geleitwort

Seit einigen Jahren besinnen die Mathematiker sich wieder auf die Geschichte ihrer Wissenschaft. Sie versuchen, in ihren Vorlesungen den Studenten einen Eindruck von der organischen Entwicklung der Mathematik zu vermitteln und ihnen auch die bedeutenden Mathematiker als Persönlichkeiten näher zu bringen. Dabei steht oft das 19. Jahrhundert im Vordergrund. Die Mathematiker greifen in ihrer Forschung klassische und sehr konkrete Probleme wieder auf und versuchen, sie mit neuen, oft allgemeinen und abstrakten Methoden zu lösen. So haben Lehre und Forschung heute wieder einen fruchtbaren Zusammenhang mit der Vergangenheit.

Mehreren Verlagen ist zu danken, daß sie diesem historischen Interesse mit großem Engagement entgegenkommen. Dazu gehört die Teubner Verlagsgesellschaft, die hierfür durch ihre bedeutende Rolle bei der Publikation mathematischer Werke im vergangenen Jahrhundert ganz besonders prädestiniert ist.

Die Veröffentlichung von Vorlesungen von Felix Klein während seiner Lebzeiten und auch in den Jahren nach seinem Tode fand immer großes Interesse. Das blieb bis heute so. Aber gerade in den letzten 10 Jahren hat sich das Interesse verstärkt. Die Direktheit seines geometrischen Zugangs zu mathematischen Theorien ist für viele Mathematiker immer wieder attraktiv. In den heutigen Anfänger-Vorlesungen, wo viel Zeit für systematischen Aufbau und exakte Beweise verbraucht werden muß, bleibt oft viel zu wenig Raum für Beispiele aus der Geometrie. Die Vorlesungen von Felix Klein können Anregung und Hilfe bieten, wie man diesem Mangel abhelfen kann.

Durch seine geometrisch orientierte Arbeitsweise hatte Felix Klein in den Jahren vor Leipzig große Erfolge in der Theorie der elliptischen Modulfunktionen erzielt. Um so naheliegender war es für ihn, seine Tätigkeit in Leipzig mit einer Vorlesung zu beginnen, in der die geometrische Funktionentheorie in den Vordergrund gestellt wurde, in der versucht wurde, den Studenten die Idee der Riemannschen Fläche näherzubringen und in der auch die algebraische Geometrie nicht zu kurz kam. Die fundamentalen Beziehungen der Funktionentheorie zu den algebraischen Kurven wurden behandelt, ein Thema, das in heutigen Vorlesungen oft ausgespart und in separaten Vorlesungen behandelt wird.

Die Kleinsche Vorlesung, die hiermit im „TEUBNER-ARCHIV zur Mathematik" vorliegt, hat so einen besonderen Charakter, der sie als anregenden Begleittext zu heutigen Vorlesungen für Dozenten und Studenten sehr gut geeignet erscheinen läßt, wobei der ausführliche Kommentar besonders hilft, der auch Dinge, die uns heute fremd oder unmotiviert vorkommen könnten, vor dem historischen Hintergrund erklärt.

Bonn, Januar 1987

F. Hirzebruch

Felix Klein.
G. BROKESCH 1885. LEIPZIG.

Inhalt

Vorwort

„Durch diese ganze Arbeitsrichtung war ich so tief in die geometrische Funktionentheorie eingedrungen, daß ich meine Leipziger Lehrtätigkeit sofort nach meiner Übersiedlung aus München im Herbst 1880 mit einer zweisemestrigen Vorlesung über ‚Funktionentheorie in geometrischer Darstellung' begann." F. KLEIN

FELIX KLEIN (1849–1925), einer der bedeutendsten Mathematiker, Naturwissenschaftler, Wissenschaftsorganisatoren und Hochschullehrer, wurde 1880 von München nach Leipzig berufen, und zahlreiche junge Mathematiker folgten ihm hierher. Mit seiner Vorlesung des Studienjahres 1880/81, deren erstes Semester im vorliegenden Band erstmals veröffentlicht wird, war auch die Entstehung einer bedeutsamen mathematischen Schule zur Funktionentheorie in Leipzig verbunden, auf die im kommentierenden Anhang mehrfach eingegangen wird. In seiner Selbstbiographie schreibt KLEIN: „Ich habe ... das Wort Geometrie nicht einseitig ... allein als Lehre von den räumlichen Objekten, sondern als eine Denkweise aufgefaßt ... Ich habe dementsprechend meine Leipziger Professur trotz mannigfachen Widerspruchs mit einer Vorlesung über geometrische Funktionentheorie begonnen, in der ich die Gedanken, die mich in München bewegt hatten, weiterführte. Ich lebte dabei in dem glücklichen Gefühl, daß ich RIEMANN's funktionentheoretische Vorstellungen, deren Tragweite sich mir immer mehr erschloß, weiterbilden durfte. An diesen Arbeiten nahmen allmählich immer mehr und mehr begabte junge Mathematiker teil, die aus dem In- und Auslande nach Leipzig gekommen waren. Das Interesse an unserer gemeinsamen Arbeit wuchs noch stärker, als H. POINCARÉ in Paris, mit dem ich bald in Korrespondenz trat, vom Februar 1881 an parallellaufende Untersuchungen veröffentlichte" [111, S. 89].

Dank glücklicher Umstände ist in Leipzig eine handschriftliche Ausarbeitung des ersten Semesters jener bislang unveröffentlichten Vorlesung erhalten geblieben, die KLEIN im Wintersemester 1880/81 vor mehr als 74 Zuhörern und im Sommersemester 1881 vor mehr als 34 Zuhörern bei vier Wochenstunden hielt [109, Anh. 7]. Die Vorlesung trug im ersten Semester den Titel „Functionentheorie in geometrischer Behandlungsweise für Studirende mittlerer Semester", im zweiten Semester „Functionentheorie in geometrischer Behandlungsweise II. Theil". Die erwähnte Ausarbeitung des ersten Semesters liegt in zwei Heften vom Format $16{,}5 \times 20{,}0$ cm vor und gehört zur Mayer-Sammlung der Universitätsbibliothek Leipzig (Zweigstelle an der Sektion Mathematik). Ursprünglich hat KLEINS Famulus der Jahre 1880 bis 1882 ERNST JULIUS MARTIN LANGE Vorlesungsmitschriften in Form zweier sogenannter „Normalhefte" ausgearbeitet, jedoch die Exemplare der Mayer-Sammlung sind nicht die Hefte LANGES, was noch in [109, S. 118] und [111, S. 89] irrtümlich angenommen wurde.

Vielmehr hat KLEINS Kollege, der Mitherausgeber der „Mathematischen Annalen" ADOLPH MAYER, Leipziger Mathematikprofessor und Institutsdirektor, von den Lange-Heften, die gegenwärtig als verschollen gelten, eine offensichtlich sehr genaue Abschrift angefertigt, nach der die hier vorgelegte Edition der Kleinschen Vorlesung erfolgte. Die Exaktheit der Abschrift MAYERS ergibt sich aus Vergleichen mit KLEINS Vorbereitungen zu dieser Vorlesung [98], mit einer weiteren Abschrift der Lange-Hefte durch den Leipziger Physikprofessor OTTO WIENER [101] und mit der Autographie, die PAUL EPSTEIN bereits im Jahre 1892 nach LANGES Heften anfertigte [100], die aber niemals in den Buchhandel gelangte. Im Sommersemester 1881 lagen LANGES Hefte zur Einsichtnahme für alle Studierenden in der Bibliothek des neu gegründeten „Mathematischen Seminars" der Universität Leipzig aus. Eine detaillierte historische Darstellung enthält [109].

Mit der Edition im „TEUBNER-ARCHIV zur Mathematik" ist KLEINS in vieler Hinsicht interessante Vorlesung nun der breiten Öffentlichkeit zugänglich. Viel mehr als der sorgfältig ausformulierte Text einer wissenschaftlichen Abhandlung legt sie Zeugnis ab von KLEINS Problemsicht, seiner Denkmethodik und seinem didaktischen Geschick. Die Art, wie herausragende Wissenschaftler Probleme betrachten und analysieren, Ergebnisse kommentieren und Fragen stellen, wirkt sich im allgemeinen nachhaltig auf die Zuhörer und Schüler aus. Die Wissenschaftsgeschichte kennt viele Beispiele dafür, und heute ist es längst zur unverzichtbaren Praxis geworden, daß junge Wissenschaftler Studienaufenthalte bei führenden Vertretern ihres Fachgebietes absolvieren.

Verlag und Herausgeber ist es eine Freude und Ehre zugleich, mit der vorliegenden Edition auf einen Schwerpunkt der Genesis der modernen Mathematik in Form einer inhaltlich relativ leicht zugänglichen Darstellung aufmerksam zu machen. Aus Gründen der Authentizität wurde die an einigen Stellen eigenwillige und für uns ungewohnte Ausdrucksweise der beiden „Normalhefte" beibehalten. Glättungen kleineren Umfangs sowie grammatikalische und orthographische Korrekturen bzw. Aktualisierungen sind stillschweigend vorgenommen worden. Auch offensichtliche Schreibfehler wurden ohne besondere Kennzeichnung verbessert, ebenso Abkürzungen ausgeschrieben und Hervorhebungen einheitlich gestaltet. Der Herausgeber hat der Vorlesung eine Gliederung gegeben und die Figuren numeriert. Wenn aus Gründen der Faßlichkeit einzelne Wörter hinzuzufügen oder abzuändern waren bzw. ein Zusammenhang umformuliert wurde, so sind diese Teile stets durch *[...]* eingeschlossen. Die Farben der ursprünglich mehrfarbigen Figuren wurden durch gestrichelte, strichpunktierte und punktierte Linien ersetzt.

MAYERS Abschrift enthält zahlreiche Randbemerkungen, die im Text der vorliegenden Edition stets als Fußnoten angegeben sind. Da einige dieser Anmerkungen möglicherweise erst A. MAYER oder spätere Nutzer dieser Kopie angefügt haben, wurden nur jene Fußnoten mit einem (L) gekennzeichnet, die aufgrund der Vergleiche mit [98], [100] und [101] bereits LANGES Original unbedingt zugeschrieben werden müssen. Aus dem Vergleich von [98] und [100] ließ sich auch die Datierung der einzelnen Vorlesungen ermitteln, die in MAYERS Abschrift nicht vorhanden ist.

KLEINS Vorlesung des zweiten Semesters, deren Inhaltsübersicht der vorliegende Band ebenfalls enthält, stimmt zu einem gewissen Teil überein mit KLEINS Buch „Über Riemanns Theorie der algebraischen Funktionen und ihrer Integrale. Eine Ergänzung der gewöhnlichen Darstellung", das 1882 im Teubner-Verlag in Leipzig erschien. Ein Teil dieser Probleme wurde von KLEIN später (1891/92) in seinen Göttinger Vorlesungen über Riemannsche Flächen, die als Band 5 im „TEUBNER-ARCHIV zur Mathematik" erschienen sind [96], auf höherem theoretischem Niveau abgehandelt.

Für einige wertvolle Hinweise zum Kommentarteil danke ich Herrn Dr. J. STÜCKRAD, Sektion Mathematik der Karl-Marx-Universität Leipzig. Ferner gilt mein Dank dem Teubner-Verlag Leipzig, insbesondere Herrn J. WEISS, für die sehr gute Zusammenarbeit.

Leipzig, August 1986 FRITZ KÖNIG

Erste Seite der Mayerschen Abschrift der Lange-Hefte [99, S. 1]

Funktionentheorie in geometrischer Behandlungsweise, Teil I

Vorlesung FELIX KLEINS, gehalten während des Wintersemesters 1880/81 an der Universität Leipzig

Für den Druck bearbeitet von FRITZ KÖNIG
nach den „Normalheften" I und II von ERNST JULIUS MARTIN LANGE,
in einer Abschrift von ADOLPH MAYER,
unter Verwendung einer Autographie zu dieser Vorlesung von PAUL EPSTEIN
und den Aufzeichnungen FELIX KLEINS, die dieser bei der Vorbereitung auf die Vorlesung notierte.

Einleitung

Dienstag, 26.10.1880

"Meine Herren! Indem ich heute zum ersten Male zu Ihnen rede, beherrscht mich das Gefühl einer gewissen Unsicherheit. Ich weiß nicht, welche Kenntnisse noch Interessen ich bei Ihnen voraussetzen darf, welche Erwartungen und Anforderungen Sie an mich richten mögen. Die Vorlesung, welche ich heute beginne, ist zunächst, wie ich anzeigte, für mittlere Semester bestimmt. Ich möchte nicht mehr verlangen als die Elemente einerseits der analytischen Geometrie, andererseits der Differential - Integralrechnung. Ich wünsche dahin zu kommen, dass Sie eine individuelle Kenntniß der gewöhnlich in der Analysis gebrauchten Functionen erlangen. Dabei bediene ich mich, wie der Titel meiner Vorlesung aussagt, in hohem Maasse derjenigen Veranschaulichungsmittel, welche die Geometrie der Functionenlehre liefert. Andererseits weiß ich, dass viele unter Ihnen in Ihren mathematischen Studien bereits weiter vorgeschritten sind. Immer hoffe ich, Ihnen im Laufe meiner Vorlesung auch einiges Individuelles bieten zu können, das Ihnen von Interesse und Nutzen sein kann. Ich hoffe namentlich, das von uns zu behandelnde Gebiet Ihnen in einer solchen Übersichtlichkeit vorführen zu können, wie es nicht immer geschieht. Aber zu den eigentlich feineren Fragen der Functionentheorie werden wir, in diesem Semester wenigstens, nicht kommen können; ich kann Sie nur soweit führen, dass Sie die Vorbedingungen zum Verständnisse dieser Fragen haben. Und namentlich in der ersten Zeit werde ich für Ihre Bedürfnisse vielleicht zu langsam und elementar zu Werke gehen. Ich bitte Sie, hiernach zu überlegen, ob diese Vorlesung für Sie von Wichtigkeit sein kann. Die Jüngeren aber möchte ich vor allen Dingen auf die Regeln aufmerksam machen, die man beim Anhören mathematischer Vorlesungen befolgen muß, will man Nutzen und Erfolg davon haben. Als Hauptfrage ist mir immer erschienen, dass man im einzelnen Semester nur wenige Vorlesungen hört und auf deren Durcharbeitung allen Fleiss verwendet. Dazu scheint es mir beinahe unumgänglich, dass sich der Einzelne während der Vorlesung ausgiebige schriftliche Notizen macht und dieselben noch an gleichem Tage schließlich ausarbeitet. Dies um so mehr als ich sehr viel Stoff bringen will. Vielleicht werden Sie mich nach einem Lehrbuch unserer Disziplin fragen. Ich möchte dem Anfänger etwa DURÈGE: Functionentheorie [39] oder auch Prof. NEUMANNs Vorlesung über Riemanns Theorie der Abelschen Integrale [128] empfehlen. Im weiteren Verlauf der Vorlesung werde ich Gelegenheit genug finden, Ihnen die verschiedenartigste Literatur zu nennen. Sie werden dann in der Lage sein, diese Angaben unmittelbar zu verwerten. Aber betrachten Sie diese Hinweise doch nicht als überflüssig; sie sollen eine Art Einführung in die Kenntniß der mathematischen Literatur bilden und werden Ihnen in Zukunft, wenn Sie eigene Studien beginnen, nützlich sein." F. KLEIN [98, S. 1 - 3]

1. Übersicht der elementaren Funktionen

1

Definition: y heißt eine Funktion von x, wenn zu einem beliebig gewählten Wert von x nach irgendeinem Gesetz ein oder mehrere Werte von y gehören.

Die gewöhnliche geometrische Darstellung einer Funktion mit Hilfe eines ebenen rechtwinkligen Koordinatensystems ist unzureichend, da sie für imaginäre Werte einer der beiden Variablen kein Bild liefert. Es wird also später eine weiterreichende geometrische Darstellung benutzt werden. Vorher aber benutzen wir noch die erste Darstellungsweise bei einer Übersicht der elementaren Funktionen.

1.1. Algebraische Funktionen

a) Rationale Funktionen: α) ganze,
β) gebrochene.

Speziell: α) ganze, β) gebrochene } lineare Funktionen.

b) Irrationale Funktionen: α) explizite Funktionen,
β) implizite Funktionen.

Beispiele: [Eine] ganze lineare Funktion [ist die] gerade Linie (Fig. 1) $y = Ax + B$. [Eine] gebrochene lineare Funktion [ist die] Hyperbel (Fig. 2) auf die Asymptoten bezogen $y = \frac{1}{x}$.

Die charakteristische Eigenschaft der ganzen linearen Funktionen, nur für unendlich große Werte von x unendlich zu werden, findet sich bei allen ganzen Funktionen wieder. Sie haben den Gesamtnamen Parabeln. Die ge-

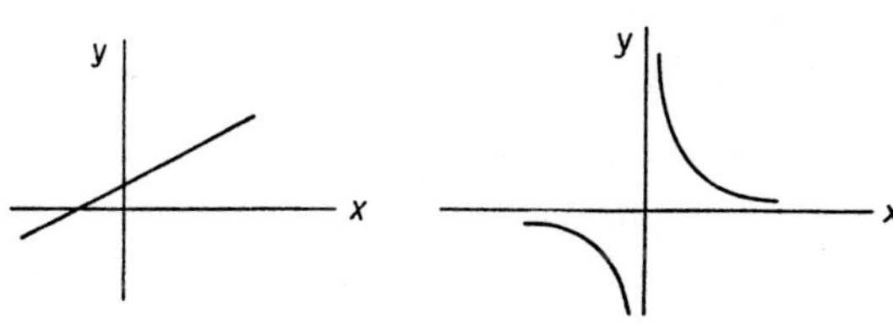

Fig. 1 Fig. 2

brochenen Funktionen hingegen werden auch für endliche Werte von x unendlich, wie das Beispiel (Fig. 3) $y = \frac{1}{(x-1)(x-2)(x-3)}$ zeigt.

Der Unterschied, der gewöhnlich zwischen einer expliziten und einer impliziten irrationalen Funktion gemacht wird, hat mit dem Wesen der Funktion nichts zu tun, sondern hängt nur von der Form ab, in welcher uns die Funktion zufällig vorliegt. Es empfiehlt sich, dieser Einteilung mehr Gehalt zu geben, indem man als <u>explizite Funktionen</u> diejenigen bezeichnet, die entweder in geschlossener Form durch einen Ausdruck algebraischer Natur in x gegeben sind, welcher Wurzelgrößen enthält, oder die mit x durch eine Gleichung verbunden sind, deren Auflösung nach y zu einem solchen Ausdruck führt; dagegen als <u>implizite Funktionen</u> solche, welche mit x durch eine solche höhere Gleichung verbunden sind, die nicht mehr mit den elementaren Rechenoperationen aufgelöst werden kann.

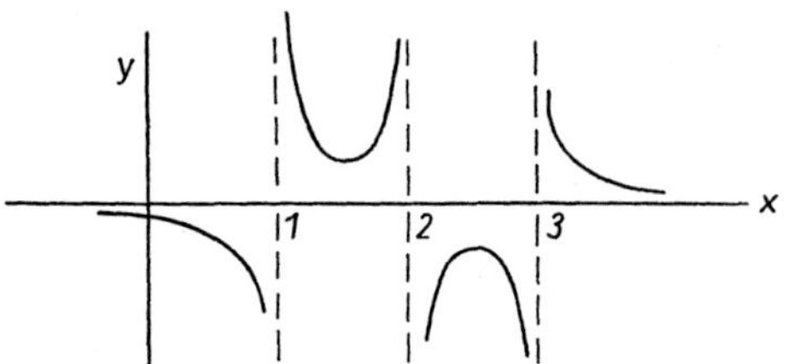

Fig. 3

1.2. Elementare transzendente Funktionen

Zu den elementaren transzendenten Funktionen gehören

a) die <u>trigonometrischen Funktionen</u> sin x, cos x, tg x, ctg x (Fig. 4 und 5),

b) die logarithmische Funktion log x [mit der] Basis $e = 1 + \frac{1}{1} + \frac{1}{1\cdot 2} + \ldots = 2{,}71828\ldots$ Als Bild erhält man, wenn man die Werte aus der Logarithmentafel als Ordinaten aufträgt, den ausgezogenen Ast in Fig. 6.

Haben <u>negative Zahlen keine Logarithmen</u>? Aus y = log x folgt $x = e^y$. Fassen wir hierbei e^y als gebrochene Potenz auf, [also] $e^y = e^{\frac{m}{n}}$, so folgt: $x = \sqrt[n]{e^m}$. Ist also n <u>gerade</u>, so hat die Wurzel zwei entgegengesetzte Werte, und dann gehört also der Logarithmus $y = \frac{m}{n}$

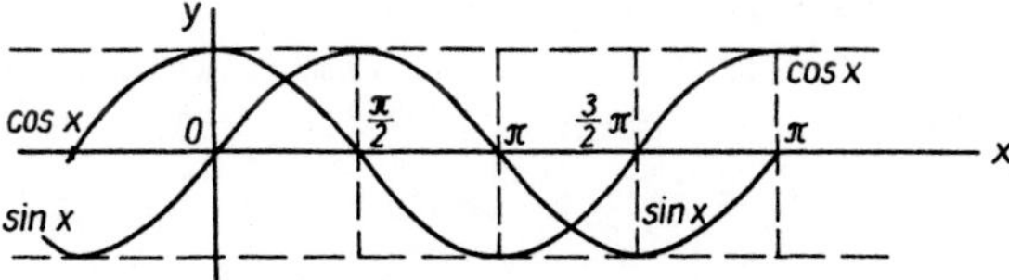

Fig. 4

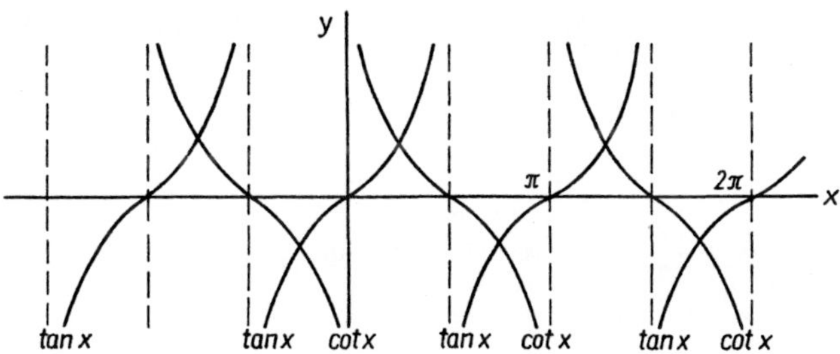

Fig. 5

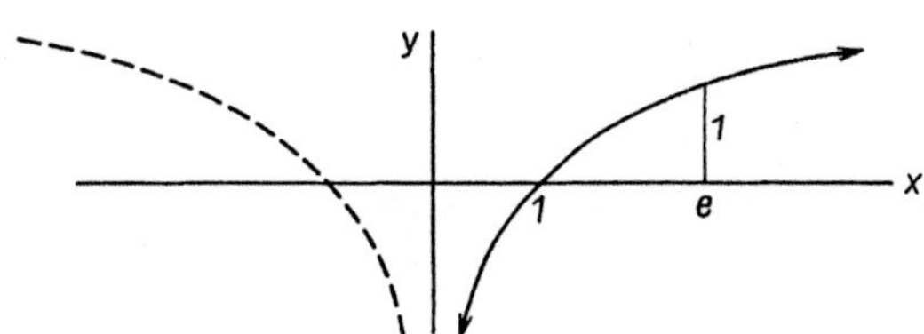

Fig. 6

auch zu einem negativen x. Ist n dagegen <u>ungerade</u>, so ergibt sich für $x = \sqrt[n]{e^m}$ nur ein reeller Wert, und der Logarithmus $y = \frac{m}{n}$ gehört nur einem positiven x zu.

Nun folgen sich aber doch die geraden Werte von y auf der y-Achse unendlich dicht, ohne daß die zugehörigen Punkte eine kontinuierliche [Linie] bilden. Jeder dieser Punkte ergibt einen zweiten Kurvenpunkt, jeder der dazwischen liegenden - einen ungeraden Wert von y markierenden Punkte - ergibt keinen zweiten Kurvenpunkt, und also müssen wir bei dieser Auffassung der Funktion zu unserem ersten Kurvenzweig noch einen zweiten, diskontinuierlichen hinzunehmen, welcher Spiegelbild des ersten bezüglich der y-Achse ist.

Fassen wir dagegen $x = e^y$ auf als die bekannte Reihe

$$x = e^y = 1 + \frac{y}{1} + \frac{y^2}{1\cdot 2} + \frac{y^3}{1\cdot 2\cdot 3} + \dots$$

und $y = \log x$ als deren Umkehrfunktion, so ergibt sich nur jener erste Kurvenzug. Wir definieren im folgenden, was natürlich eine Willkürlichkeit ist, immer e^y durch eine unendliche Reihe, dann hat auch e^{ix} einen Sinn, nämlich

$$e^{ix} = \left(1 - \frac{x^2}{1\cdot 2} + \frac{x^4}{1\cdot 2\cdot 3\cdot 4} \pm \dots\right) + i\cdot\left(\frac{x}{1} - \frac{x^3}{1\cdot 2\cdot 3} \pm \dots\right)$$

[2] oder $e^{ix} = \cos x + i\cdot\sin x$. Diese Eulersche Formel gibt [(k bel. ganze Zahl)]

$$\cos x = \frac{e^{ix} + e^{-ix}}{2}, \quad \sin x = \frac{e^{ix} - e^{-ix}}{2i}, \quad e^{2ki\pi} = 1, \quad e^{(2k+1)i\pi} = -1.$$

Daß auch bei dieser Definition von e^x [stets] $e^x\cdot e^{x'} = e^{x+x'}$ ist, weist man leicht durch Ausmultiplizieren der ersten Glieder seiner unendlichen Reihen nach. [Mit den angegebenen Formeln folgt]:

$$e^{x+2ki\pi} = e^x = y, \quad e^{x+(2k+1)i\pi} = -e^x = -y.$$

In Worten sprechen wir diese Formeln so aus:

1.) e^x besitzt die Periode $2\pi i$.
2.) Wenn man x um ungerade Vielfache von $i\pi$ vermehrt, so ändert e^x nur sein [Vor]zeichen.
3.) Der Logarithmus einer positiven wie einer negativen Zahl ist eine unendlich vieldeutige Funktion, deren sämtliche Werte man aus einem einzigen erhält durch Addition oder Subtraktion von Vielfachen von $2\pi\cdot i$.

2. Allgemeine Theorie der komplexen Zahlen

3

2.1. Standpunkt der ganzen positiven Zahlen (Anzahlen)

Der Mensch ist zum Begriff Zahl geführt worden durch das Betrachten mehrerer gleichwertiger Gegenstände. Auf der niedrigsten Stufe der Entwicklung dieses Begriffes war derselbe identisch mit dem Begriff: Anzahl oder positive ganze Zahl. Durch Erfahrung lernte man auf dieser Entwicklungsstufe

a) das Prinzip der Kommutativität bei der Addition und Multiplikation: $a + b = b + a$, $a \cdot b = b \cdot a$,

b) das Prinzip der Assoziativität:
$a + b + c = (a + b) + c = a + (b + c)$,
$(a \cdot b) \cdot c = a \cdot (b \cdot c) = a \cdot b \cdot c$,

c) die distributive Eigenschaft der Multiplikation:
$a \cdot (b + c + d + \ldots) = a \cdot b + a \cdot c + a \cdot d + \ldots$

Ein Produkt kann nur dann verschwinden, wenn ein Faktor verschwindet.

Donnerstag, 28.10.1880

2.2. Standpunkt der ganzen positiven und negativen Zahlen

Auf der vorher geschilderten ersten Entwicklungsstufe waren dem Menschen Addition und Multiplikation geläufige Operationen. Er entnahm dieselben - wie den Zahlbegriff überhaupt - der Betrachtung vieler gleichartiger Gegenstände. Die Resultate der Addition und Multiplikation konnten wieder als Anzahlen gedeutet werden. Aber die Operation des Subtrahierens ließ sich nicht immer ausführen. Durch das Bestreben, diese Operation immer ausführbar zu machen, wurde der Mensch zur Erweiterung seines Zahlbegriffs, nämlich zur Ausdehnung desselben auf den Begriff: negative Zahl geführt. Die negativen Zahlen lassen sich nicht mehr als Anzahlen deuten. Eine geometrische Deutung aller Zahlen auf dieser zweiten Entwicklungsstufe wird erreicht durch wiederholtes Abtragen derselben Strecke auf einer geraden Linie nach beiden Seiten von einem Nullpunkt aus. Daher: Standpunkt der Abstände (Fig. 7).

Um die distributive Eigenschaft auch jetzt noch gelten zu lassen, macht sich das neue Gesetz nötig: minus · minus = plus.

Die geometrische Darstellung ist bequem, aber nicht notwendig: Zahl = Relation zweier Dinge in einer Reihenfolge.

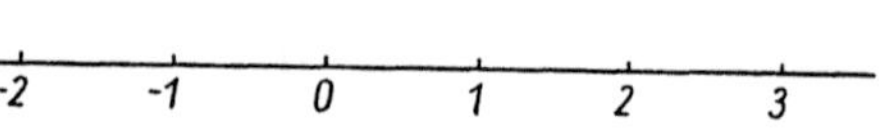

Fig. 7

2.3. Standpunkt der rationalen Zahlen

Die Operation des Ordnens einer Anzahl von gleichartigen Gegenständen in mehrere gleiche Haufen ließ sich auf den beiden bisherigen Entwicklungsstufen nicht immer ausführen. Durch das Bestreben, sie immer ausführbar zu machen, wurde der Mensch zum Begriff der gebrochenen Zahl geführt. Sein Zahlbegriff war nun identisch mit dem Begriff rationale Zahl. Die geometrische Deutung erweiterte sich in der Weise, daß zu den einzelnen Teilpunkten der Skala noch neue zwischen den früheren hinzukamen, ohne daß die Gerade kontinuierlich überdeckt war. Auf diesem Standpunkt stehen noch jetzt viele Menschen.

4

2.4. Standpunkt der irrationalen Zahlen

Jetzt gelingt wiederum die Operation des Wurzelziehens nicht immer, und so gelangt man an ganz einfachen Beispielen [wie] $\sqrt{2}$ usw. zum Begriff der irrationalen Zahlen. Durch die Wurzeln ist die Gesamtheit dieser Zahlen nicht erschöpft. Auch geben die algebraischen Gleichungen mit rationalen Koeffizienten nicht alle irrationalen Zahlen. [Beispielsweise] hat HERMITE gezeigt, daß die Zahl e keiner [algebraischen Gleichung] mit rationalen Koeffizienten genügt. Die allgemeine irrationale Zahl ist die endliche Grenze einer unendlichen Reihenfolge rationaler Zahlen. Zwei irrationale Zahlen gelten als gleich, wenn jede rationale Zahl, die wir prüfen mögen, sich entweder als größer oder als kleiner erweist als beide. Diese Definition stellt WEIERSTRASS an die Spitze seiner Vorlesung.

2.5. Standpunkt der imaginären Zahlen

Durch Operationen wie $\sqrt{-5}$, arcsin 5, ... wird der Zahlbegriff endlich auf die imaginären Zahlen ausgedehnt und dadurch ein Abschluß erreicht, denn alle Operationen, welche man innerhalb dieses weitesten Zahlengebildes ausführen mag, führen nur zu Zahlen desselben Systems zurück. Eine Zahl dieses weitesten Zahlensystems soll ein Zahlenpaar (a,b) heißen, und es sollen die Regeln gelten: **5**

$$(a,b) + (a',b') = (a + a', b + b'),$$
$$(a,b)\cdot(a',b') = (aa' - bb', ab' + a'b).$$

Das Zahlenpaar wird zu einer gewöhnlichen Zahl des Standpunktes 2.4., wenn der zweite Teil Null wird, und wird also selbst Null, wenn beide Teile des Paares verschwinden.

Wir müßten nun prüfen, ob alle diese neuen Regeln mit den alten verträglich sind. Wir prüfen /dies an einem/ Beispiel. Nach einer früheren Regel kann ein Produkt nur verschwinden, wenn ein Faktor verschwindet. Soll dies noch gelten, so muß sich aus (aa' - bb', ab' + a'b) = (0,0) und /a ≠ 0, b ≠ 0/ ergeben a' = 0, b' = 0.

Beweis: Aus (aa' - bb', ab' + a'b) = (0,0) folgt aa' - bb' = 0 und ab' + a'b = 0. Wegen a ≠ 0 und b ≠ 0 können diese beiden Gleichungen nur bestehen, wenn $a'^2 + b'^2 = 0$, d. h. a' = 0, b' = 0. /(q.e.d.)/

Als geometrisches Bild dieses Zahlensystems dient die ganze Ebene, oder allgemeiner überhaupt eine Fläche. /Diese geometrische Interpretation der komplexen Zahlen geht zurück auf/ GAUSS, vorher ARGAND (+ 1803) Gergonnes Annal. **6**

Freitag, 29.10.1880

2.6. Komplexe Zahlen höherer Ordnung **7**

Die Einführung solcher /Zahlen/ ist nicht notwendig, da alle Rechnungsoperationen des vorigen Systems nur zu Zahlen desselben Systems führen. Aber man kann neue imaginäre Einheiten $e_1, e_2, \ldots, e_n$ annehmen und mit ihrer Hilfe ein Zahlenaggregat

$$a = (a_1e_1 + a_2e_2 + \ldots + a_ne_n)$$

bilden.

Definition der Addition: $(a_1e_1 + a_2e_2 + \ldots + a_ne_n) + (b_1e_1 + b_2e_2 + \ldots + b_ne_n) = (a_1 + b_1)e_1 + (a_2 + b_2)e_2 + \ldots + (a_n + b_n)e_n$.

Definition der Multiplikation: Man behält die distributive Eigenschaft der Multiplikation bei, läßt dagegen das Prinzip der Kommutativität fallen und hat also

$$(a_1e_1 + a_2e_2 + \ldots + a_ne_n)\cdot(b_1e_1 + b_2e_2 + \ldots + b_ne_n)$$
$$= a_1b_1e_1^2 + a_1b_2e_1e_2 + a_2b_1e_2e_1 + \ldots + a_nb_ne_n^2.$$

Hat man so für die neuen Zahlen die nötigen Rechnungsregeln aufgestellt, so muß man sich noch entscheiden, ob die Produkte zweier neuer imaginärer Einheiten wiederum eine neue imaginäre Einheit definieren sollen, oder ob und in welcher Weise sie mit den bereits definierten Einheiten in Beziehung stehen sollen. Hierin weichen die beiden wichtigsten neuen Zahlensysteme, die ich allein als Beispiele anführe - die Hamiltonschen Quaternionen und die Graßmannschen alternierenden Zahlen - voneinander ab.

2.6.1. Quaternionen

Definition: /Eine Größe/ $q = a_1e_1 + a_2e_2 + a_3e_3 + a_4e_4$ /heißt Quaternion, falls/ $e_1^2 = e_1$, $e_1e_r = e_re_1 = e_r$ /$(r = 2,3,4,)$/, $e_2^2 = e_3^2 = e_4^2 = -e_1$, $e_3e_4 = -e_4e_3 = e_2$, $e_4e_2 = -e_2e_4 = e_3$, $e_2e_3 = -e_3e_2 = e_4$. /Setzt man/ $e_1 = 1$, $e_2 = i$, $e_3 = j$, $e_4 = k$, /so ergibt sich bei gleichzeitiger Umbezeichnung der Koeffizienten die Hamiltonsche Form/ $q = a + bi + cj + dk$ mit $jk = i$, $ki = j$, $ij = k$, $kj = -i$, $ik = -j$, $ji = -k$, $i^2 = -1$, $j^2 = -1$, $k^2 = -1$.

8 Multiplikation: $(a + bi + cj + dk)\,(a' + b'i + c'j + d'k)$
$= (aa' - bb' - cc' - dd') + i((ab' + a'b) + (cd' - c'd))$
$+ j((ac' + a'c) + (db' - d'b)) + k((ad' + a'd) + (bc' - b'c))$.

Daß man in /dieser/ Theorie zu Resultaten gelangt, die im Sinne der gewöhnlichen Algebra absurd sind, zeigt folgendes Beispiel: Ist $q = a + bi + cj + dk$, so ist

$$q^2 = (a^2 - b^2 - c^2 - d^2) + i\cdot 2ab + j\cdot 2ac + k\cdot 2ad,$$

9 $$q^3 = a(a^2 - 3b^2 - 3c^2 - 3d^2) + i(2a^2b + b(a^2 - b^2 - c^2 - d^2)) + j(2a^2c + c(a^2 - b^2 - c^2 - d^2)) + k(2a^2d + d(a^2 - b^2 - c^2 - d^2))$$

und also ist

$$q^3 = (3a^2 - b^2 - c^2 - d^2)q - 2a(a^2 + b^2 + c^2 + d^2).$$

Eine jede Quaternion $a' + b'i + c'j + d'k$ für /die gilt/
$3a'^2 - b'^2 - c'^2 - d'^2 = 3a^2 - b^2 - c^2 - d^2$ und
$2a'^2(a'^2 + b'^2 + c'^2 + d'^2) = 2a(a^2 + b^2 + c^2 + d^2)$, genügt derselben Gleichung. /Es gibt aber offenbar ∞^2 solcher Quaternionen/, und wir haben also eine kubische Gleichung mit ∞^2 Lösungen.

2.6.2. Alternierende Zahlen

Definition: Eine alternierende Zahl ist $a_1e_1 + a_2e_2 + \ldots + a_ne_n$, wo $e_ie_k = -e_ke_i$, also $e_i^2 = 0$ /für $i,k = 1,2,\ldots,n$/.

Die Produkte je zweier imaginärer Einheiten sind wieder neue imaginäre Einheiten, überhaupt alle Produkte von n imaginären Einheiten, wenn sich nicht darin das Quadrat einer Einheit findet. Die Theorie der alternierenden Zahlen steht in engem Zusammenhang mit der Determinantentheorie, wie folgendes Beispiel zeigt:

$$(a_1e_1 + a_2e_2 + a_3e_3)\cdot(b_1e_1 + b_2e_2 + b_3e_3)$$
$$= e_1e_2(a_1b_2 - a_2b_1) + e_1e_3(a_1b_3 - a_3b_1) + e_2e_3(a_2b_3 - a_3b_2)$$
$$= e_2e_3(a_2b_3 - a_3b_2) + e_3e_1(a_3b_1 - a_1b_3) + e_1e_2(a_1b_2 - a_2b_1).$$

Die Koeffizienten dieser Gleichung sind die Determinanten des Schemas $\begin{pmatrix} a_1 & a_2 & a_3 \\ b_1 & b_2 & b_3 \end{pmatrix}$. Multiplizieren wir dieses Produkt noch mit dem vor dasselbe gestellten Faktor $(c_1e_1 + c_2e_2 + c_3e_3)$, so folgt:

$$/(c_1e_1 + c_2e_2 + c_3e_3)\cdot(a_1e_1 + a_2e_2 + a_3e_3)\cdot(b_1e_1 + b_2e_2 + b_3e_3) =/$$
$$e_1e_2e_3(c_1(a_2b_3 - a_3b_2)) + e_2e_3e_1(c_2(a_3b_1 - a_1b_3))$$
$$+ e_3e_1e_2(c_3(a_1b_2 - a_2b_1)).$$

Nun ist aber $e_2e_3e_1 = -e_1e_3e_2 = + e_1e_2e_3$ und ebenso $e_3e_1e_2 = -e_1e_3e_2 = +e_1e_2e_3$ und also unser Produkt

$$= e_1e_2e_3\cdot \begin{vmatrix} c_1 & c_2 & c_3 \\ a_1 & a_2 & a_3 \\ b_1 & b_2 & b_3 \end{vmatrix}$$

Dienstag, 2.11.1880

Es gibt kein anderes imaginäres Zahlensystem außer dem gewöhnlichen, von dem letzteres /(das gewöhnliche)/ ein besonderer Teil wäre und für welches alle aus diesem bekannte Rechenregeln gelten, vorausgesetzt, daß man dieses weitere Zahlensystem als in sich geschlossen denkt, so daß das Produkt zweier imaginärer Einheiten desselben

nicht wieder eine neue imaginäre Einheit definiert, sondern eine
10 Zahl des Systems selbst ist.

Denn sei $a_1e_1 + a_2e_2 + a_3e_3 + \dots + a_ne_n$ der Ausdruck einer Zahl im gedachten System, wo /$e_ie_k = e_ke_i$ $(i,k = 1,2,\dots,n)$ ist, weil die gewöhnlichen Regeln gelten sollen, so müssen die Produkte $e_1e_n, e_2e_n, \dots, e_ne_n$ wieder/ Zahlen des Systems, also

$$\begin{array}{llllll} e_1e_n = & c_{11}e_1 + & c_{12}e_2 + & \dots + & c_{1n}e_n \\ e_2e_n = & c_{21}e_1 + & c_{22}e_2 + & \dots + & c_{2n}e_n \\ \dots & & & & \\ e_ne_n = & c_{n1}e_1 + & c_{n2}e_2 + & \dots + & c_{nn}e_n \end{array}$$

oder

$$\begin{array}{llllll} 0 = & (c_{11}-e_n)e_1 + & c_{12}e_2 + & \dots + & c_{1n}e_n \\ 0 = & c_{21}e_1 + & (c_{22}-e_n)e_2 + & \dots + & c_{2n}e_n \\ \dots & & & & \\ 0 = & c_{n1}e_1 + & c_{n2}e_2 + & \dots + & (c_{nn}-e_n)e_n \end{array}$$

sein. Diese Gleichungen verlangen

$$\begin{vmatrix} c_{11}-e_n & c_{12} & \dots & c_{1n} \\ c_{21} & c_{22}-e_n & \dots & c_{2n} \\ \dots & & & \\ c_{n1} & c_{n2} & & c_{nn}-e_n \end{vmatrix} = 0$$

oder

$$e_n^n + \alpha e_n^{n-1} + \beta e_n^{n-2} + \dots + \text{const} = 0$$

oder

$$(e_n - \pi_1)(e_n - \pi_2) \dots (e_n - \pi_n) = 0,$$

wobei die /Größen/ π_i Zahlen des gewöhnlichen Systems sind. e_n ist nun eine höhere komplexe Zahl, also nicht gleich π_i /$(i = 1,2,\dots,n)$/. Es kann also auch kein Faktor des Produktes verschwinden. Gleichwohl soll das ganze Produkt verschwinden. Hier liegt also ein Widerspruch mit unserer alten Regel vor, daß ein Produkt nur verschwindet, wenn ein Faktor gleich Null ist (GAUSS).

11 Die Zahlentheorie operiert nur mit ganzen Zahlen, also besteht für sie nicht der Satz, daß jede algebraische Gleichung n-ten Grades n Wurzeln hat, der bei der Ableitung des obigen Widerspruchs benutzt wurde. Da er in der Zahlentheorie nicht gilt, so kann die letztere mit höheren komplexen Zahlen unter Beibehaltung der alten Regeln operieren.

2.7. Jede Rechenoperation innerhalb des gewöhnlichen komplexen Zahlensystems führt zu Zahlen desselben Systems zurück

Nunmehr /erfolgt durch Prüfung an den einzelnen Operationen der/ Beweis des Satzes: Jede Rechenoperation innerhalb des gewöhnlichen komplexen Zahlensystems führt zu Zahlen desselben Systems zurück.

1. Addition. Nach der Definition $(a+bi) + (a'+b'i) = ((a+a') + i(b+b'))$ ist der Satz hier evident.

Im geometrischen Bild des Zahlensystems addiert man zwei Zahlen, indem man die zugehörigen Punkte mit dem Anfang verbindet und die vierte Parallelogrammecke konstruiert (Fig. 8).

2. Multiplikation. Der Satz ist richtig nach der Definition $(a+bi)(a'+b'i) = ((aa'-bb') + i(ab'+a'b))$. Ebenso bei der Division nach folgender Rechnung:

$$\frac{a+bi}{a'+b'i} = \frac{a+bi}{a'+b'i}\cdot\frac{a'-b'i}{a'-b'i} = \frac{aa'+bb'}{a'^2+b'^2} - i\,\frac{ab'-a'b}{a'^2+b'^2}.$$

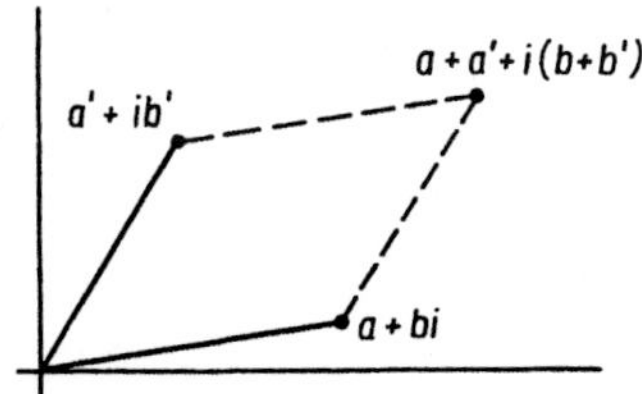

Fig. 8

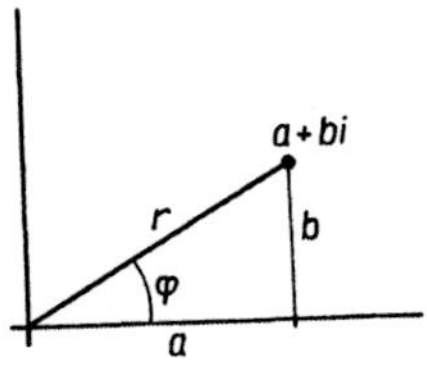

Fig. 9

Um diese Operationen geometrisch auszuführen, verbinden wir jeden Punkt mit dem Anfangspunkt. Die immer positiv gerechnete Verbindungslinie nennen wir absoluten Betrag oder Modul der Zahl $a + bi$: $r = |a + bi|$ (Fig. 9). Den Winkel, welchen diese Verbindungslinie mit der positiven Richtung der x-Achse bildet, messen wir im entgegengesetzten Sinne des Uhrzeigers und nennen ihn die Amplitude φ der Zahl $a + bi$ (Fig. 9). Dann ist $r = +\sqrt{a^2 + b^2}$, $a = r\cdot\cos\varphi$, $b = r\cdot\sin\varphi$, und man findet /die Formeln/

$$r\cdot(\cos\varphi + i\sin\varphi)\cdot r'\cdot(\cos\varphi' + i\sin\varphi') = rr'\cdot(\cos(\varphi+\varphi') + i\cdot\sin(\varphi+\varphi')),$$

$$\frac{r\cdot(\cos\varphi + i\cdot\sin\varphi)}{r'\cdot(\cos\varphi' + i\cdot\sin\varphi')} = \frac{r}{r'}\cdot(\cos(\varphi - \varphi') + i\cdot\sin(\varphi - \varphi')).$$

D. h.: Man multipliziert zwei komplexe Zahlen, indem man die absoluten Beträge multipliziert und die Amplituden addiert. Man dividiert zwei komplexe Zahlen, indem man die absoluten Beträge dividiert und die Amplituden subtrahiert.

Geometrisch multipliziert man also, indem man die Winkel φ und φ' addiert und auf der so erhaltenen Richtung, nach Wahl der Einheit, eine Strecke rr' aufträgt, so daß $1:r = r':rr'$. Diese Länge konstruiert man mit Hilfe ähnlicher Dreiecke. Entsprechend geschieht die geometrische Division.

Mittwoch, 3.11.1880

[Einschub:] Addiert man zu einem in der Ebene variabel gedachten Punkt immer $a + bi$, so verschiebt sich dabei die ganze Ebene parallel in sich fort, so daß der Nullpunkt in den früheren Punkt $a + bi$ zu liegen kommt.

Eine Multiplikation dieses beweglichen Punktes mit $r\cdot(\cos\varphi + i\sin\varphi)$ setzt sich zusammen aus einer Multiplikation mit r und einer zweiten mit $\cos\varphi + i\cdot\sin\varphi$. Der ersten entspricht eine Vergrößerung oder Verkürzung aller vom Anfang auslaufenden Strecken, eine Streckung. Der letzteren eine Drehung der ganzen Ebene um den Winkel φ. Aus Drehung, Streckung und Parallelverschiebung setzen sich viele rein geometrische Konstruktionen zusammen. Alle diese lassen sich nach dem Vorhergehenden sofort in Rechnung mit komplexen Zahlen umsetzen.

12 Hierauf beruht der Äquipollenzenkalkul des Italieners BELLAVITIS.

3. Potenzieren. Man findet $(r(\cos\varphi + i\sin\varphi))^n = r^n(\cos n\varphi + i\sin n\varphi)$. Es fragt sich, wo liegen alle die Punkte $r^n(\cos n\varphi + i\sin n\varphi)$ in de Zahlenebene, wenn man n alle Werte $2,3,\ldots,s$ durchlaufen läßt? Hierbei sind zwei Fälle zu unterscheiden:

1.) $r = 1$, 2.) $r \gtrless 1$.

Im Fall 1.) liegen alle diese Punkte auf dem Kreis, welcher den Anfang zum Zentrum hat und durch den Punkt $\cos\varphi + i\sin\varphi$ geht, also den Radius 1 hat.[1)]

---

1) $x = \cos n\varphi$, $y = \sin n\varphi$, $x^2 + y^2 = 1$.

Donnerstag, 4.11.1880

Im Fall 2.) liegen sie auf der logarithmischen Spirale, welche den Anfang zum Ausgangspunkt /(asymptotischer Punkt)/ hat und durch den Punkt $r(\cos\varphi + i\sin\varphi)$ sowie durch den Einheitspunkt /$(r=1, \varphi=0)$/ geht, denn die logarithmische Spirale $\varphi = k\cdot\log r$ ist durch k vollständig bestimmt. Es ist aber:

$$k' = \frac{n\cdot\varphi}{\log r^n} = \frac{\varphi}{\log r} = k.$$ [1)]

4. Radizieren. Gesucht /ist/ $\sqrt[m]{r(\cos\varphi + i\sin\varphi)}$. Versteht man unter $\sqrt[m]{r}$ die reelle positive Wurzel, so ist offenbar $\sqrt[m]{r}\,(\cos\frac{\varphi}{m} + i\sin\frac{\varphi}{m})$ eine Wurzel. Damit $\varrho(\cos\psi + i\sin\psi)$ überhaupt eine Wurzel sei, muß nur

$$\varrho^m(\cos m\psi + i\sin m\psi) = r(\cos\varphi + i\sin\varphi)$$

sein, was ergibt: 1.) $= +\sqrt[m]{r}$, 2.) $\cos m\psi = \cos\varphi$ und $\sin m\psi = \sin\varphi$. /Die Bedingung 2.) liefert/ $\psi = \frac{\varphi + 2k\pi}{m}$, wo k eine beliebige ganze Zahl /ist/. Für zwei sich um m unterscheidende Werte von k kommen wir zu denselben Werten von $\cos\psi$ und $\sin\psi$, und die Zahl der Wurzeln ist also eine endliche. Es ist nämlich

$$\sqrt[m]{r(\cos\varphi + i\cdot\sin\varphi)} = \sqrt[m]{r}\left[\cos\frac{\psi+2k\pi}{m} + i\cdot\sin\frac{\psi+2k\pi}{m}\right]$$

/mit/ $k = 0,1,2,\ldots,m-1$.

Die m-te Wurzel einer komplexen Zahl ist also wieder eine komplexe Zahl und hat m verschiedene Werte.

Die Punkte, welche diesen Wurzeln entsprechen, liegen offenbar alle auf einem Kreis mit dem Radius $\sqrt[m]{r}$, und zwar sind zwei aufeinanderfolgende um gleiche Bögen voneinander entfernt. Also:

Die m Wurzeln einer komplexen Zahl bilden in der Zahlenebene die Ecken eines regulären m-Ecks, welches $\sqrt[m]{r}$ zum Radius des umschriebenen Kreises und den Nullpunkt zum Zentrum hat.

Auflösen von Gleichungen: Die linke Seite der Gleichung

$$x^m + (a_1+ib_1)x^{m-1} + \ldots + (a_m+ib_m) = 0$$

läßt sich immer in m lineare Funktionen zerlegen, durch deren Nullsetzen man die Wurzeln der Gleichungen erhält. Rechnet man dabei

---

[1)] $x = r^n\cos n\varphi = \varrho\cos\psi$, $y = r^n\sin n\varphi = \varrho\sin\psi$, $\varrho = r^n$, $\psi = n\varphi$, $\log\varrho = n\cdot\log r$, $\frac{\psi}{\log\varrho} = \frac{\varphi}{\log r}$.

mehrfach auftretende Wurzeln sooft als sie auftreten, so darf man sagen: Eine Gleichung m-ten Grades hat im Gebiet des komplexen Zahlensystems m Wurzeln. Der strenge Beweis hierfür folgt später.

13

Freitag, 5.11.1880

Transzendente /Rechenoperationen/

5. /Exponentialfunktion e^x./ Die für e^x gegebene Definition erweitern wir auf komplexe Werte von x, indem wir setzen:

$$e^{a+ib} = 1 + \frac{a+ib}{1} + \frac{(a+ib)^2}{1\cdot 2} + \frac{(a+ib)^3}{1\cdot 2\cdot 3} + \dots$$

Diese Reihe konvergiert für jeden endlichen Wert von a+ib. Dies folgt daraus, daß der Punkt der Zahlenebene, welcher diese unendliche Reihe versinnlicht, für jeden Wert von a+ib im Endlichen liegt. Um nämlich die Reihe geometrisch zu addieren, konstruieren wir zunächst die Punkte 1, a+ib, $(a+ib)^2\cdot\frac{1}{2}$, ... und verbinden sie mit dem Nullpunkt. Dann ziehen wir durch 1 eine Parallele zur Verbindungslinie von Null und a+ib und erhalten durch Auftragen von $|a+ib|$ den Punkt 1 + (a+ib). So fahren wir fort (Fig. 10). Da nun, so klein auch immer die Amplitude von a+ib sein mag, sich doch stets ein n findet, von welchem an die Amplitude von $\frac{(a+bi)^n}{n!}$ größer als 2π ist, so muß unsere sukzessive Addition durch Ziehen von Parallelen eine polygonale Spiralenkonstruktion sein, und es fragt sich nur noch, ob wir dabei uns einem Spiralenanfang immer nähern oder uns von einem solchen immer entfernen, indem wir immer um ihn herumlaufen. Das wiederum hängt davon ab, ob die absoluten Beträge der einzelnen Summanden immer größer werden, oder nur bis zu einem bestimmten Punkt größer werden und dann abnehmen. Letzteres tritt ein, denn die absoluten Beträge der aufeinanderfolgenden Potenzen von a+ib wachsen immer im Verhältnis $1:|a+ib|$. Die Nenner jener Brüche aber sind 1!, 2!, 3!, ... Von der Stelle $m > |a+ib|$ an wachsen sie also immer rascher als die Moduln der Zähler, und also müssen die Seiten des unendlichen Polygons von einer bestimmten Stelle an immer kleiner werden, und also müssen wir uns bei unserer geometrischen Addition spiralig einem endlichen Punkt nähern.

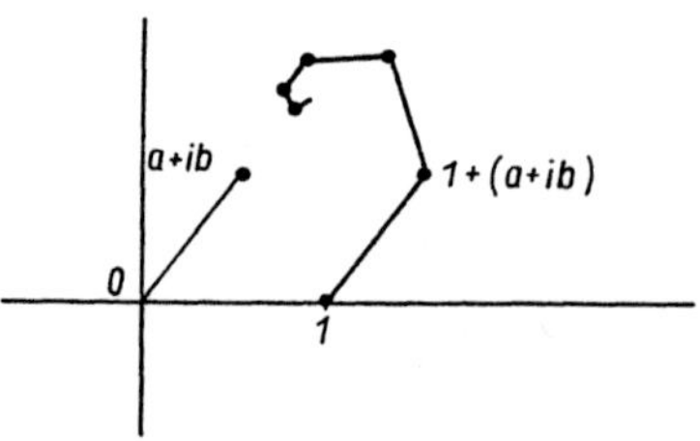

Fig. 10

Auch für komplexe Zahlen ist $e^x \cdot e^{x'} = e^{x+x'}$, denn

$$e^{a+ib} \cdot e^{a'+ib'} = \left[1 + \frac{a+ib}{1!} + \frac{(a+ib)^2}{2!} + \ldots\right] \cdot \left[1 + \frac{a'+ib'}{1!} + \frac{(a'+ib')^2}{2!} + \ldots\right]$$

$$\begin{aligned} &= 1 + \frac{a+ib}{1!} + \frac{(a+ib)^2}{2!} + \ldots \\ &+ \frac{a'+ib'}{1!} + \frac{(a'+ib')(a+ib)}{1!\,1!} + \frac{(a'+ib')(a+ib)^2}{1!\,2!} + \ldots \\ &+ \frac{(a'+ib')^2}{2!} + \frac{(a'+ib')^2(a+ib)}{2!\,1!} + \frac{(a'+ib')^2(a+ib)^2}{2!\,2!} + \ldots \\ &+ \ldots \end{aligned}$$

Addieren wir jetzt so, daß wir die durch eine schräge Linie durchstrichenen Glieder zusammenfassen, so kommt

$$\begin{aligned} e^{a+ib} \cdot e^{a'+ib'} &= 1 + \frac{(a+a')+i(b+b')}{1!} + \frac{((a+a')+i(b+b'))^2}{2!} + \ldots \\ &= e^{(a+a')+i(b+b')}. \end{aligned}$$

Daraus folgt: $e^{a+ib} = e^a \cdot e^{ib} = e^a \cdot (\cos b + i \sin b)$.

6. Logarithmieren.

$\log(a+ib) = \log(r(\cos\varphi + i \sin\varphi)) = \log r + \log(\cos\varphi + i \sin\varphi)$

oder wegen $e^{i\varphi} = \cos\varphi + i \sin\varphi$ [gilt schließlich]

$\log(a+ib) = \log r + i(\varphi + 2k\pi)$ [für jedes beliebige ganzzahlige k].

7. Trigonometrische Funktionen. Die früher für sin x, cos x aufgestellten Reihen sollen von jetzt an auch für komplexe Zahlen gelten. Dann gilt auch für diese: [1]

$$\sin x = \frac{e^{ix} - e^{-ix}}{2i}, \quad \cos x = \frac{e^{ix} + e^{-ix}}{2}.$$

Dann müssen auch die Additionstheoreme für sin(·) und cos(·) gelten:

$$\begin{aligned} \sin(a+ib) &= \sin a \cdot \cos ib + \cos a \cdot \sin ib \\ &= \sin a \cdot \frac{e^{-b} + e^{b}}{2} + \cos a \cdot \frac{e^{-b} - e^{b}}{2i} \end{aligned}$$

oder

$$\sin(a+ib) = \sin a \cdot \frac{e^{b} + e^{-b}}{2} + i \cdot \cos a \cdot \frac{e^{b} - e^{-b}}{2}.$$

Ebenso

$$\cos(a+ib) = \cos a \cdot \frac{e^{b} + e^{-b}}{2} - i \cdot \sin a \cdot \frac{e^{b} - e^{-b}}{2}.$$

---

[1] (Nach der Numerierung der Originalseiten fehlt hier ein Blatt (also zwei Seiten). - Anm. d. Herausg.)

8. Zyklometrische Funktionen. Die zyklometrischen Funktionen lassen sich darstellen als Logarithmen komplexer Zahlen. Wenn $y = \arccos x$, so ist $x = \frac{1}{2}\cdot(e^{iy} + e^{-iy}) = \frac{e^{2iy} + 1}{2e^{iy}}$ oder $e^{2iy} - 2xe^{iy} + 1 = 0$. Daraus [folgt] $e^{iy} = x \pm \sqrt{x^2 - 1}$, also $iy = \log(x \pm \sqrt{x^2 - 1})$, also

$$y = \arccos x = \frac{1}{i}\cdot\log(x \pm \sqrt{x^2 - 1}).$$

Ebenso

$$y = \arcsin x = \frac{1}{i}\cdot\log(ix \pm \sqrt{1 - x^2}).$$

Wenn $y = \arctan x$, so ist $x = \frac{e^{iy} - e^{-iy}}{e^{iy} + e^{-iy}}\cdot\frac{1}{i}$ oder $ix = \frac{e^{2iy} - 1}{e^{2iy} + 1}$ oder $e^{2iy} = \frac{1 + ix}{1 - ix}$ oder $2iy = \log\frac{1 + ix}{1 - ix}$. Das heißt:

$$\operatorname{arctg} x = \frac{1}{2i}\cdot\log\frac{1 + ix}{1 - ix}. \text{ Ebenso } \operatorname{arcctg} x = \frac{1}{2i}\cdot\log\frac{x + i}{x - i}.$$

I. Kapitel.
Geometrische Behandlung der elementaren Funktionen bei Benutzung des komplexen Zahlensystems

"Wir treten heute dem eigentlichen Inhalt unserer späteren Betrachtungen näher.

y = f(x) war von uns bei reellen x, y als Curve interpretirt worden. Jetzt complexe Werthe. Schreibweise w = f(z), wo z = x + iy, w = u + iv. Punct z, Punct w. Abbildung einer Ebene auf die andere, und zwar reellen Puncten reelle Puncte. (Wichtigkeit der Abbildungen in der neueren Geometrie.) Man mache sich nun die Sache möglichst anschaulich. In der z-Ebene möge ein wechselndes Gebiet umgrenzt werden. Was entspricht Dem in der w-Ebene? In der Frage liegt schon, dass consecutiven Puncten wieder consecutive Puncte entsprechen.
Einteilung eines Gebietes in kleine Gebiete." F. KLEIN [98, S. 29]

Dienstag, 9.11.1880

Wir denken uns im folgenden immer zur Darstellung der Funktion zwei Zahlenebenen benutzt. In der ersten bewegt sich die unabhängige Variable $z = x + i\cdot y$, und in der zweiten werden zu jedem Wert von z die Werte der abhängigen Variablen $w = u + i\cdot v$ konstruiert nach der Gleichung $w = f(z)$.

3. Lineare Funktionen

/Die allgemeine Form einer linearen Funktion ist/ $w = \frac{\alpha z + \beta}{\gamma z + \delta}$ /mit den komplexen Parametern α, β, γ, δ./

3.1. Ganze lineare Funktionen $w = \alpha z + \beta$

Wir erhalten jeden Wert von w, indem wir alle Werte z multiplizieren mit $\alpha = a_1 + ia_2$ und dazu addieren $\beta = b_1 + ib_2$. Denken wir uns nun auch w in derselben Ebene dargestellt wie z, so haben wir zu beachten, daß geometrisch einer Multiplikation aller Zahlenwerte mit α eine Drehung und Streckung und einer Addition eine Parallelverschiebung entspricht, um sofort zu erkennen: Die Funktion $w = \alpha z + \beta$ wird gebildet durch Drehung der ganzen Zahlenebene um einen bestimmten Winkel um den Anfang, durch eine bestimmte Streckung vom Nullpunkt aus und durch eine bestimmte Parallelverschiebung.

Lassen wir jetzt auch α und β nicht konstant, sondern von der Zeit t abhängig sein, so wird die Bildung der Funktion $w = \alpha z + \beta$ in jedem Augenblick durch eine Bewegung der Zahlenebene in sich hergestellt werden, eine Bewegung, die sich in jedem Augenblick aus einer Drehung, Streckung und Verschiebung zusammensetzt. Aber diese zusammengesetzte Bewegung selbst wird, da sie von t abhängt, in jedem Augenblick eine andere sein.

Besondere Fälle:

1.) $\alpha = 1$, $\beta = (b_1 + ib_2)t$. [Dies entspricht einer] gleichförmigen Parallelverschiebung.

2.) $\beta = 0$, die Parallelverschiebung fällt fort. Sei im besonderen $w = \alpha^t \cdot z$. Dieser Funktion entspricht eine solche Bewegung der Ebene in sich, daß jeder Punkt auf einer logarithmischen Spirale so fortrückt, daß seine Verbindungslinie mit dem Anfang einen Winkel mit einer festen Anfangsgeraden bildet, der sich proportional der Zeit vergrößert oder verkleinert. Die unendlich vielen Spiralen, auf denen sich in dieser Weise alle Punkte der Ebene bewegen, haben den Nullpunkt zum Anfang und sind einander kongruent. [Der Beweis verlangt zu zeigen]: Es gibt für einen beliebig gewählten Punkt $z = r(\cos\varphi + i \sin\varphi)$ eine logarithmische Spirale, aus deren Gleichung, wenn man den Punkt $w = \alpha^t \cdot z$ einsetzt, die Zeit t ganz herausfällt, so daß also alle Lagen, welche der Punkt z bei der gedachten

14 Bewegung annimmt, auf dieser Spirale liegen.

Beweis: Die einfachste Gleichung einer logarithmischen Spirale ist $\Phi = k \cdot \log R$. Dreht man sie um den Winkel Φ_o, so bleibt R für jeden Punkt unverändert, nicht aber der Winkel, um welchen seine Verbindungslinie mit dem Anfang gegen die Achse geneigt ist. Die Gleichung der Spirale ist dann:

$$\Phi - \Phi_o = k \cdot \log R.$$

Diese allgemeinste Gleichung der logarithmischen Spirale benutzen wir im folgenden. Es ist

$$\alpha = a_1 + ia_2 = \varrho \cdot (\cos A + i \cdot \sin A),$$

$$z = r\,(\cos\varphi + i \sin\varphi),$$

also

$$w_t = \varrho^t \cdot r(\cos(At+\varphi) + i \cdot \sin(At+\varphi)) = R(\cos\Phi + i \cdot \sin\Phi).$$

Substituiert man die hieraus folgenden Werte von R und Φ in [die obige allgemeinste Spiralengleichung], so folgt

$$(At+\varphi) - \Phi_0 = k\cdot\log(\varrho^t\cdot r) = k(t\cdot\log\varrho + \log r).$$

Hieraus fällt t fort, wenn $k = \frac{A}{\log\varrho}$ genommen wird:

$$/At + \varphi - \Phi_0 = At + \frac{A}{\log\varrho}\cdot\log r,$$

also

$$\Phi_0 = \varphi - \frac{A}{\log\varrho}\cdot\log r/.$$

Die Spirale

$$\Phi - (\varphi - \frac{A}{\log\varrho}\cdot\log r) = \frac{A}{\log\varrho}\cdot\log R$$

ist also die/jenige/, auf welcher alle Lagen jenes bewegten Punktes zu suchen sind. Die Amplitude des Punktes ist nach Verlauf der Zeit t gleich $At + \varphi$. Wählen wir also die unter dem Winkel φ gezogene Gerade als feste Gerade zum Vergleich, so wächst die Amplitude in der Tat proportional mit der Zeit, und der Beweis ist fertig.

3.2. Gebrochene lineare Funktionen

/Das/ einfachste Beispiel ist

$$w = \frac{1}{z} = \frac{1}{r(\cos\varphi + i\sin\varphi)}$$

$= \frac{1}{r}(\cos(-\varphi) + i\sin(-\varphi))$. Man konstruiert w zu einem gegebenen z, indem man z mit dem Nullpunkt verbindet, auf der Verbindungslinie $\frac{1}{r}$ abträgt und den Endpunkt an der Achse der reellen Zahlen spiegelt (Fig. 11).

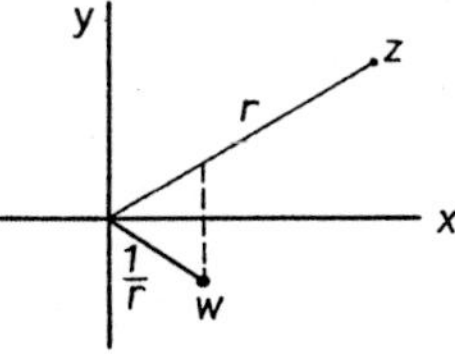

Fig. 11

3.2.1. /Transformation durch reziproke Radien/

Die Transformation durch reziproke Radien unterscheidet sich hiervon /(d. h. von der obigen Abbildung $w = \frac{1}{z}$)/ nur dadurch, daß die Spiegelung wegfällt. In dieser letzteren Transformation findet man den, einem gegebenen Punkt z entsprechenden Punkt w, indem man die Polare von z in bezug auf den Kreis vom Radius 1 durch seine Verbindungslinie mit dem Anfang /(Nullpunkt)/ schneidet (Fig. 12). /w und z werden dann konjugierte Punkte genannt./ Daß $\overline{Ow} = \frac{1}{\overline{Oz}}$ ist, sieht man am einfachsten daraus, daß im rechtwinkligen Dreieck gilt $\overline{OP}^2 = \overline{Ow} \cdot \overline{Oz}$. Dadurch zeigt sich zugleich, wie man zu einem inneren Punkt [w] den konjugierten [Punkt z] findet. Man sieht aus dieser Konstruktion, daß das Unendlichweite hier die Rolle eines einzigen Punktes spielt.

Die Zuordnung von Punkten der Ebene vermöge dieser Transformation
15 wird praktisch erreicht durch PEAUCELLIERs Inversor: Um den festen Punkt O sind die beiden gleichlangen Arme $\overline{OA}$ und $\overline{OB}$ drehbar (Fig. 13).

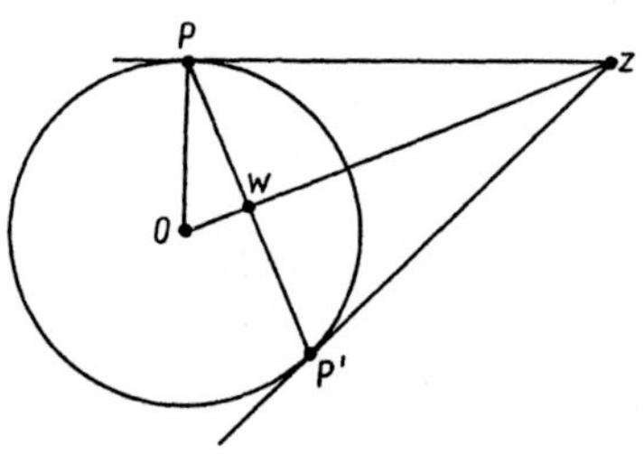

Fig. 12

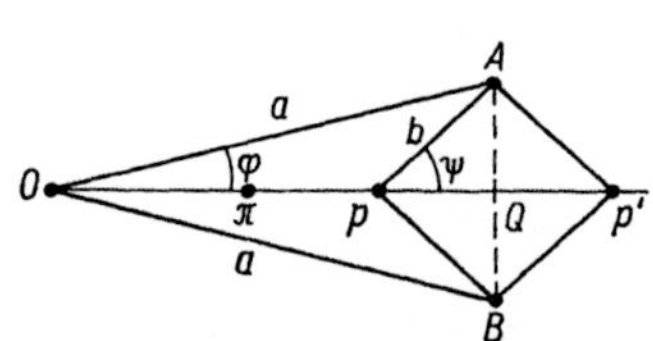

Fig. 13

In A und B sind mittels Scharnieren je zwei neue gleichlange Stäbe befestigt, die wiederum in p und p' mit Scharnieren verbunden sind. Bewegt man jetzt $\overline{OA}$ und $\overline{OB}$ um O, so sind p und p' immer zwei konjugierte Punkte, denn:

$$\overline{AO} = \overline{BO} = a, \ \overline{pA} = \overline{pB} = b, \quad \sphericalangle AOp = \varphi, \quad \sphericalangle App' = \psi .$$

Dann ist

$$\overline{Op} = \overline{Oq} - \overline{pq}, \ \overline{Op}' = \overline{Oq} + \overline{qp}', \ \overline{Op} = a \cos\varphi - b \cos\psi ,$$

$$\overline{Op'} = a \cdot \cos\varphi + b \cdot \cos\psi , \ \overline{Op} \cdot \overline{Op}' = a^2 \cdot \cos^2\varphi - b^2 \cdot \cos^2\psi .$$

Aber

$$\overline{Aq} = a \cdot \sin\varphi = b \cdot \sin\psi , \text{ also } b^2 \cdot \cos^2\psi = b^2 - a^2 \cdot \sin^2\varphi ,$$

also $\overline{Op} \cdot \overline{Op}' = a^2 - b^2 = \text{const.}$

Mittwoch, 10.11.1880

Umwandlung von Kurven und Flächenstücken durch Transformation durch reziproke Radien. Die Formeln der Transformation sind:

$$u - iv = \frac{1}{x + iy} = \frac{x - iy}{x^2 + y^2}$$

oder

$$u = \frac{x}{x^2 + y^2}, \quad v = \frac{y}{x^2 + y^2}.$$

1. Eine Gerade durch den Anfang /(Nullpunkt)7 bleibt ungeändert, denn aus $au + bv = 0$ wird $ax + by = 0$ /und umgekehrt7.[1)]

2. Einer beliebigen Geraden entspricht ein Kreis durch den Anfang /(Nullpunkt)7, denn aus /$ax + by + c = 0$ wird $au + bv + c(u^2 + v^2) = 0$7. /Dabei liegt die Tangente an den Kreis im Nullpunkt parallel zur Geraden.7

3. Einem Kreis durch den Anfang /(Nullpunkt)7 entspricht eine Gerade , /, die parallel liegt zur Tangente des Kreises im Nullpunkt7.

4. Ein beliebiger Kreis geht wieder in einen Kreis über/, denn7 aus $A(u^2 + v^2) + Bu + Cv + D = 0$ folgt $A + Bx + Cy + D(x^2 + y^2) = 0$ /und umgekehrt7. Wegen dieser Eigenschaft wählte MÖBIUS den Namen Kreisverwandtschaft.

Donnerstag, 11.11.1880

5. Jeder Kreis, der den Transformationskreis /(Grundkreis, der bei $w = \frac{1}{z}$ der Einheitskreis $x^2 + y^2 = 1$ bzw. $u^2 + v^2 = 1$ ist,)7 senkrecht schneidet, geht in sich über und umgekehrt.[2)]

---

1) Hiernach löst PEAUCELLIERs Inversor das Problem der Geradführung, wenn man einen Stab $\overline{p\pi} = \frac{1}{2}\cdot\overline{Op}$ bei p durch ein Gelenk befestigt und seinen Endpunkt π in der Ebene so befestigt, daß er um diesen Punkt gedreht werden kann.

2) Für die Schnittpunkte unserer beiden Kreise $(u-a)^2 + (v-b)^2 = r^2$, $u^2+v^2 = 1$ habe: $1-2au-2bv = r^2-a^2-b^2$. Sollen sich überdies beide Kreise senkrecht schneiden, so muß in den Schnittpunkten $u(u-a)+v(v-b) = 0$ oder $1-au-bv = 0$ sein, also folgt /(siehe Fortführung im obigen Text)7:

(Diese Fußnote 2) ist im Original offensichtlich wesentlich später überklebt worden mit einem Zettel folgenden Inhalts, einschließlich der noch folgenden Fußnote 1) auf nächster Seite. - Anm. d. Herausg.):

Soll der transformierte Kreis identisch sein mit dem ursprünglichen, so muß /(bezogen auf 4.)7 $A = D = 1$ sein. Sollen die beiden Kreise $u^2+v^2+2Bu+2Cv+D = 0$ und $u^2+v^2 = 1$ sich senkrecht schneiden, so muß gleichzeitig $1+2Bu+2Cv+D = 0$ und $u(u+B)+v(v+C) \equiv 1+Bu+Cv = 0$ sein, woraus folgt: $D = 1$, also /gilt 5.7.

Jeder Kreis, der durch zwei konjugierte Punkte geht, fällt mit seinem transformierten Kreis zusammen.[1] Dies ist eine neue Definition der konjugierten Punkte.

Beweis: In den Punkten P und P' (Fig. 14), die als auf dem Transformationskreis liegend erhalten bleiben, sind zwei Punkte der Geraden OP und OP' mit dem zu transformierenden Kreis K vereinigt, [es] müssen also auch zwei Punkte der Geraden OP und OP' mit dem transformierten Kreis vereinigt sein, d. h., [die Geraden OP und OP' sind Tangenten des zu transformierenden und des transformierten Kreises in P bzw. in P'. Der transformierte Kreis] muß [also] mit K zusammenfallen. Je zwei Punkte von K, die auf einer Geraden durch O liegen, entsprechen sich also.

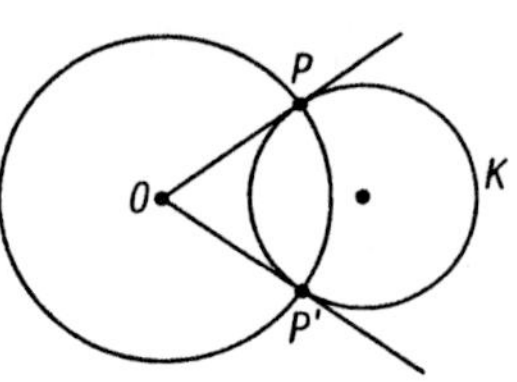

Fig. 14

Zugleich fällt jeder Kreis, der durch zwei konjugierte Punkte geht, mit seinem transformierten Kreis zusammen, da beide außer jenem Punktepaar noch das Schnittpunktpaar mit dem Inversionskreis gemeinsam haben.

6. Alle Winkel bleiben bei der Transformation [der Größe nach] erhalten. Die Winkel werden umgelegt.

Von den beiden Bögen 1 und 2 der Fig. 15a muß sich 1 ungefähr nach 1' transformieren, da 1 mehr nach dem Unendlichen zu liegt als 2 und also 1' mehr nach dem Punkt O zu liegen muß als 2', d. h. zunächst: die Winkel werden umgelegt.

Um weiter zu zeigen, daß $\sphericalangle 1P2 = \sphericalangle 1'P'2'$, brauchen wir nur zu zeigen, daß $\sphericalangle 1PO = \sphericalangle 1'P'P$ und $\sphericalangle 2PO = \sphericalangle 2'P'P$. Es ist [ausreichend, zu zeigen, daß] $\sphericalangle OPQ = \sphericalangle Q'P'P$ (Fig. 15b), wobei die Winkel gemeint sind, welche die Bögen QP und Q'P' mit OP bilden[, d. h. die Winkel, die die Tangenten der Bögen in P bzw. in P' mit OP bilden]. Ziehen wir die Sehnen Q'P' und QP[, so haben wir] $\triangle OQ'P' \sim \triangle OPQ$, also $\sphericalangle OPQ = \sphericalangle OQ'P'$ und $\sphericalangle Q'P'P = \sphericalangle OPQ + \sphericalangle QOP$.

---

[1] Damit der Kreis $u^2+v^2+2Bu+2Cv+D = 0$ gleichzeitig durch die Punkte u, v und $\frac{u}{u^2+v^2}$, $\frac{v}{u^2+v^2}$ geht, muß D = 1 sein. Ein Kreis also, der einen gegebenen Kreis rechtwinklig schneidet, geht durch zwei konjugierte Punkte des gegebenen Kreises.

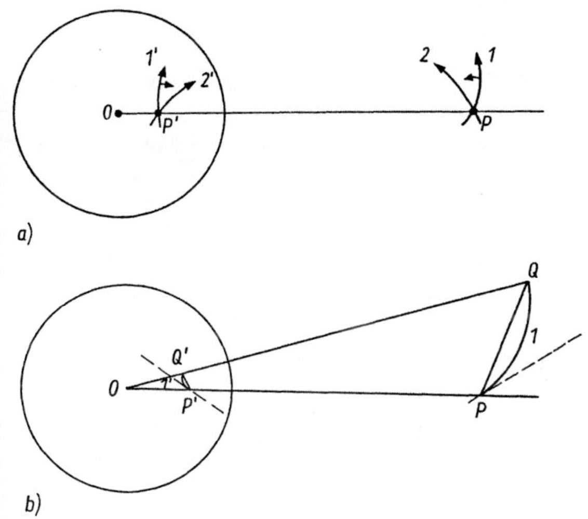

Fig. 15

Je mehr wir nun OQ und QP gegeneinander drehen, um so mehr gehen die Sehnen in die Bogenelemente über, und um so geringer wird $\sphericalangle$QOP, d. h. der Unterschied zwischen $\sphericalangle$ OPQ und $\sphericalangle$ Q'P'P. Sind die Sehnen zu Tangenten geworden, so sind die Winkel gleich.

Konforme Abbildung:[1] Denken wir uns nun die ganze Ebene in unendlich kleine geradlinige Dreiecke zerlegt - wir nennen sie Elementardreiecke -, so wird sich jedes solche Dreieck in ein Kreisbogendreieck transformieren, das aber auch so klein sein wird, daß wir es ebenfalls als geradlinig ansehen können. Dieses neue Elementardreieck wird aber nach dem eben bewiesenen Satz dem ursprünglichen ähnlich sein. Wir können also sagen: Die Transformation durch reziproke Radien liefert eine in den kleinsten Teilen ähnliche Abbildung der Zahlenebene. Eine solche Abbildung nennt man eine konforme oder auch wohl winkeltreue Abbildung.

[1] Da im Original zu diesem fundamentalen Begriff keine weiteren Ausführungen an dieser Stelle folgen, wurde der nun noch folgende Teil dieses Abschnittes 6. der Epsteinschen Überarbeitung [100, S. 21f.] entnommen. - Anm. d. Herausg.

Wir haben zwei Arten der konformen Abbildung auseinander zu halten, für die wir schon folgende Beispiele zur Hand haben:

1.) Bei der Transformation durch reziproke Radien sind zwei konjugierte Elementardreiecke zwar ähnlich, aber nicht homolog, da, wie wir gesehen haben, die Winkel durch die Transformation ihren Drehsinn umkehren. Diese Art der Abbildung nennen wir daher konform mit Umlegung der Winkel.

2.) Wenn man jedoch von jedem Paar konjugierter Elementardreiecke immer eines an der x-Achse spiegelt, so hat man damit die Transformation $w = \frac{1}{z}$ angewendet, und man erhält jedesmal ein neues Elementardreieck, das nun seinem transformierten Dreieck ähnlich und homolog ist. Wir nennen daher diese Art der Abbildung konform ohne Umlegung der Winkel.

7. Bei der Transformation /durch reziproke Radien/ geht eine Sichel immer in eine gleichwinklige Sichel über.

Zwei Kreise, die sich schneiden (Fig. 16), bilden vier Sicheln, wenn wir auch den unendlich großen, außerhalb beider Sicheln liegenden Teil der Ebene als Sicheln auffassen. Die beiden Kreise transformieren sich in ebensolche, die wieder vier Sicheln miteinander bestimmen, die den ersten entsprechen und ihnen gleichwinklig sind. Dabei fassen wir zwei sich schneidende Geraden als zwei unendlich große Kreise auf und jedes Winkelfeld als eine Sichel mit einer Spitze im Unendlichen.[1]

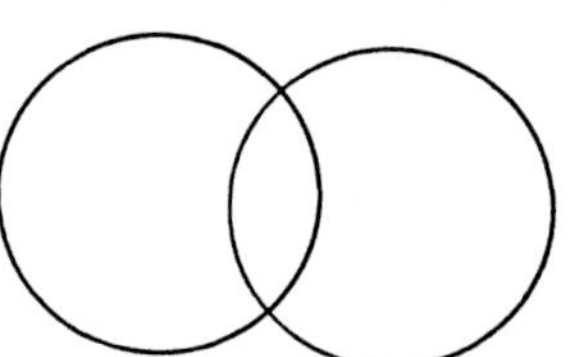

Fig. 16

Freitag, 12.11.1880

8. Punkte, welche in bezug auf einen beliebigen Kreis einander konjugiert sind, verwandeln sich in konjugierte Punkte des Bildkreises.[2]

[1] Besonderer Fall der parallelen Geraden und der sich berührenden Kreise.

[2] Die Punkte uv und xy sind konjugierte Punkte des Kreises $(x-a)^2 + (y-b)^2 = r^2$, wenn $u - a = \frac{r^2(x-a)}{(x-a)^2+(y-b)^2}$, $v - b = \frac{r^2(y-b)}{(x-a)^2+(y-b)^2}$ ist.

Jeder Kreis nämlich, der durch das erste Punktepaar geht, schneidet den beliebigen Kreis rechtwinklig. Die Bildkreise aller dieser Kreise schneiden den Bildkreis des beliebigen Kreises rechtwinklig und gehen durch das Paar von Punkten, welches dem ersten Punktepaar entspricht. Also muß jenes Punktepaar in bezug auf den Bildkreis ein konjugiertes sein. Dasselbe gilt auch noch für einen ersten Kreis, der in eine Gerade ausgeartet ist. Konjugierte Punkte sind dann Spiegelpunkte in bezug auf diese Gerade. Sie verwandeln sich in konjugierte Punkte des Bildkreises.

3.2.2. Ergänzende Bemerkungen zur Abbildung der Sicheln

Das einfachste System zweier Scharen von Kurven, die sich überall rechtwinklig schneiden, nämlich ein Strahlenbüschel und das System konzentrischer Kreise, transformiert sich in ein Orthogonalsystem, das aus zwei Scharen sich senkrecht schneidender Kreise besteht.[1] Alle Kreise der ersten Schar (Meridiane), die /den Geraden des/ Strahlenbüschels entsprechen, gehen durch /den Anfang/ O und den Punkt P', der dem Büschelzentrum P entspricht, während die Kreise der zweiten Art (Breitenkreise) sich nicht treffen. /Ihre Mittelpunkte liegen auf der Geraden durch O und P', aber außerhalb der Strecke $\overline{OP'}$./

Wird das Strahlenbüschel zu einer Schar von Parallelen /, d. h., P rückt ins Unendliche/, so geht das konzentrische Kreissystem in die Gesamtheit der dazu rechtwinkligen Geraden über. Wir erhalten die Bilder dieser Systeme von Parallelen, indem wir durch das Inversionszentrum O zwei /sich senkrecht schneidende Geraden des Parallelensystems/ ziehen und alle Kreise konstruieren, welche im Anfang O je eine dieser Parallelen berühren.[2] Die beiden Sichelspitzen sind zusammengerückt.

---

[1] $v-b = \lambda(u-a)$, $y-\lambda x = (b-\lambda a)(x^2+y^2)$ erfüllt durch $x = \frac{a}{a^2+b^2}$, $y = \frac{b}{a^2+b^2}$. $u^2+v^2-2au-2bv = r^2-a^2-b^2$, $1-2ax-2by =$ $= (r^2-a^2-b^2)(x^2+y^2)$.

[2] $au+bv = \lambda$, $bu-av = \mu$; $ax+by = \lambda(x^2+y^2)$, $bx-ay = \mu(x^2+y^2)$.

3.2.3. Bewegungen der Ebene in sich

Im folgenden soll die Bewegung der Bildebene untersucht werden, wenn die ursprüngliche Ebene eine bestimmte Bewegung ausführt.

1. Parallelverschiebung.

Verschieben wir die Ebene parallel mit sich, so daß alle Punkte auf Geraden der Schar G_1, G_2, G_3, G_4 fortrücken (Fig. 17), so bleiben alle Punkte, die einmal auf einer dazu senkrechten Geraden G' lagen, auch immer auf einer solchen liegen. Dann bewegt sich aber die Bildebene so, daß alle Punkte auf Kreisen des den G entsprechenden Systems fortrücken und zwar so, daß Punkte, die einmal auf einem Kreis des zweiten Systems lagen, auch immer auf einem solchen Kreis liegenbleiben.

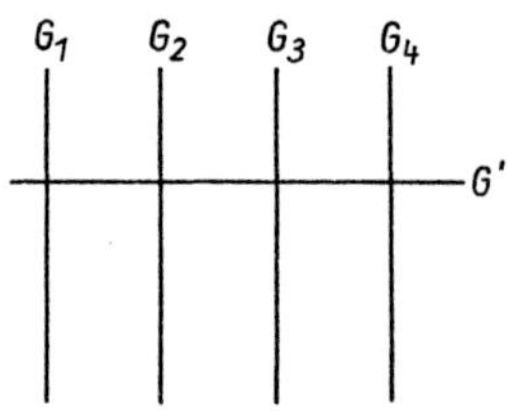

Fig. 17

2. Rotation und Streckung. (Siehe S. 24 !)

Einer Streckung der ganzen Ebene von P aus entspricht eine Bewegung der Bildebene, bei welcher alle Punkte auf Kreisen desjenigen Systems fortrücken, welches durch O und P' geht, und zwar so, daß Punkte, die einmal auf einem Kreise des zweiten Systems (Breitenkreise) lagen, auch immer auf einem solchen bleiben.

Einer Rotation der ganzen Ebene um P entspricht eine Bewegung der Bildebene, bei welcher nur die beiden Kreissysteme ihre Rollen vertauschen.

Lassen wir Rotation und Streckung zugleich eintreten, so daß jeder Punkt der entsprechenden Ebene eine logarithmische Spirale durchläuft (siehe S. 25), so muß sich jeder Punkt der Bildebene entweder kontinuierlich von P' (dem Bild von P) entfernen und dem Punkt O (dem Bild des Unendlichen) nähern oder die umgekehrte Bewegung ausführen, und dies geschieht auf einer Doppelspirale (Fig. 18).

Fig. 18

Satz: Alle die geschilderten Bewegungen der Bildebene drücken sich analytisch durch eine lineare Transformation aus.

Beweis 1.) Parallelverschiebung der ursprünglichen Ebene.

Wir wollen alle Operationen, bei denen alle Punkte der Ebene verlegt werden, durch S, T, U,... bezeichnen. S^{-1} soll die Operation bedeuten, welche die Wirkung von S aufhebt. Ist S die Transformation durch reziproke Radien, so ist $S = S^{-1}$, weil das Entsprechen zusammengehöriger Punkte stets ein gegenseitiges ist. Verstehen wir unter T die Operation der Parallelverschiebung, so können wir das Resultat derjenigen Bewegung der Bildebene, welche der Parallelverschiebung der ursprünglichen Ebene entspricht, offenbar erreichen durch aufeinanderfolgende Vornahme der drei Operationen S, T, S^{-1}, was wir ausdrücken, indem wir sagen, die betrachtete Bewegung der Bildebene ist charakterisiert durch das Produkt $S \cdot T \cdot S^{-1}$.

Wir haben nun noch zu zeigen, daß diese drei Operationen zusammen nur eine lineare Transformation ergeben:
Vermöge S gelangt z nach z', wo $z' = \frac{1}{z}$; vermöge T gelangt z' nach z", wo $z'' = z' + \beta$, und vermöge S^{-1} gelangt z" nach z"', wo $z''' = \frac{1}{z''}$, also ist

$$z''' = \frac{z}{1 + \beta z}.$$

NB: Die Transformation durch reziproke Radien ist (siehe S. 31) nicht unmittelbar $z' = \frac{1}{z}$, sondern $z' = \frac{1}{z}$ verbunden mit einer Spiegelung. Da aber die Spiegelung zweimal in $S \cdot T \cdot S^{-1}$ auftritt, so kann man sie ganz weglassen, und das ist eben in obiger Ausführung geschehen.

Dienstag, 16.11.1880

Beweis 2.) Rotation und Streckung der ursprünglichen Ebene (z), Doppelspiralenbewegung (w).

Es bezeichne S die Inversion, T eine Translation, R eine Rotation und Streckung (also eine logarithmische Spiralenbewegung), dann können wir die Doppelspiralenbewegung ersetzen durch Vornahme folgender Operationen:

a) Inversion S, wodurch jeder Punkt w, welcher die Doppelspiralenbewegung ausführt, nach seinem ursprünglichen Punkt z gebracht wird.

b) Translation T, wodurch der Punkt β nach dem Anfang verlegt wird.

c) Rotation und Streckung R, durch deren Inversion, sobald sie um β

ausgeführt würde, die gedachte Doppelspiralenbewegung hervorginge. Jetzt wird aber R um den Anfang O ausgeführt.

d) Translation T^{-1}, wodurch der Anfang nach dem Punkt β zurückgelangt.

Die Operationen b), c) und d) ersetzen zusammen die logarithmische Spiralenbewegung um β.

e) Inversion S^{-1}, wodurch das Resultat der logarithmischen Spiralenbewegung in das Resultat der Doppelspiralenbewegung umgewandelt wird.

In Formeln haben wir: Inversion S macht aus w den Punkt z, so daß $z = \frac{1}{w}$. Translation T macht aus z den Punkt $z_1 = z - \beta$ (also aus β den Punkt O), logarithmische Spiralenbewegung macht aus z_1 den Punkt $z_2 = \alpha z_1$, Translation T^{-1} macht aus z_2 den Punkt $z_3 = z_2 + \beta$ (also aus O den Punkt β), S^{-1} macht aus z_3 den Punkt $w_1 = \frac{1}{z_3}$. Aus der Gesamtheit dieser Formeln folgt:

$$w_1 = \frac{w}{\beta(1 - \alpha)w + \alpha},$$

und das ist eine lineare Transformation.

Damit ist also gezeigt, daß jede der geschilderten Bewegungen sich
16 analytisch durch eine lineare Transformation ausdrückt.

Umgekehrt ist jede lineare Transformation der analytische Ausdruck für eine der geschilderten Bewegungen.

Beweis in drei Schritten:

1.) Zeige, daß bei jeder linearen Transformation der Ebene zwei Punkte fest bleiben, die im speziellen Fall koinzidieren können.

2.) Stelle zwei Hilfssätze auf: a) Jede lineare Transformation, bei welcher der Nullpunkt und der unendlich ferne Punkt festbleiben, ist notwendig eine Rotation und eine Streckung in bezug auf den Anfang. b) Jede lineare Transformation, bei der nur der unendlich ferne Punkt festbleibt, ist notwendig eine Translation.

3.) Zeige, daß wir aus der allgemeinen linearen Transformation unter der Annahme, daß bei derselben zwei endliche Punkte festbleiben, durch geeignete Translation und eine Inversion eine logarithmische Spiralenbewegung um den Anfang machen können[1], und daß wir

[1] Sollte der eine der beiden festbleibenden Punkte unendlich fern sein, so vereinfacht sich natürlich der Nachweis, indem wir nur eine Translation zu Hilfe nehmen müssen. (L)

aus derselben, wenn zwei zusammenfallende Punkte bei ihr festbleiben, durch Translation und Inversion eine einfache Translation machen können.

Da nun aber rückwärts, wie wir wissen, durch die umgekehrten Operationen von denen, die wir mit unserer linearen Transformation vorgenommen haben, aus der erreichten logarithmischen Spiralenbewegung und der einfachen Translation nur bezüglich eine Doppelspiralenbewegung und eine Bewegung, wie sie [auf] S. 38 unter 1. geschildert ist, entstehen können, so müßte also die ursprünglich hingeschriebene lineare Transformation der analytische Ausdruck für eine dieser beiden Bewegungen sein, je nachdem[, ob] zwei getrennte oder zwei zusammenfallende Punkte bei derselben festbleiben.

Erster Schritt: Die allgemeinste lineare Transformation ist

$$w_1 = \frac{\alpha w + \beta}{\gamma w + \delta}.$$

Bei derselben bleiben offenbar zwei Punkte fest, welche sich ergeben als Wurzeln von $w = \frac{\alpha w+\beta}{\gamma w+\delta}$ oder $\gamma w^2 + (\delta - \alpha)w - \beta = 0$, also

$$w = \frac{1}{2\gamma}(\alpha - \delta) \pm \frac{\sqrt{4\beta\gamma + (\alpha - \delta)^2}}{2\gamma}.$$

Wenn $4\beta\gamma + (\alpha - \delta)^2 \neq 0$, so haben wir zwei getrennte feste Punkte. Wenn $4\beta\gamma + (\alpha - \delta)^2 = 0$, so haben wir zwei zusammenfallende feste Punkte. Fragt sich noch, wann fallen einer oder beide feste Punkte ins Unendliche?

Allgemein gilt nun der Satz: Wenn von einer Gleichung n-ten Grades die μ höchsten Glieder verschwinden, so werden μ Wurzeln der Gleichung unendlich.

Ein solcher Satz hat natürlich nur Sinn, wenn man die Koeffizienten der Gleichung als beweglich [(veränderlich)] ansieht und den Moment ins Auge faßt, wo die Koeffizienten jener μ höchsten Glieder, welche vorher endliche Werte hatten, gleich Null werden. Der Satz beweist sich einfach, indem man statt der Unbekannten ihren reziproken Wert in die Gleichung einfügt und dann mit der höchsten Potenz multipliziert. Die Gleichung $\alpha x^4 + \beta x^3 + \gamma x^2 + \delta x + \varepsilon = 0$ geht durch $x = \frac{1}{t}$ über in $\alpha + \beta t + \gamma t^2 + \delta t^3 + \varepsilon t^4 = 0$. Werden jetzt $\alpha = \beta = \gamma = 0$, so haben wir als Wurzeln $t^3 = 0$ (d. h. aber $x^3 = \infty$) und $\delta + \varepsilon t = 0$. Angewandt auf die obige Gleichung folgt: Ist $\gamma = 0$ in $\gamma w^2 + (\delta - \alpha)w - \beta = 0$, so fällt einer der beiden festbleibenden Punkte [ins Unendliche]. Ist auch noch $\delta - \alpha = 0$, so fallen beide [Punkte] ins Unendliche.

Zweiter Schritt:

a) Soll bei der linearen Transformation $w_1 = \frac{\alpha w + \beta}{\gamma w + \delta}$ der unendlich ferne Punkt festbleiben, so muß $\gamma = 0$ sein. Damit auch der Anfang festbleibe, muß $\beta = 0$ sein, und die Gleichung wird also dann

$$w_1 = \frac{\alpha}{\delta} \cdot w = \alpha' w.$$

Das ist, wie wir wissen, eine logarithmische Spiralenbewegung um den Anfang.

b) Damit der unendlich ferne Punkt festbleibe, ist nötig $\gamma = 0$. Damit der zweite feste Punkt mit diesem ersten zusammenfalle, ist nötig $\alpha = \delta$. Unsere Transformation geht dann über in

$$w_1 = w + \frac{\beta}{\delta} = w + \beta'.$$

Das ist bekanntlich eine einfache Translation. Hiermit sind die beiden Hilfssätze bewiesen.

Dritter Schritt: Sind a und b die beiden nicht zusammenfallenden Punkte, die bei der Transformation $w_1 = \frac{\alpha w + \beta}{\gamma w + \delta}$ festbleiben, so wenden wir zunächst eine Translation an, welche a als a' nach dem Anfang und b nach b' bringt, dann eine Inversion, welche a' ins Unendliche und b' nach b'' bringt, und dann wieder eine Translation, welche b'' als b''' in den Anfang bringt, das unendlich ferne a'' aber unverändert läßt. Dann ist unsere lineare Translation also, wie eben verlangt wurde, in eine logarithmische Spiralenbewegung um den Anfang übergegangen, und daraus folgt, wie oben gezeigt wurde, daß diese Transformation selbst eine Doppelspiralenbewegung war.

Ist im zweiten Fall a der doppelt zählende einzige festbleibende Punkt bei der Transformation $w_1 = \frac{\alpha w + \beta}{\gamma w + \delta}$, so wenden wir zunächst eine Translation an, welche ihn als a' nach dem Nullpunkt bringt. Darauf eine Inversion, welche a' als a'' ins Unendliche rückt. Jetzt ist der unendlich ferne Punkt der einzige festbleibende, und also haben wir eine Translation vor uns.

Daraus folgt aber in der oben angegebenen Weise, daß unsere obige Transformation eine solche ist, bei welcher alle Punkte auf Kreisen fortrücken, die sich sämtlich in einem Punkt berühren (vergleiche S. 38). Hiermit ist der Beweis des Umkehrsatzes von S. 40 fertig.

3.2.4. Übersicht über die uns zur Verfügung stehenden Abbildungen[1)]

Aus dem Vorhergehenden ergibt sich, daß man jede lineare Transformation aus den drei einfachsten Transformationen $w = \alpha z$, $w = \frac{1}{z}$, $w = z + \beta$ zusammensetzen kann. [Jede dieser Transformationen bewirkt eine konforme Abbildung, also bewirkt auch die allgemeine lineare Transformation eine konforme Abbildung.]

Sofern wir Transformationen ohne und mit Umlegung der Winkel auseinanderhalten, haben wir dem Vorhergehenden zufolge zwei Hauptarten von linearen Transformationen:

$$(1) \quad w_1 = u_1 + i\, v_1 = \frac{\alpha w + \beta}{\gamma w + \delta},$$

$$(2) \quad \bar{w}_1 = u_1 - i\, v_1 = \frac{\alpha w + \beta}{\gamma w + \delta}.$$

Jede Formel enthält drei willkürliche komplexe Konstanten, also: Man kann eine Ebene auf ∞^6 verschiedene Weisen der einen oder anderen Art auf sich konform abbilden.

Ein jeder Punkt ist durch eine reelle und eine imaginäre Konstante bestimmt, also: Man kann drei beliebige Punkte der Ebene durch jede der beiden Transformationen (1) und (2) in drei beliebige andere umwandeln.

Da ein Kreis durch drei Punkte bestimmt ist, so können wir jeden Kreis durch jede der obigen Formeln in jeden umwandeln. Da man aber jeden Punkt des einen in jeden Punkt des anderen verwandeln kann, so kann die Transformation eines Kreises in einen gegebenen anderen noch auf ∞^3 Arten durch jeder der Haupttransformationsformeln geschehen.

Mittwoch, 17.11.1880

Von den linearen Transformationen $w_1 = \frac{\alpha w + \beta}{\gamma w + \delta}$ und $\bar{w}_1 = \frac{\alpha w + \beta}{\gamma w + \delta}$ führt die erste keine Umlegung der Winkel herbei, die zweite dagegen bewirkt eine solche. Man sieht unmittelbar die Richtigkeit der beiden Sätze ein:

Wenn die Innenräume zweier Kreise ohne Umlegung der Winkel aufeinander konform abgebildet werden, so ist der Sinn, in welchem ein Punkt die eine Kreisperipherie durchläuft, derselbe wie der, in wel-

[1)] Die ersten fünf Zeilen dieses Abschnittes wurden der Epsteinschen Überarbeitung [100, S. 37f.] entnommen. - Anm. d. Herausg.

chem sein Bildpunkt die zweite Peripherie durchläuft. Geschah dagegen die Abbildung mit Umlegung der Winkel, so ist der Sinn beider Kreise verschieden.

Der Sinn einer Kurve ist schon durch die Angabe zweier Punkte derselben in einer bestimmten Reihenfolge klar.

Aus den beiden obigen, unmittelbar evidenten Sätzen lassen sich andere hierhergehörige Resultate ableiten, die wir alle zusammenfassen zu folgender Übersicht:

1. Transformation $w_1 = \frac{\alpha w + \beta}{\gamma w + \delta}$, d. h., die Winkel werden nicht umgelegt.
a) Ein Kreisinneres I wird auf ein zweites I' abgebildet und natürlich das Äußere A auf A'. Dann bleibt der Sinn erhalten.
Umgekehrt: Bleibt der Sinn erhalten, so bildet sich I als I' und A als A' ab.

b) I wird als A' und A als I' abgebildet, dann ändert sich der Sinn.
Umgekehrt: Ändert sich der Sinn, so bildet sich I als A' und A als I' ab.

2. Transformation $\bar{w}_1 = \frac{\alpha w + \beta}{\gamma w + \delta}$, d. h., es findet eine Umlegung der Winkel statt.
a) Bildet sich I als I' ab und A als A', so ändert sich der Sinn und umgekehrt.

b) Bildet sich I als A' und A als I' ab, so bleibt der Sinn erhalten und umgekehrt.

3.2.5. Transformation der Sicheln

Jede Sichel kann in jede andere gleichwinklige mit Hilfe von jeder der beiden Transformationsformeln /(1) bzw. (2) des vorangegangenen Abschnittes 3.2.4./ auf ∞^1 verschiedene Weisen transformiert werden.

Um z. B. die Sichel I in die gleichwinklige Sichel II zu transformieren (Fig. 19) mit Hilfe von $w_1 = \frac{\alpha w + \beta}{\gamma w + \delta}$, bestimmen wir α bis δ so, daß 1 nach 1', 2 nach 2' und 3 nach einem beliebigen Punkt 3' der Sichel II kommt. Das letztere kann auf ∞^1 verschiedene Weisen geschehen. Sicher geht dann ein Kreis von I in einen von II über. Dann muß auch der andere Kreis von I in den anderen von II übergehen, weil zwei Punkte 1' und 2' bestimmt sind und der Winkel, welchen er in beiden Punkten mit dem schon vorhandenen bilden muß, /erhalten bleibt,7 weil endlich auch der Sinn, in dem die Kreise aufeinanderfolgen, übereinstimmt usw.

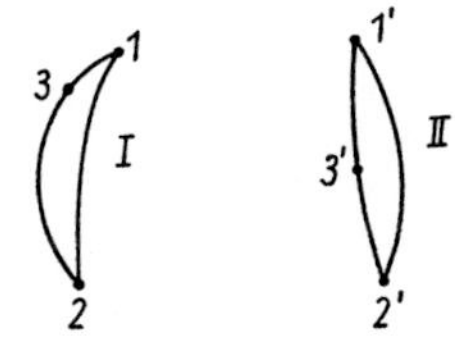

Fig. 19

3.2.6. Invarianten der linearen Transformation

Welche Eigenschaften der transformierten Figur sind derselben mit der ursprünglichen Figur gemein? Algebraisch aufgefaßt sind diese Eigenschaften Ausdrücke aus den Koeffizienten einer Funktion f(w), welche die Eigenschaft haben, sich zu reproduzieren, wenn man sie in derselben Weise aus den Koeffizienten der transformierten Funktion zusammensetzt.

Die wichtigste Invariante ist das Doppelverhältnis von vier Punkten. Dieses Doppelverhältnis

$$\frac{w' - w''}{w' - w^{IV}} : \frac{w''' - w''}{w''' - w^{IV}} \text{ oder } \frac{(w' - w'')(w''' - w^{IV})}{(w' - w^{IV})(w''' - w'')}$$

bleibt bei jeder linearen Transformation der 1. Art erhalten, denn es bleibt ungeändert bei den folgenden drei Transformationen, aus denen sich die Transformation $w_1 = \frac{\alpha w + \beta}{\gamma w + \delta}$ zusammensetzt:

$$w_I = w + \beta', \quad w_{II} = \alpha' w_I, \quad w_{II} = \frac{1}{w_{II}}.$$

Die Gleichheit des Doppelverhältnisses ist also eine notwendige Bedingung dafür, daß ein gegebenes Punktequadrupel in ein gegebenes anderes transformiert werden kann. Sie ist aber auch eine hinreichende Bedingung. Sicher nämlich kann man drei der gegebenen Punkte des ersten Quadrupels w', w'', w''', w^{IV} transformieren in die entsprechenden drei des anderen /Quadrupels7 w_1', w_1'', w_1''', w_1^{IV}. Dabei gehe w^{IV} in w_o^{IV} über. Dann ist aber nach Voraussetzung und nach dem eben Gezeigten /die Gleichheit beider Doppelverhältnisse7

$$(w_1', w_1'', w_1''', w_1^{IV}) = (w_1', w_1'', w_1''', w_o^{IV})$$

/vorhanden. Dies ist aber eine7 Gleichung, welche $w_1^{IV} = w_o^{IV}$ ergibt.

Wendet man auf vier Punkte w die Transformation 2. Art $\bar{w}_1 = \frac{\alpha w + \beta}{\gamma w + \delta}$ an, so erhält man für jeden Punkt als Bild einen Punkt, der konjugiert ist zu dem, der sich bei der Transformation 1. Art ergibt.[1)] Diese vier konjugierten Punkte haben auch als Doppelverhältnis den konjugierten Wert des Doppelverhältnisses der vier anderen. Also: Bei Transformationen 2. Art wandelt sich das Doppelverhältnis von vier Punkten in seinen konjugierten Wert um.

Donnerstag, 18.11.1880

Über die geometrische Bedeutung des Doppelverhältnisses handelt der Aufsatz von MÖBIUS über Kreisverwandtschaft (CRELLEs Journal Bd. 52 [125]). Ferner WEDEKINDs Dissertation, /die auszugsweise in den Math Ann. Bd. 9 zu finden ist [173]/. Wir wollen diese Frage nur insofern

17 berühren, als sie sich auf ein reelles Doppelverhältnis bezieht.

Vier Punkte auf einem Kreis haben ein reelles Doppelverhältnis. /Aber auch umgekehrt gilt/: Vier Punkte liegen auf einem Kreis, wenn sie ein reelles Doppelverhältnis haben.

Der erste Satz wird unmittelbar evident, wenn man bedenkt, daß man jeden Kreis in eine Gerade, also im besonderen auch in die Achse der reellen Zahlen, transformieren kann (siehe S. 33).

Die Richtigkeit der Umkehrung erkennt man /wie folgt/: Durch drei der vier Punkte können wir sicher einen Kreis legen, der durch eine geeignete Transformation in die Achse der reellen Zahlen übergeht. Fiele dann das Bild des vierten Punktes nicht auf diese Achse, so könnte dieser Bildpunkt mit den drei ersten nicht ein reelles Doppelverhältnis haben. Also muß auch der vierte ursprüngliche Punkt auf dem /Kreis liegen, auf welchem auch die drei ersten liegen/.

Die synthetische Geometrie spricht von einem Doppelverhältnis D

1.) bei vier Punkten einer Geraden, $D = \frac{ab \cdot cd}{ad \cdot cb}$ (Fig. 20);

2.) bei vier Strahlen eines Büschels, $D = \frac{\sin(\alpha\beta) \cdot \sin(\gamma\delta)}{\sin(\alpha\delta) \cdot \sin(\gamma\beta)}$ (Fig. 21);

3.) bei vier Punkten eines Kegelschnittes, $D = \frac{\sin(a\,b) \cdot \sin(c\,d)}{\sin(a\,d) \cdot \sin(c\,b)}$ (Fig. 22); D ist unabhängig von der Lage des Punktes P auf dem Kegelschnitt.

Das Doppelverhältnis, welches oben in der Transformationstheorie de-

---

1) Nämlich als Bildpunkt $\bar{w}_1 = u_1 - iv_1$, wenn bei der ersten Transformation $w_1 = u_1 + iv_1$ der Bildpunkt war.

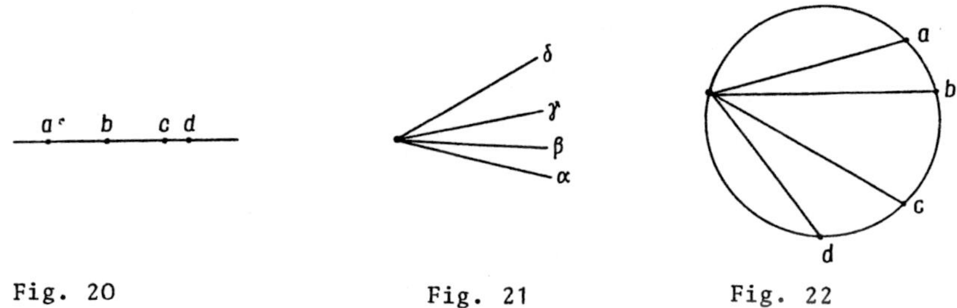

Fig. 20 Fig. 21 Fig. 22

finiert wurde, ist, sofern es reell ist, identisch mit dem Doppelverhältnis der synthetischen Geometrie für vier Punkte auf einem Kreis.

Beweis:

1.) Die vier Punkte liegen auf einer Geraden.
Die Figur 23 zeigt unmittelbar, daß z. B. $u'-u'' = \varrho(v'-v'')$. Also ist $w'-w'' = (u'-u'')(1+\varrho i)$. Der Faktor $1+\varrho i$ tritt bei allen Differenzen im Doppelverhältnis auf und hebt sich also weg. Das Doppelverhältnis der Transformationstheorie der vier Punkte w ist also identisch mit dem Doppelverhältnis der vier Projektionen auf die u-Achse, und von diesen vier Punkten sind die Doppelverhältnisse der Transformationstheorie und der synthetischen Geometrie identisch.

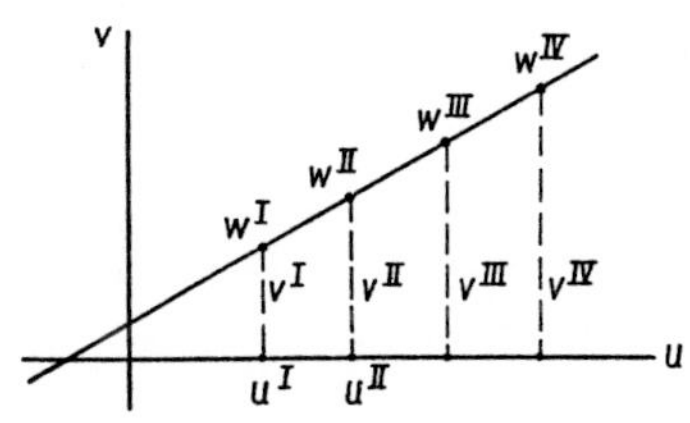

Fig. 23

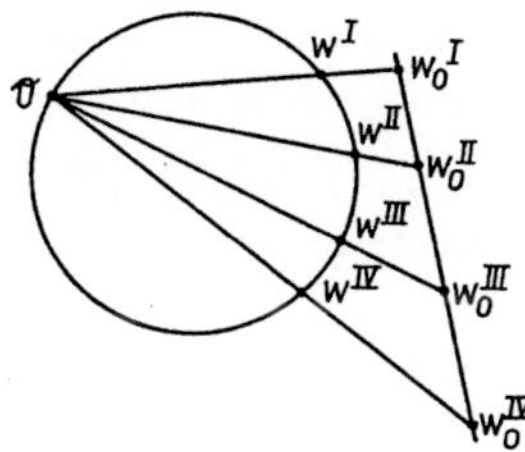

Fig. 24

2.) Die vier Punkte liegen auf einem Kreis.
Wir wählen auf dem Kreis einen beliebigen Punkt $\mathfrak{O}$ und verwandeln, durch eine Inversion mit $\mathfrak{O}$ als Zentrum, die vier Punkte w in die vier Punkte w_o einer Geraden (Fig. 24, s. S. 47). Für sie ist das Doppelverhältnis der Transformationstheorie und der synthetischen Geometrie identisch. Das erstere ist zugleich dasjenige der vier Punkte w. Das letztere ist zunächst auch das der vier Strahlen von $\mathfrak{O}$ aus und also auch das Doppelverhältnis der vier Kreispunkte im Sinne der synthetischen Geometrie. Also sind auch für die vier Kreispunkte w die Doppelverhältnisse - wie sie die beiden genannten mathematischen Disziplinen definieren - identisch.

4. Stereographische Projektion

4.1. /Begriff und einfachste Eigenschaften/

Statt die Ebene als Bild für unser zweifach ausgedehntes Zahlensystem zu wählen, könnten wir ebensogut irgendeine andere Fläche wählen. Wir müßten nur auf derselben nach einem bestimmten Gesetz die reellen und imaginären Teile der Zahlen von einem Nullpunkt aus abtragen und dann wieder nach einem konstanten Gesetz die beiden so erhaltenen Punkte vereinen. RIEMANN hat in dieser Weise die Kugel benutzt, und diese Wahl erweist sich für viele Zwecke als ganz besonders nützlich. Wir wollen mit ihm zunächst alle Zahlen in einer Ebene in gewohnter Weise darstellen, im Nullpunkt an die Ebene eine berührende Kugel legen und den Punkt P der Kugel, welcher dem Nullpunkt diametral gegenüberliegt, als Zentrum benutzen für eine Projektion sämtlicher Ebenenpunkte auf die Kugel (Fig. 25).

Alle unendlich fernen Punkte der Zahlenebene verwandeln sich dabei in den einzigen Punkt P, ähnlich wie bei einer Inversion alle unendlich fernen Punkte die Rolle eines einzigen spielen. Alle Punkte einer Geraden in der x,y-Ebene verwandeln sich in Punkte eines Kreises auf der Kugel, wie auch bei unserer linearen Transformation sich eine beliebige Gerade in einen Kreis verwandelte. So werden wir überhaupt in der stereographischen Projektion ein Veranschaulichungsmittel finden für die in den letzten Vorlesungen abgeleiteten Resultate, z. B. für die Gleichberechtigung von Kreisinnenraum und Kreisaußenraum und so weiter. Wir stellen zunächst die fundamentalen Eigenschaften der stereographischen Projektion fest.

1.) Der Winkel zweier Kurven in der Ebene ist gleich dem Winkel ihrer Bilder auf der Kugel.

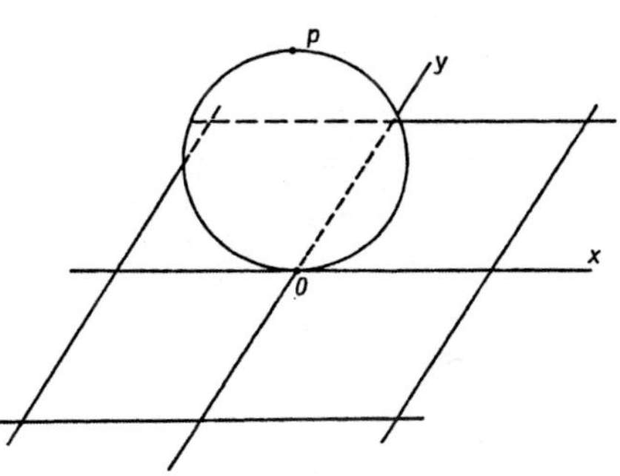

Fig. 25

Beweis: Es sei die Zeichenebene diejenige größte Kreisebene, die durch P und den Scheitel S des Winkels geht, welchen die beiden in der Zahlenebene liegenden Kurven miteinander bilden (Fig. 26). Dieser Winkel gibt, von P aus projiziert, einen Winkel zweier Ebenen mit der Schnittgeraden PS. Nun ist bekannt, daß ein solcher keilförmiger Körper von zwei Ebenen dann in demselben Winkel geschnitten wird, wenn die beiden Ebenen entweder parallel oder antiparallel sind in bezug auf die Kanten des Keils. Der Winkel, in welchem jener Keil mit der Kante PS von der Kugel geschnitten wird, ist doch derselbe, wie der, in welchem der Keil von der Kugeltangentialebene in S' geschnitten wird. Wenn wir also zeigen, daß diese Tangentialebene, die sich in der

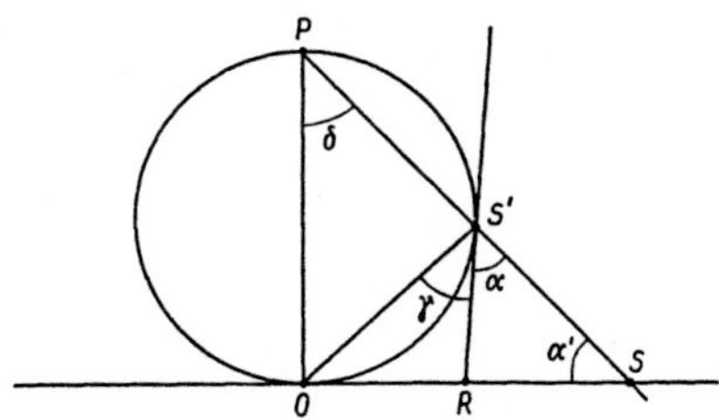

Fig. 26

Figur 26 nur als Spur S'R darstellt (weil sie auf der Zeichenebene senkrecht steht), antiparallel ist zur Zahlenebene, die sich (da sie ebenfalls zur Zeichenebene senkrecht ist) in der Figur 26 nur als OS darstellt (in bezug auf PS), so ist dieser Satz bewiesen. Der Antiparallelismus aber ist erwiesen, wenn gezeigt ist [, daß für die Winkel α und α' gilt: $\alpha = \alpha'$. Dies folgt aus $\sphericalangle$ OS'R = $\sphericalangle$ OPS' (nach bekanntem Satz), denn es gilt $\alpha' = 90^\circ - \sphericalangle$ OPS' und $\alpha = 90^\circ - \sphericalangle$ OS'R.]

2.) Der Sinn der Kurven auf der Kugel, wenn man sie von der Innenseite der Kugel betrachtet, ist derselbe, wie der Sinn der entsprechenden Kurven auf der Zahlenebene, wenn man sie von oben betrachtet. [Dieser Satz] ergibt sich unmittelbar aus der Figur 26.

3.) Einer Geraden der Zahlenebene entspricht auf der Kugel ein Kreis durch P und umgekehrt. [Dieser Satz] ist ebenfalls unmittelbar klar.

4.) Ein Kreis der Zahlenebene bildet sich ab als ein Kreis auf der Kugel und umgekehrt. Haben wir in der Zahlenebene einen Kreis gezeichnet, so wählen wir als Zeichenebene diejenige, welche durch den Kugelmittelpunkt und durch P geht und den Kreis in dem von O auslaufenden Durchmesser durchschneidet. Die Zeichenebene schneidet dann den Kreiskegel mit der Spitze P und dem Kreis SR als Grundkreis in der längsten Erzeugenden PR und in der kürzesten PS (Fig. 27). Aus der elementaren Geometrie ist bekannt, daß eine auf diesem Hauptschnitt senkrecht stehende Ebene, welche mit jenen beiden Erzeugenden entgegengesetzt gleiche Winkel bildet, den Kegel ebenfalls in einem Kreis schneidet. Eine solche ist die über S'R' senkrecht stehende Ebene (wie weiter unten gezeigt werden soll). Sie schneidet also den Kegel in einem Kreis, welcher in R' und S' die senkrecht aus der Zeichenebene hervorstehenden Geraden als Tangenten hat. Sie schneidet aber auch die Kugel in einem Kreis mit denselben Tangenten, und also schneidet der Kegel die Kugel in diesem Kreis, und unser Satz ist bewiesen.

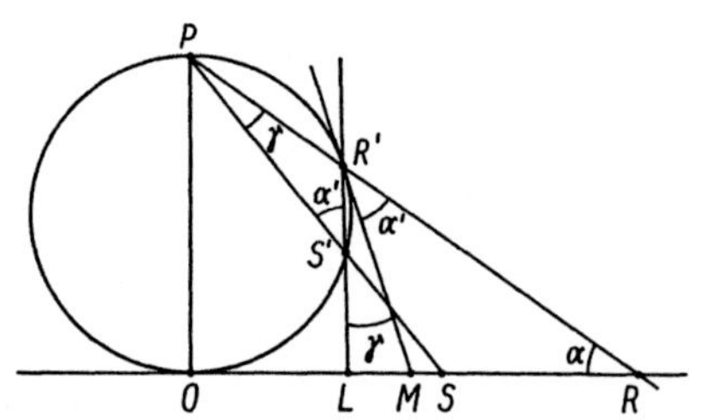

Fig. 27

Wir haben noch zu zeigen, daß $\alpha = \alpha'$. Wir legen noch in R' die Kreistangente und haben $\sphericalangle$ LR'R $= \alpha' + \gamma$ als Außenwinkel. Da nach bekanntem Kreissatz $\sphericalangle$ LR'M $= \gamma$, so ist $\sphericalangle$ MR'R $= \alpha'$. Daß aber zwei Winkel wie $\sphericalangle$ MR'R und $\sphericalangle$ MRR' gleich sind, haben wir schon oben gezeigt, also ist $\alpha = \alpha'$.

Dienstag, 23.11.1880

4.2. Analytische Behandlung der stereographischen Projektion [und Kollineation des Raumes]

Bei derselben wählen wir O als Anfang, OP als ζ-Achse und die in der Tangentialebene von O liegenden Achsen der reellen und imaginären Zahlen als ξ- und η-Achse (Fig. 25). Die Koordinaten eines bestimmten Raumpunktes bezeichnen wir dann durch ξ, η, ζ und die eines in der Zahlenebene liegenden Punktes wie gewöhnlich mit x, y. Setzen wir ferner OP = 1 [,dann haben wir] als Gleichung unserer Kugel

$$\xi^2 + \eta^2 + (\zeta - \tfrac{1}{2})^2 = \tfrac{1}{4}$$

oder

$$\underline{\xi^2 + \eta^2 = \zeta(1 - \zeta).}$$

Da die Punkte der Kugel und der Ebene sich eindeutig entsprechen, so müssen sich rationale Transformationsformeln ergeben, und in der Tat findet man leicht

$$\xi = \frac{x}{x^2 + y^2 + 1}, \quad \eta = \frac{y}{x^2 + y^2 + 1}, \quad \zeta = \frac{x^2 + y^2}{x^2 + y^2 + 1} \qquad 1)$$

und

$$x = \frac{\xi}{1 - \zeta}, \quad y = \frac{\eta}{1 - \zeta}, \quad x^2 + y^2 = \frac{\zeta}{1 - \zeta}.$$

[Die letzte Gleichung ergibt sich] mit Benutzung der Kugelgleichung aus $x^2 + y^2 = \dfrac{\xi^2 + \eta^2}{(1 - \zeta)^2}$.

Der Fundamentalsatz über stereographische Projektion, daß Kreise sich als Kreise abbilden, beweist sich analytisch wie folgt: Auf der Kugel wird ein Kreis bestimmt durch eine Ebene

$$A\xi + B\eta + C(1 - \zeta) + D = 0.$$

Durch Substitution der obigen Werte folgt für das Bild der Ebene:

$$Ax + By + C + D(x^2 + y^2 + 1) = 0,$$

d. h. eine Kreisgleichung.

Im folgenden sollen uns die Umwandlungen beschäftigen, welche die Kugel erfährt, wenn wir die Zahlenebene einer der früher behandelten Operationen unterwerfen. Wir [brauchen], um die Stellung dieser Umwandlungen innerhalb aller möglichen Umwandlungen zu erkennen, den Begriff der <u>Kollineation des Raumes</u>. Dies ist eine solche Transformation des Raumes, bei welcher Punkte, die eine Gerade erfüllen (d. h. <u>kollinear</u> sind), sich wieder in ebenso gelegene Punkte verwandeln. Verstehen wir unter p, q, r, t und p', q', r', t' lineare Ausdrücke in den Koordinaten respektive des ursprünglichen und des transformierten Raumes, so ist eine allgemeine Kollineation gegeben durch **18**

---

1) Die Gleichung der Geraden, welche die Punkte (x;y;0) und (0;0;1) verbindet: $\xi = \lambda x$, $\eta = \lambda y$, $\zeta - 1 = -\lambda$. Substituiert in die Kugelgleichung $\xi^2 + \eta^2 = \zeta(1 - \zeta)$ kommt: $\lambda^2(x^2 + y^2) = \lambda(1 - \lambda)$, also $\lambda \cdot (x^2 + y^2 + 1) = 1$. $\xi = \dfrac{x}{x^2 + y^2 + 1}$, $\eta = \dfrac{y}{x^2 + y^2 + 1}$, $\zeta = 1 - \dfrac{1}{x^2 + y^2 + 1}$.

$$\frac{p'}{t'} = \frac{p}{t}, \ \frac{q'}{t'} = \frac{q}{t}, \ \frac{r'}{t'} = \frac{r}{t}.$$

Daß sich in der Tat bei dieser Kollineation Geraden wieder in solche verwandeln, sieht man [wie folgt]:

Die Gleichung einer Ebene im ersten Raum $ap + bq + cr + dt = 0$ verwandelt sich in $ap' + bq' + cr' + dt' = 0$, also wieder in eine Ebenengleichung. Da sich also Ebenen wieder in Ebenen verwandeln, so geht auch eine Gerade als Durchschnitt zweier Ebenen wieder in eine Gerade über.

Lösen wir die Gleichungen $\frac{p'}{t'} = \frac{p}{t}$, $\frac{q'}{t'} = \frac{q}{t}$ und $\frac{r'}{t'} = \frac{r}{t}$ nach ξ', η', ζ' auf, so erhalten wir die Kollineation, dargestellt durch folgende Formeln:

$$\xi' = \frac{p_1}{t_1}, \quad \eta' = \frac{q_1}{t_1}, \quad \zeta' = \frac{r_1}{t_1}.$$

Da hierin 15 willkürliche Konstanten vorkommen, so folgt: <u>Es gibt ∞^{15} Kollineationen des Raumes</u>.

Fragen wir uns hiernach, wie viele von allen Kollineationen unsere Bildkugel wieder in sich selbst überführen. [Wir wissen], daß eine Fläche II. Ordnung durch 9 unabhängige Konstanten bestimmt ist. Damit also die Kugel bei der Kollineation erhalten bleibe, müssen 9 von jenen 15 Konstanten bestimmte sein.[1]. Also: <u>Es gibt ∞^6 Kollineationen, die unsere Bildkugel in sich transformieren</u>.

[Wir sahen früher (S. 43), daß] durch die Formeln $w_1 = \frac{\alpha w + \beta}{\gamma w + \delta}$ und $\bar{w}_1 = \frac{\alpha w + \beta}{\gamma w + \delta}$ ∞^6 konforme Abbildungen unserer Zahlenebene auf sich [existieren] und daß aus jeder dieser Umwandlungen der Zahlenebene in sich durch Projektion eine Umwandlung der Bildkugel in sich wird. Wir behaupten nun: <u>Die Umwandlungen, welche die Bildkugel bei jenen ∞^6 Kollineationen erfährt, sind identisch mit denen, welche sich durch Projektion der ∞^6 Umwandlungen der Zahlenebene ergeben</u>.

Den Beweis [dieses Satzes] führen wir, indem wir zeigen, wie eine jede Umwandlung der Kugel in sich, die durch Projektion einer konformen Abbildung der Zahlenebene auf sich entstanden ist, auf eine Kollineation hinausläuft.[2]

1.) <u>Drehung der Zahlenebene um den Anfang</u>. Diese drückt sich in Formeln aus durch $x' + iy' = (\cos\varphi + i \sin\varphi)(x + iy)$. Durch Substitution

---

[1] Hypothese: Jede F_2 [(Fläche II. Ordnung)] kann in jede andere [gleicher Ordnung] übergeführt werden. Analoge Voraussetzungen kommen wiederholt vor.

[2] Die Umkehrbarkeit des Satzes blieb in der Vorlesung unerwähnt.

der entsprechenden Werte in $\xi, \eta, \zeta, \xi', \eta', \zeta'$ sieht man nun sofort, daß dieser Drehung der Zahlenebene eine einfache Drehung der Kugel um die Gerade OP (siehe S. 50) entspricht. Dies folgt aber auch unmittelbar durch die geometrische Anschauung.

2.) Streckung der Zahlenebene vom Anfang. Sie ist gegeben durch $x' + iy' = \varrho(x + iy)$. Daraus folgt $x'^2 + y'^2 = \varrho^2(x^2 + y^2)$. Die entsprechenden Formeln für die Kugel lauten:

$$\frac{\xi'}{1 - \zeta'} = \varrho \frac{\xi}{1 - \zeta}, \quad \frac{\eta'}{1 - \zeta'} = \varrho \frac{\eta}{1 - \zeta}, \quad \frac{\zeta'}{1 - \zeta'} = \varrho^2 \frac{\zeta}{1 - \zeta}.$$

Das ist aber nach obiger Definition eine Kollineation. Die geometrische Anschauung zeigt unmittelbar, daß (entsprechend dem Fortrücken der Punkte in der Zahlenebene auf Strahlen vom Nullpunkt aus) die Kugelpunkte auf den durch O und P gehenden Meridianen fortrücken, entweder (für $\varrho > 1$) von O nach P oder umgekehrt (für $0 < \varrho < 1$). Alle Punkte, welche einmal auf einem Breitenkreis lagen, bleiben während der ganzen Umwandlung auf einem solchen liegen.

3.) Rotation und Streckung vereinigt. Dieser aus zwei Einzelbewegungen zusammengesetzten Bewegung der Zahlenebene in sich muß auf der Kugel eine Umwandlung entsprechen, die sich aus zwei Kollineationen zusammensetzt. Nehmen wir aber zwei Kollineationen nacheinander vor, so ergibt sich dasselbe Resultat wie bei einer einfachen dritten Kollineation, weil ja bei beiden Einzelkollineationen Geraden in ebensolche übergehen. Also entspricht auch dieser logarithmischen Spiralenbewegung der Zahlenebene eine Kollineation der Kugel. Man sieht, daß die Bewegung der Kugel eine solche sein muß, bei der alle Punkte auf [Meridianen] zwischen O und P fortrücken (der Streckung entsprechend), während sich zugleich die ganze Kugel um OP dreht (der Rotation entsprechend). In der Ebene beschreibt jeder Punkt eine logarithmische Spirale, die alle Strahlen vom Anfang aus unter demselben Winkel schneidet. Daraus folgt: Auf der Kugel beschreibt jeder Punkt eine Kurve, welche alle Meridiane unter demselben Winkel schneidet. [Man nennt sie] Loxodrome. Die logarithmische Spiralenbewegung ist nur ein solcher spezieller Fall der Doppelspiralenbewegung, bei welcher der unendlich ferne Punkt festbleibt. Ebenso ist die Loxodromenbewegung nur ein solcher spezieller Fall der allgemeinen Doppelspiralenbewegung auf der Kugel, bei welcher die beiden festbleibenden Punkte zufällig Nord- und Südpol (P und O) sind.

Mittwoch, 24.11.1880

4.) Translation der Ebene. [Sie ist gegeben durch] $x' + iy' = (x + iy) + (\beta_1 + i\beta_2)$. Setzen wir die hieraus folgenden Werte von x' /und/ y' in die Koordinaten der Kugelpunkte (siehe S. 50 f.) ein, so folgt:

$$\frac{\xi'}{1-\zeta'} = \frac{\xi + \beta_1(1-\zeta)}{1-\zeta}, \quad \frac{\eta'}{1-\zeta'} = \frac{\eta + \beta_2(1-\zeta)}{1-\zeta}, \text{ und aus } x^2 + y^2$$

$$= \frac{\zeta}{1-\zeta} \text{ wird } \frac{\zeta'}{1-\zeta'} = \frac{\zeta + 2\beta_1\,\xi + 2\beta_2\,\eta + (\beta_1^2 + \beta_2^2)(1-\zeta)}{1-\zeta}.$$ Das ist wieder eine Kollineation.

Einer Translation der Ebene entspricht also ebenfalls eine Kollineation der Kugel. Während bei der Translation alle Punkte der Ebene auf parallelen Geraden fortrücken und zwar so, daß alle Punkte, die einmal auf einer dazu senkrechten Geraden lagen, auch immer auf einer solchen bleiben, so rücken alle Punkte auf der Kugel auf der Schar von Kreisen fort, welche jener Parallelenschar entspricht. Alle Kreise dieser Schar gehen durch den Nordpol P und berühren sich hier. Zu dieser Kreisschar gehört eine zweite, durch P verlaufende und auf der ersten Schar senkrecht stehende. Alle Kreise dieser zweiten Schar berühren sich auch in P, und alle Punkte der Kugel, welche bei der, der Translation entsprechenden Bewegung einmal auf einem Kreis dieser zweiten Schar lagen, bleiben immer auf einem solchen liegen. Dem unendlich fernen Punkt der Ebene entsprechend bleibt allein P fest. Dies versinnlicht zugleich den allgemeinen Fall einer iterierten Translation erster Art mit nur einem festbleibenden Punkt.

5.) Spiegelung an der x-Achse. Diese ist gegeben durch die Formeln $x' = x$ /und/ $y' = -y$, welche sich übertragen in $\xi' = \xi$, $\eta' = -\eta$, $\zeta' = \zeta$, d. h., einer Spiegelung der Zahlenebene an der Achse der reellen Zahlen entspricht auf der Kugel eine Spiegelung an der ξ,ζ-Ebene, oder, wie man sich ausdrückt, am Meridian der reellen Zahlen.

6.) Transformation durch reziproke Radien mit dem Anfang als Transformationszentrum. Sie /ist gegeben durch/ die Formeln

$$x' = \frac{x}{x^2+y^2}, \quad y' = \frac{y}{x^2+y^2}, \text{ /also/ } x'^2 + y'^2 = \frac{1}{x^2+y^2}.$$

Die Übertragung auf die Kugel ergibt:

$$\frac{\xi'}{1-\zeta'} = \frac{\xi}{\zeta}, \quad \frac{\eta'}{1-\zeta} = \frac{\eta}{\zeta}, \quad \frac{\zeta'}{1-\zeta'} = \frac{1-\zeta}{\zeta}$$

oder

$$\xi' = \xi, \quad \eta' = \eta, \quad \zeta' - \tfrac{1}{2} = -(\zeta - \tfrac{1}{2}).$$

Die letzten Formeln sagen /aus/: Einer Transformation durch reziproke Radien in der Zahlenebene, wobei der Nullpunkt Transformationszentrum ist und der Inversionskreis den Radius 1 hat, entspricht auf der Kugel eine Spiegelung an der durch den Mittelpunkt gelegten Horizontalebene mit der Gleichung $\zeta = \frac{1}{2}$. /Dies ist aber wieder eine Kollineation./

Die allgemeine lineare Transformation der Zahlenebene setzt sich aus den bisher betrachteten zusammen. Also /setzt sich/ die ihr entsprechende Umwandlung der Kugel aus den bisher geschilderten Kollineationen /zusammen/. Sie ist also selbst eine Kollineation, womit der Beweis des Satzes von S. 52 zu Ende geführt ist.

Umformungen bilden eine Gruppe, wenn zwei derselben, hintereinander ausgeführt, dasselbe bewirken wie eine einzige Umformung derselben Art. So bilden also die Kollineationen eine Gruppe, ebenso die Transformationen $w_1 = \frac{\alpha w + \beta}{\gamma w + \delta}$. Dagegen bilden die Transformationen $\bar{w}_1 = \frac{\alpha w + \beta}{\gamma w + \delta}$ keine Gruppe, weil zwei derselben, nacheinander ausgeführt, eine zweimalige, also in Wirklichkeit keine Winkelumlegung herbeiführen, eine einzige dagegen mit Winkelumlegung verbunden ist.

19

Um die Umformungen bei linearen Transformationen auf der Kugel zu erkennen, führen wir im folgenden zunächst einige Sätze über Pol und Polarebene für die Kugel an.

In bezug auf unsere Kugel $\xi^2 + \eta^2 = \zeta(1 - \zeta)$ ist die Gleichung der Polarebene des Punktes ξ', η', ζ' /die folgende/:

$$2\xi\xi' + 2\eta\eta' + 2\zeta\zeta' = \zeta + \zeta'.$$

Da die Gleichung bei der Vertauschung der /gestrichenen und nicht gestrichenen/ Koordinaten ungeändert bleibt, so schließen wir: Liegt ein Punkt P_1 auf der Polarebene eines Punktes P_2, so liegt auch P_2 auf der Polarebene von P_1.

Man findet die Polarebene eines Punktes außerhalb der Kugel, indem man von ihm aus den Berührungskegel an die Kugel legt. Dann ist die Ebene der Berührungspunkte die Polarebene.

Pol und Polarebene werden durch die Kugel harmonisch getrennt.[1] Da harmonische Punkte durch Kollineation /harmonisch/ bleiben, so bleibt auch die Zuordnung von Pol und Polarebene dabei erhalten.

Wenn der Pol auf einer Geraden G_2 fortrückt, so dreht sich seine Polarebene um eine Gerade G_1 und umgekehrt. Zwei solche Geraden heißen konjugiert.

---

[1] Die vorangegangenen vier Sätze wurden der Epsteinschen Überarbeitung [100, S. 52] entnommen und hier eingefügt. - Anm. d. Herausg.

In der Zahlenebene fanden wir alle Punkte paarweise einander entsprechend in bezug auf einen Kreis. Diese paarweise Zuordnung überträgt sich stereographisch auf die Kugel. /Wir behaupten:/ Zwei konjugierte Punkte in der Zahlenebene in bezug auf einen Kreis K projizieren sich auf die Kugel als zwei solche Punkte, deren Verbindungslinie durch den Pol des Bildkreises K' von K geht.

Beweis: Wir betrachten zunächst den speziellen Fall, wo der Kreis K der Einheitskreis um den Nullpunkt ist. Derselbe hat als Bild auf der Kugel (da deren Radius $\frac{1}{2}$ ist) den Horizontalkreis durch den Mittelpunkt oder den Äquator. Der Pol desselben ist der unendlich ferne Punkt /der Geraden/ OP. Man kann nun leicht analytisch, aber auch leicht geometrisch (siehe weiter unten) zeigen, daß für diesen speziellen Fall der Satz richtig ist, daß nämlich die beiden konjugierten Punkte des Einheitskreises in der Ebene sich als Spiegelpunkte des Äquators auf die Kugel übertragen, so daß ihre vertikal auf dem Äquator stehende Verbindungslinie in der Tat durch dessen Pol geht. Durch Kollineation verwandeln wir den Äquator in irgendeinen anderen Kreis auf der Kugel. Die entsprechende Transformation auf der Zahlenebene macht aus dem Einheitskreis einen anderen, ändert aber die Zuordnung jenes Punktepaares nicht. Also wird diese auch auf der Kugel nicht geändert, und also gilt unser Satz allgemein.

Es ist aber noch der oben versprochene /geometrische/ Beweis zu erbringen: Die Zeichenebene sei so gewählt, daß sie durch O und P geht und das konjugierte Punktepaar R,S in bezug auf den Einheitskreis mit dem Radius OL enthält (Fig. 28). In PR, PL, PS, PM haben wir vier harmonische Strahlen, von denen PL und PM - weil aufeinander senkrecht stehend - die Winkel der beiden anderen halbieren. Also

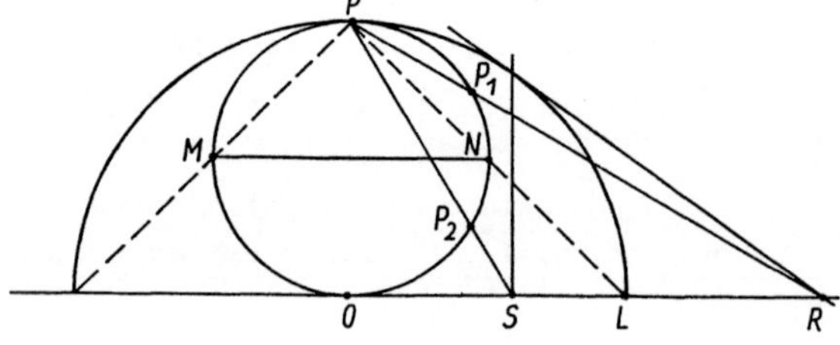

Fig. 28

sind die Bögen NP_1 und NP_2 einander gleich und also P_1 und P_2 Spiegelpunkte bezüglich des Äquators.

Der eben bewiesene Satz ermöglicht uns folgenden Schluß: Konstruieren wir das System von Kreisen, welches in der Zahlenebene durch ein beliebiges Paar konjugierter Punkte in bezug auf einen Kreis K ging, so fanden wir, daß alle diese Kreise auf K senkrecht standen (siehe S. 33). Die Übertragung auf die Kugel lehrt: Konstruiert man alle Ebenen, welche durch zwei in bezug auf einen Kugelkreis konjugierte Kugelpunkte gehen (d. h., konstruiert man das Ebenenbündel durch den Pol eines Kugelkreises), so erhalten wir mit der Kugel lauter Schnittkreise, welche den ersteren rechtwinklig schneiden.

Wenn wir jetzt alle durch ein Ebenenbüschel ausgeschnittenen Kugelkreise mit zwei gemeinschaftlichen Kugelpunkten betrachten, so gibt es zu jedem solchen Kreis ∞^2 rechtwinklige Kugelkreise, deren Ebenen durch seinen Pol gehen. Zu all diesen ∞^1 Gruppen von ∞^2 Kugelkreisen gehört aber das einfach unendliche System, welches ausgeschnitten wird von dem Ebenenbüschel, dessen Achse die konjugierte Gerade ist zu der Achse des ersten Ebenenbüschels. Also: Die beiden durch zwei in bezug auf die Kugel konjugierte Geraden gehenden Ebenenbüschel schneiden auf der Kugel zwei sich überall rechtwinklig schneidende Kreissysteme aus, von denen das eine - wo die Achse des Ebenenbüschels die Kugel trifft - durch zwei feste Kugelpunkte geht und Meridiansystem heißen soll, während das andere das System der Breitenkreise genannt werde.

Die gewöhnlichen Meridian- und Breitenkreise sind hiervon nur ein spezieller Fall.

Diese Systeme von Meridianen und Breitenkreisen auf der Kugel sind die Projektionen der früher geschilderten und ebenso bezeichneten Systeme sich überall rechtwinklig schneidender Kreise in der Zahlenebene (siehe S. 37). Diese letzteren wurden erhalten durch Inversion eines Strahlensystems und eines Systems konzentrischer Kreise. Eine Rotation und Streckung vom gemeinschaftlichen Zentrum der beiden letzteren Systeme übertrug sich durch Inversion in eine Doppelspiralenbewegung, welche als feste Punkte die Pole jenes Kreissystems in der Ebene hatte. Nun überträgt sich diese Doppelspiralenbewegung in der Ebene durch Projektion in eine allgemeine Doppelspiralenbewegung auf der Kugel, welche als feste Punkte die den Meridianen gemeinschaftlichen Pole hat und von der die früher geschilderte Loxodromenbewegung nur ein besonderer Fall ist.

Donnerstag, 25.11.1880

5. Rationale Funktionen

20 5.1. /Rationale/ ganze Funktionen

5.1.1. /Grundlegende Begriffe und Eigenschaften (Stetigkeit - konforme Abbildung - ausgezeichnete Punkte - Riemannsche Fläche)/

/Eine ganze rationale Funktion w von z ist definiert durch/

$$w = Az^n + Bz^{n-1} + \ldots + Mz + N.$$

Man erhält offenbar den Funktionswert $\bar{w} = Az^n + \ldots + N$ für dasselbe z aus dem $w = Az^n + \ldots + N$ durch Spiegelung des letzteren an der Achse der reellen Zahlen in der w-Ebene.

w kann nur für unendlich große Werte von z selbst unendlich werden. Wir bilden daher die Funktion w in einer gewöhnlichen Zahlenebene ab. Zu jedem z gehört offenbar nur ein w. Umgekehrt sind /n Werte z für ein beliebig gegebenes w/ auffindbar.

Um diesen Fundamentalsatz zu beweisen, also zu zeigen, daß jede Gleichung n-ten Grades n Wurzeln hat, schicken wir zunächst zwei unmittelbar evidente Sätze voraus:

1.) Wenn gezeigt ist, daß die Gleichung eine Wurzel hat, so ist zugleich gezeigt, daß sie n Wurzeln hat, denn der Satz gilt ja dann auch für die Gleichung (n-1)-ten Grades, welche nach Absondern des einen, der ersten Wurzel entsprechenden Faktors übrig bleibt.

2.) Die Gleichung hat nicht mehr als n Wurzeln, denn die Wurzeln ergeben sich durch Nullsetzen von linearen Faktoren, in welche die Gleichung zerlegbar ist. Mehr als n solche lineare Faktoren können aber nicht vorhanden sein, weil z^n die höchste Potenz /ist/.

21 Weiter beachte man noch: w ist eine stetige Funktion von z.

Definition der Stetigkeit: So lange wir in bezug auf die Variable im Gebiet der reellen Zahlen blieben und also die Funktion als Kurve deuteten, hatten wir folgende Definition:

Wenn δ eine noch so kleine gegebene Größe ist, so muß es, falls die Funktion im Punkt z_0 stetig heißen soll, immer ein kleines auffindbares Intervall $z_0 \pm \varepsilon$ geben, derart, daß für ein innerhalb dieses

Intervalls bewegliches z sich Werte w ergeben, die innerhalb des Intervalls $w_0 \pm \delta$ liegen /($w_0 = f(z_0)$)/.

Für das Gebiet komplexer Variabler erweitern wir diese Definition: Wenn δ eine noch so kleine reelle positive Größe ist, so muß es, wenn die Funktion w an der Stelle z_0 stetig heißen soll, immer ein kleines Gebiet von Punkten z um z_0 herum geben, derart, daß für einen beweglichen Punkt z innerhalb dieses Gebietes sich Werte w ergeben, die innerhalb eines Kreises mit dem Radius δ um w_0 als Zentrum liegen /($w_0 = f(z_0)$)/.

Für einen /beliebigen/ Punkt w in diesem Kreis ist dann immer $|w - w_0| < \delta$, und für einen /beliebigen/ Punkt z innerhalb jenes kleinen Gebietes um z_0 /ist/ $|z - z_0| < \varepsilon$. Um also zu zeigen, daß die ganzen Funktionen für endliche Werte z stetig sind, brauchen wir nur zu beweisen, daß es zu einem /beliebig/ gegebenen δ immer ein zugehöriges ε gibt.

Nun ergibt sich durch Entwicklung für $z = z_0 + h$

$$w = w_0 + h\left(\frac{dw}{dz}\right)_{z=z_0} + \frac{h^2}{1\cdot 2}\cdot\left(\frac{d^2w}{dz^2}\right)_{z=z_0} + \ldots \qquad \mathbf{22}$$

Die Änderung der Funktion ist also

$$\Delta w = w - w_0 = h\left(\frac{dw}{dz}\right)_{z=z_0} + \frac{h^2}{1\cdot 2}\left(\frac{d^2w}{dz^2}\right)_{z=z_0} + \ldots$$

Daraus folgt, da der absolute Betrag einer Summe kleiner oder gleich ist der Summe der absoluten Beträge der Summanden[1]:

$$|\Delta w| \leq |h|\cdot\left|\left(\frac{dw}{dz}\right)_{z=z_0}\right| + \left|\frac{h^2}{1\cdot 2}\right|\cdot\left|\left(\frac{d^2w}{dz^2}\right)_{z=z_0}\right| + \ldots$$

Wenn nun für $|\Delta w|$ eine noch so kleine Größe δ als obere Grenze gegeben ist, so läßt sich stets eine kleine Größe h so bestimmen, daß die rechte Seite der obigen Formel kleiner ist als δ, also um so mehr $|\Delta w| < \delta$ ist, denn die Faktoren $\left|\left(\frac{dw}{dz}\right)_{z=z_0}\right|$, ... sind bestimmte endliche Größen, und wir können h so klein machen, daß das erste Glied der Summe die anderen überwiegt, so daß wir diese nicht zu beachten brauchen. Wenn wir aber nur dieses erste Glied beachten, erkennen wir, daß wir h sicher so klein machen können, daß $|h|\cdot\left|\left(\frac{dw}{dz}\right)_{z=z_0}\right| < \delta$.

[1] Was unmittelbar aus der Addition komplexer Zahlen folgt. (L)

Einwurf: Es könnte Punkte z_o geben, für welche $\frac{dw}{dz} = 0$. Dann aber tritt nun der zweite Summand an /die/ Stelle des ersteren, und man kann dann um so leichter h so klein machen, daß $|\Delta w| < \delta$ wird. Alle Differentialquotienten können nicht verschwinden, weil der letzte eine Konstante /ist/.

Punkte z, in denen der erste Differentialquotient von w oder noch weitere Differentialquotienten verschwinden, nennen wir merkwürdige Punkte.

Verschwinden für einen Punkt z alle Differentialquotienten bis zum r-ten inklusive, so heißt dies bekanntlich algebraisch, daß unter den Gleichungen $f(z) - w = 0$, welche sich für wechselnde Werte von w ergeben, eine jenen Wert z als (r+1)-fache Wurzel hat.

Nachdem wir gesehen haben, wie sich der absolute Betrag der Funktion w ändert, wenn die Variable z sich ändert, fragt sich noch, was die Amplituden tun?

Ausgehend von z_o, dem der Wert w_o zugehört, ändern wir z um lauter kleine Größen h, deren absolute Beträge gleich 1 sind, während ihre Amplituden alle Werte von 0 bis 2π durchlaufen. Es ergibt sich die schon genannte Funktionsänderung Δw. Setzen wir nun die absoluten Beträge der h gegen 0 konvergierend voraus, so können wir in Δw die Glieder mit höheren Potenzen vernachlässigen und also setzen, sofern z_o kein merkwürdiger Punkt ist:

$$\Delta w = h \cdot \left(\frac{dw}{dz}\right)_{z=z_o}.$$

Ist nun $\left(\frac{dw}{dz}\right)_{z=z_o} = R(\cos\Phi + i \sin\Phi)$ und $h = \varrho(\cos\varphi + i \sin\varphi)$, wo ϱ gegen 0 konvergiert, so erhalten wir

$$\Delta w = \varrho R(\cos(\Phi + \varphi) + i \sin(\Phi + \varphi)),$$

d. h., wenn ein beweglicher Punkt z sich von z_o um h mit der Amplitude φ fortbewegt, so bewegt sich der Funktionswert w von w_o um ein kleines Stück mit der Amplitude $\Phi + \varphi$ fort. Wenn φ einmal alle Werte von 0 bis 2π durchläuft, so durchläuft auch die Amplitude $\Phi + \varphi$ alle Werte von Φ bis $\Phi + 2\pi$. Der Winkel zweier Fortschreitungsrichtungen von z ist gleich dem Winkel der entsprechenden Fortschreitungsrichtungen von w, d. h., die Abbildung der Zahlenebene z auf eine zweite mit Hilfe einer ganzen Funktion ist eine konforme in einem allgemeinen Punkt z_o.

Freitag, 26.11.1880

Eine kleine Änderung von z mit dem absoluten Betrag ϱ verwandelte sich in eine kleine Änderung von w mit dem absoluten Betrag $\varrho R = \varrho \left| \left(\frac{dw}{dz}\right)_{z=z_0} \right|$. $\frac{dw}{dz}$ /ist/ aber wieder /eine/ ganze Funktion (n-1)-ten Grades, also /ist/ $\left|\frac{dw}{dz}\right|$ für einen beliebigen Punkt endlich. Also: Das Ähnlichkeitsverhältnis bei einer konformen Abbildung der Zahlenebene mittels einer ganzen Funktion ist immer endlich.

Die einzige Ausnahme hiervon bilden die Punkte der Zahlenebene, für die $\frac{dw}{dz} = 0$. Da wird das Ähnlichkeitsverhältnis 0 oder ∞, je nachdem /,wie/ es definiert wurde. (Deuten wir für gewöhnliche rechtwinklige Koordinaten w und z die Funktion $w = f(z)$ als eine Parabel, so entsprechen den Wurzeln von $\frac{dw}{dz} = 0$ bekanntlich solche Punkte, in denen die Tangente der Parabel mit der z-Achse parallel ist. Ist für ein solches z auch noch $\frac{d^2w}{dz^2} = 0$, so hat der zugehörige Kurvenpunkt eine horizontale Wendetangente.)

Wie bildet sich nun die Zahlenebene in jenen merkwürdigen Punkten ab? Für $z = z_0$ mögen alle Differentialquotienten bis zum r-ten inklusive verschwinden, dann /ist/

$$\Delta w = w - w_0 = \left(\frac{d^{r+1}w}{dz^{r+1}}\right)_{z=z_0} \cdot \frac{(z - z_0)^{r+1}}{(r + 1)!}$$

/bei Vernachlässigung der restlichen Glieder höherer Ordnung/.
Setzen wir $\left(\frac{d^{r+1}}{dz^{r+1}}\right)_{z=z_0} \cdot \frac{1}{(r + 1)!} = R(\cos \Phi + i \sin \Phi)$ und $z - z_0 = \varrho(\cos \varphi + i \sin \varphi)$, so wird $|w - w_0| = R\varrho^{r+1}$, und die Amplitude von $w - w_0$ /ist/ $\Phi + (r+1)\varphi$, d. h., die Winkel in der w-Ebene wachsen für einen solchen Punkt (r+1)-mal so rasch als in der z-Ebene.

Die Konformität der Abbildung hört also in solchen Punkten auf. Wenn also eine Fortschreitungsrichtung im Punkt z_0 das ganze Richtungsbüschel durchläuft, so überkreist die zugehörige Fortschreitungsrichtung in w_0 das ganze Büschel (r+1)-mal. /Dies drücken wir wie folgt aus/:
Die Richtungsbüschel w_0 und z_0 sind (1,r+1)-deutig aufeinander bezogen.

Wenn wir uns nun aber vorstellen, daß in w_0 nicht nur ein Richtungsbüschel liegt, sondern (r+1) /Richtungsbüschel/ übereinander, welche kontinuierlich ineinander übergehen und eine in sich geschlossene Richtungsgesamtheit bilden, indem der Strahl, welcher $\varphi = 0$ entspricht, die erste Richtung des ersten Büschels und die letzte des letzten angibt, so können wir jetzt das einfache Büschel z_0 und das (r+1)-fache w_0 (1,1)-deutig aufeinander beziehen. Ein solches doppeltes Büschel wird eine Fläche erfüllen, wie sie die Fig. 29 darzustellen versucht. RIEMANN nannte ein jedes der übereinanderliegenden Richtungsbüschel einen Zweig oder Ast der Bildfläche und die Punkte, in denen dieselben zusammenstoßen, dementsprechend einen Verzweigungspunkt. Dann kann man sagen: Den merkwürdigen Punkten der z-Ebene entsprechen die Verzweigungspunkte der w-Ebene.

Fig. 29

Nunmehr [der] Beweis des Fundamentalsatzes. Der Satz drückt sich geometrisch so aus: Es gibt in der w-Ebene keine solchen Flächengebiete, daß für einen Punkt w in ihrem Inneren sich keine zugehörigen Werte z auffinden ließen. Gäbe es z. B. ein solches Gebiet II, so würde ein Punkt P seines Randes noch zugehörige Werte z besitzen (Fig. 30). Das von P auslaufende Richtungsbüschel hat zugehörige Büschel in der z-Ebene. Wenn wir einen Richtungsstrahl nun alle Lagen in einem Büschel der z-Ebene annehmen lassen, so muß, wie wir aus den Überlegungen über Stetigkeit wissen, das Büschel P in der w-Ebene von dem entsprechenden Richtungsstrahl ebenfalls vollständig überstrichen werden, was unmöglich wäre, wenn es ein solches Gebiet II gäbe.

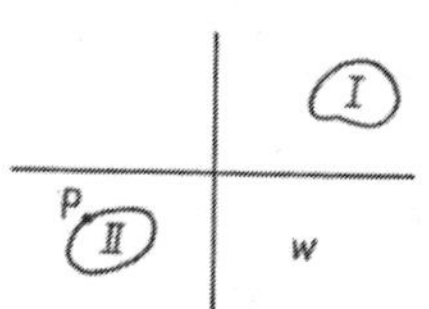

Fig. 30

(Wir werden später sehen, daß es höhere Funktionen als die ganzen gibt, bei denen in der Tat solche Gebiete auftreten. Bei ihnen hört für unendlich dicht liegende Punkte die eben hervorgehobene Endlichkeit des Ähnlichkeitsverhältnisses auf.)

Für jeden Punkt w muß es also mindestens ein z geben. Dann gibt es aber nach dem Früheren n [Werte z].

Eine Ausnahme hiervon bilden die Verzweigungspunkte w. Wir sahen, daß ein merkwürdiger Punkt z, für welchen alle Differentialquotienten bis hin zum r-ten verschwinden, stets eine (r+1)-fache Wurzel der Gleichung $f(z) - w = 0$ ist, wo w der Wert ist, den f(z) in jenem merkwürdigen Punkt annimmt. Wenn wir also umgekehrt alle z aufsuchen, welche zu diesem w gehören, so muß jener eine Punkt (r+1)-mal mit vorkommen und außerdem also noch $n - r - 1$ andere, von denen in besonderen Fällen natürlich auch wieder einige zusammenfallen können. Wir nennen r die Multiplizität des Punktes z.

Es gibt nur n-1 merkwürdige Punkte, da $\frac{dw}{dz} = 0$ vom Grad n-1 ist. Dabei ist aber jede Wurzel der Gleichung (also jeder merkwürdige Punkt) so oft gerechnet, als sie auftritt (resp. seine Multiplizität beträgt), d. h. [ ]: $\sum r = n-1$.

Zum vollen Erfassen der Abbildung (w, z) gehört noch die Beziehung zwischen den unendlich fernen Punkten [der z- und w-Ebene]. Setzen wir $z = R(\cos \Phi + i \sin \Phi)$ und lassen dann z unter Beibehaltung der Amplitude Φ sich immer mehr dem unendlich fernen Punkt nähern, so können wir mit um so größerer Annäherung für $w = Az^n + Bz^{n-1} + \ldots + Mz + N$ nur das erste Glied rechts setzen und haben im Grenzfall

$$w = A\,R^n(\cos n\Phi + i \sin n\Phi).$$

D. h., während der Richtungsstrahl in der z-Ebene alle Lagen durch den unendlich fernen Punkt überstreicht, überstreicht der entsprechende Strahl in der w-Ebene das ganze unendlich ferne Richtungsbüschel n-mal. [Auf die Kugel übertragen heißt dies]: Während ein Punkt der z-Kugel einen unendlich kleinen Kreis um den Unendlichkeitspunkt einmal durchläuft, durchläuft sein entsprechender Punkt auf unendlich kleiner kreisförmiger Bahn den Punkt ∞ der w-Kugel n-mal. Das heißt aber in obiger Sprechweise:

Außer den im Endlichen gelegenen merkwürdigen Punkten ist auch noch der unendlich ferne Punkt ein merkwürdiger Punkt, und zwar besitzt derselbe die Multiplizität n-1, so daß die Gesamtmultiplizität 2(n-1) ist.

Man findet das Resultat bestätigt, wenn man auf beiden Zahlenebenen eine Transformation anwendet, welche das Unendliche in den Nullpunkt bringt, also $z' = \frac{1}{z}$ und $w' = \frac{1}{w}$ setzt. Aus $w = Az^n + \ldots + N$ wird

dann $w' = \dfrac{z'^n}{A + Bz' + \ldots + Nz'^n}$.

Lassen wir nun z' der Null unendlich nahe rücken, so können wir im Nenner alle späteren Glieder gegen das erste endlich weglassen, so daß $w' = \frac{1}{A} z'^n$ wird, was - dem Früheren entsprechend - aussagt: Während ein Strahl das Büschel im Nullpunkt der z'-Ebene einmal überstreicht, überstreicht der entsprechende Richtungsstrahl das Büschel im Nullpunkt der w'-Ebene n-mal. Wir wollen festsetzen, daß wir die Beziehungen zwischen den unendlich fernen Punkten immer so in Worte kleiden wollen, wie sie sich nach Transformation der Zahlenebenen, die das Unendliche ins Endliche bringen, darstellen. Dann gilt der Satz: Bei der ganzen Funktion ist der unendlich weite Punkt ein merkwürdiger Punkt von der Multiplizität $n-1$.

Dienstag, 30.11.1880

Um das Verhalten einer ganzen Funktion im Unendlichen zu erkennen, ohne jene Transformation zu machen, führen wir homogene komplexe Variable ein, d. h., wir schreiben überall $\frac{w_1}{w_2}$ für w und $\frac{z_1}{z_2}$ für z. Aus unserer ganzen Funktion wird dann

$$\frac{w_1}{w_2} = \frac{Az_1^n + Bz_1^{n-1}z_2 + \ldots + Mz_1z_2^{n-1} + Nz_2^n}{z_2^n}$$

[oder]

$$F = w_2(Az_1^n + \ldots + Nz_2^n) - w_1z_2^n = 0.$$

Wie drückt sich in dieser neuen Schreibweise allgemein ein merkwürdiger Punkt aus? Wir werden sehen, daß dies für den im Unendlichen liegenden merkwürdigen Punkt genau so geschieht, wie für jeden endlichen.

Früher war im Endlichen jeder merkwürdige Punkt durch $\frac{dw}{dz} = 0$ oder $nAz^{n-1} + (n-1)Bz^{n-2} + \ldots + M = 0$ ausgezeichnet. Es ist aber

$$\frac{\partial F}{\partial z_1} \equiv w_2 \cdot (nAz_1^{n-1} + (n-1)Bz_1^{n-2}z_2 + \ldots + Mz_2^{n-1}),$$

also ist diese Gleichung unter der Voraussetzung $\frac{z_1}{z_2} = z$ identisch mit $\frac{\partial F}{\partial z_1} = 0$. Für jeden solchen Punkt gilt aber auch die Gleichung $F = 0$. Wegen $\frac{\partial F}{\partial z_1} \cdot z_1 + \frac{\partial F}{\partial z_2} \cdot z_2 \equiv n \cdot F$ wird daher für ihn auch $\frac{\partial F}{\partial z_2} = 0$, d. h.: Ein einfacher merkwürdiger Punkt der z-Ebene ist bei homogener Schreibweise der Variablen dadurch charakterisiert, daß für ihn $\frac{\partial F}{\partial z_1}$ und $\frac{\partial F}{\partial z_2}$ verschwinden.

23 Man hat weiter $\frac{\partial^2 F}{\partial z_1^2} z_1^2 + 2 \frac{\partial^2 F}{\partial z_1 \partial z_2} z_1 z_2 + \frac{\partial^2 F}{\partial z_2^2} z_2^2 \equiv n \cdot (n-1) \cdot F.$

Ein merkwürdiger Punkt von der Multiplizität 2 wurde früher definiert durch $\frac{dw}{dz} = 0$ und $\frac{d^2w}{dz^2} = 0$, also in neuer Schreibweise zunächst durch $\frac{\partial F}{\partial z_1} = 0$, $\frac{\partial F}{\partial z_2} = 0$, $\frac{\partial^2 F}{\partial z_1^2} = 0$. Das Eulersche Theorem angewendet auf $\frac{\partial F}{\partial z_1}$ ergibt aber für $\frac{\partial F}{\partial z_1} = \frac{\partial^2 F}{\partial z_1^2} = 0$ auch $\frac{\partial^2 F}{\partial z_1 \partial z_2} = 0$. /Hieraus folgt mit der obigen Identität weiter/ $\frac{\partial^2 F}{\partial z_2^2} = 0$.

Für einen merkwürdigen Punkt von der Multiplizität 2 verschwinden also mit den beiden ersten auch die drei zweiten partiellen Differentiale von F. Die Fortsetzung dieses /Gedankens für höhere Multiplizitäten führt zu dem allgemeinen Satz/:
Für einen merkwürdigen Punkt der z-Ebene von der Multiplizität r verschwinden sämtliche partiellen Ableitungen von F bis inklusive zur r-ten Ordnung, wobei aber zunächst noch vorausgesetzt ist, daß dieser Punkt im Endlichen /bleibt/.

Diese Charakterisierung der merkwürdigen Punkte schließt aber auch den unendlich fernen Punkt mit ein. Die Annahme $\frac{w_1}{w_2} = \infty$ nämlich wird bei endlichen Werten von w_1 und w_2 erreicht durch $w_1 =$ bel., $w_2 = 0$. Bilden wir unter dieser Annahme die sukzessiven Differentialquotienten von $F \equiv w_2 \cdot (Az_1^n + \dots + Nz_2^n) - w_1 z_2^n$, so haben wir, daß wir den mit w_2 behafteten Teil ignorieren können, da er für $w_2 = 0$ wegfällt. Im übrigen Teil von F kommt z_1 nicht vor, daher verschwinden alle Differentialquotienten nach z_1 und alle, die teils nach z_1 und z_2 genommen sind. Die nur nach z_2 genommenen Differentialquotienten von F enthalten die fallenden Potenzen von z_2. Für den unendlich fernen Punkt der z-Ebene ist aber $z_2 = 0$, und daher verschwinden alle Differentialquotienten bis zum (n-1)-ten inklusive, während der n-te konstant ist. Für den unendlich fernen Punkt werden daher überhaupt alle partiellen Differentialquotienten bis inklusive zur (n-1)-ten Ordnung gleich Null. Dasselbe tritt ein für alle merkwürdigen Punkte von der Multiplizität n-1 im Endlichen. Aus dem Früheren wissen wir, daß der unendlich ferne Punkt ein merkwürdiger Punkt von derselben Multiplizität ist, also darf man ganz allgemein definieren: Es soll jeder Punkt ein merkwürdiger Punkt von der Multiplizität r heißen, für welchen sämtliche Differentialquotienten bis inklusive zu denen r-ter Ordnung von der Funktion F für homogene Variable verschwinden.

5.1.2. Konforme Abbildung der z-Ebene durch /rationale/ ganze Funktionen an Beispielen

Wenn wir z in seiner ganzen Ebene sich bewegen lassen, durchläuft das zugehörige w seine Ebene n-fach. Wenn wir umgekehrt w als in seiner ganzen Ebene beweglich annehmen, so erhalten wir für jedes allgemeine w /also/ n Werte z. Daraus /erkennt man/: Man muß die z-Ebene in n Gebiete zerlegen können, so beschaffen, daß jedes Gebiet für sich der w-Ebene entspricht. Die Gebiete müssen in den merkwürdigen Punkten zusammenstoßen, weil die Verzweigungspunkte der w-Ebene denen die merkwürdigen Punkte /der z-Ebene/ entsprechen, nicht lauter getrennte zugehörige z haben, sondern solche, die in den merkwürdigen Punkten zum Teil zusammenfallen. Die merkwürdigen Punkte müssen also zugleich mehreren Gebieten angehören. Die n Überdeckungen der w-Ebene, welche der z-Ebene entsprechen, müssen ebenso in den Verzweigungspunkten zusammenhängen.

Beispiele:

- $w = z^n$. Setzen wir $z = r\cdot(\cos\varphi + i\sin\varphi)$, dann wird $w = r^n\cdot(\cos n\varphi + i\sin n\varphi)$. Es ist $z = 0$ ein $(n-1)$-facher merkwürdiger Punkt, weil für ihn alle Differentialquotienten bis zum $(n-1)$-ten verschwinden. Dementsprechend ist $w = 0$ ein $(n-1)$-facher Verzweigungspunkt. Dasselbe gilt bezüglich von den beiden unendlich fernen Punkten der z- und der w-Ebene. Die beiden Verzweigungspunkte der w-Ebene verbinden wir durch eine beliebige Kurve, die Schnitt heißen soll (Fig. 31a). Diesem Schnitt entsprechen in der z-Ebene drei vom Nullpunkt nach dem unendlich fernen Punkt laufende Kurven, die in den beiden gemeinsamen Punkten Winkel von 120° miteinander bilden und durch Drehungen um diesen Winkel ineinander übergehen, wenn wir $n = 3$ voraussetzen (Fig. 31b). Für ein beliebiges w ergeben sich dann 3 Werte z, von denen je einer in eins der Gebiete fällt, die durch die Kurven in der z-Ebene entstanden sind. Wir wollen

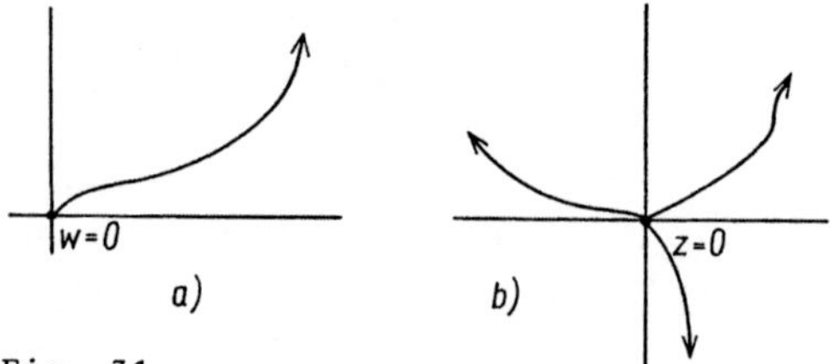

Fig. 31

einen Augenblick von diesen Punkten nur einen betrachten. Lassen wir jetzt den Punkt w sich ganz beliebig bewegen, aber immer ohne Überschreitung des Verzweigungsschnittes, so bewegt sich das eine herausgegriffene z in seinem Gebiet, ohne die Grenzen desselben zu überschreiten. Genauso verhält es sich für jedes andere Gebiet der z-Ebene. Wir können sagen: Der zerschnittenen w-Ebene entspricht ein beliebiges der drei Gebiete.

Man wird nun womöglich einfachere Kurven als Verzweigungsschnitte wählen. In dem betrachteten Beispiel etwa in der w-Ebene die reelle positive Zahlenachse, wobei sich als Gebietsgrenzen in der z-Ebene einstellen die reelle Zahlenachse und zwei Geraden, die mit ihr einen Winkel von 120° bilden.

Im Vorhergehenden haben wir einen Punkt w in seiner Ebene [sich frei bewegen lassen], ohne zu unterscheiden, in welcher der drei Überdeckungen (bei unserem Beispiel) dies geschah. [Im folgenden wollen wir] nun diese drei Überdeckungen streng voneinander trennen und einzeln als selbständige Ganze denken, die untereinander zusammenhängen. Wir folgen darin dem Vorgang RIEMANNs und gelangen somit jetzt zu den Riemannschen Flächen. [Es ist] zweckmäßig, von den einfachsten Beispielen auszugehen:

- $w = z^2$. Man konstruiert zu jedem z das w durch Verdoppelung der Amplitude und erhebt den absoluten Betrag ins Quadrat. Der ganzen grünen (-·-·-·-·-) Achse der reellen Zahlen der z-Ebene entspricht die Achse der positiven reellen Zahlen der w-Ebene (Fig. 32a, b).

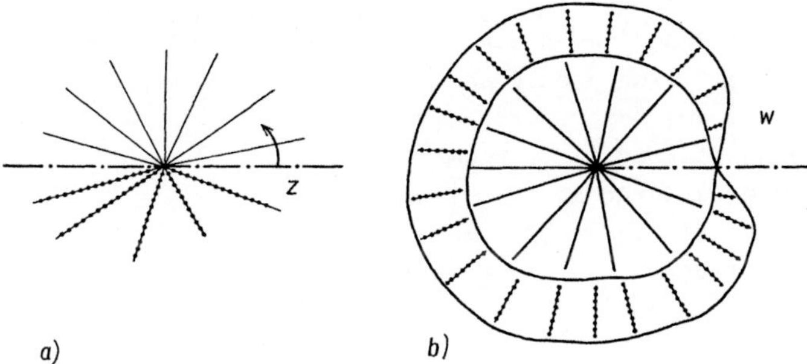

Fig. 32

Lassen wir einen Strahl um z = 0 im Sinne des Pfeils sich um 180° drehen, so dreht sich der entsprechende Strahl [in der w-Ebene] um w = 0 um 360° und gelangt also wieder in die Lage des grünen (-·-·-·-) Strahls, von dem wir ihn ausgegangen denken. Damit wir auch alle Lagen des roten (·······) Halbbüschels in der z-Ebene selbständig und unverwechselbar in der w-Ebene abgebildet erfassen, setzen wir die Bildebene aus zwei übereinanderliegenden Ebenen zusammen und zwar so, daß wir nach einer Umkreisung des Nullpunktes auf dem oberen, mit einem schwarzen (———) Strahlbüschel überdeckten Blatt im grünen (-·-·-·-·) Strahl ins zweite, untere Blatt gelangen. Eine Drehung eines Strahls in diesem unteren Büschel entspricht einer Drehung eines Strahls in der z-Ebene um den Nullpunkt, von dem Strahl der reellen negativen Zahlen ausgehend, zu demjenigen der reellen positiven Zahlen und zwar im entgegengesetzten Sinne des Uhrzeigers. Nachdem wir so in der z-Ebene unseren Strahl das rote (·······) Büschel haben überstreichen lassen, gelangt derselbe wieder ins schwarze (———) Büschel. In der w-Ebene gelangt unser Bildstrahl, nachdem er das im unteren Blatt liegende rote (·······) Büschel überstrichen hat, wieder im grünen (-·-·-·-) Strahl auf das obere Blatt, welches mit dem schwarzen (———) Strahlenbüschel überdeckt ist. Während so das ganze Büschel der z-Ebene vom beweglichen Strahl gerade einmal durchlaufen wurde, ist das Doppelbüschel der zweiblättrigen Riemannschen Fläche, welche wir statt der gewöhnlichen Zahlenebene nun zur Abbildung benutzt haben, auch gerade einmal überstrichen worden. Beistehende Fig. 33 gibt einen Querschnitt der zweiblättrigen Riemannschen Fläche an, der durch eine Ebene entsteht, die auf der vorigen Zeichenebene senkrecht steht und sie in einer zur grünen (-·-·-·-·) Achse senkrechten Geraden durchdringt.

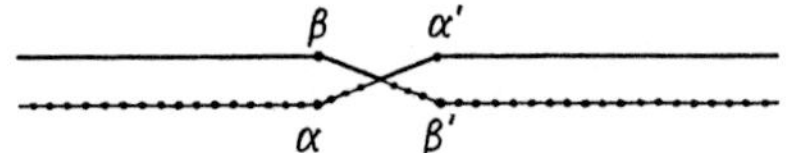

Fig. 33

Die beiden Blätter durchdringen sich in einem einzigen grünen (-·-·-·-·) Halbstrahl, welcher sich aber natürlich im Querschnitt nicht anders als [ein] Punkt darstellt und zwar als Schnittpunkt der beiden, das obere und untere Blatt verbindenden Brücken $\alpha\alpha'$ und $\beta\beta'$.

Eine genaue Vorstellung von der Abbildung der z-Ebene auf die doppelblättrige Riemannsche Fläche erhalten wir dadurch, daß wir die z-Ebene durch Strahlen vom Nullpunkt aus und Kreise mit ihm als Zentrum in viereckige Figuren zerlegen (Fig. 34a). Die Strahlen bilden

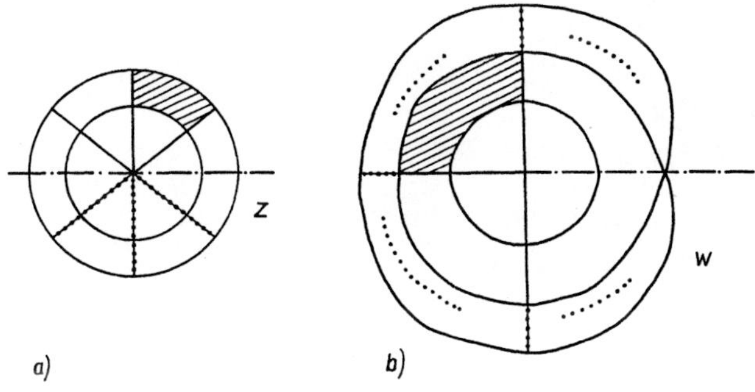

Fig. 34

sich in der w-Ebene als solche vom Punkt w = 0 ab, nur daß sie die doppelten Winkel miteinander bilden, als die entsprechenden in der z-Ebene (Fig. 34b). Die Kreise bilden sich als ebensolche mit w = 0 als Zentrum ab, ihre Radien sind die Quadrate von denjenigen der entsprechenden Kreise in der z-Ebene.[1)]

So sind die z-Ebene und die Riemannsche Fläche in lauter viereckige Parzellen zerlegt, die einander zugehören. Man kann diese Parzellen durch Verdichtung der Strahlenbüschel und Kreissysteme beliebig eng machen und so bis ins einzelne eine Vorstellung erhalten, wie sich die z-Ebene abbildet. Statt solcher minutiöser Zerlegung werden wir uns im folgenden zumeist mit einer Zerlegung in Halbebenen begnügen.

Jedes Blatt der doppelblättrigen Riemnannschen Fläche hat eine obere Hälfte, für welche der imaginäre Bestandteil der darin liegenden komplexen Zahlen positives Vorzeichen hat und die wir daher positives Halbblatt nennen und durch Schraffierung markieren wollen (Fig. 35b). Ebenso hat es eine untere negative Hälfte. Bewegen wir uns im angegebenen Pfeilsinn in der Riemannschen Fläche, so sind wir erst im oberen positiven Halbblatt, dann im oberen negativen, dann im unteren positiven, dann im unteren negativen und dann im Ausgangspunkt zurück.

Die entsprechende Bewegung in der z-Ebene [führt] durch vier verschiedene Quadranten, die den Halbblättern entsprechen und ihnen

---

[1)] Satz: Eine Sichel [der w-Ebene] mit der Winkelöffnung φ und den Ecken 0 und ∞ wird auf eine ebensolche mit der Winkelöffnung $\frac{\varphi}{2}$ [in der z-Ebene] abgebildet.

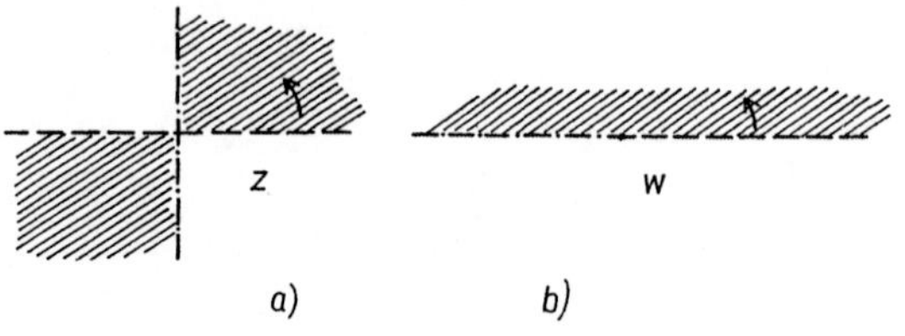

Fig. 35

durch Schraffierung zugeordnet sind (Fig. 35a). Daß dem so ist, erkennt man sofort, wenn man sich durch leichte Überlegung davon überzeugt, daß sich die grüne (-----) resp. blaue (-·-·-·-)Hälfte der reellen Zahlenachse der w-Fläche in der angegebenen Weise in der z-Ebene darstellen.

- Bei der Abbildung durch die Funktion $w = Az^2 + Bz + C$ ist die Gebietsverteilung im wesentlichen dieselbe. Statt des Nullpunktes in beiden Ebenen treten nur andere Punkte ein.

Mittwoch, 1.12.1880

- Genau in derselben Weise und darum kürzer behandeln wir jetzt $w = z^3$. Der Punkt $z = 0$ ist merkwürdiger Punkt von der Multiplizität 2, ebenso der unendlich ferne Punkt, und dementsprechend sind die Punkte $w = 0$ und $w = \infty$ Verzweigungspunkte. Den Verzweigungsschnitt legen wir in der w-Ebene längs der Achse der positiven reellen Zahlen. Dementsprechend erhalten wir in der z-Ebene als Grenzen der Gebiete, die den einzelnen Blättern der Bildfläche entsprechen, die Achse der reellen positiven Zahlen und zwei dagegen um 120° geneigte Geraden. Alle bisherigen [Linien (Verzweigungsschnitt und Gebietsgrenzen)] haben grüne (------) Farbe (Fig. 36a, b). Die Achse der negativen reellen Zahlen der Bildfläche (w) ist nicht Verzweigungsschnitt, trennt aber jede positive Hälfte jedes Blattes von der negativen. Sie hat als entsprechende Strahlen die - wie sie - blaugefärbten (-·-·-·-·) Winkelhalbierenden der drei obigen [Strahlen]. Nun ist zugleich in der z-Ebene bestimmt, welche Flächengebiete sich als positive, welche als negative Halbblätter abbilden (die ersten sind schraffiert). Wir haben nun noch willkürlich zu entscheiden, welchen von den drei Teilen der z-Ebene, die durch zwei grüne (-----) Linien mit dem Winkel 120° gebildet sind, wir bezüglich auf das erste, zweite oder dritte Blatt unserer Riemannschen Fläche ab-

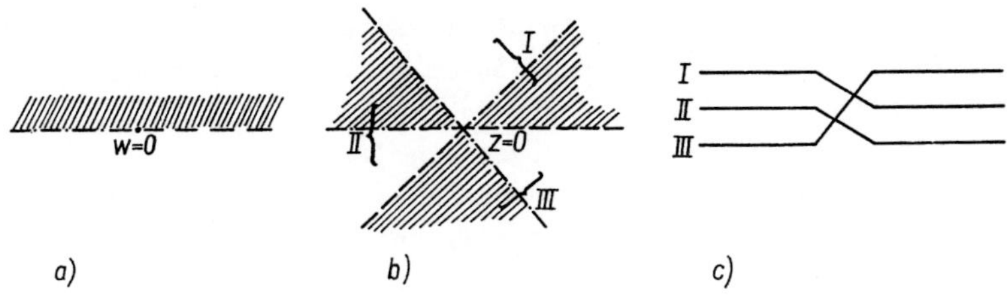

Fig. 36

bilden wollen. Wir wollen I auf das oberste, II auf das mittlere, III auf das unterste abbilden (Fig. 36b). /Dementsprechend müssen die/ einzelnen Blätter durch Brücken so /verbunden werden/, daß wir bei einer Umlaufung des Punktes $z = 0$ entgegengesetzt dem Uhrzeigersinn aus dem obersten Blatt ins mittlere, aus diesem ins unterste und von da ins oberste zurückgelangen (siehe Querschnitt, Fig. 36c). Wir haben nach diesen Erläuterungen die Figuren 36.

- Wir betrachten jetzt eine allgemeinere Funktion 3. Grades:[1]
$w = z^3 - 3z$. $\frac{dw}{dz} = 0$ ergibt $z_1 = +1$, $z_2 = -1$ als merkwürdige Punkte. Ihnen gehören die Verzweigungspunkte $w_1 = -2$, $w_2 = +2$ zu. Jedem w entsprechen drei z und so dem w_1 außer dem doppelt zu zählenden z_1 noch der gewöhnliche Punkt $z_1' = -2$ und dem w_2 noch $z_2' = +2$. Dies zeichnen wir alles auf und verbinden in der w-Ebene die Verzweigungspunkte durch Verzweigungsschnitte und zwar w_1 und w_2 durch einen roten (······), w_2 und den unendlich fernen Punkt durch einen grünen (-----). Welche Kurven entsprechen diesen Schnitten in der z-Ebene? Wenn $w = u + iv$, $z = x + iy$, so ist unsere Funktion

$$u + iv = (x^3 - 3xy^2 - 3x) + i(3x^2y - y^3 - 3y).$$

Unsere Verzweigungsschnitte liegen in der w-Ebene in der Geraden $v = 0$. Die entsprechenden Kurven der z-Ebene sind also

$3x^2y - y^3 - 3y = 0$, d. h. 1.) $y = 0$, 2.) $\frac{x^2}{1} - \frac{y^2}{3} = 1$. /Dies/ sind die Achse der reellen Zahlen und eine Hyperbel mit dieser Geraden als Symmetrieachse, dem Nullpunkt als Zentrum und mit Asymptoten,

[1] Zugrundeliegendes Prinzip: Derivation höherer Fälle aus den einfacheren.

für deren Winkel α gegen die x-Achse tg $\alpha = \frac{\sqrt{3}}{1}$, der also gleich 60° ist.

Um nun zu erkennen, wie sich die Teile der Achse v = 0 auf y = 0 und /die/ Hyperbel abbilden, lassen wir einen Punkt auf y = 0 wandern und bestimmen immer den zugehörigen Weg des entsprechenden Punktes der w-Ebene, wobei auf zugehörige Teile dieselbe Farbe abgetragen wird (Fig. 37a, b). Der Punkt beginne seine Wanderung bei z_2'. Bewegt er sich geradlinig nach z_1, so läuft der entsprechende Punkt w geradlinig von w_2 nach w_1. Wir haben also zwischen z_2' und z_1 ebenfalls rot (······) aufzutragen. z_1 ist ein merkwürdiger Punkt. Bewegt sich also hier der Punkt auf der Hyperbel weiter, d. h. um 90° geneigt gegen seine frühere Richtung, so bewegt sich der entsprechende Punkt von w_1 aus um 180° geneigt gegen seine frühere Richtung, d. h. geradlinig, ruhig weiter. Also muß der ganze Hyperbelast mit dem Scheitel z_1 wie die von w_1 nach links gelegene Linie blau (-·-·-·-·) gemalt werden. Geht dagegen der in z_1 angekommene Punkt geradlinig, also um 180° gegen seine frühere Richtung geneigt, weiter, so bewegt sich der entsprechende Punkt von w_1 aus um 360° geneigt gegen seine frühere Richtung, d. h. wieder auf der ersten Linie zurück. Während z von z_1 nach z_2 geht, geht w nach w_2, also muß $\overline{z_1 z_2}$ wie $\overline{w_1 w_2}$ rot (······) sein. In z_2 tritt das Analoge wie in z_1 ein. Geht der z-Punkt unter rechtem Winkel, d. h. auf der Hyperbel, weiter, so geht der w-Punkt unter gestrecktem Winkel, d. h. geradlinig, weiter auf der grünen (------) Strecke, also muß der Hyperbelast mit dem Scheitel z_2 grün (------) sein. Geht dagegen der Punkt

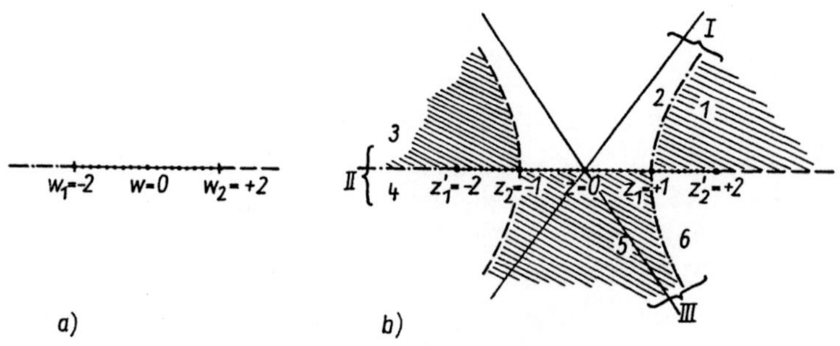

Fig. 37

von z_2 aus geradlinig fort nach z_1', also um 180° gegen früher geneigt, so daß der w-Punkt unter 360° gegen früher, also geradlinig von w_2 nach w_1 [sich zurückbewegt, so ist] $\overline{z_2 z_1'}$ wie $\overline{w_2 w_1}$ rot (·······). z_1' ist ein gewöhnlicher Punkt. Geht also der z-Punkt von dort aus geradlinig weiter, so geht auch der w-Punkt von w_1 nach links ins Unendliche. Also muß die von z_1' nach links liegende Strecke wie die von w_1 nach links gelegene blau (-·-·-·-) sein. Ebenso folgt, daß die letzte noch nicht gefärbte, die von z_2' nach rechts gelegene, wie die von w_2 nach rechts gelegene grün (------) sein muß. Der grüne (------) und blaue (-·-·-·-) Teil der Achse v = 0 der w-Ebene stoßen im Unendlichen unter 180° zusammen. Da nun dieser unendlich ferne Punkt ein Verzweigungspunkt von der Multiplizität 2 ist, so stoßen alle blauen (-·-·-·-·) und grünen (------) ins Unendliche gehenden Äste ([insgesamt 6]) der z-Ebene dort unter einem Winkel von $\frac{180^\circ}{3}$ $= 60^\circ$ zusammen.

Als Verzweigungsschnitte hatten wir anfangs festgesetzt (das stand bis zu einem gewissen Grade in unserem Belieben[1]) die grüne (-----) und rote (······) Strecke der w-Ebene, während die blaue (-·-·-·-) nur das positive Halbblatt vom negativen trennen sollte. Dies müssen wir benutzen, um uns darüber klar zu werden, welche Teile der z-Ebene sich auf je ein Blatt der w-Ebene abbilden. Die grünen (------) und roten (······) Kurven in der z-Ebene müssen je zusammen ein solches Gebiet von einem anderen trennen. Die blauen (-·-·-·-) Kurven müssen nur innerhalb jedes Gebietes den positiven Teil vom negativen trennen. Wir bewegen uns daher vom unendlich fernen Punkt aus, in dem alle Äste münden, immer auf grünen und roten Kurven wandernd, nie eine überschreitend, aber wenn nötig auch zweimal durchlaufend, wieder ins Unendliche. Ein Gebiet, welches eine solche Wanderung umschritten hat, entspricht einem Blatt der w-Fläche. Dies gelingt auf 3 Arten, und es bilden 1 mit 2 (≙I), 3 mit 4 (≙II) und 5 mit 6 (≙III) ein solches Gebiet (Fig. 37a, b).

Um zu entscheiden, welches von den beiden Teilgebieten innerhalb jedes Hauptgebietes dem positiven und welches dem negativen Halbblatt entspricht, prüfen wir [dies] an einem <u>einzigen</u> Punkt.[2] Für den im Gebiet 1 liegenden Punkt $z = 2+i$ folgt $w = -4+8i$, der im positiven Halbblatt liegt. Dann entspricht also 1 dem positiven Halbblatt,

---

[1] Wir könnten auch noch rot und blau zerschneiden und die grünen Strecken außer Betracht lassen etc. (L)

[2] Folgt aus dem Satz von der Nichtumlegung der Winkel.

2 dem negativen. Und da sich an ein positives Halbblatt von einem Blatt immer nur die negative Hälfte eines zweiten Blattes anschließen kann, ist über diesen Punkt kein Zweifel mehr. Die positiven Halbgebiete sind schraffiert. Welches von den Gebieten wir auf das oberste, mittlere, untere Blatt der Riemannschen Fläche abbilden wollen, steht wieder frei. Wir tun dies in der genannten Reihenfolge. Dann hängt längs der blauen (-·-·-·-) Linie I an I, II an II, III an III. Wir wissen, daß sie keine Verzweigungsschnitte sind. Längs der roten (·····) Linie /hängt/ II an II, I an III, III an I. Längs der grünen (------) /Linie hängt/ I an II, II an III, III an I, wie man aus der z-Ebene sieht. Legen wir also 3 Ebenen senkrecht zur w-Ebene und dieselbe in 3 zur Achse v = 0 senkrechten Geraden durchschneidend, welche der Reihe nach den blauen (-·-·-·-), roten (······) und den grünen (------) Teil von v = 0 treffen, so erhalten wir /die in Fig. 37c/ dargestellten Querschnitte.

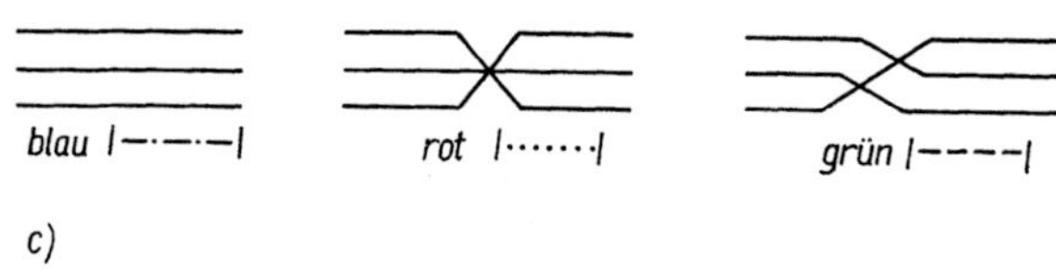

c)

Fig. 37

Donnerstag, 2.12.1880

- Vergleichen wir jetzt die beiden betrachteten Funktionen $w = z^3$ und $w = z^3 - 3z$, so sehen wir: Die erste hat in w = 0 einen doppelten Verzweigungspunkt. Die zweite /hat/ dafür zwei einfache, die symmetrisch gegen w = 0 gelegen sind. Den Übergang von einer zur anderen hat man sich so zu denken, daß die beiden am Punkt w = 0 vereinigten Verzweigungspunkte nach rechts und links auseinanderrücken, indem sich zwischen sie eine rote (······) Strecke schiebt, die nun den früher unmittelbar aneinanderstoßenden grünen (------) und blauen (-·-·-·-) Teil von v = 0 trennt. Bei dieser Auflösung wird gleichzeitig die früher in ein blaues (-·-·-·-) und ein grünes (------) Strahlenpaar zerfallene Hyperbel eine wirkliche Hyperbel.

- In gleicher Weise und daher kürzer behandeln wir jetzt $w = z^3 + 3z$. $\frac{dw}{dz} = 0$ gibt als merkwürdige Punkte $z_1 = +i$, $z_2 = -i$, denen entsprechen $w_1 = +2i$, $w_2 = -2i$. Zu den letzteren gehören außer den merkwürdigen Punkten noch $z_1' = -2i$, $z_2' = +2i$. Dem Punkt w = 0 entsprechen /die drei z-Werte 0, $\pm i\sqrt{3}$/. Dies zeichnen wir alles, zunächst ungefärbt. Nun legen wir in der w-Ebene /die folgenden beiden/ Verzweigungsschnitte:[1]

1.) Die Strecke $\overline{w_1w_2}$ rot (······) und
2.) die Achse der positiven reellen Zahlen vom Nullpunkt bis zum unendlich fernen Verzweigungspunkt grün (------).

Die Achse der negativen reellen Zahlen, welche in jedem Blatt die positive Hälfte von der negativen trennt, aber kein Verzweigungsschnitt ist, sei blau (-·-·-·-). Der außerhalb $\overline{w_1w_2}$ liegende Teil der Achse der imaginären Zahlen bleibt schwarz (———).

Wir untersuchen weiter zunächst, welche Kurven der z-Ebene der Achse der reellen Zahlen der w-Ebene entsprechen. Es ist

$$u + iv = (x + iy)^3 + 3(x + iy),$$

also entspricht $v = 0$ /in der z-Ebene/ $3x^2y - y^2 + 3y = 0$, d. h. 1.) $y = 0$ und 2.) $\frac{y^2}{3} - \frac{x^2}{1} = 1$. Die letztere Kurve ist eine Hyperbel mit den Scheiteln $+i\sqrt{3}$ und $-i\sqrt{3}$, dem Nullpunkt als Zentrum und Asymptoten, die gegen die Achse der reellen Zahlen um 60^0 geneigt sind. Der Achse $u = 0$ entspricht in der z-Ebene $x^3 - 3xy^2 + 3x = 0$ oder 1.) $x = 0$, 2.) $\frac{y^2}{1} - \frac{x^2}{3} = 1$, d. h., die Achse der rein imaginären Zahlen und eine Hyperbel mit den Scheiteln $\pm i$, dem Nullpunkt als Zentrum und Asymptoten, welche gegen die Achse der reellen Zahlen um 30^0 geneigt sind. Diese letztere Hyperbel ist in der Fig. 38b als unnötig weggelassen. Um nun zu erkennen, wie sich unsere Geraden der w-Ebene aus Kurven der z-Ebene abgebildet haben, lassen wir in der z-Ebene wie früher einen Punkt wandern und färben seine Wegstrecke in der z-Ebene wie die ihnen entsprechende der w-Ebene. Wir beginnen bei z_2', dem w_2 entspricht (Fig. 38a, b). Der Wanderung von z auf dem Weg z_2', $i\sqrt{3}$ nach z_1 entspricht die Wanderung von w_2 geradlinig durch 0 nach w_1. z_1 ist ein merkwürdiger Punkt. Bewegt sich also z durch z_1 geradlinig (d. h. unter 180^0) weiter, so bewegt sich w von w_1 unter einem Winkel von 360^0 weiter, also wieder zurück nach dem Nullpunkt und bis w_2, wenn z sich von z_1 durch den Nullpunkt bis z_2 bewegt hat. Geht z von z_2 (das Verzweigungspunkt ist) unter 180^0 weiter, so geht w von w_2 (unter 360^0) also wieder auf der roten (·····) Strecke zurück. Dem Weg von z_2 durch $-i\sqrt{3}$ nach z_1' entspricht demnach wieder der geradlinige Weg w_2, 0, w_1. Während z die Strecke $\overline{z_2'z_1'}$ einmal durchlaufen hat, wandert w dreimal die Strecke $\overline{w_2w_1}$ entlang.

[1] Diese Festsetzungen sind natürlich im höchsten Grade willkürlich.

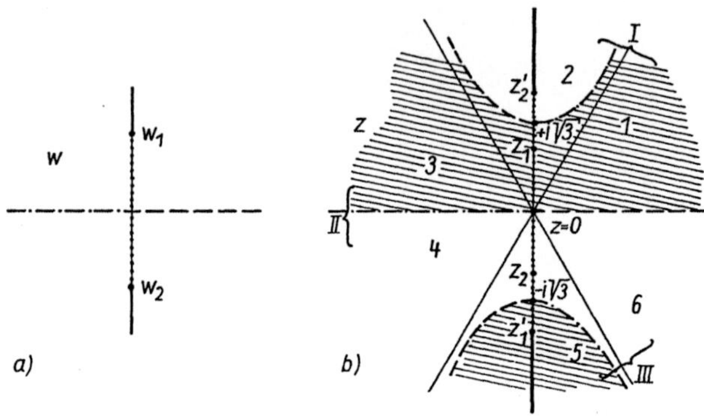

Fig. 38

Dieser Strecke entsprechen überhaupt nur drei Kurvenstücke, also sicher weiter keine als die genannten. Die ganze Strecke $\overline{z_2' z_1'}$ ist noch zu färben.[1]

Wäre man bei der geschilderten Wanderung in den Punkten $i\sqrt{3}$ und $-i\sqrt{3}$ auf den gezeichneten Hyperbelästen, also senkrecht gegen die vorige Bewegungsrichtung, weitergegangen, so wäre der Punkt w von $w = 0$ aus auf der Achse $v = 0$ weitergegangen, die der Hyperbel entspricht. Welcher Teil jener Hyperbeläste aber nun dem grünen (-----) Verzweigungsschnitt, welcher der blauen (-·-·-·-) Linie entspricht, entscheiden wir durch Berechnung zweier Punkte. Die beiden Punkte $y = 3$, $x = +\sqrt{2}$ und $y = -3$, $x = +\sqrt{2}$ liegen beide auf jener Hyperbel und zwar auf den rechts von $x = 0$ gelegenen Teilen und symmetrisch zur x-Achse. Für sie wird $u = 22\sqrt{2}$ und natürlich $v = 0$, weil jene Hyperbel der Geraden $v = 0$ entspricht. Diese Punkte sind alle blau (-·-·-·-) zu malen, wie die Achse der negativen Zahlen der w-Ebene. Man sieht leicht, daß überhaupt der ganze rechts von $x = 0$ liegende Teil der Hyperbel diese Farbe, der andere dagegen grün (------) er-

[1] Die außerhalb $\overline{w_1 w_2}$ gelegene, ins Unendliche laufende Strecke von $u = 0$ bildet sich ab aus dem außerhalb $\overline{z_2' z_1'}$ gelegenen Teil der Achse $x = 0$ und aus der nicht gezeichneten Hyperbel, [was sofort evident ist], wenn man z sich entweder über z_1' oder z_2' hinaus bewegen läßt oder in den Punkten z_1 und z_2 (Verzweigungspunkte) senkrecht zur Achse $x = 0$ fortschreitet und zwar auf jener nicht gezeichneten Hyperbel.

halten muß. Durch ebensolche Überlegung findet man, daß die Achse der positiven Zahlen der z-Ebene grün (------), die der negativen blau (-·-·-·-) sein muß. So zerfällt nun die z-Ebene in 6 Gebiete. Will man wissen, welche 2 Gebiete sich zusammen auf ein Blatt der Riemannschen Fläche abbilden, so braucht man nur zu beachten, daß diese Gebiete aneinanderstoßen müssen, durch eine blaue (-·-·-·-) Linie in 2 Teile geteilt sind und durch eine grüne (------) und rote (······) Linie von anderen Gebieten abgeschlossen sind. Dabei findet man, daß 1 und 2 ein Gebiet I, 4 und 3 ein Gebiet II, 5 und 6 ein Gebiet III bilden (Fig. 38b). Dieselben wollen wir in dieser Reihenfolge auf das obere, mittlere, untere Blatt abbilden. Um endlich zu entscheiden, welche Teilgebiete der ganzen Gebiete sich auf die positiven Halbblätter abbilden, prüfen wir /dies/ für einen Punkt. Für den in 1 liegenden Punkt 1+i ist v = 5, jener liegt also in einem zu schraffierenden Gebiet. Endlich beachte man noch, daß längs einer roten (······) Linie sehr wohl ein positives Teilgebiet an ein ebensolches eines zweiten Hauptgebietes stoßen kann, nie aber längs einer grünen (------) (wie aus der zerschnittenen w-Ebene ersichtlich), und darum erhalten wir die angegebene Schraffierung (Fig. 38).

Aus der Gebietseinteilung der z-Ebene erkennen wir nun, daß von der Riemannschen w-Fläche

1.) längs der blauen (-·-·-·-) Linie die Blätter I an I, II an II, III an III,

2.) längs der roten (······) Linie von 0 bis w_1 /die Blätter/ I an II, II an I, III an III,

3.) längs der roten (······) Linie von 0 bis w_2 /die Blätter/ I an I, II an III, III an II,

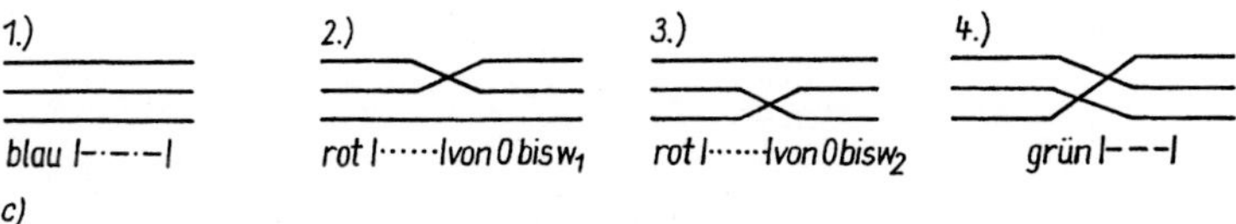

Fig. 38

4.) längs der grünen (------) Linie /die Blätter/ I an II, II an III, III an I hängen, so daß als Querschnitte /die in Fig. 38c angegebenen entstehen/.

- Endlich behandeln wir noch eine ganze Funktion 5. Grades. Dabei werden wir aber umgekehrt verfahren. Wir setzen fest: Die w-Ebene habe zwei reelle Verzweigungspunkte von der Multiplizität 2 und dementsprechend die z-Ebene 2 endliche merkwürdige Punkte derselben Multiplizität in den Punkten +1 und -1. Da diese beiden Punkte Doppelwurzeln von $\frac{dw}{dz} = 0$ sein sollen, so muß $\frac{dw}{dz} = \alpha(z^2 - 1)^2$ sein, und also ist

$$w = \int \alpha(z^2 - 1)^2 dz + \beta = \alpha \cdot (\frac{z^5}{5} - \frac{2}{3}z^3 + z) + \beta,$$

wo α, β reell vorausgesetzt /werden/. Von den beiden reellen Verzweigungspunkten der w-Ebene legen wir nach beiden Seiten einen grünen (------) /bzw./ einen roten (······) Verzweigungsschnitt bis zum unendlich fernen Verzweigungspunkt, während die zwischen den Punkten liegende Strecke, als nur die positive von der negativen Halbebene trennend, wie früher blau (-·-·-·-) gefärbt wird (Fig. 39a).

Wir nehmen an, daß den merkwürdigen Punkten +1 und -1 wieder respektive ein positiver oder ein negativer reeller Verzweigungspunkt in der w-Ebene entspricht. Setzen wir also in

$$w = u + iv = \alpha(\frac{z^5}{5} - \frac{2}{3}z^3 + z) + \beta$$

oder /in/

$$u = \alpha(\frac{x^5}{5} - 2x^3y^2 + xy^4 - \frac{2}{3}x^3 + 2xy^2 + x) + \beta,$$

$$v = \alpha(x^4y - 2x^2y^3 + \frac{y^5}{5} - 2x^2y + \frac{2}{3}y^3 + y)$$

/die Punkte $x = 1$, $y = 0$ oder $x = -1$, $y = 0$ ein/, so folgt $\frac{8}{15}\alpha + \beta > 0$ oder $-\frac{8}{15}\alpha + \beta < 0$. Dann muß entweder $\alpha > 0$, $\beta > 0$ oder $\alpha > 0$, $\beta < 0$ und beide Male $\beta < \frac{8}{15}\alpha$ sein. Dann ergibt sich für ein großes positives x ein ebensolches u, und wenn wir also einen Punkt in der w-Ebene vom Unendlichen gegen den, dem Punkt $x = 1$, $y = 0$ entsprechenden Punkt rücken lassen, so wird einer der ihm entsprechenden Punkte auf der reellen positiven Zahlenachse der z-Ebene vom Punkt ∞ nach $x = 1$, $y = 0$ /wandern/. Lassen wir auf der Achse $v = 0$ jenen beweglichen Punkt zurückkehren (also unter 360° oder 720° oder ... gegen früher), so kann der entsprechende z-Punkt von jenem merkwürdigen Punkt nach 3 Richtungen fortgehen, die gegen die anfängliche Bewegungsrichtung um $\frac{360^\circ}{3} = 120^\circ$ oder $\frac{720^\circ}{3} = 240^\circ$ oder ...

geneigt sind. Es müssen also von dem merkwürdigen Punkt x = 1, y = 0 /außer der reellen positiven Zahlenachse noch zwei grüne (-------) Kurven abgehen, die gegen sie um die genannten Winkel geneigt sind und bis ins Unendliche gehen.7 Lassen wir aber in der w-Ebene den Punkt, statt bei jenem Verzweigungspunkt umzukehren, geradlinig (also unter 180° oder 540° oder ...) weitergehen, so kann der entsprechende z-Punkt vom entsprechenden merkwürdigen Punkt aus nach 3 Richtungen, die gegen die anfängliche um $\frac{180^{o}}{3}$ oder $\frac{540^{o}}{3}$ oder ... geneigt sind, weitergehen. Wir sehen also: Von dem merkwürdigen Punkt x = 1, y = 0 geht nach links eine blaue (-·-·-·-) Gerade und außerdem gehen zwei blaue (-·-·-·-) Kurven, um die genannten Winkel gegen y = 0 geneigt, aus. Aber diese Kurven gehen nicht blau (-·-·-) bis ins Unendliche, denn bald erreicht der längs v = 0 wandernde Punkt den zweiten Verzweigungspunkt, bei dem rot (······) beginnt. Der in der z-Ebene wandernde Punkt muß daher bald Stellen erreichen, bei denen rot (······) aufzutragen ist, was dann bis ins Unendliche fortgeht.[1)]

Die bisherigen Überlegungen müssen in analoger Weise für einen vom Unendlichen sich dem zweiten Verzweigungspunkt nähernden, auf roter (······) Bahn wandernden Punkt wiederholt werden. Dann erklärt sich die Färbung aller Kurven der z-Ebene (Fig. 39a, b).

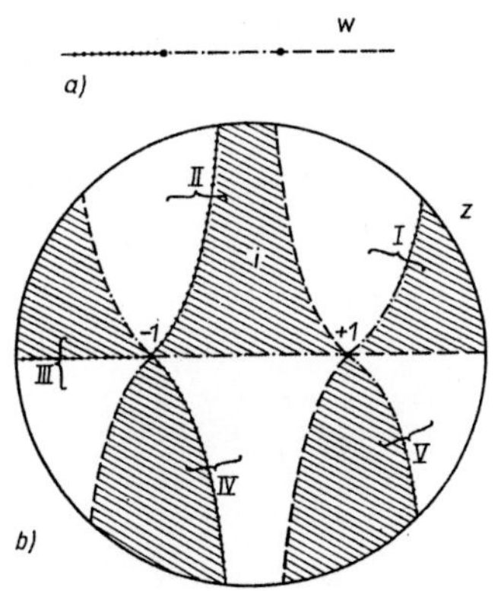

Fig. 39

Fragt sich noch, wie die von beiden endlichen merkwürdigen Punkten der z-Ebene nach dem unendlich Fernen laufenden Kurven zu verlängern sind, ohne daß wir sie gerade nach ihren Gleichungen konstruieren. Im unendlich fernen, 4-fachen Verzweigungspunkt der w-Ebene stoßen der rote (......) und der grüne (------) Verzweigungsschnitt unter 180° zusammen. Die entsprechenden Kurven der z-Ebene müssen also im

[1)] Das Blatt, in dem sich unser Punkt bewegt, ist an der betreffenden Stelle selbst nicht verzweigt. (L)

unendlich fernen Punkt unter einem Winkel von $\frac{180^o}{5} = 36^o$ zusammenstoßen. Da wir uns das unendlich Ferne nicht als Punkt denken können, übertragen wir dieses Resultat stereographisch auf die Kugel und haben das Resultat: Die von den beiden endlichen merkwürdigen Punkten der z-Ebene auslaufenden 10 Kurvenäste müssen so beschaffen sein, daß ihre /stereographischen Projektionen sich im Nordpol unter Winkeln von 36° schneiden7. Daraus folgt aber, sie müssen einen in der Ebene gedachten großen Kreis in den Ecken eines regulären 10-Ecks treffen. Dieser Kreis ist in unserer Figur 39b mit dem kreisförmigen Rand gemeint, und damit /ist7 die Figur 39 nun vollständig erklärt.

Die Entscheidung, welche Punkte zu schraffieren sind, kann man durch Prüfung eines einzigen Punktes treffen.[1] Wir prüfen den Punkt $z = i$ (d. h. $x = 0$, $y = 1$) und erhalten $v = \alpha\frac{28}{15}$, woraus mit Hilfe des früheren Resultates $\alpha > 0$ folgt, daß das Gebiet, in welchem in der Figur 39b /der Punkt7 i angegeben ist, zu schraffieren /ist7. Bilden wir die Gebiete in der Reihenfolge I bis IV auf die von oben nach unten folgenden Blätter ab, so hängt längs der blauen (-·-·-·-) Linie I an I, II an III, III an IV, IV an II, V an V; /längs der7 roten (·······) Linie I an I, II an II, III an III, IV an IV, V an V, /längs der7 grünen (------) Linie I an II, II an III, III an IV, IV an V, V an I.

24

Freitag, 3.12.1880

5.2. Rationale gebrochene Funktionen

5.2.1. /Übergang zu den rationalen gebrochenen Funktionen7

Statt die allgemeinste rationale gebrochene Funktion $w = \frac{\varphi(z)}{\psi(z)}$ zu behandeln, wollen wir zunächst solche betrachten, die sich aus ganzen Funktionen durch einfache Operationen ableiten lassen.

Wir gehen aus von einer ganzen Funktion $w = f(z)$ und unterwerfen zunächst z einer linearen Transformation $z = \frac{\alpha z' + \beta}{\gamma z' + \delta}$, wodurch $w = f(\frac{\alpha z' + \beta}{\gamma z' + \delta})$. Gleichzeitig unterwerfen wir w einer linearen Transformation $w' = \frac{\alpha' w + \beta'}{\gamma' w + \delta'}$, so daß schließlich der Zusammenhang der neuen z- und der neuen w-Ebene ausgedrückt ist durch

[1] Immer wieder durch den Drehsinn der Winkel oder den Orientierungssinn der Begrenzungslinien, denn wir haben eine Abbildung ohne Umlegung der Winkel.

$$w' = \frac{\alpha' \cdot f(\frac{\alpha z' + \beta}{\gamma z' + \delta}) + \beta'}{\gamma' \cdot f(\frac{\alpha z' + \beta}{\gamma z' + \delta}) + \delta'}.$$

Dann lassen wir die Indizes /(Striche)/ wieder weg.

Macht man in einer ganzen Funktion $w = f(z)$ das z homogen, so /hat man/ $w = \frac{f(z_1, z_2)}{z_2^n}$. /Das ist aber/ eine gebrochene Funktion mit der n-ten Potenz einer linearen Funktion im Nenner. Im folgenden betrachten wir allgemeiner Funktionen von der Form

$$w = \frac{f(z_1, z_2)}{(\gamma z_1 + \delta z_2)^n}$$

und behaupten: <u>Jede solche Funktion läßt sich ansehen als entstanden durch lineare Substitution einer ganzen Funktion</u>.

Dann setzt man $\gamma z_1 + \delta z_2 = z_2'$ und $z_1 = z_1'$, so folgt:

$$z_1 = z_1', \; z_2 = \frac{z_2' - \gamma z_1'}{\delta} \text{ und } w = \frac{f(z_1', \frac{z_2' - \gamma z_1'}{\delta})}{z_2'^{\,n}}.$$

Setzt man nun weiter $z' = \frac{z_1'}{z_2'}$, so erhalten wir eine ganze Funktion.

<u>1. Beispiel</u>. Wir wenden die obige lineare Transformation auf das frühere Beispiel <u>$w = z^3$</u> an. Hier hatten wir folgende zusammengehörige Blätter der z- und der w-Ebene (Fig. 40a, b):

Wir transformieren die z-Ebene so, daß der unendlich ferne Punkt auf der Achse der reellen Zahlen ins Endliche rückt nach P, während der Nullpunkt nach dem Punkt O' dieser Achse fällt. Die Transformation sei so bestimmt, daß die reelle Zahlenachse in sich übergeht. Aus den Geraden, die sich im Nullpunkt und im unendlich fernen Punkt unter 60° schnitten, werden Kreise, die durch O' und P gehen und sich unter diesem Winkel schneiden. Wir erhalten also in der neuen z-Ebene nachstehende Figur 41b.

Ebenso unterwerfen wir die alte w-Ebene einer linearen Transformation, bei der die reelle Zahlenachse sich als Kreis abbildet und die positive Halbebene in das Kreisinnere übergeht. Dies gibt Figur 41a.

Die neue z-Ebene ist nun mit Hilfe unserer neuen Funktion auf die neue w-Ebene abgebildet. Der Verzweigungsschnitt der neuen w-Ebene geht also am grünen (------) Kreisbogen entlang, und wie früher, hängen in diesem Schnitt die drei übereinanderliegenden Blätter so zusammen: I an II, II an III, III an I.

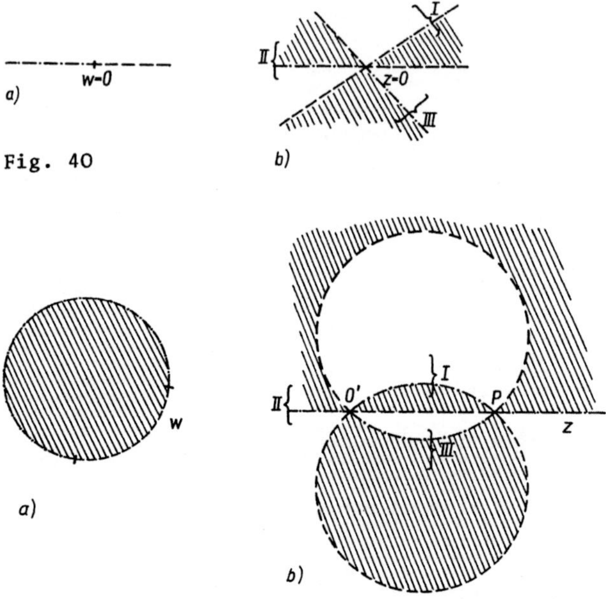

Fig. 40

Fig. 41

Vor der linearen Transformation der w-Ebene entsprach dem unendlich fernen Punkt der alten w-Ebene der Punkt P der neuen z-Ebene. Diese Abbildung der alten w-Ebene auf die neue z-Ebene (oder umgekehrt) ist überall konform, außer in den merkwürdigen Punkten. Die alte Funktion w der neuen Variablen z ist überall stetig, außer für den Punkt P, denn nähern wir uns in der neuen z-Ebene auf kleinem Weg diesem Punkt, so läuft das zugehörige w ins Unendliche. Also: w ist überall eine stetige Funktion der neuen Variablen z, sofern wir von jener einzigen merkwürdigen Stelle absehen. Diese eine Unstetigkeit kann sofort beseitigt werden durch die Transformation $w = \frac{1}{w'}$ und
25 soll daher eine hebbare Unstetigkeit heißen.

2. Beispiel. $w = z^3 - 3z$. Hier hatten wir die Figur 42a, b. Setzen wir nun wieder $z = \frac{\alpha z' + \beta}{\gamma z' + \delta}$ [, so erhalten wir]

$$w = \left(\frac{\alpha z' + \beta}{\gamma z' + \delta}\right)^3 - 3\,\frac{\alpha z' + \beta}{\gamma z' + \delta}.$$

Wir bestimmen die Transformation so, daß die reelle Zahlenachse wieder in sich übergeht. Der unendlich ferne Punkt rückt dabei auf dieser Achse herein nach einem Punkt P, bestimmt durch $\gamma z' + \delta = 0$.

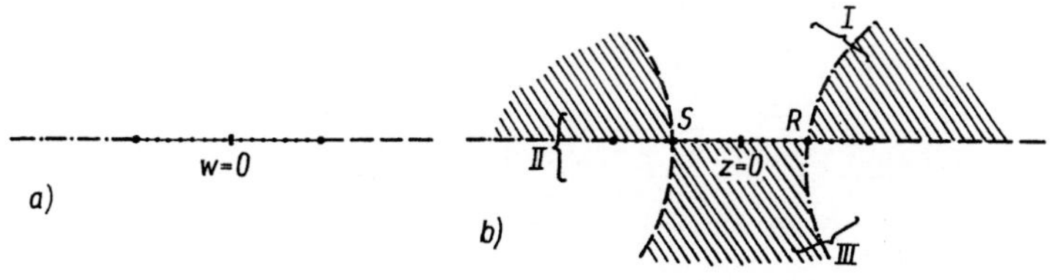

Fig. 42

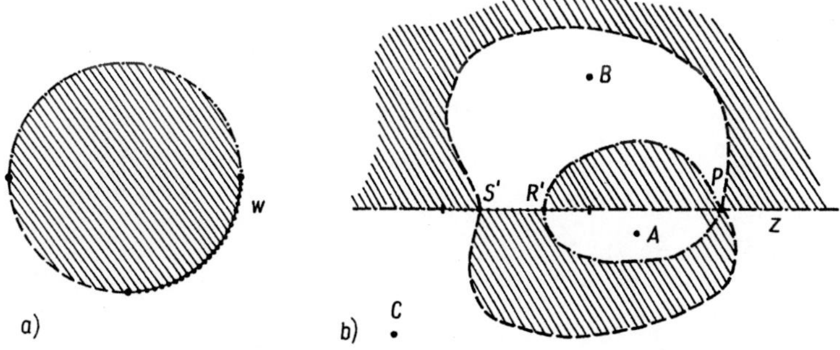

Fig. 43

Die beiden merkwürdigen Punkte R und S verwandeln sich in R' und S', und die Hyperbel geht über in eine Kurve 4. Ordnung mit einem Doppelpunkt in P. Als neue z-Ebene erhalten wir Figur 43b.

Wenden wir nun auch auf die w-Ebene eine Transformation $w = \frac{aw'+b}{cw'+d}$ an, so geht die reelle Zahlenachse in einen Kreis über. Wir nehmen an, daß sich die positive Halbebene in das Kreisinnere verwandelt. Längs des roten (······) und grünen (------) Kreisbogens, welche jetzt die Verzweigungsschnitte bilden, hängen die drei übereinanderliegenden Blätter genauso zusammen wie früher. Wir erhalten also Figur 43a.

Die neuen w'- und z'-Ebenen hängen zusammen durch

$$\frac{aw' + b}{cw' + d} = \left(\frac{\alpha z' + \beta}{\gamma z' + \delta}\right)^3 - 3\,\frac{\alpha z' + \beta}{\gamma z' + \delta}.$$

Der Unendlichkeitspunkt der neuen w'-Ebene liegt mitten im nicht schraffierten Gebiet. Die drei ihm in der z'-Ebene entsprechenden Punkte werden also etwa die Lagen A, B, C haben (Figur 43a, b).

Dienstag, 7.12.1880

5.2.2. /Grundlegende Eigenschaften (Unendlichkeitsstellen - Verzweigungspunkte, merkwürdige Punkte - Betrachtung der Abbildung in der Nähe merkwürdiger Punkte)/

Wir betrachten nun allgemein $w = \frac{\varphi(z)}{\psi(z)}$, /wo/ φ und ψ ganze Funktionen /sind/. Der höchste Grad von φ oder ψ sei n. Die Funktion heißt dann vom n-ten Grad.

Satz: Jedem Wert von z entspricht ein Wert w.

Gilt dieser Satz auch für den unendlich fernen Punkt? Bei dieser Frage unterscheiden wir 3 Fälle:

1.) $w = \frac{Az^n + Bz^{n-1} + \ldots + N}{A'z^n + \ldots + N'}$; für $z = \infty$ wird $w = \frac{A}{A'}$.

2.) $w = \frac{Az^n + Bz^{n-1} + \ldots + N}{A'z^m + \ldots + N'}$, $m < n$; $z = \infty$ gibt $w = \infty$.

3.) $w = \frac{Az^m + Bz^{m-1} + \ldots + N}{A'z^n + \ldots + N'}$, $m < n$; $z = \infty$ gibt $w = 0$.

Der Satz gilt also sicher auch für $z = \infty$.

Ist umgekehrt w gegeben / und/ z unbekannt, so erhalten wir die Gleichung n-ten Grades $\varphi - w\psi = 0$. Also:

Einem beliebigen Wert w entsprechen n Werte z.

Ist dieser Satz immer richtig? Er scheint unrichtig zu sein,

1.) wenn φ und ψ denselben Grad haben und man für w den Wert setzt, für welchen sich die beiden höchsten Potenzen wegheben und die Gleichung also sich auf eine Gleichung (n-1)-ten Grades reduziert,

2.) wenn φ von niederem Grad als ψ und w den Wert 0 erhält,

3.) wenn ψ von niederem Grad als φ und $w = \infty$, auch dann erhalten wir eine Gleichung niederen Grades.

Aber auch in diesen drei Fällen ist der Satz richtig, denn nach dem Früheren bedeutet ein Verschwinden der r höchsten Glieder einer Gleichung n-ten Grades nur, daß r ihrer Wurzeln ins Unendliche rükken. Die Wurzeln sind noch vorhanden und mitzurechnen.

Die Richtigkeit des Satzes, auch für die drei obigen Fälle, erhalten wir explizit durch Einführung homogener Koordinaten. Sind φ, ψ von gleichem Grade, so erhalten wir dann $w = \frac{\varphi(z_1, z_2)}{\psi(z_1, z_2)}$, wo Zähler und

Nenner vom selben Grade /sind/, oder

$$\varphi(z_1, z_2) - w\cdot\psi(z_1, z_2) = 0.$$

Wenn sich nun auch hier für ein bestimmtes w die höchsten Glieder von z_1 wegheben, so bleibt die Gleichung doch noch vom n-ten Grad und liefert n Wurzeln $\frac{z_1}{z_2}$.

Ist ψ dagegen nur vom m-ten Grad und man macht homogen, so kommt

$$w = \frac{\varphi(z_1, z_2)}{z_2^{n-m}\,\psi(z_1, z_2)},$$

wo nun Zähler und Nenner von n-ter Ordnung /sind/. Analog /geht man vor/, wenn φ nur von m-ter Ordnung /ist/. Sicher erhalten /wir in beiden Fällen/ eine Gleichung n-ten Grades für jedes w und /somit/ alle n Werte für $\frac{z_1}{z_2}$.

Unendlichkeitsstellen

In $w = \frac{\varphi(z)}{\psi(z)}$ sei ψ vom Grad n. Aus $\psi = 0$ ergeben sich dann n Werte z, für die $w = \infty$, das sind die Unendlichkeitsstellen. **26**

Denken wir jetzt ψ in seine linearen Faktoren zerlegt:

$$\psi(z) = A'\left\{(z - a)^{\alpha}\cdot(z - b)^{\beta}\cdot \ldots\right\}, \quad \alpha + \beta + \ldots = n.$$

Wir nennen dann z = a einen Unendlichkeitspunkt von der Multiplizität α, weil sich für ihn α /Werte $w = \infty$/ ergeben. Allgemein definieren wir: Die Funktion f(z) hat in z = a einen α-fachen Unendlichkeitspunkt, wenn α die niedrigste Zahl ist, welche bewirkt, daß $f(z)\cdot(z - a)^{\alpha}$ für z = a endlich bleibt.

Hat die Gleichung $\psi(z) = 0$ mehrfache Wurzeln, wie bei der Zerlegung schon angedeutet, so zählen wir die entsprechende Unstetigkeitsstelle so oft als jene Wurzel auftritt. Dann /gilt/: Die Summe der Multiplizitäten aller auftretenden Unstetigkeitsstellen ist n.

Ist φ vom n-ten, ψ vom m-ten Grad und $m < n$, so wird homogen gemacht:

$$w = \frac{\varphi(z_1, z_2)}{z_2^{n-m}\psi(z_1, z_2)}.$$

Durch Nullsetzen des Nenners ergeben sich u. a. n-m Werte $z_2 = 0$ oder $z = \frac{z_1}{z_2} = \infty$. Das heißt, $z = \infty$ ist eine Unendlichkeitsstelle von der Multiplizität n-m. Allgemein definieren wir:

Wenn f(z) für $z = \infty$ selbst unendlich wird, derart, daß $f(z) \cdot \frac{1}{z^{\alpha}}$ endlich bleibt, so hat f(z) in $z = \infty$ eine α-fache Unendlichkeitsstelle.

Verzweigungspunkte, merkwürdige Punkte

Die Unendlichkeitsstellen sind für die in der Vorlesung festgehaltene Auffassung unwesentliche Eigentümlichkeiten der Funktion, denn wir können sie sofort durch eine lineare Transformation entfernen. Sie haben keine größere Bedeutung als /diejenigen/ Stellen, für welche die Funktion einen vorgegebenen bestimmten Wert annimt. /Für die/ Funktion wesentlich sind aber die Verzweigungspunkte. Wir definieren:

Fallen für einen bestimmten /Wert w der Funktion w = f(z)/ α der /dem w/ entsprechenden Werte z zusammen, so heißt dieser w-Punkt ein Verzweigungspunkt von der Multiplizität $\alpha - 1$ und der zugehörige Punkt der z-Ebene ein merkwürdiger Punkt derselben Multiplizität.

Es ist klar, daß von allen Werten z, die einem gegebenen w entsprechen,

1.) α zusammenfallen können in einem ersten Punkt der z-Ebene,
2.) β zusammenfallen können in einem zweiten Punkt der z-Ebene,
usw.,

daß also derselbe Punkt w zugleich Verzweigungspunkt sein kann von der Multiplizität $\alpha - 1$, $\beta - 1$, usw.

Wie viele merkwürdige Punkte gibt es überhaupt? Ist w_1 ein einfacher Verzweigungspunkt, so muß die Gleichung $w_1 \psi - \varphi = 0$ eine doppelte /Wurzel/ haben. Das betreffende z /muß/ also auch der Gleichung $w_1 \cdot \psi' - \varphi' = 0$ genügen /(die Striche symbolisieren hierbei die erste Ableitung)/. Um also die Zahl der überhaupt vorhandenen merkwürdigen Punkte zu bestimmen, brauchen wir nur zu ermitteln, wie viele gemeinsame Wurzeln die beiden Gleichungen $w\psi - \varphi = 0$, $w\psi' - \varphi' = 0$ haben können. Die Elimination von w gibt $\varphi \cdot \psi' - \varphi' \cdot \psi = 0$. Diese Gleichung ist vom Grad 2(n-1) [1], und da die Überlegung umgekehrt werden kann, folgt: Wenn wir lauter einfache merkwürdige Punkte der z-Ebene voraussetzen, so ist ihre Zahl gleich 2n-2. Dabei ist zunächst /die/ Annahme festgehalten, daß $\varphi \cdot \psi' - \varphi' \psi$ wirklich /bis/ zum Grad 2(n-1) ansteigt.

[1] Die höchste Potenz hebt sich nämlich weg.

Mittwoch, 8.12.1880

Wie verhält es sich nun, wenn die merkwürdigen Punkte nicht alle von der Multiplizität 1 sind? Für einen merkwürdigen Punkt w_1 von der Multiplizität $\alpha - 1$ fallen α der zugehörigen Werte von z zusammen, und /es/ verschwinden also für diese alle /die/ Gleichungen, die wir erhalten, wenn wir $w_1\psi - \varphi = 0$ $(\alpha-1)$-mal nacheinander differenzieren. /Daraus folgen die/ Gleichungen

$$\varphi\psi' - \varphi'\psi = 0, \quad \varphi\psi'' - \varphi''\psi = 0, \quad \ldots, \quad \varphi\psi^{(\alpha-1)} - \varphi^{(\alpha-1)}\psi = 0.$$

Ein solcher Punkt vertritt als $(\alpha-1)$-fache Wurzel von $\varphi\psi' - \varphi'\psi = 0$ $\alpha-1$ einfache Wurzeln. Da die Gesamtzahl der Wurzeln gleich 2n-2 /ist/, so folgt: Die Summe der Multiplizitäten der einzelnen merkwürdigen Punkte beträgt 2n-2.

Die Gesamtheit der Gleichungen, welche einen merkwürdigen Punkt von der Multiplizität α charakterisieren, läßt sich ersetzen durch die Proportionen

$$\frac{\varphi}{\psi} = \frac{\varphi'}{\psi'} = \frac{\varphi''}{\psi''} = \ldots = \frac{\varphi^{(\alpha)}}{\psi^{(\alpha)}}.$$

Das läßt sich auch so aussprechen: Für einen merkwürdigen Punkt von der Multiplizität α verschwinden alle Determinanten der Matrix

$$\begin{pmatrix} \varphi & \varphi' & \varphi'' & \ldots & \varphi^{(\alpha)} \\ \psi & \psi' & \psi'' & \ldots & \psi^{(\alpha)} \end{pmatrix}.$$

Diese Bedingung wollen wir zunächst für einen merkwürdigen Punkt der Multiplizität 1 umformen. Wir machen φ und ψ homogen durch $z = \frac{z_1}{z_2}$. Dann ist /$\varphi' = \frac{\partial\varphi}{\partial z_1}$ und $\psi' = \frac{\partial\psi}{\partial z_1}$, abgesehen von einem Faktor, der eine Potenz von z_2 ist/. Daher kann unsere Bedingungsgleichung so geschrieben /werden:/

$$\begin{vmatrix} \varphi & \frac{\partial\varphi}{\partial z_1} \\ \psi & \frac{\partial\psi}{\partial z_1} \end{vmatrix} = 0.$$

Der Faktor konnte weggelassen werden, weil wir zunächst nur merkwürdige Punkte im Endlichen betrachten. Setzen wir nun für φ und ψ ihre Werte aus $n\varphi = \frac{\partial\varphi}{\partial z_1}\cdot z_1 + \frac{\partial\varphi}{\partial z_2}\cdot z_2$, $n\psi = \frac{\partial\psi}{\partial z_1}\cdot z_1 + \frac{\partial\psi}{\partial z_2}\cdot z_2$ ein[1] und

[1] φ und ψ sind beide vom Grad n, weil Zähler und Nenner homogen gemacht /wurden/.

unterdrücken den Faktor $\frac{1}{n}\cdot z_2$, so geht die Bedingung für einen merkwürdigen Punkt der Multiplizität 1 über in /die Funktionaldeterminante/

$$\begin{vmatrix} \frac{\partial\varphi}{\partial z_1} & \frac{\partial\varphi}{\partial z_2} \\ \frac{\partial\psi}{\partial z_1} & \frac{\partial\psi}{\partial z_2} \end{vmatrix} = 0.$$

Analoge Betrachtungen /führen wir/ nunmehr für einen Punkt von der Multiplizität 2 /durch/. Derselbe ist charakterisiert durch

$$\begin{Vmatrix} \varphi & \varphi' & \varphi'' \\ \psi & \psi' & \psi'' \end{Vmatrix} = 0$$

/(d. h., es verschwinden alle Determinanten der Ordnung 2 der Matrix)/. /Wir führen wieder homogene z-Variable ein. Die Matrix kann wie eine Determinante behandelt werden. Man kann also beliebige Vielfache einer horizontalen oder vertikalen Reihe zu einer anderen addieren, ohne ihren Wert zu ändern/. Nach Weglassung unwesentlicher Faktoren, der Potenzen von z_2, wird unsere Bedingung

$$\begin{Vmatrix} \varphi & \frac{\partial\varphi}{\partial z_1} & \frac{\partial^2\varphi}{\partial z_1^2} \\ \psi & \frac{\partial\psi}{\partial z_1} & \frac{\partial^2\psi}{\partial z_1^2} \end{Vmatrix} = 0.$$

Indem /wir für φ und ψ/ ihre Werte aus dem Eulerschen Theorem substituieren, erhalten wir

$$\begin{Vmatrix} \frac{\partial\varphi}{\partial z_2} & \frac{\partial\varphi}{\partial z_1} & \frac{\partial^2\varphi}{\partial z_1^2} \\ \frac{\partial\psi}{\partial z_2} & \frac{\partial\psi}{\partial z_1} & \frac{\partial^2\psi}{\partial z_1^2} \end{Vmatrix} = 0.$$

Nun ersetzen wir weiter auch die ersten Differentialquotienten durch die analogen Werte und erhalten nach einfacher Operation

$$\begin{Vmatrix} \frac{\partial^2\varphi}{\partial z_1^2} & \frac{\partial^2\varphi}{\partial z_1\partial z_2} & \frac{\partial^2\varphi}{\partial z_2^2} \\ \frac{\partial^2\psi}{\partial z_1^2} & \frac{\partial^2\psi}{\partial z_1\partial z_2} & \frac{\partial^2\psi}{\partial z_2^2} \end{Vmatrix} = 0$$

als Bedingung für einen merkwürdigen Punkt der Multiplizität 2.

In dieser Weise fortfahrend folgt schließlich: Bei homogener Schreibweise ist ein merkwürdiger Punkt der z-Ebene von der Multiplizität α dadurch charakterisiert, daß für ihn die Matrix sämtlicher α-ter Differentialquotienten verschwindet.

Der Satz gilt auch dann noch, wenn der merkwürdige Punkt im Unendlichen liegt, was hier jedoch ohne Beweis angenommen werden soll.

Betrachtung der Abbildung in der Nähe merkwürdiger Punkte

Wir nehmen als bewiesen an, daß der Taylorsche Satz auch für die rationalen Funktionen $w = \frac{\varphi}{\psi} = f(z)$ gilt. Wächst z von einem bestimmten Wert aus um dz, so wächst w um dw, und es ist

$$dw = f'dz + \frac{f''}{2!}(dz)^2 + \frac{f'''}{3!}(dz)^3 + \ldots$$

Ist nun für einen Punkt der z-Ebene $\psi = 0$, so werden alle Differentialquotienten und also auch dw unendlich. Also: w ist eine stetige Funktion von z mit Ausnahme der Unstetigkeitsstellen. Diese Unstetigkeiten sind aber hebbar durch eine lineare Substitution.

Für einen merkwürdigen Punkt von der Multiplizität 1 ist $f' \equiv \frac{\psi\varphi' - \varphi\psi'}{\psi^2} = 0$. Für einen [merkwürdigen Punkt] von der Multiplizität 2 ist $f' = 0$ und $f'' \equiv \frac{\psi(\psi\varphi'' - \psi''\varphi) - 2\psi'(\psi\varphi' - \varphi\psi')}{\psi^2} = 0$.

Allgemein sind für einen merkwürdigen Punkt von der Multiplizität α die α ersten Differentialquotienten von f gleich 0. In erster Annäherung kann man also für einen merkwürdigen Punkt von der Multiplizität 0, 1, 2,..., α der Reihe nach setzen:

$$dw = f'dz,\ dw = \frac{f''}{2!}(dz)^2, \ldots,\ dw = \frac{f^{(\alpha+1)}}{(\alpha+1)!}(dz)^{\alpha+1}.$$

Hiernach denke [man sich um alle] die angeführten Punkte der z-Ebene ein kleines Bogenelement dz drehend. Diesem Bogenelement gehört eine gewisse Amplitude und ein sehr kleiner absoluter Betrag. Man betrachte dann immer das entsprechende Bogenelement dw. Die Faktoren f', f'', ... sind konstante Größen, weil wir ja immer in bestimmten Punkten beobachten, und sie vergrößern also den absoluten Betrag des bezüglichen Elementes nur in einem bestimmten Verhältnis und fügen ihrer Amplitude nur additiv einen Winkel hinzu.

Aus der ersten Formel $dw = f'dz$ sehen wir aber: Wenn sich das Bogenelement dz gerade einmal um jenen Punkt gedreht hat, [so] hat sich auch dw gerade einmal um den entsprechenden Punkt w gedreht.

Aus $dw = \frac{f''}{1 \cdot 2}(dz)^2$ folgt: Wenn sich dz gerade einmal um den Punkt z gedreht hat, [so] hat sich dw gerade zweimal um den entsprechenden Punkt w gedreht. Wir nennen diesen Punkt w wieder einen Verzweigungspunkt von der Multiplizität 1.

Um die z- und w-Ebene eindeutig aufeinander abzubilden, müssen wir nur n Ebenen w übereinanderliegend denken. Von ihnen hängen dann 2 in einem solchen Verzweigungspunkt von der Multiplizität 1 zusammen. Allgemein: Abgesehen von den merkwürdigen Punkten ist die Abbildung mit Hilfe einer rationalen Funktion konform und zwar (w, nicht $\bar{w}$) ohne Umlegung der Winkel. Einem merkwürdigen Punkt von der Multiplizität α entspricht ein Verzweigungspunkt von derselben Multiplizität.

[Beispiel]

Jetzt als Beispiel für die Betrachtung einer allgemeinen rationalen Funktion ein solches, dessen Entwicklung man aus einem der schon behandelten speziellen Fälle leicht übersieht.

Die Figur 40b versinnlicht eine Abbildung durch $w = z^3$, die daraus abgeleitete Figur 43b eine Abbildung durch

$$(*) \qquad w = \left(\frac{\alpha z + \beta}{\gamma z + \delta}\right)^3 - 3\,\frac{\alpha z + \beta}{\gamma z + \delta} = \frac{(\alpha z + \beta)^3 - 3(\alpha z + \beta)(\gamma z + \delta)^2}{(\gamma z + \delta)^3} = \frac{\varphi}{\psi}$$

Wir wollen nun eine solche Funktion zu bilden suchen, die sich von dieser nur dadurch unterscheidet, daß der doppelte merkwürdige Punkt sich in zwei einfache auflöst, die auf der reellen Zahlenachse liegen, so daß wir beistehende Figur 44 erhalten. Der Auflösung jenes

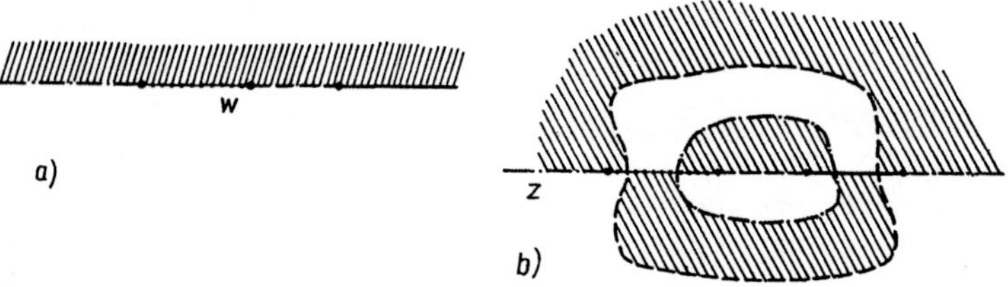

Fig. 44

doppelten merkwürdigen Punktes entsprechend, muß sich auch der im unendlich fernen Punkt der w-Ebene liegende doppelte Verzweigungspunkt auflösen in 2 einfache Verzweigungspunkte, von denen im allgemeinen einer oder beide im Endlichen liegen.

Die merkwürdigen Punkte erhalten wir aus $\varphi\psi' - \psi\varphi' = 0$. Bilden wir diese Gleichung für unser Beispiel (*), so tritt $(\gamma z + \delta)^2$ als Faktor auf. Der Punkt $z = -\frac{\delta}{\gamma}$ ist also ein doppelter merkwürdiger Punkt. Diese Eigentümlichkeit fällt nun weg, wenn wir den Nenner ψ um eine additive Konstante verändern, also die Funktion

$$w = \frac{(\alpha z + \beta)^3 - 3(\alpha z + \beta)(\gamma z + \delta)^2}{(\gamma z + \delta)^3 + \varepsilon}$$

betrachten, dann entsteht die soeben gezeichnete Figur 44. Die 4 Konstanten kann man so bestimmen, daß die 4 merkwürdigen Punkte auf die reelle Achse fallen. Wenn wir ε immer kleiner und kleiner werden lassen, so nähert sich die vorstehende Figur 44 immer mehr der früheren und geht in dieselbe über, sobald im Grenzfall $\varepsilon = 0$ geworden ist.[1)]

Donnerstag, 9.12.1880

5.2.3. /Rationale gebrochene Funktionen vom Kreisteilungstypus und vom Doppelpyramidentypus/

27

Unter den rationalen Funktionen gibt es zwei besonders wichtige Typen:

1.) Der erste Typus, Kreisteilungstypus, entsteht durch lineare Transformation der z- und w-Ebene aus der Funktion $w = z^n$. Diese Funktion hat für den besonderen Fall n = 4 beistehende Figur 45a, b als Bilder in beiden Zahlenebenen. Projizieren wir nun die z-Ebene stereographisch auf die Kugel und die Kugel wiederum durch Normalprojektion so auf unsere Zeichenebene, daß der Meridian der reellen

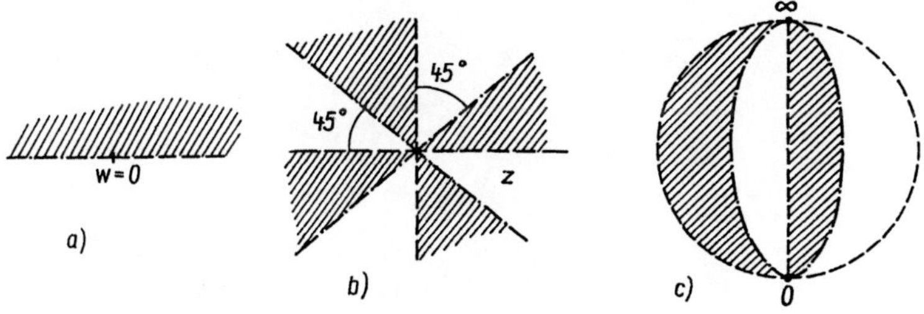

Fig. 45

[1)] Genauere Ausführungen als Übungsbeispiel empfohlen! (L)

Zahlen in seiner wirklichen Gestalt erscheint, so erhalten wir beistehende Figur 45c. Die gezeichneten Gebiete sind Kugelzweiecke mit Winkeln von 45°. Man sieht bei unserer Projektion natürlich nur 4 derselben.

Man sieht aus der Gleichung $w = z^n$ unmittelbar, daß, wenn für ein beliebiges w ein einziger zugehöriger Wert von z bekannt ist, damit auch die übrigen z gegeben sind. Wenn nämlich z_1 der Gleichung genügt und ε eine n-te Einheitswurzel ist, so genügen der Gleichung auch alle Werte $\varepsilon^k z_1$, wo $\varepsilon^k = \cos\frac{2k\pi}{n} + i\sin\frac{2k\pi}{n}$, $k = 0, 1, \ldots, n-1$.

Also: $w = z^n$ hat die Eigenschaft, daß die sämtlichen Werte von z, welche zu einem w gehören, sich aus einem Wert von z durch bekannte lineare Transformationen ergeben.

Diese Eigenschaft bleibt auch bei linearen Transformationen von z und w, d. h. bei der Funktion

$$(**) \qquad \frac{aw + b}{cw + d} = \left(\frac{\alpha z + \beta}{\gamma z + \delta}\right)^n$$

erhalten. Ist z_1 bekannt, so bestimmt sich jedes weitere z aus

$$\frac{\alpha z + \beta}{\gamma z + \delta} = \frac{\alpha z_1 + \beta}{\gamma z_1 + \delta} \cdot \delta^k .$$

Aufgelöst nach z folgt: Alle zusammengehörigen Werte von z ergeben sich aus einem derselben durch lineare Transformation mit a priori bekannten Koeffizienten.

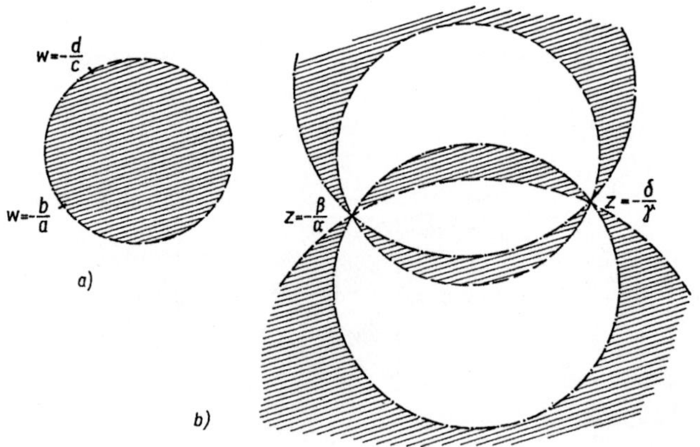

Fig. 46

Die neue Funktion (∗∗) hat beistehende Bilder (Fig. 46a, b) in der w- und z-Ebene. Die Winkel je zweier aufeinanderfolgender Kreise [in den zwei festen Punkten der z-Ebene] betragen 45°. Dieser Typus heißt darum Kreisteilungstypus, weil in der Figur 45b ein Kreis um den Nullpunkt durch die einzelnen Strahlen vom Nullpunkt aus in lauter n gleiche Teile geteilt wird.

2.) Doppelpyramidentypus. Wir schlagen hier den umgekehrten Weg ein. Wir zerlegen die Kugel in gewisser Weise und versuchen dann, eine rationale Funktion zu finden, welche diese Zerlegung der Kugel herbeiführt. Den Teilungskreisen auf der Kugel beim Kreisteilungstypus fügen wir noch den Äquator hinzu, wodurch die ganze Kugel in 4n Dreiecke zerlegt wird [, wobei alle die Winkel $\frac{\pi}{2}, \frac{\pi}{2}, \frac{\pi}{n}$ haben]. Bei der vorher schon benutzten Projektion der Kugel auf die Zeichenebene erhalten wir Figur 47a, der wir die stereographische Abbildung auf der z-Ebene als Figur 47b beifügen. Die Schraffierung bringen wir

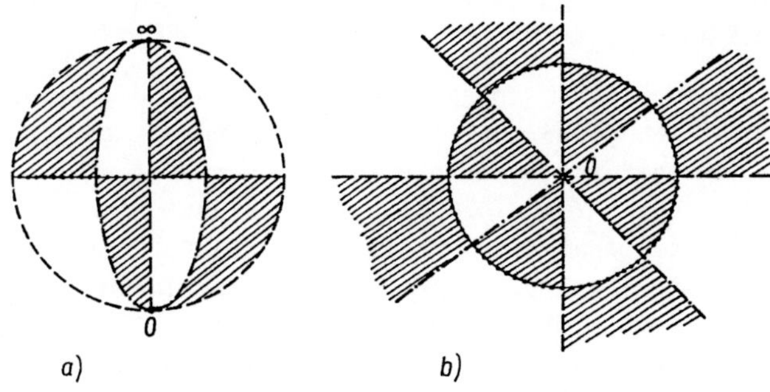

Fig. 47

so an, daß nie zwei schraffierte Gebiete aneinanderstoßen, im übrigen aber willkürlich. Wenn wir den Nullpunkt und den unendlich fernen Punkt der Kugel mit sämtlichen, im Äquator liegenden Teilungspunkten verbinden, [so] erhalten wir eine Doppelpyramide, daher der Name.

Ist es möglich, dieser Einteilung der Kugel entsprechend, die w-Ebene so abzubilden, daß den schraffierten Teilen die positive, den nicht schraffierten die negative Hälfte der w-Ebene entspricht?

Da jedes Gebiet der z-Ebene durch eine grüne (-----), blaue (-·-·-) und rote (·····) Linie begrenzt ist, so muß in der w-Ebene die reelle Zahlenachse sich aus einer grünen (-----), blauen (-·-·-·-) und roten (······) Strecke zusammensetzen. Wir wollen uns denken, daß die Teilungspunkte in [+1, -1 und ∞ der w-Ebene] liegen, so daß wir nachfolgendes Bild (Fig. 48) der w-Ebene erhalten.

Was also die Begrenzung betrifft, so ist die Abbildung möglich. Wir benutzen nun, um unsere Funktion zu erraten, ein Prinzip, das schon beim Kreisteilungstypus anwendbar war: Alle Dreiecke der Kugel sind kongruent und zu Gruppen von zweien gleichberechtigt. Wenn wir also in einem nicht schraffierten Dreieck einen Punkt beliebig annehmen, der einem gewöhnlichen w entsprechen soll, so gibt es in jedem anderen Dreieck einen homologen, gleichberechtigten Punkt, den wir demselben w als entsprechend zuweisen wollen. Nun sehen wir aber, daß solche homologe Punkte ineinander übergehen, wenn einerseits die Kugel um die Nord-Süd-Polachse um Vielfache von $\frac{2\pi}{n}$ /gedreht wird7; andererseits wenn sie um $\frac{2k\pi}{n}$ /gedreht wird7, so daß der eine Begrenzungsmeridian des betreffenden Dreiecks zum Meridian der reellen Zahlen wird, /man dann am Meridian der reellen Zahlen spiegelt und schließlich wieder um ein beliebiges Vielfaches von $\frac{2\pi}{n}$ dreht7.

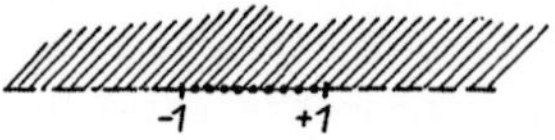

Fig. 48

Der erstgenannten Drehung entspricht eine Drehung der z-Ebene um den Nullpunkt um diesen Winkel. Einer Spiegelung am Äquator entspricht die Transformation durch reziproke Radien, wenn das stereographische Bild des Äquators als Transformationskreis dient. Einer Drehung der z-Ebene um $\frac{2\pi}{n}$ entspricht eine Multiplikation jedes z mit $\varepsilon = \cos\frac{2\pi}{n} + i\sin\frac{2\pi}{n}$. Unsere Funktion muß also zunächst so beschaffen sein, daß sie in sich selbst übergeht, wenn man z mit einer n-ten Einheitswurzel multipliziert, sie darf also nur eine rationale Funktion von z^n sein. Sie muß ferner so beschaffen sein, daß sie bei einer Spiegelung an der reellen Zahlenachse und gleichzeitiger Trans formation durch reziproke Radien, d. h. aber bei der Transformation von z in $\frac{1}{z}$, ungeändert bleibt. Eine Funktion, die diese merkwürdigen Eigenschaften hat, ist aber

$$w = \frac{1}{2}\cdot\left(z^n + \frac{1}{z^n}\right) = \frac{z^{2n} + 1}{2z^n}.$$

Ob die Funktion überhaupt richtig sein kann, prüfen wir zunächst durch Abzählen der merkwürdigen Punkte. Im Zentrum wie im unendlich fernen Punkt haben wir /je7 einen merkwürdigen Punkt von der Multiplizität n-1 = 3 /(da in unserem speziellen Beispiel n = 4)7, außerdem auf dem roten (·····) Kreis 8 merkwürdige Punkte von der Multiplizität 1. Die Gesamtmultiplizität ist 2(2n-1) = 14. Da nun eine rationale Funktion m-ten Grades eine Gesamtmultiplizität 2m-2 besitzt, so muß 2n = m = 8 sein. Die geratene Funktion ist aber in der Tat vom Grad 2n.

Freitag, 10.12.1880

Nun <u>beweisen</u> wir, daß wirklich $w = \frac{1}{2}\cdot(z^n + \frac{1}{z^n})$ die willkürlich angenommene Abbildung liefert: Für

$z = r(\cos\varphi + i\sin\varphi)$ wird $w = \frac{1}{2}(r^n + \frac{1}{r^n})\cdot\cos n\varphi + i\cdot\frac{1}{2}(r^n - \frac{1}{r^n})\cdot\sin n\varphi$.

Die Gesamtmultiplizität der Kurven, welche der reellen Achse der w-Ebene entsprechen, erhalten wir durch Nullsetzen des imaginären Teiles: $(r^n - \frac{1}{r^n})\cdot\sin n\varphi = 0$. Diese Kurven zerfallen also in

1.) $r = 1$,

2.) $\sin n\varphi = 0$.

[Letzteres] gibt $\varphi = \frac{k\pi}{n}$, 0,1,...,2n-1, d. h. aber, der reellen Achse der w-Ebene entsprechen in der z-Ebene

1.) ein Kreis um den Nullpunkt mit dem Radius 1,

2.) 2n vom Anfang auslaufende Geraden, welche mit der reellen Achse die gegebenen Winkel φ bilden.

Das ist aber genau unsere willkürlich angenommene Zerlegung der z-Ebene.

Wie entsprechen sich nun aber die reelle Achse der w-Ebene und jenes Kurvensystem der z-Ebene, wie ist also zu färben? [ ]

1.) Der Einheitskreis der z-Ebene hat die Gleichung $z = \cos\varphi + i\sin\varphi$. Dem entspricht $w = \cos n\varphi$, d. h., w muß zwischen +1 und -1 liegen. Wir müssen also die Strecke von $w = +1$ bis $w = -1$ <u>rot</u> (·····) färben wie den Kreis.

2.) Alle Strahlen, die mit der reellen Achse der z-Ebene ein gerades Vielfaches von $\frac{\pi}{n}$ bilden, sind gegeben durch $z = r(\cos\frac{2k\pi}{n} + i\sin\frac{2k\pi}{n})$. Dem entspricht $w = \frac{1}{2}\cdot(r^n + \frac{1}{r^n})$. Wir behaupten: Weil r stets größer als Null ist, kann w nie kleiner als 1 werden. [$r = 1$ ergibt zunächst $w = 1$]. Wächst nun r um eine kleine Größe α, so muß auch w wachsen, denn es wird $w = \frac{1}{2}((1+\alpha)^n + \frac{1}{(1+\alpha)^n})$. Der erste Summand ist größer als 1, der zweite kleiner als 1, und offenbar (nach Binomischem Satz)

$$(1 + \alpha)^n - 1 > 1 - \frac{1}{(1 + \alpha)^n}.$$

Also: Alle die genannten geradzahligen Strahlen bilden sich auf der Strecke $w = +1$ bis $w = \infty$ ab und sind wie diese <u>grün</u> (-----) zu färben.

3.) Den ungeradzahligen Strahlen $z = r(\cos\frac{2k+1}{n}\pi + i\sin\frac{2k+1}{n}\pi)$

entspricht $w = -\frac{1}{2}(r^n + \frac{1}{r^n})$. Wie oben zeigt man, daß w kleiner als -1 ist. Alle ungeradzahligen Strahlen der z-Ebene bilden sich also auf die Strecke $w = -1$ bis $w = -\infty$ ab und sind wie diese blau (-·-·-·-) zu färben.

Prüfen wir nun noch zur Kontrolle, ob die merkwürdigen Punkte der genannten Funktion mit denen zusammenfallen, die wir bei unserer früheren willkürlichen Zerlegung der z-Ebene angenommen haben.

Homogen gemacht wird unsere Funktion $w = \frac{1}{2}\cdot\frac{z_1^{2n} + z_2^{2n}}{z_1^n \cdot z_2^n}$. Ihre Funktionaldeterminante [von S. 88 mit $\varphi = z_1^{2n} + z_2^{2n}$ und $\psi = z_1^n \cdot z_2^n$] gleich Null gesetzt, gibt also nach Weglassen unwesentlicher Faktoren

$$T = \begin{vmatrix} z_1^{2n-1} & z_2^{2n-1} \\ z_1^{n-1}\cdot z_2^n & z_1^n \cdot z_2^{n-1} \end{vmatrix} = 0$$

oder $z_1^{n-1}\cdot z_2^{n-1}(z_1^{2n} - z_2^{2n}) = 0$. Das heißt, [es gibt] einen (n-1)-fachen merkwürdigen Punkt je im Anfang und im unendlich fernen Punkt, und [es gibt] 2n merkwürdige Punkte, bestimmt durch

$$\left(\frac{z_1}{z_2}\right)^{2n} = 1, \text{ d. i. } \frac{z_1}{z_2} = \cos\frac{k\pi}{n} + i \sin\frac{k\pi}{n}.$$

Das sind aber die Punkte, die wir auf dem Einheitskreis angenommen haben. Die merkwürdigen Punkte unserer Funktion fallen also mit den von uns willkürlich angenommenen zusammen.

Endlich bleibt noch zu zeigen, daß die Schraffierung, wie sie die Funktion $w = \frac{1}{2}\cdot(z^n + \frac{1}{z^n})$ verlangt, identisch ist mit der angenommenen. Hierbei benutzen wir das früher gewonnene Resultat: Durchlaufen wir eine Begrenzung eines Gebietes der w-Ebene in einem bestimmten Sinn und durchläuft dabei der entsprechende z-Punkt die entsprechende Umgrenzung in demselben Sinne, so ist, falls die Abbildung ohne Umlegung der Winkel geschah, das Innere der umlaufenen Begrenzung der w-Ebene auf dasjenige der z-Ebene abgebildet.

Durchlaufe jetzt die reelle Achse der w-Ebene im Sinne grün (-----), rot (·····), blau (-·-·-·-). Dann können wir uns denken, daß sich diese Achse im Unendlichen schließt, daß wir also die positive Halbebene umschritten haben und zwar im Sinne des Uhrzeigers. Wir müssen also in der z-Ebene alle diejenigen Gebiete schraffieren, bei deren Umlaufung in der Reihenfolge grün (-----), rot (······), blau (-·-·-·-) wir uns im Uhrzeigersinn bewegen. Beim Vergleich mit der früheren willkürlichen Schraffierung zeigt sich, daß diese dieser Regel genügt, womit nun bewiesen ist, daß die angegebene Funktion in der Tat die vorher beschriebene Zerlegung der z-Ebene respektive z-Kugel ergibt.

Den allgemeinen Fall des Doppelpyramidentypus erhalten wir, wenn wir sowohl w als [auch] z einer linearen Transformation unterwerfen:

$$\frac{aw + b}{cw + d} = \frac{1}{2}\cdot\left(\left(\frac{\alpha z + \beta}{\gamma z + \delta}\right)^n + \left(\frac{\gamma z + \delta}{\alpha z + \beta}\right)^n\right).$$

Die geraden Linien werden dabei zu Kreisen, die Winkel bleiben erhalten, und nach allem, was bisher besprochen wurde, ist unmittelbar klar, daß wir dann die untenstehenden Bilder (Fib. 49a, b) für die w- und z-Ebene erhalten.

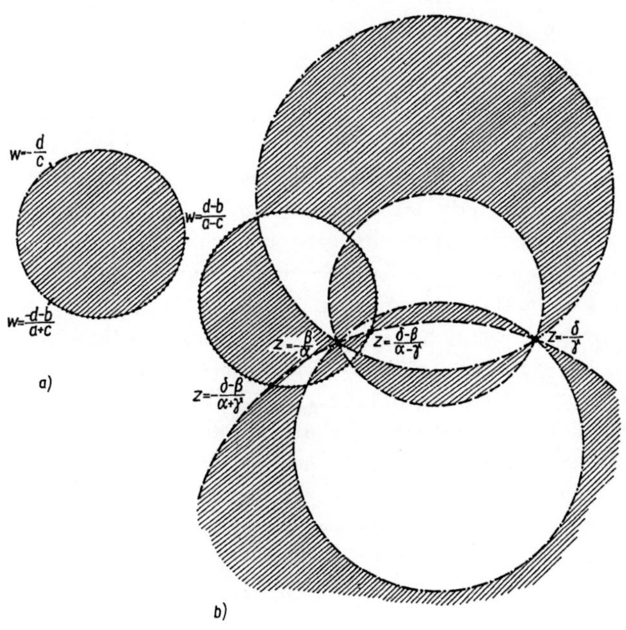

Fig. 49

Die Zeichnung bezieht sich immer nur auf den Fall n = 4. Die Verallgemeinerung liegt ja auf der Hand. Wir haben den Schlußsatz:

Der Doppelpyramidentypus bildet die Kreisfläche der w-Ebene ab als Kreisbogendreieck der z-Ebene mit den Winkeln $\frac{\pi}{n}, \frac{\pi}{2}, \frac{\pi}{2}$.

Donnerstag, 16.12.1880

6. Elementare transzendente Funktionen

6.1. Übergang zu den transzendenten Funktionen

Im folgenden gehen wir wie schon früher einmal von einer gewissen Zerlegung der Kugel aus und untersuchen, ob /sich eine Funktion finden läßt/, welche diese Zerlegung bewirkt.

Gibt es eine Zerlegung der Kugel nach dem Kreisteilungs- und Doppelpyramidentypus, bei welcher die Zahl der Gebiete auf der Kugel unendlich ist?

Die Kugelzweiecke, die beim Kreisteilungstypus auftreten, müßten dann natürlich Winkel von der Größe 0 haben, weil sich ja unendlich viele solche Winkel um einen Punkt herum gruppieren würden. Wenn wir nun aber durch eine Sekante der Kugel Ebenen so legen, daß die durch sie ausgeschnittenen Zweiecke Winkel /der Größe/ 0 haben, so ist ein solches Zweieck kein eigentliches Flächengebiet auf der Kugel, sondern nur eine Kreislinie. Von unendlich vielen solchen Zweiecken können wir die zu schraffierenden nicht von den nicht zu schraffierenden unterscheiden. Sicher können wir diese Zerlegung der Kugel nicht mehr geometrisch übersehen. Aber dennoch gibt es eine, auch geometrisch übersichtliche solche Zerlegung! Wenn wir durch einen Kugeldurchmesser Ebenen legen, so entstehen Kugelzweiecke und Keilräume, deren Winkel einander gleich sind. Diese Gleichheit der Winkel hört auf, wenn wir Ebenen durch eine beliebige Kugelsekante legen. Wir werden so /zu dem Schluß/ geführt: Wir würden eine gewünschte Zerlegung der Kugel erhalten, wenn wir die Ebenen so wählen könnten, daß die Zweieckswinkel zwar 0, die Keilraumswinkel aber im allgemeinen /nicht 0/ sind.

Dies wird erreicht, wenn wir, von der Zerlegung $w = z^n$ ausgehend, die beiden Spitzen der Zweiecke sich immer mehr nähern und schließlich zusammenrücken lassen, während gleichzeitig die Zahl der Zweiecke bis ins Unendliche gesteigert wird. Die Ebenen schneiden sich nun alle in einer Kugeltangente, die allen den Kreisen gemeinsam ist, welche die Zweiecke bilden, so daß die Zweieckswinkel in der Tat gleich 0 sind. Die Winkel der Keilräume sind endlich [(d. h. ungleich 0)], müssen aber natürlich eine konvergente Reihe von der Summe π bilden, denn alle diese Keilräume legen sich ja um jene Kugeltangente als gemeinsame Kante herum. Wenn wir uns denken, daß die vorher im Unendlichkeitspunkt gelegene Kugelzweieckspitze festgeblieben ist, während die vorher im Nullpunkt befindliche sich auf die erste zubewegt hat, so erhalten wir folgendes Bild für die jetzt in Einecke zerlegte Kugel (worin die Ellipsen, als welche sich die Schnittkreise projizieren, der Einfachheit halber als Kreise gezeichnet sind) [Fig. 50]. Wir haben dabei die im unendlich fernen Punkt berührende Gerade der Meridianebene der reellen Zahlen als gemeinsamen Schnitt jener Ebenen gewählt.

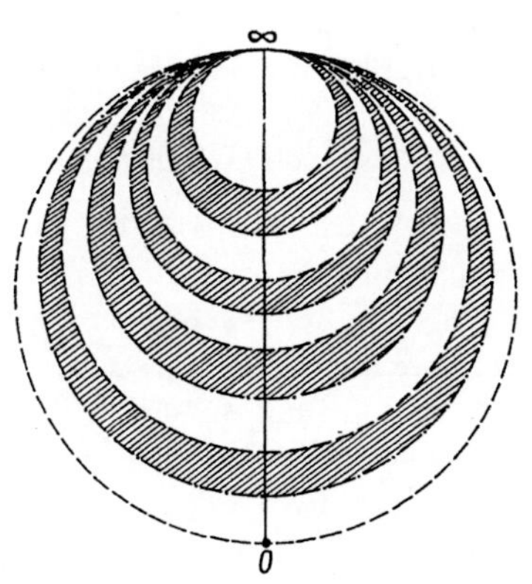

Fig. 50

Für die stereographische Abbildung auf die z-Ebene folgt, daß das vorher im Nullpunkt gelegene Strahlenbüschelzentrum für den Fall $w = z^n$ sich immer mehr dem unendlich fernen Punkt genähert hat, während sich gleichzeitig die Zahl der Strahlen ins Unendliche steigerte. Wir erhalten schließlich eine unendliche Zahl von Parallelen zur reellen Achse, die wie die vorher vom Nullpunkt auslaufenden Strahlen abwechselnd grün (------) und blau (-·-·-·-) sind. Von einem Strahl zu seinem übernächsten wird ein Streifen gebildet, der einem früheren ganzen Gebiet der z-Ebene entspricht und sich auf ein Blatt der Riemannschen Fläche abbildet. Die mittlere Parallele trennt die positive Hälfte von der negativen.

Da wir bei unserem Übergang nur die z-Fläche veränderten, so wird die w-Ebene geblieben sein, nur daß wir uns diese jetzt mit unendlich vielen Blättern überdeckt denken müssen. Es werden sich also beistehende zusammmengehörige Bilder (Fig. 51a, b) der w- und z-Ebene ergeben, wenn wir - und diese Annahme ist notwendig - die Schnittebenen der Kugel nach einem solchen Gesetz aufeinanderfolgend voraussetzen, daß die Streifen der z-Ebene gleichbreit werden.

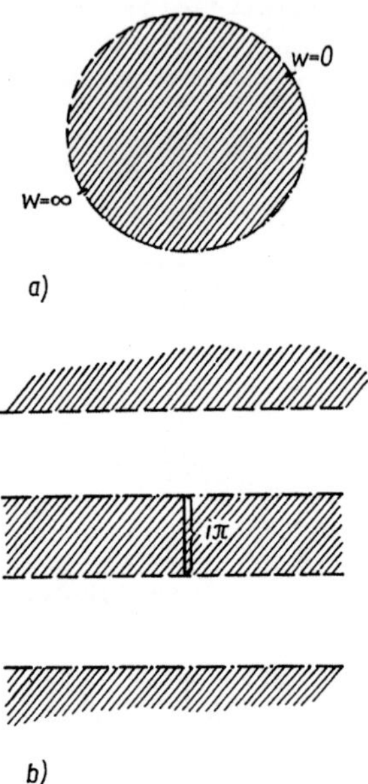

Fig. 51

Das Kreisinnere ist auf einen Streifen abgebildet. Wenn man die w-Fläche aus absolut dehnbarem Stoff hergestellt annimmt, so kann man sich denken, die Zuordnung der Punkte sei in der Weise praktisch realisiert, daß man den Kreis in den beiden Punkten $w = 0$ und $w = \infty$ erfaßt und dann solange dehnt, bis der erstere Punkt nach links, der letztere nach rechts unendlich weit gerückt ist. Der Kreis wird dann zu einem solchen Streifen.[1]

Was im bisherigen geometrisch zusammengedichtet wurde, soll nun streng analytisch abgeleitet werden. Wir gehen aus von $w = z^n$. Von den beiden im Punkt 0 und ∞ liegenden merkwürdigen Punkten machen wir den ersteren dadurch beweglich, daß wir die Funktion übergehen lassen in $w = (z+n)^n$. Die beiden merkwürdigen Punkte fallen dann nach $z = \infty$ und $z = -n$, so daß sich für die z-Ebene ungefähr beistehendes, nicht ins einzelne ausgeführte Bild (Fig. 52) ergibt.

Lassen wir n immer größer und größer werden, so rückt $z = -n$ immer weiter nach links, und das Strahlenbüschel wird dichter und dichter. Man kann sich vorstellen, wie der Punkt $z = -n$ dabei schließlich unendlich weit nach links rückt und das Strahlenbüschel in ein System [von Parallelen] zur reellen Achse übergeht. Wollten wir aber in $w = (z+n)^n$ das n unendlich werden lassen, so würde jedes z schließlich ein unendliches w ergeben. Diesem Übelstand begegnen wir durch Hinzunahme eines Faktors, welche Operation ja nichts anderes bedeutet als eine Rotation und Streckung der w-Ebene in bezug auf den Anfang. Wir setzen also $w = \frac{1}{n^n}\cdot(z+n)^n$. Für jedes endliche n gibt diese

---

[1] Geradeso können wir uns einen Doppelpyramidentypus von $n = \infty$ ausdenken (siehe S. 102 f.). (L)

Funktion das vorher angedeutete Bild (Fig. 52). Läßt man aber nun n unendlich werden, so folgt:

$$w = \lim_{n=\infty} (1 + \frac{z}{n})^n = e^z.$$

Hier wäre nun eine Verifikation am Platz, dafür, daß wirklich $w = e^z$ die geschilderte Abbildung von w- und z-Ebene ergibt. Sie soll aber weggelassen werden. Wir wollen nur auf zwei Arten die Breite der Streifen berechnen.

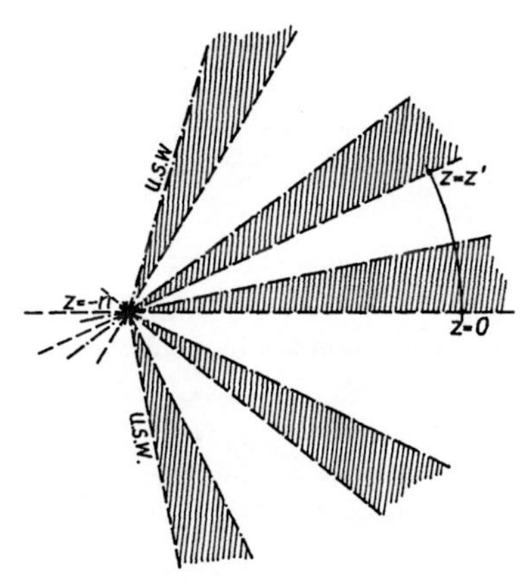

Fig. 52

1.) Es ist $e^z = e^{x+iy} = e^x(\cos y + i \sin y)$ und $e^{z+2i\pi} = e^z$. Also: Die Exponentialfunktion $w = e^z$ bildet die beiden Halbebenen w auf unendlich vielen Parallelstreifen zur reellen Achse der z-Ebene ab, von denen jeder die Breite $2i\pi$ hat.

2.) Wir bestimmen die Breite eines Streifens nun noch in der Weise, daß (Fig. 52) wir den Abstand eines Punktes z' von der reellen Achse berechnen, welcher bei einem endlichen n demselben Punkt w zugehört, wie ein uns bekannter Punkt der reellen Achse. Wir wissen, daß Gruppen solcher zugehöriger Punkte auf den grünen (------) Linien in gleicher Entfernung vom merkwürdigen Punkt $z = -n$ liegen. Wir erhalten also den Punkt z' auf der der reellen Achse zunächst folgenden grünen (------) Linie durch einfache Drehung um $\frac{2\pi}{n}$ um den Punkt $z = -n$ aus dem zugehörigen Punkt der reellen Achse. Diese Drehung drückt sich analytisch durch $n+z' = \varepsilon\cdot(n+z)$ aus oder $1 + \frac{z'}{n} = \varepsilon\cdot(1 + \frac{z}{n})$, wo ε n-te Einheitswurzel [ist]. Wir prüfen dies der Einfachheit halber an $z = 0$. Hier erhalten wir

$$z' = (\varepsilon - 1)n = n(\cos\frac{2\pi}{n} + i \sin\frac{2\pi}{n} - 1)$$
$$= n\left[(1 - \frac{4\pi^2}{2n^2} + \frac{16\pi^4}{24n^4} - \ldots) + i\,(\frac{2\pi}{n} - \frac{8\pi^3}{6n^3} + \ldots) - 1\right].$$

Für $n = \infty$ folgt also wie früher $z' = 2i\pi$.

Entsprechend den unendlich vielen Streifen der z-Ebene müssen wir die w-Ebene mit unendlich vielen Blättern überdecken, deren Zusammenhang wir /wie folgt/ erkennen. Es sei $w = u + iv = \varrho(\cos\varphi + i\sin\varphi)$. Wegen $w = e^z$ ist $\log w = z$, also $z = \log\varrho + i\varphi$. Jetzt umkreisen wir (Fig. 51) den Punkt $w = 0$ oder $w = \infty$ einmal. Dabei bleibt ϱ ungeändert, φ wächst um 2π, und also ändert sich $z = \log w$ um $2i\pi$. Eine Umkreisung eines dieser beiden Punkte hat also zur Folge das Durchlaufen eines Streifens der z-Ebene auf einer zur Richtung des Streifens senkrechten Geraden. Man kommt also aus einem Gebiet der z-Ebene ins nächste, d. h., man ist in der w-Fläche bei dieser Umkreisung von einem Punkt des ersten Blattes nach dem entsprechenden Punkt eines folgenden Blattes gelangt. Die unendlich vielen Blätter hängen also in den beiden genannten Punkten, die Verzweigungspunkte der Multiplizität ∞ sind, im Zyklus zusammen, dessen Anfang und Ende unbestimmbar ist. Längs eines Schnittes, welcher die beiden Verzweigungspunkte verbindet, werden wir die Blätter in folgender Weise zusammenhängend finden (Fig. 53):

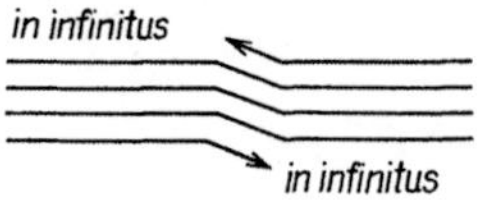

in infinitus

in infinitus

Fig. 53

Also Gesamtresultat: $w = e^z$ oder $z = \log w$ ist die Grenzfunktion, welche die Kugel nach dem Kreisteilungstypus in unendlich viele Gebiete zerlegt. Die z-Ebene ist in unendlich viele zur reellen Achse parallele Streifen von der Breite $2i\pi$ zerlegt, die w-Ebene mit unendlich vielen Blättern überdeckt, die in den Punkten $w = 0$ und $w = \infty$ im Zyklus zusammenhängen.

Freitag, 17.12.1880

In gleicher Weise ist nun der Doppelpyramidentypus zu betrachten! Nach demselben war die Kugel in Dreiecke zerlegt, die sich nach beiden Seiten auf dem Äquator errichten /und/ an diesem die Winkel $\frac{\pi}{2}, \frac{\pi}{2}$ haben. Dagegen /haben sie/ in dem ihnen allen als Ecke gemeinsamen Nord- (resp. Süd-)Pol die Winkel $\frac{\pi}{n}$. Diese Zerlegung unterschied sich von derjenigen nach dem Kreisteilungstypus nur dadurch, daß alle Zweiecke durch einen größten Kreis, der dort zugleich Äquator war, halbiert wurden. Wir werden dementsprechend eine Zerlegung nach dem Doppelpyramidentypus von unendlich hohem Rang eine solche nennen, welche alle Einecke auf der Kugel, die bei unendlich hoher Zerlegung nach dem Kreisteilungstypus entstanden sind, noch durch einen größten Kugelkreis halbiert.

Wir errichten jetzt im unendlich fernen Punkt der z-Kugel auf der

Meridianebene der reellen Zahlen eine Kugeltangente und legen durch sie ein Ebenenbüschel, welches die Kugel in unendlich viele Einecke zerlegt, die sich stereographisch auf die z-Ebene als Streifen von der Breite π abbilden, die auf der Achse der reellen Zahlen normal stehen. Der größte Kreis, welcher diese Zerlegung nach dem Kreisteilungstypus von unendlich hohem Rang in eine ebensolche nach dem Doppelpyramidentypus verwandelt, ist offenbar der Meridian der reellen Zahlen. Wir färben die Begrenzungslinien abwechselnd grün (------) und blau (-·-·-·-), den ausgezeichneten Meridian rot (······) und schraffieren abwechselnd die Felder, so daß beistehendes Bild (Fig. 54a) entsteht, welches sich stereographisch auf die z-Ebene wie folgt überträgt (Fig. 54b):

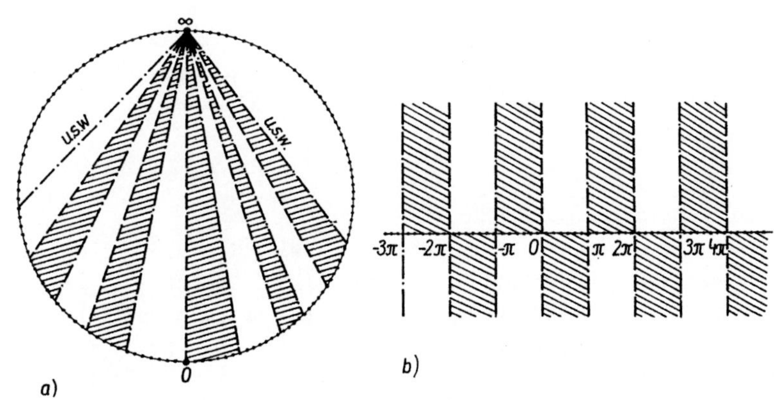

Fig. 54

Den Übergang der Zerlegung der Kugel nach dem Doppelpyramidentypus, wie [er auf] S.93f. geschildert und gezeichnet (Fig. 47) ist, zu diesem Grenzfall haben wir uns auf folgende Weise zu denken: Der auf der Kugel angegebene merkwürdige Punkt 0 (Südpol) rückt, während n immer größer wird, auf dem sichtbaren Teil des Meridians der rein imaginären Zahlen immer mehr dem Nordpol zu. Derjenige größte Kreis der Kugel, welcher die an Zahl sich fortwährend mehrenden Sicheln halbiert, hebt sich von seiner Ausgangslage (Äquator), beginnend in dem in der Figur 47a sichtbaren Teil, immer mehr in die Höhe. Wenn n unendlich geworden [ist], [so] ist der wandernde merkwürdige Punkt mit dem Nordpol zusammengefallen. Die Verbindungslinie beider (= Schnittgerade aller Ebenen) ist die frühere Tangente der Kugel im Nordpol geworden, und der bewegliche größte Kreis ist zum Meridian der reellen Zahlen geworden.

Auf die z-Ebene stereographisch übertragen, stellt sich dieser Übergang [wie folgt] dar: Der vorher im Nullpunkt gelegene merkwürdige Punkt wandert auf dem negativen Teil der Achse der rein imaginären Zahlen hinab oder hinauf, bis schließlich ins Unendliche. Gleichzeitig vermehrt sich die Zahl der von ihm auslaufenden blauen (-·-·-·-) und grünen (------) Strahlen, bis schließlich ins Unendliche. [ ] Gleichzeitig wird der frühere rote (······) Teilungskreis größer und größer. Sein früherer höchster Punkt (Fig. 54a) rückt dem Nullpunkt näher und näher, der frühere tiefste Punkt dem unendlich fernen Punkt. So geht schließlich dieser Kreis in die Achse der reellen Zahlen über, und unser Grenzfall ist erreicht.

Analytisch stellt sich dieser Übergang [wie folgt] dar: Wir gehen aus von $w = \frac{(1 + \frac{i \cdot z}{n})^n + (1 + \frac{i \cdot z}{n})^{-n}}{2}$. Das ist ein für uns geläufiger Doppelpyramidentypus mit den merkwürdigen Punkten $z = \infty$ und $z = -\frac{n}{i} = i \cdot n$. Wird n immer größer, so rückt in der Tat dieser zweite merkwürdige Punkt in der angegebenen Weise ins Unendliche. Wird n unendlich, so erhalten wir

$$w = \frac{e^{iz} + e^{-iz}}{2} = \cos z.$$

Prüfen wir nun, ob diese bekannte Funktion wirklich die geschilderte Zerlegung der z-Ebene ergibt! Wir nehmen [ ] die w-Ebene so an, wie bei dem früher geschilderten Doppelpyramidentypus mit endlichem n. Solange z reell [bleibt], ist immer $-1 < w < +1$. Die ganze reelle Achse der z-Ebene entspricht also dem roten (······) Kreisbogen von $w = -1$ bis $w = +1$, so daß bis jetzt unsere wie früher angenommene w-Ebene richtig bleibt (Fig. 55). Nun setzen wir $z = k\pi + iy$ und greifen dadurch alle Punkte der von uns in der z-Ebene auf der reellen Achse errichteten Senkrechten aus der Gesamtheit der Punkte heraus. Wir erhalten:

$$w = \cos k\pi \cdot \cos iy - \sin k\pi \cdot \sin iy$$
$$= (-1)^k \frac{e^y + e^{-y}}{2}.$$

Wegen $\frac{e^y + e^{-y}}{2} > 1$ entspricht allen Punkten der Vertikalen, welche auf der reellen Achse ungerade Vielfache von π abschneiden, ein reelles $w < -1$. Allen Punkten der Vertikalen, welche auf der reellen Achse der z-Ebene gerade Vielfache von π abschneiden,

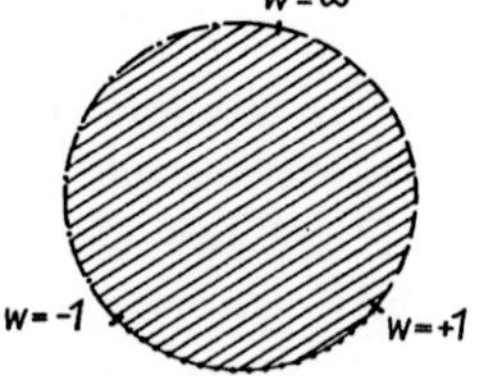

Fig. 55

entsprechen alle $w > +1$. Vergleicht man mit Rücksicht hierauf die Bilder der z- und w-Ebene, so findet man, daß die Farbe überall richtig ist.

Prüfen wir noch nach unserem früheren Umlaufgesetz die Schraffierung, so finden wir, daß sie ebenfalls richtig gewählt ist. Dem Punkt $y = \infty$ entspricht $w = \infty$. Wir müssen das Bild der z-Ebene so deuten, daß auf der roten (······) Geraden als Basis zu beiden Seiten unendlich viele Dreiecke stehen, von denen alle, die nach einer Seite der roten (······) Geraden liegen, eine unendlich ferne Spitze gemein haben.

Vergleichen wir noch die Bilder von z- und w-Ebene, so sehen wir: Die w-Ebene ist mit unendlich vielen Blättern überdeckt zu denken, welche längs des roten (······) Kreisbogens zu Paaren zusammenhängen. Ein jedes Paar besteht aus je einem Blatt zweier verschiedener Gruppen (die sich dadurch unterscheiden, daß die entsprechenden Halbstreifen der z-Ebene auf verschiedenen Seiten der roten (······) Geraden liegen), deren Blätter längs des grünen (------) (oder blauen (-·-·-·-)) Kreisbogens im Zyklus zusammenhängen.[1] Also als Gesamtresultat [ist] zu merken: <u>Die Funktion $w = \cos z$ oder $z = \operatorname{arc} \cos w$ führt eine Zerlegung der Kugel resp. der z-Ebene nach dem Doppelpyramidentypus von unendlich hohem Rang herbei.</u>

Da $\sin z = \cos(\frac{\pi}{2} - z) = \cos(z - \frac{\pi}{2})$, so erhält man die Zerlegung der z-Ebene nach der Funktion $w = \sin z$, indem man das durch $w = \cos z$ erzeugte Bild um $\frac{\pi}{2}$ verschiebt.

Alle drei bisher genannten transzendenten Funktionen e^z, $\cos z$, $\sin z$ haben die merkwürdige Eigenschaft, daß alle Stellen der z-Ebene, in denen sie dieselben Werte annehmen, aus einer solchen Stelle durch bekannte lineare Transformation hervorgehen. Bei e^z ergibt sich ein solcher Punkt z' aus einem bekannten z durch $z' = z + 2ki\pi$, bei $\cos z$ durch $z' = z + 2k\pi$ einerseits und $z' = -z$ (d. i. eine Drehung um 180° um den Nullpunkt) andererseits (die Vereinigung beider gibt $z' = \pm z + 2k\pi$), bei $\sin z$ endlich durch $z' = (-1)^k + k\pi$ (hierdurch eben verraten diese Funktionen ihre Verwandtschaft mit dem Kreisteilungs- und Doppelpyramidentypus).

Endlich möge noch kurz $w = \operatorname{tg} z = \frac{\sin z}{\cos z}$ betrachtet werden. Hier ist

---

[1] Bei $w = +1$ hängen die Blätter paarweise zusammen. Für $w = \infty$ trennen sie sich in zwei Gruppen. Die Blätter jeder Gruppe hängen unter sich im Zyklus zusammen.

$w = \frac{1}{i}\frac{e^{2iz}-1}{e^{2iz}+1}$. Wir erreichen diese Abbildung durch zwei lineare Transformationen schon bekannter Abbildungen. Wir schreiben $w' = e^{2iz}$ und $w = \frac{1}{i}\frac{w'-1}{w'+1}$. $w' = e^{2iz}$ erhalten wir offenbar aus dem uns bereits bekannten $w' = e^z$, wenn wir jedem z der letzteren Ebene die Bedeutung 2iz geben. Dadurch verwandelt sich unsere Zerlegung von S. 100 in eine Zerlegung in Vertikalstreifen von der Breite $\frac{\pi}{2}$. Zwei Nachbarstreifen bilden ein Gebiet, das sich auf ein Blatt der Riemannschen Fläche abbildet. Wenn wir nämlich jedem Wert z einer Zahlenebene die Bedeutung 2iz geben, so sind die Achsen der neuen Ebene die vertauschten Achsen der alten, und ein Punkt $i\pi = z$ der früheren Ebene hat jetzt die Bedeutung 2iz, also $2iz = i\pi$, d. h. $z = \frac{\pi}{2}$. So sieht man, wie das nebenstehende Bild (Fig. 56b) der z-Ebene entstehen muß, dem das gewöhnliche Bild der w'-Ebene (Fig. 56a) entspricht.

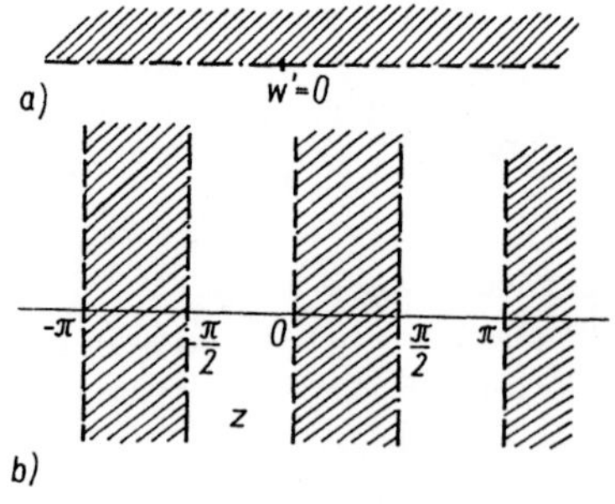

Fig. 56

Diese w'-Ebene ist mit unendlich vielen Blättern überdeckt, die in /$w' = 0$ und $w' = \infty$/ im Zyklus zusammenhängen. Wenn wir diese w'-Ebene /jetzt/ der linearen Transformation $w = \frac{1}{i}\frac{w'-1}{w'+1}$ unterwerfen, so geht $w' = 0$ in $w = +i$, $w' = \infty$ in $w = -i$, $w' = +1$ in $w = 0$ und $w' = -1$ in $w = \infty$ über. Die reelle Achse der w'-Ebene, auf der die 4 Punkte liegen, muß sich in den durch die 4 entsprechenden Punkte gehenden Kreis der w-Ebene, d. h. in die imaginäre Achse der w-Ebene, verwandeln. Setzt man $w = R(\cos\Phi + i\sin\Phi)$ und $w' = \varrho(\cos\varphi + i\sin\varphi)$, so folgt

$$R(\cos\Phi + i\sin\Phi) = \frac{1}{i}\frac{\varrho(\cos\varphi + i\sin\varphi) - 1}{\varrho(\cos\varphi + i\sin\varphi) + 1},$$

also

$$R\cdot\cos\Phi = \frac{2\varrho\sin\varphi}{\varrho^2 + 2\varrho\cos\varphi + 1} \text{ und } R\cdot\sin\Phi = \frac{-\varrho^2 + 1}{\varrho^2 + 2\varrho\cos\varphi + 1}.$$

Für $\varrho = 1$, φ beliebig, wird also R beliebig /und/ $\Phi = 0$, d. h., der Einheitskreis um den Nullpunkt der w'-Ebene verwandelt sich in die reelle Achse der w-Ebene. Wir erhalten also beistehendes Bild (Fig. 57) der w-Ebene.

Die Prüfung bezüglich Schraffierung nach unserem Orientierungsgesetz ergibt, daß die rechts von der imaginären Achse gelegene Halbebene sich auf die schraffierten Streifen der z-Ebene abbildet. Also Gesamtresultat: Entsprechend der Funktion w = tg z wird die z-Ebene in unendlich viele vertikale Streifen von der Breite $\frac{\pi}{2}$ zerlegt, die w-Ebene dagegen mit unendlich vielen Blättern überdeckt, die bei w = +i und w = -1 im Zyklus zusammenhängen.

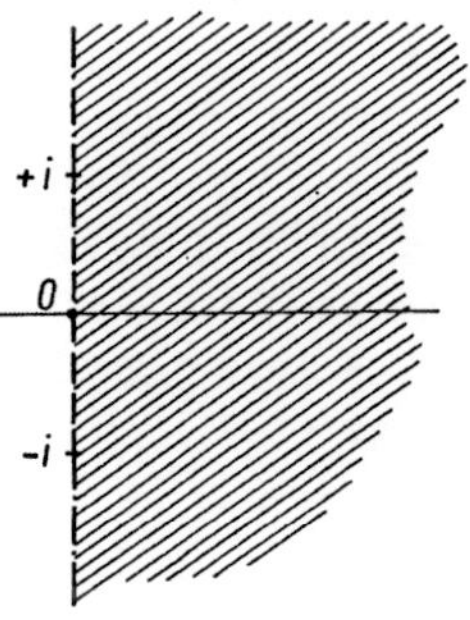

Fig. 57

Dienstag, 21.12.1880

6.2. Merkwürdige Stellen transzendenter Funktionen /und die Abbildung von Kurvensystemen, die durch z = ∞ hindurchlaufen/

1. $w = e^z$ oder z = log w. An welchen Stellen der w-Ebene wird z = log w unendlich?

Die /Elementarmathematik lehrt/ schon, daß log w = -∞ wird für w = 0 und gleich ∞ für w = ∞ . Strenggenommen läßt aber die Frage noch mehr Antworten zu. Wir sahen: Zu einem Wert w gehört nicht nur ein z als log w, sondern jedes z + 2kπ, wo k /eine beliebige ganze Zahl ist/. Man kann also auch k = ∞ setzen, und in diesem Sinne gilt der Satz: Für jeden Wert w ist ein Wert des Logarithmus ∞ . Der unendlich ferne Punkt der z-Ebene gehört also allen Punkten der w-Ebene als entsprechend zu, während der unendlich ferne Punkt und der Nullpunkt der w-Ebene nur den unendlich fernen Punkt der z-Ebene als entsprechenden Punkt haben.

Um dieses Verhalten in den unendlich fernen Punkten der beiden entsprechenden Ebenen genauer studieren zu können, unterwerfen wir die z-Ebene der Transformation $z' = \frac{1}{z}$. Dabei bleibt die reelle Gerade erhalten, der unendlich ferne Punkt wird zum Nullpunkt und umgekehrt. Alle die Parallelen zur reellen Achse werden Kreise, die durch den nunmehr Nullpunkt gehen und in ihm die reelle Achse und sich gegenseitig berühren. Unsere Figur 51b, welche die Zerlegung der z-Ebene nach $w = e^z$ vorstellte, verwandelt sich in /die/ nebenstehende Figur 58, bei der natürlich statt einer unendlichen Anzahl von Kreisen nur eine endliche /gezeichnet werden/ konnte. Wir haben die Schraffierung aber doch so angebracht, als ob die gezeichneten Kreise vollzählig wären.

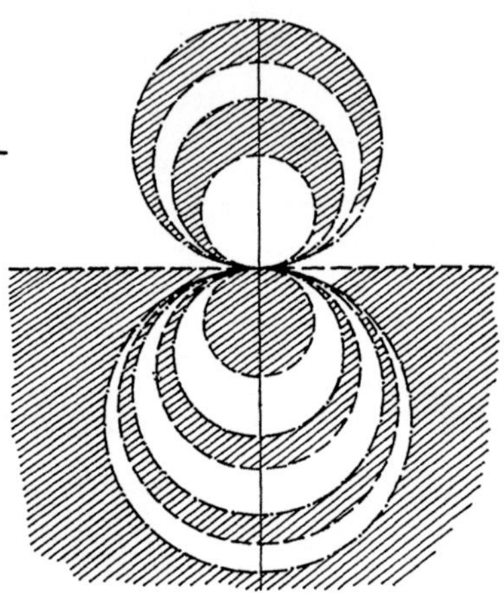

Fig. 58

Um den Nullpunkt herum werden die Kreise immer kleiner und kleiner. Jede Doppelsichel, aus einer schraffierten und einer nichtschraffierten bestehend, entspricht einem früheren ganzen Streifen, der sich durch $w = e^z$ auf die ganze w-Ebene einmal abbildete. Da nun solche Sicheln sich um den Nullpunkt unendlich dicht herumlegen, so nimmt die Funktion in der Nähe dieses Punktes und also auch in der Nähe des früheren unendlich fernen Punktes jeden Wert beliebig oft an. Diese schon oben ausgesprochene /Eigenschaft/ drücken wir /wie folgt/ aus:
Für $z = \infty$ wird $w = e^z$ völlig unbestimmt.

Solche unstetigen Stellen sind nicht durch lineare Transformation zu entfernen. Man nannte sie früher Unstetigkeitsstellen 2. Art. Wir wollen sie nach WEIERSTRASS bezeichnen und definieren:

Eine wesenliche singuläre Stelle ist eine solche, in welcher eine analytische Funktion jeden beliebigen Wert annehmen kann.[1)]

28

Wir erhalten ein klares Bild von der Abbildung durch $w = e^z$, wenn wir im folgenden die Abbildung einzelner, durch $z = \infty$ gehender Kurvensysteme bestimmen:

1.) $e^z = e^{x+iy} = e^x(\cos y + i \sin y) = w = \varrho\,(\cos\varphi + i \sin\varphi)$.
Für $y = \text{const}$ wird auch $\varphi = \text{const}$, während ϱ mit x veränderlich bleibt, d. h., den Parallelen zur reellen Achse in der z-Ebene entsprechen die geraden Linien durch den Nullpunkt der w-Ebene.

1) Hinweis auf die Sätze von PICARD /in den/ C. R. 1879. (L)

Dem Nullpunkt der w-Ebene entspricht $z = -\infty$, dem unendlich fernen Punkt der w-Ebene entspricht $z = +\infty$. Diese Unterscheidung gewinnt Bedeutung wie folgt: Bewegen wir uns auf einer Parallelen zur reellen Achse der z-Ebene nach links, also in negativer Richtung ins Unendliche, so bewegt sich das entsprechende w geradlinig auf den Nullpunkt zu. Bewegt sich z nach rechts, also in positiver Richtung ins Unendliche, so läuft das entsprechende w auf einer Geraden durch den Nullpunkt von letzterem fort.

2.) Wir wissen von früher, daß einer Umkreisung eines der beiden Verzweigungspunkte der w-Ebene ein Durchlaufen eines Streifens in der z-Ebene entspricht. Umgekehrt entspricht auch einer solchen Durchschreitung eines z-Streifens eine Umkreisung eines Verzweigungspunktes. Wenn wir nun [ ] in der z-Ebene eine Gerade, geneigt unter einem bestimmten Winkel gegen alle jene Parallelen zur reellen z-Achse, von einem Punkt durchlaufen [lassen], so durchschreitet derselbe doch unendlich viele Streifen. Der entsprechende Punkt der w-Ebene wird also die beiden Verzweigungspunkte unendlich oft umkreisen. Er wird also auf einer Spirale laufen müssen, welche $w = 0$ und $w = \infty$ als asymptotische Punkte hat (Fig. 59). Nun ist doch die Funktion $w = e^z$ nichts anderes als eine rationale Funktion mit unendlich vielen Gliedern, und also ist die Abbildung durch dieselbe konform bis auf die merkwürdigen Punkte.

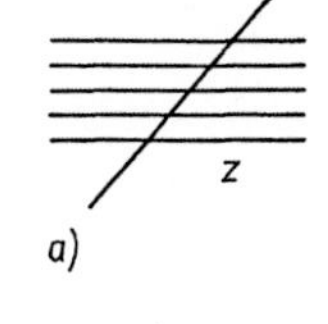

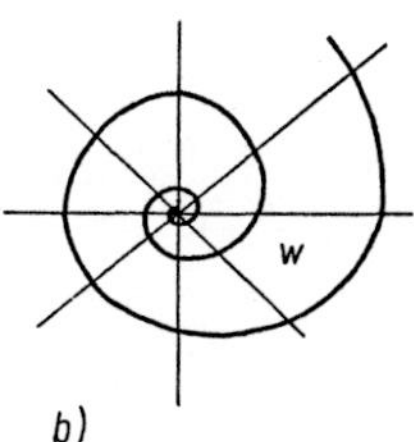

Fig. 59

Da jene schräge Gerade der z-Ebene alle Parallelen zur x-Achse unter demselben Winkel schneidet, so muß die ihr entsprechende Kurve der w-Ebene alle vom Nullpunkt auslaufenden Strahlen unter demselben Winkel schneiden, sie ist also eine logarithmische Spirale. Je nachdem [,ob] wir jene Gerade von rechts oben oder links unten aus durchlaufen, bewegt sich das entsprechende w auf der Spirale ins Unendliche oder nach dem Nullpunkt.

3.) Einer zur reellen Achse der z-Ebene senkrechten Geraden muß eine Kurve der w-Ebene entsprechen, welche alle vom Nullpunkt auslaufenden Strahlen rechtwinklig schneidet, d. h. ein Kreis. Dieser Kreis ist der Grenzfall einer logarithmischen Spirale. Während der z-Punkt auf der Geraden unendlich viele Streifen durchläuft, umkreist das w die Verzweigungspunkte unendlich oft, d. h. in unserem Grenzfall: Der Kreis wird vom beweglichen Punkt w unendlich oft durchlaufen.

Dies genügt, um die Richtigkeit der folgenden drei Sätze über Abbildung von Flächengebieten einzusehen:

4.) Ein Flächenstreifen der z-Ebene, welcher von zwei Parallelen zur reellen Achse gebildet wird, bildet sich ab als Winkelfeld, gebildet von zwei Halbstrahlen, die durch den Nullpunkt der w-Ebene gehen.

5.) Ein Flächenstreifen der z-Ebene, der von zwei Parallelen begrenzt wird, die gegen die reelle Achse um einen festen Winkel geneigt sind, bildet sich ab als dasjenige Gebiet der w-Ebene, welches von kongruenten logarithmischen Spiralen mit dem /Nullpunkt und dem unendlich fernen Punkt als asymptotische Punkte7 gebildet wird.

6.) Ein von zwei Vertikalen zur reellen Achse der z-Ebene begrenzter Streifen bildet sich ab als ein von zwei Kreisen gebildetes Ringgebiet mit dem Mittelpunkt w = 0. Dieser Ring erscheint aber unendlich oft überdeckt von den Bildpunkten der Punkte des genannten Streifens der z-Ebene.

Mittwoch, 22.12.1880

2. Ähnliche Überlegungen haben wir nun durchzuführen für $w = \cos z$. Die Abbildung durch diese Funktion stellt sich durch beistehende Bilder (Fig. 60a, b) dar. Ein zwischen einem grünen (-----) und einem folgenden blauen (-·-·-·-) Strich gelegener Streifen bildet sich auf die gesamte w-Ebene ab. Man kann sich diese Abbildung, wenn man diese Streifen aus absolut dehnbarem Stoff hergestellt denkt, in der Weise realisiert vorstellen, daß man bei π und 2π einknickt und die beiden grünen (-----) respektive blauen (-·-·-·-) Halbstrahlen im Sinne der angegebenen Pfeile zusammenbiegt (Fig. 61a). Es entsteht dann das Bild (Fig. 61b) der w-Ebene, abgesehen von einer Streckung vom Nullpunkt aus.[1]

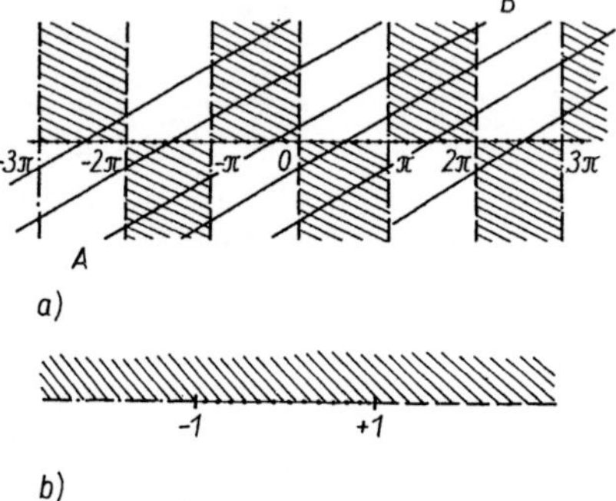

Fig. 60

Wenden wir auf die z-Ebene wieder die Transformation $z' = \frac{1}{z}$ an, so bleibt die reelle Achse erhalten, der /unendlich ferne Punkt und

[1] D. h. allgemein: einer zweckmäßigen Verzerrung.

der/ Nullpunkt vertauschen sich, und aus allen jenen Senkrechten zur reellen Achse werden Kreise, die sich sämtlich im Nullpunkt berühren und dort als gemeinsame Tangente die zu dieser Kreisschar ebenfalls gehörige Achse der imaginären Zahlen haben.

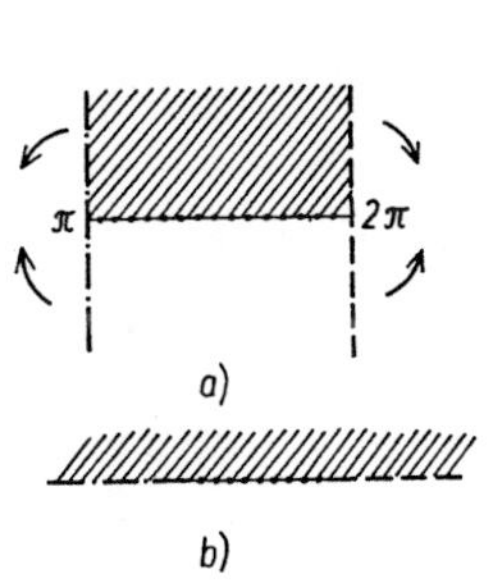

Fig. 61

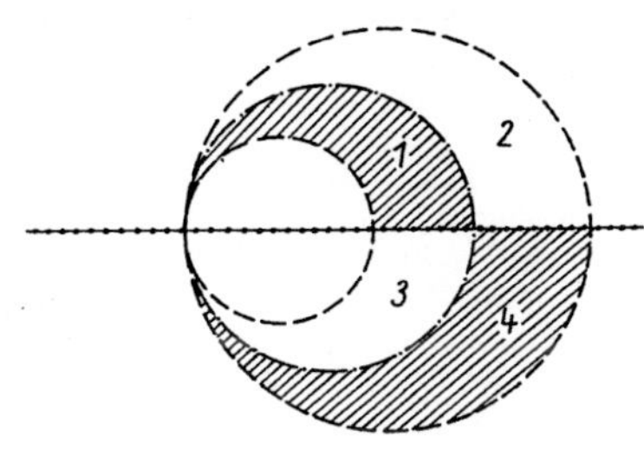

Fig. 62

Unsere Streifen der früheren z-Ebene verwandeln sich in Sicheln, welche von je zwei solchen Kreisen gebildet werden. Und da sich um den neuen Nullpunkt wieder solche unendlich kleinen Sicheln herumziehen, so muß man wieder sagen: Für $w = \cos z$ ist $z = \infty$ eine wesentliche singuläre Stelle.

Ein zwischen zwei aufeinanderfolgenden grünen (-----) Geraden der z-Ebene gelegener Streifen erhält bei unserer /Transformation/ der z-Ebene die beistehende Gestalt (Fig. 62). Es steht uns frei, ob wir die Gebiete 1 und 2 zusammen einerseits und 3 und 4 zusammen andererseits sich auf ein Blatt der w-Fläche wollen abbilden lassen, oder 1 und 3 zusammen und 2 und 4 zusammen. Es steht also auch in unserem Belieben, ob die Gebiete sich nur von einer oder von zwei Seiten an die singuläre Stelle heranziehen sollen.

Ähnlich wie bei $w = e^z$ muß $z = \infty$ als jedem Wert w entsprechend angesehen werden. Dagegen gibt es nur ein w, nämlich $w = \infty$, dem nur $z = \infty$ zugehört. Jedes andere w hat noch unendlich viele entsprechende Punkte, die sich einzeln auf die unendlich vielen Sicheln verteilen.

/Abbildung von Kurvensystemen, die durch $z = \infty$ hindurchlaufen/

Im folgenden studieren wir die Abbildung von Kurvensystemen, die durch $z = \infty$ hindurchlaufen. Wir wissen, daß $\cos z' = \cos z$ ist für $z' = \pm z + 2k\pi$. Zeichnen wir also in der z-Ebene eine beliebige Kurve und lassen durch Parallelverschiebung derselben um Vielfache von 2π

einerseits und durch Drehung aller so entstandenen Kurven um 180° um den Nullpunkt andererseits unendlich viele neue, kongruente Kurven entstehen, so müssen alle diese Kurven dasselbe Bild in der w-Ebene haben. /In der Figur 60a ist/ eine erste Gerade AB gezeichnet, und dann /wurden/ durch die oben angegebene Operation neue Geraden daraus abgeleitet, die der ersten parallel /sind/. Wir wissen, daß sie alle dasselbe Bild in der w-Ebene haben. Dieses Bild kann /man nun aber/ auf zweifache Art erzeugen:

1.) Entweder man verfolgt eine dieser unendlich vielen Geraden durch alle Streifen und bildet jeden ihrer Punkte auf die w-Ebene ab, oder

2.) man bildet alle diejenigen Strecken von diesen unendlich vielen Geraden ab, welche in einem einzigen Periodenstreifen gelegen sind.[1] Diese letztere Ableitungsart des Bildes wollen wir im folgenden wählen.

Wir erhalten ein ungefähres Bild (und auf ein solches kommt es uns vor der Hand hier nur an), wenn wir nach der früher angegebenen Art die w-Ebene aus diesem Streifen entstanden denken durch Zusammenbringen der grünen (-----) und blauen (-·-·-·-), von 0 und $-\pi$ auslaufenden Halbstrahlen im Sinne der Pfeile (Fig. 63a). Es fallen dabei die Punkte 1, 2, 3, 4, 5 resp. auf 1', 2', 3', 4', 5', und wir erhalten die Figur 63b.

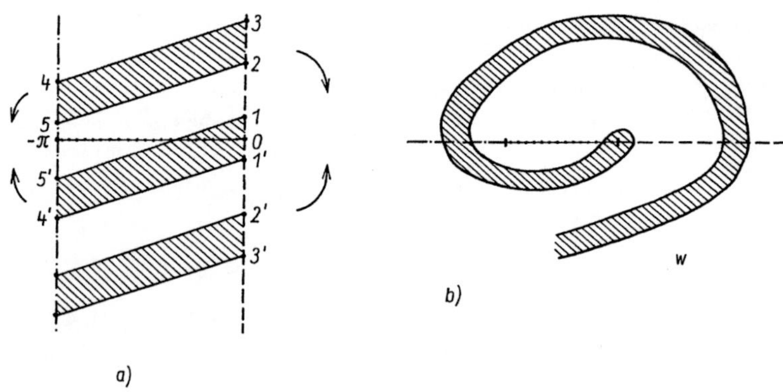

Fig. 63

Die Streifen zwischen jenen Strecken bilden sich zusammen als der schraffierte spiralige Flächenstreifen der w-Ebene ab. Die Kurve und mit ihr der spiralige Flächenstreifen ändern sich, wenn wir in

[1] Dies ist ein allgemeines, noch oft zu verwendendes Prinzip. (L)

der z-Ebene anstelle der schrägen Geraden horizontale oder vertikale wählen. Diese beiden Geradensysteme müssen sich als ein sich überall rechtwinklig durchsetzendes Kurvensystem abbilden. Wählen wir zunächst eine beliebige Horizontale, soweit sie in unseren Periodenstreifen der z-Ebene fällt, so sehen wir, daß eine Verschiebung um $2k\pi$ keine neue Gerade erzeugt, während eine Drehung um 180° nur eine neue Gerade, das Spiegelbild der ersten in bezug auf die reelle Achse, hervorbringt (Fig. 64a). Deformieren wir den Periodenstreifen (wie früher) zur w-Ebene, so wird aus unseren beiden Strecken ein geschlossenes Oval. Eine vertikale Gerade in unserem Periodenstreifen

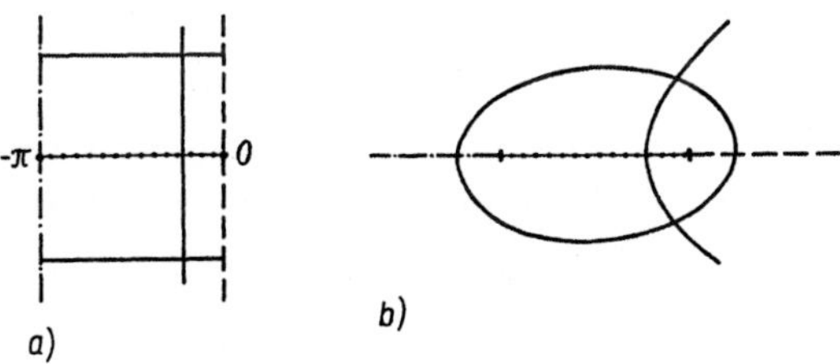

Fig. 64

rückt sowohl durch Verschiebung um 2π als /auch/ durch Drehung um 180° aus unserem Streifen hinaus, bringt also keine neu bei der Deformation des Streifens zur w-Ebene zu beachtende /Gerade/ hervor. Diese Vertikale wird bei der Deformation ungefähr die gezeichnete hyperbelartige Gestalt annehmen (Fig. 64b). Es liegt die Vermutung nahe, daß alle so entstandenen Ovale und hyperbolischen Kurven, die sich überall rechtwinklig durchsetzen, nichts anderes sind, als das System konfokaler Kegelschnitte mit den Brennpunkten $w = \pm 1$. Diese Vermutung wird durch die Rechnung verifiziert:

Wir haben $w = \cos z = u + iv$. /Mit $z = x + iy$ folgt dann/

$u = \cos x \frac{e^y + e^{-y}}{2}$, $v = -\sin x \frac{e^y - e^{-y}}{2}$. Für x = const /ergeben/

diese Gleichungen $\left(\frac{u}{\cos x}\right)^2 - \left(\frac{v}{\sin x}\right)^2 = 1$, d. h., jede vertikale Gerade der z-Ebene verwandelt sich in eine Hyperbel, deren Brennpunkte vom Nullpunkt, der Mittelpunkt der Hyperbel ist, die Entfernung $\pm\sqrt{\cos^2 x + \sin^2 x} = \pm 1$ haben. Für y = const folgt

$$\left(\frac{u}{\frac{e^y + e^{-y}}{2}}\right)^2 + \left(\frac{v}{\frac{e^y - e^{-y}}{2}}\right)^2 = 1 \text{ oder } \left(\frac{u}{\cosh y}\right)^2 + \left(\frac{v}{\sinh y}\right)^2 = 1.$$

Jede horizontale Gerade der z-Ebene verwandelt sich also in eine Ellipse mit der Exzentrizität $\sqrt{\cosh^2 y - \sinh^2 y} = 1$.

II. Kapitel.
Algebraische Funktionen

"Bisher veranschaulichten wir uns den Verlauf rationaler Functionen und solcher transcendenter, die unmittelbar aus ihnen entstehen. Eigentlich hatten wir ein doppeltes Mittel der Veranschaulichung: Entweder eine jede Werthekombination (w,z) durch einen Punct, oder jeden Werth w und z. Ersteres erläuterten wir wenig, weil es zu einfach und zu wenig ausgebildet war. Nun, /wo/ wir zu den algebraischen Functionen übergehen, müssen wir es ausführlicher betrachten."
F. KLEIN [98, S. 101]

Dienstag, 11.1.1881

Wir wollen, bevor wir bei den algebraischen Funktionen $f(w,z) = 0$ die Variablen als Punkte von Zahlenebenen deuten, sie erst als rechtwinklige Koordinaten auffassen, also zunächst einen kurzen Abriß über algebraische Kurven bringen.

7. Zur Theorie algebraischer Kurven

7.1. /Grundbegriffe/

Unter der Ordnung n der Kurve verstehen wir die Dimension des höchsten Gliedes ihrer Gleichung $f = 0$.

Solange wir w und z als Strecken deuten, haben sie nur Sinn, wenn sie endlich und reell sind. Es erweist sich aber bald als nötig, unendlich ferne Punkte mit in die Betrachtungen /einzubeziehen/. Deshalb führen wir homogene Koordinaten ein, indem wir die rechtwinkligen Koordinaten eines Punktes in unserer Ebene gleich $\frac{w}{t}$ /und/ $\frac{z}{t}$ setzen. Ein unendlich ferner Punkt, früher /im allgemeinen bestimmt durch $x = \infty$, $y = \infty$ /, wird jetzt bestimmt durch $t = 0$ und ein Verhältnis $\frac{w}{z}$. $t = 0$, die notwendige Bedingung für einen unendlich fernen Punkt, ist eine lineare Gleichung, welche die Gesamtheit aller unendlich weiten Punkte umfaßt. Es ist klar, daß man über die Beschaffenheit des unendlich Weiten überhaupt nichts aussagen kann und daß also der Ausdruck unendlich weite Gerade auch nicht etwa aussagen soll, daß in der Tat alle unendlich weiten Punkte eine Gerade erfüllen, sondern nur, daß in dieser analytischen Behandlungsweise der Geometrie die unendlich weiten Punkte in ihrer Gesamtheit die Rolle einer Geraden spielen. Wenn wir früher das unendlich Weite als Punkt, jetzt dagegen als Gerade auffassen, so widersprechen wir uns nicht, weil wir ebensowenig damals wie jetzt über die wirkliche Beschaffenheit des unendlich Weiten etwas haben aussagen wollen.

Die Einführung homogener Koordinaten und die daraus folgende Auffassung des unendlich Weiten ermöglicht es uns, gewisse ⟨Ausnahmen⟩ mit einzuordnen in die allgemein gültigen Regeln und Ausdrucksweisen. Zum Beispiel ⟨ergeben zwei lineare Gleichungen zwischen den Koordinaten⟩ immer ein Lösungspaar von Koordinaten, außer wenn sie sich nur im konstanten Glied unterscheiden, oder geometrisch ausgedrückt: Zwei Geraden schnitten sich immer in einem Punkt, außer wenn sie parallel ⟨waren⟩. Jener Ausnahmefall, $aw + bz + c = 0$ und $aw + bz + c' = 0$, führte zu dem unsinnigen Resultat $c = c'$. Die Einführung homogener Koordinaten löst diesen Widerspruch: $aw + bz + ct = 0$ und $aw + bz + c't = 0$ gibt $t = 0$ und $\frac{w}{z} = -\frac{b}{a}$. Man darf also sagen: Zwei Geraden haben immer einen Schnittpunkt. Derselbe liegt vielleicht auf der unendlich fernen Geraden. Analog läßt sich zeigen, daß nach den jetzigen Festsetzungen zwei Punkte auch immer eine Verbindungslinie haben.

29

Unsere Kurve $f(w,z) = 0$ von der Ordnung n schreibt sich nun $f(\frac{w}{t}, \frac{z}{t}) = 0$. ⟨Wenn wir nun mit dem höchsten Nenner t^n herausmultiplizieren⟩, wodurch jedes Glied von der Ordnung n wird, erhalten wir die homogene Gleichung $f(w,z,t) = 0$.

⟨Zunächst wollen wir die⟩ Bedeutung der bereits definierten Ordnung der Kurve ⟨dartun⟩. Zu diesem Zwecke schneiden wir die Kurve mit einer Geraden $aw + bz + ct = 0$. Die Substitution des aus der letzten Gleichung folgenden Wertes von t in die Kurvengleichung gibt $f(w,z, -\frac{aw + bz}{c}) = 0$, also: Bei Gebrauch homogener Koordinaten führt die Bestimmung des Schnittpunktes einer Kurve n-ter Ordnung und einer Geraden auf eine Gleichung n-ten Grades mit einer Unbekannten $\frac{w}{z}$.

Dieses Resultat führt zu der geometrischen Behauptung, daß unsere Kurve mit der Geraden n Schnittpunkte habe, weil es n Werte von $\frac{w}{z}$ gibt, ⟨es⟩ also n vom Anfangspunkt nach den Schnittpunkten laufende Strahlen zu geben scheint (denn mit dem Wert von $\frac{w}{z}$ für einen reellen Punkt ist auch die vom Anfang nach ihm gezogene Gerade gegeben). Diese Ausdrucksweise ist aber erst dann gerechtfertigt, wenn wir der Analysis zuliebe uns in der Geometrie die folgenden Vorstellungen bilden.

Wir gestatten in Zukunft den Koordinaten auch, komplexe Werte anzunehmen, ebenso den Koeffizienten der Kurvengleichungen. Ein Punkt mit komplexen Koordinaten hat (fürs erste, später werden wir die

Staudtsche Interpretation kennenlernen) keine geometrische Bedeutung. Gleichwohl sprechen wir, um eine einheitliche Ausdrucksweise zu gewinnen, von solchen imaginären Punkten so, als wären sie geometrisch wie die anderen vorhanden. Eine Kurve mit imaginären Koeffizienten hat gar keinen reellen Zug. Gleichwohl sprechen wir aus demselben Grunde von ihr so, als könnten wir sie wirklich zeichnen. Eine imaginäre Gerade z. B. hat die Gleichung [(wo a_i, b_i, c_i, p, q reell)]

$$(a_1 + ia_2)w + (b_1 + ib_2)z + (c_1 + ic_2)t = 0 = p + iq.$$

Die Gerade

$$(a_1 - ia_2)w + (b_1 - ib_2)z + (c_1 - ic_2)t = 0 = p - iq$$

heißt die konjugierte imaginäre Gerade. Beide haben denselben reellen Schnittpunkt wie die Geraden $p = 0$, $q = 0$: Konjugierte imaginäre Geraden haben also einen reellen Schnittpunkt.

Konjugierte imaginäre Punkte nennt man ein solches Paar, deren entsprechende Koordinaten sich auch nur durch das Vorzeichen von i unterscheiden. Analog gilt: Konjugierte imaginäre Punkte haben eine reelle Verbindungslinie.

Durch die so gebildeten Vorstellungen erreichen wir nun folgendes: Die Gleichung n-ten Grades für $\frac{w}{z}$, die wir oben erhielten, hat sicher n Lösungen. Da wir nun die imaginären Geraden den reellen als gleichberechtigt zur Seite stellen, so bestimmen diese n Wurzeln sicher n durch den Anfang laufende (reelle oder imaginäre) Geraden, die durch die Schnittpunkte der Kurve und der Geraden gehen, und also darf man nun sagen: Eine Kurve n-ter Ordnung wird von einer beliebigen geraden Linie im allgemeinen in n Punkten geschnitten.

Nun ist es möglich, daß unsere Kurve keine eigentliche ist, sondern aus zwei oder mehreren niederen Kurven besteht. Die Kurvengleichung ist dann gebildet durch Multiplikation der Gleichungen der einzelnen Teile. Unter diesen Teilen kann sich eine Gerade befinden. Wenn wir dann die Gesamtkurve mit dieser Geraden schneiden, so gibt es natürlich nicht n, sondern unendlich viele Schnittpunkte, was sich analytisch dadurch ausdrückt, daß in der obigen Gleichung n-ten Grades für $\frac{w}{z}$ alle Koeffizienten verschwinden. Eine solche zerfallende Kurve heißt reduzibel. Nehmen wir die Eigenschaft irreduzibel für unsere Kurve an, so fällt die Beschränkung "im allgemeinen" weg, und wir haben: Eine irreduzible Kurve n-ter Ordnung wird von einer Geraden in n Punkten geschnitten.

30

Mittwoch, 12.1.1881

Es fragt sich nun, sind diese Schnittpunkte getrennt oder fallen sie zum Teil zusammen? Wir würden für jede beliebige Schnittgerade zwei zusammenfallende Schnittpunkte erhalten, wenn die Kurve einen doppelt zu zählenden Ast besäße. Daß dies bei einer irreduziblen Kurve nicht der Fall sein kann, wollen wir als bewiesen annehmen. Zusammenfallende Schnittpunkte erhalten wir

1.) für die Tangenten der Kurve,

2.) für solche Geraden, die durch mehrfache Punkte der Kurve hindurchgehen.

Die Gleichung $f(w + \lambda w', z + \lambda z', t + \lambda t') = 0$ gibt die n Werte von λ, welche den n Schnittpunkten unserer Kurve mit der Verbindungslinie der Punkte (w,z,t) und (w',z',t') /entsprechen/.

Die Entwicklung der Gleichung nach λ gibt

$$\text{(i)} \qquad f(w,z,t) + \lambda \left(w'\frac{\partial f}{\partial w} + z'\frac{\partial f}{\partial z} + t'\frac{\partial f}{\partial t}\right)$$

$$+\frac{\lambda^2}{1\cdot 2}\left(w'^2\frac{\partial^2 f}{\partial w^2} + z'^2\frac{\partial^2 f}{\partial z^2} + t'^2\frac{\partial^2 f}{\partial t^2} + 2w'z'\frac{\partial^2 f}{\partial w\partial z} + 2w't'\frac{\partial^2 f}{\partial w\partial t} + 2z't'\frac{\partial^2 f}{\partial z\partial t}\right) = 0.$$

Nehmen wir nun an, daß der Punkt (w,z,t) auf der Kurve liege, also $f(w,z,t) = 0$ sei. Soll noch ein zweiter Schnittpunkt mit dem Punkt (w,z,t) zusammenfallen, so muß

$$\text{(ii)} \qquad \frac{\partial f}{\partial w}w' + \frac{\partial f}{\partial z}z' + \frac{\partial f}{\partial t}t' = 0$$

sein. Sind $\frac{\partial f}{\partial w}, \frac{\partial f}{\partial z}, \frac{\partial f}{\partial t}$ nicht sämtlich identisch 0, so ist dies die Gleichung einer Geraden, der Tangente der Kurve im Punkt (w,z,t). Ist dagegen gleichzeitig

$$\text{(iii)} \qquad \frac{\partial f}{\partial w} = 0, \ \frac{\partial f}{\partial z} = 0, \ \frac{\partial f}{\partial t} = 0,$$

so liefert jeder beliebige Punkt (w',z',t') mit dem Punkt (w,z,t) eine Verbindungslinie, welche die Kurve in (w,z,t) in zwei zusammenfallenden Punkten schneidet. Dieser Punkt ist also ein Doppelpunkt der Kurve (Fig. 65). Wären auch alle zweiten partiellen Differentialquotienten gleich 0, so wäre (w,z,t) ein dreifacher Punkt (Fig. 66), weil dann /$\lambda = 0$ für jedes (w',z',t') eine/ dreifache Wurzel der Gleichung /(i) ist/.

Die Bedingung $f(w,z,t) = 0$ ist bereits mit enthalten in den drei Bedingungen (iii) des Doppelpunktes (nach dem Eulerschen Theorem) und braucht also nicht besonders hinzugefügt werden. Bei Benutzung nicht homogener Koordinaten existiert die Bedingung $\frac{\partial f}{\partial t} = 0$ nicht, dann müssen wir f = 0 hinzufügen und erhalten

$$f = 0, \quad \frac{\partial f}{\partial w} = 0, \quad \frac{\partial f}{\partial z} = 0$$

als Bedingung eines Doppelpunktes, wobei aber, wie man sieht, unendlich weite Doppelpunkte nicht mit eingeschlossen sind.

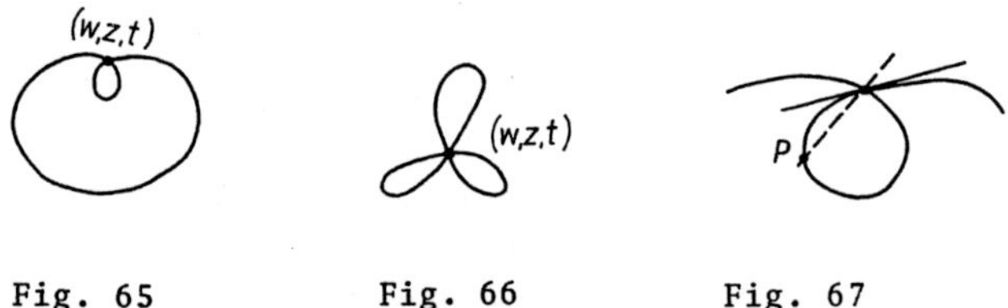

Fig. 65 Fig. 66 Fig. 67

Tangenten eines Doppelpunktes

Eine solche Tangente hat im Doppelpunkt drei Schnittpunkte mit der Kurve gemein. Wir erkennen dies, wenn wir eine solche Tangente um den Doppelpunkt um einen sehr kleinen Winkel drehen. Dann sondert sich einer dieser drei Punkte, P, vom Doppelpunkt ab (Fig. 67). Um diese Doppelpunktstangente durch Gleichungen auszudrücken, müssen wir also alle Punkte aufsuchen, deren Verbindungslinie mit dem Doppelpunkt dort drei Schnittpunkte liefert. Für einen solchen Schnittpunkt (w',z',t') muß unsere Gleichung (i) durch λ^3 teilbar sein, ohne daß natürlich dasselbe für jeden beliebigen Punkt (w',z',t') gilt. Alle diese Punkte (w',z',t') müssen also enthalten sein in

$$\text{(iiii)} \quad w'^2\frac{\partial^2 f}{\partial w^2}+z'^2\frac{\partial^2 f}{\partial z^2}+t'^2\frac{\partial^2 f}{\partial t^2}+2w'z'\frac{\partial^2 f}{\partial w\partial z}+2z't'\frac{\partial^2 f}{\partial z\partial t}+2w't'\frac{\partial^2 f}{\partial w\partial t} = 0.$$

Diese Gleichung, so schließen wir, muß also notwendig unser Tangentenpaar, also einen zerfallenden Kegelschnitt, darstellen. Für einen solchen /verschwindet/ die Diskriminante oder Hessesche Determinante:

$$\Delta = \begin{vmatrix} \frac{\partial^2 f}{\partial w^2} & \frac{\partial^2 f}{\partial w\partial z} & \frac{\partial^2 f}{\partial w\partial t} \\ \frac{\partial^2 f}{\partial z\partial w} & \frac{\partial^2 f}{\partial z^2} & \frac{\partial^2 f}{\partial z\partial t} \\ \frac{\partial^2 f}{\partial t\partial w} & \frac{\partial^2 f}{\partial t\partial z} & \frac{\partial^2 f}{\partial t^2} \end{vmatrix} = 0.$$

Diese Bedingung wird in der Tat für einen Doppelpunkt erfüllt, denn es ist

$$w \cdot z \cdot t \cdot \Delta = \begin{vmatrix} w \cdot \frac{\partial^2 f}{\partial w^2} & z \cdot \frac{\partial^2 f}{\partial w \partial z} & t \cdot \frac{\partial^2 f}{\partial w \partial t} \\ w \cdot \frac{\partial^2 f}{\partial z \partial w} & z \cdot \frac{\partial^2 f}{\partial z^2} & t \cdot \frac{\partial^2 f}{\partial z \partial t} \\ w \cdot \frac{\partial^2 f}{\partial t \partial w} & z \cdot \frac{\partial^2 f}{\partial t \partial z} & t \cdot \frac{\partial^2 f}{\partial t^2} \end{vmatrix}$$

[Wenn wir] nun die erste und zweite vertikale Reihe zur dritten addieren und die Formel $\frac{\partial^2 f}{\partial w^2} \cdot w + \frac{\partial^2 f}{\partial w \partial z} \cdot z + \frac{\partial^2 f}{\partial w \partial t} \cdot t = (n-1)\frac{\partial f}{\partial w}$ benutzen[, so erhalten wir]:

$$w \cdot z \cdot t \cdot \Delta = \begin{vmatrix} w \cdot \frac{\partial^2 f}{\partial w^2} & z \cdot \frac{\partial^2 f}{\partial w \partial z} & (n-1) \cdot \frac{\partial f}{\partial w} \\ w \cdot \frac{\partial^2 f}{\partial z \partial w} & z \cdot \frac{\partial^2 f}{\partial z^2} & (n-1) \cdot \frac{\partial f}{\partial z} \\ w \cdot \frac{\partial^2 f}{\partial t \partial w} & z \cdot \frac{\partial^2 f}{\partial t \partial z} & (n-1) \cdot \frac{\partial f}{\partial t} \end{vmatrix}$$

Da nun aber für einen Doppelpunkt $\frac{\partial f}{\partial w} = \frac{\partial f}{\partial z} = \frac{\partial f}{\partial t} = 0$, so verschwindet in der Tat die Diskriminante, und der Kegelschnitt zerfällt in die beiden Doppelpunktstangenten.

Der Kegelschnitt kann auch in zwei imaginäre Geraden zerfallen, welche dann, da sie ein reelles Produkt haben, konjugiert imaginär sind und also einen reellen Schnittpunkt haben, der ein <u>isolierter Doppelpunkt</u> ist. Diesen Fall werden wir, nach unserer Stellung zum Imaginären, nicht als vom gewöhnlichen Doppelpunkt verschieden betrachten. Wohl aber werden wir davon den Fall unterscheiden, <u>in welchem die beiden Doppelpunktstangenten in einem zusammenfallen</u>.

Geometrisch müssen wir uns den Übergang von einem gewöhnlichen Doppelpunkt zu einem solchen außergewöhnlichen, der <u>Rückkehrpunkt oder Spitze</u> heißen soll, so denken, daß sich die Schleife immer mehr zusammenzieht und schließlich unendlich klein wird (Fig. 68). Die Theorie der Kegelschnitte lehrt, daß ein solcher in eine doppelt zählende Gerade zerfällt, wenn nicht nur die Hessesche Determinante, sondern auch ihre sämtlichen ersten Unterdeterminanten verschwinden. Wir wollen diese Bedingung der Spitze andeuten durch

31

$$\left\| \begin{matrix} \text{Hessesche} \\ \text{Determinante} \end{matrix} \right\| = 0.$$

Fig. 68

Sie umfaßt endliche wie unendlich ferne Punkte. Wenn wir nicht homogene Koordinaten benutzen und die Betrachtung unendlich ferner Punkte von vornherein ausschließen, so bekommen wir für die Spitze neben den Doppelpunktsbedingungen $f = 0$, $\frac{\partial f}{\partial w} = 0$, $\frac{\partial f}{\partial w} = 0$ noch eine weitere durch folgende Überlegung:

Die Gleichung (iiii) stellt das Tangentenpaar dar. Wir schneiden dasselbe mit der unendlich fernen Geraden $t = 0$, wodurch die drei letzten Glieder wegfallen. Die übrigbleibende, von t freie Gleichung, die auch für nicht homogene Koordinaten gilt, ergibt das $\frac{w}{z}$ der Schnittpunkte des Tangentenpaares mit $t = 0$, d. h. die Richtung der zu ihnen durch den Anfang gezogenen Geraden. Sollen, wie dies bei der Spitze der Fall [ist], beide Richtungen identisch sein, so muß die Diskriminante der Gleichung verschwinden. Bei nicht homogenen Koordinaten tritt also für eine Spitze zu den Bedingungen des Doppelpunktes noch die [folgende] hinzu:

$$\left(\frac{\partial^2 f}{\partial w \partial z}\right)^2 - \frac{\partial^2 f}{\partial w^2} \cdot \frac{\partial^2 f}{\partial z^2} = 0.$$

Mehrfache Punkte

Damit der Punkt (w,z,t) ein k-facher Punkt sei, muß die Gleichung (i) durch λ^k [teilbar sein] für jedes (w',z',t'). Es müssen also alle partiellen Differentialquotienten bis zu den $(k-1)$-ten inklusive verschwinden. Nach dem Eulerschen Theorem verschwinden aber alle r-ten partiellen Differentialquotienten, wenn alle $(r+1)$-ten gleich 0 werden. Daher kann man auch sagen: Ein k-facher Punkt (w,z,t) ist da vorhanden, wo sämtliche $(k-1)$-ten partiellen Differentialquotienten von $f(w,z,t)$ verschwinden.

Analog wie beim Doppelpunkt läßt sich zeigen: Das System der k Tangenten eines k-fachen Punktes wird analytisch ausgedrückt durch Nullsetzung des Koeffizienten von λ^k in der Gleichung (i).

Von diesen k Tangenten können wieder mehrere zusammenfallen. Wir wollen jedoch im folgenden immer voraussetzen, daß sie sämtlich getrennt seien.

Donnerstag, 13.1.1881

Zahl der Kurventangenten von einem Punkt aus

Die Gleichung (ii) $w' \cdot \frac{\partial f}{\partial w} + z' \cdot \frac{\partial f}{\partial z} + t' \cdot \frac{\partial f}{\partial t} = 0$ stellt, wenn man den Punkt (w,z,t) als einen gegebenen Kurvenpunkt betrachtet, die Kurventangente in diesem Punkt dar. Bei gegebenem (w',z',t') dagegen stellt die Gleichung eine Kurve (n-1)-ter Ordnung für den Punkt (w,z,t) vor, welche die erste Polare des Punktes (w',z',t') in bezug auf die gegebene Kurve $f_n = 0$ heißt. Die erste Polare eines Punktes läuft durch die Berührungspunkte der sämtlichen vom Punkt aus an die Kurve gelegten Tangenten.

Für einen vielfachen Punkt (w,z,t) der Kurve $f_n = 0$ ist (i) ebenfalls erfüllt. Die erste Polare eines beliebigen Punktes (w',z',t') geht also auch durch sämtliche vielfachen Punkte der Hauptkurve.

Aus diesen Daten wollen wir auf die Zahl der an die Hauptkurve von einem Punkt aus möglichen Tangenten schließen.[1] Hierzu müssen wir zunächst die Anzahl der Schnittpunkte der beiden obigen Kurven kennen. Nun gilt der Satz von BÉZOUT:

Zwei Kurven m-ter und n-ter Ordnung $f_n = 0$ und $\varphi_m = 0$ schneiden sich in m·n Punkten. **32**

Wir beweisen dieses Theorem zunächst unter den beiden vereinfachenden Voraussetzungen, daß beide Kurven irreduzibel sind und daß sie nur einfache Schnittpunkte gemein haben. Plan des Beweises:

Wir denken uns von einem Punkt der Ebene nach allen Schnittpunkten Geraden gezogen, deren Zahl wir bestimmen. Wir wählen hierzu am passendsten den Koordinatenanfang oder einen der unendlich fernen Punkte der Koordinaten, weil jeder dieser Punkte durch das Nullsetzen zweier Koordinaten definiert ist. Wir setzen dabei voraus, daß der so gewählte Punkt nicht etwa auf einer Verbindungslinie zweier Schnittpunkte von $f_n = 0$ und $\varphi_m = 0$ liegt. [Sei dieser Punkt der Koordinatenanfang, so eliminieren wir zu diesem] Zweck t aus unseren Kurvengleichungen. Das Eliminationsresultat F(w,z) = 0 ist homogen, denn wenn für ein bestimmtes w und z ein t existiert, welches gleichzeitig $f_n = 0$ und $\varphi_m = 0$ erfüllt, so wird beiden Gleichungen wegen ihrer Homogenität auch genügt durch λw, λz, λt. Die Elimination von λt aus den so transformierten Gleichungen $f_n = 0$, $\varphi_m = 0$ führt zu einer neuen Gleichung $F(\lambda w, \lambda z) = 0$, welche sich von der vorher erhaltenen nur dadurch unterscheidet, daß überall λw, λz statt w, z steht. Die beiden Gleichungspaare

$$f(w,z,t) = 0, \quad f(\lambda w, \lambda z, \lambda t) = 0$$

und

$$\varphi(w,z,t) = 0, \quad \varphi(\lambda w, \lambda z, \lambda t) = 0$$

sind aber identisch. Also sind auch die daraus in derselben Weise

---

[1] Beantwortung S. 124.

abgeleiteten Gleichungen $F(w,z) = 0$ und $F(\lambda w, \lambda z) = 0$ identisch, und also ist $F = 0$ homogen.

Diese Gleichung ergebe ϱ Werte von $\frac{w}{z}$. Da $\frac{w}{z}$ = const eine Gerade durch den Anfang darstellt, so folgt: Man erhält das Strahlenbüschel vom Nullpunkt nach den Schnittpunkten beider Kurven, wenn man t aus den Kurvengleichungen eliminiert.

Um nun den Grad ϱ von F zu erkennen, führen wir die Elimination von t [7] aus: Wir ordnen zunächst beide Gleichungen nach t, wobei wir durch die Indizes der Koeffizienten den Grad der Funktion von w, z andeuten, aus der der Koeffizient besteht:

$$f = t^n + a_1 t^{n-1} + \ldots + a_n = 0,$$

$$\varphi = t^m + b_1 t^{m-1} + \ldots + b_m = 0.$$

Jetzt zerlegen wir die zweite Gleichung in ihre [linearen] Faktoren

$$(t - T_1)(t - T_2) \ldots (t - T_m) = 0.$$

Damit $t = T_i$ auch $f = 0$ erfülle, muß $T_i^n + a_1 T_i^{n-1} + \ldots + a_n = 0$ sein. Die Gesamtbedingung in w, z, der alle Schnittpunkte unserer Kurve genügen, d. h. unser $F = 0$ [erfüllen], [erhalten wir, wenn wir] alle jene Einzelbedingungen miteinander multiplizieren, also

$$\prod_{i=1,2,\ldots,m} (T_i^n + a_1 T_i^{n-1} + \ldots + a_n) = 0.$$

Die Ausmultiplikation und Ordnung nach den Koeffizienten [ergibt] lauter symmetrische Funktionen der Wurzeln $T_1, T_2, \ldots, T_m$. Diese Funktionen lassen sich alle rational und ganz durch die [Koeffizienten] b [von φ] ausdrücken, so daß schließlich eine ganze Funktion in den a und b [entsteht]. Die Substitution [aller Koeffizienten] a und b [als homogene Funktionen von w und z] ergibt unser $f = 0$, von dem wir die Homogenität nachgewiesen haben. Wir erkennen daher seine Ordnung aus einem beliebigen Glied, also z. B. aus a_n^m, welches sich, wie unser Produkt zeigt, wirklich vorfindet. Da a_n von der Ordnung n ist, so ist folglich F eine homogene Funktion der Ordnung $m \cdot n$ von w, z.

Wir erhalten also $m \cdot n$ Strahlen vom Anfang aus und also auch bei unseren vereinfachenden Voraussetzungen $m \cdot n$ Schnittpunkte der beiden Kurven. Dieser Grad der Funktion F bleibt immer erhalten. Es können nun aber von den Wurzeln von $F = 0$ mehrere zusammenfallen, so daß wir ein und dieselbe vom Anfang nach einem Kurvenschnittpunkt laufende Gerade mehrfach zählend erhalten. Die beiden Kurven $f = 0$ und

$\varphi = 0$ haben dann eine spezielle Lage gegeneinander, welche durch eine geringe Verschiebung der einen aufgehoben werden kann. Tun wir dies, so werden auch die vom Anfang auslaufenden Strahlen wieder auseinanderrücken, was anzeigt, daß mehrere vorher in einem Punkt vereinigte Schnittpunkte beider Kurven auseinandergetreten sind. Definieren wir nun einen solchen, vorher merkwürdigen Schnittpunkt als einen Schnittpunkt von [einer solchen] Vielfachheit, als bei der genannten Auflösung einfache Schnittpunkte entstanden sind. Aufgrund dieser Definition dürfen wir dann, vermöge des Umstandes, daß der Grad von $F = 0$ nur vom Grad von $f = 0$ und $\varphi = 0$ abhängt, aber nicht von der Lage der beiden Kurven gegeneinander, sagen: Die Gesamtzahl der Multiplizität der Schnittpunkte zweier Kurven m-ter und n-ter Ordnung ist gleich $m \cdot n$.

In dieser allgemeinsten Fassung hat BÉZOUT das Theorem noch nicht ausgesprochen. Außerdem fehlte ihm die Präzision bei den unendlich weiten Vorkommnissen.

Bestimmung einiger Multiplizitäten mehrfacher Schnittpunkte zweier Kurven

a) Hat eine erste Kurve in P einen Doppelpunkt, eine zweite dort einen gewöhnlichen Punkt, so zeigt eine kleine Verschiebung der letzteren, daß dieser Punkt als zweifacher Schnittpunkt zu rechnen ist, denn nach der Verschiebung treten an seine Stelle zwei benachbarte einfache Schnittpunkte.

b) Hat eine erste Kurve in P einen k-fachen Punkt, eine zweite dort einen s-fachen Punkt, so ist P als $k \cdot s$-facher Schnittpunkt zu rechnen; denn nach einer kleinen Verschiebung der zweiten Kurve schneidet jede ihrer s, nach dem s-fachen Punkt laufenden Äste, jeden der k Äste der anderen Kurve in einem einfachen Punkt, so daß man anstelle von P [eben] $k \cdot s$ einfache Schnittpunkte erhält.

c) Ein Rückkehrpunkt, durch den ein einfacher Ast einer anderen Kurve geht, ist ebenfalls als zweifacher Schnittpunkt zu rechnen, wie man ebenso erkennt. Dagegen wird eine Kurve im Rückkehrpunkt von der Tangente desselben in drei zusammenfallenden Punkten geschnitten. Dies erkennt man unter Anwendung des Obigen

1.) wenn man die Tangente um einen sehr kleinen Winkel um die Spitze dreht, wobei einer der drei Schnittpunkte sich von der Spitze nach P hin entfernt (Fig. 69);

2.) wenn man eine Tangente, welche in einem der Spitze sehr nahen

Punkt berührt, ins Auge faßt. Außer der Berührung schneidet sie die Kurve noch in einem Nachbarpunkt der Spitze (Fig. 70). Geht sie in die Spitzentangente über, so fallen alle drei Schnittpunkte zusammen in die Spitze.[1]
33

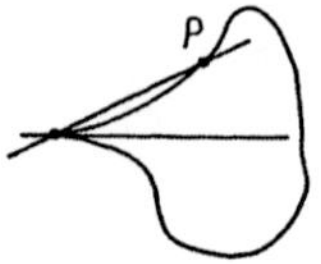

Fig. 69

Fig. 70

Freitag, 14.1.1881

Das Bézoutsche Theorem zeigt, daß die erste Polare eines Punktes (w',z',t') mit der Grundkurve $f_n = 0$ [gerade] $n\cdot(n-1)$ Schnittpunkte bildet. Reduzieren wir diese Zahl um die Summe der Multiplizitäten der mehrfachen Schnittpunkte beider Kurven, so erhalten wir die Zahl der von (w',z',t') an der Hauptkurve möglichen Tangenten. Wir prüfen nun der Reihe nach, von welcher Multiplizität als Schnittpunkt der Hauptkurve mit der 1. Polare jeder mehrfache Punkt der ersteren ist.
34

1. Doppelpunkt. Nicht homogen geschrieben und nach steigender Dimension [geordnet], stellt sich unsere Kurvengleichung so dar:

$$f = \varphi_0 + \varphi_1 + \varphi_2 + \ldots [+ \varphi_n] = 0.$$

Zur Erleichterung der Untersuchung setzen wir den Anfangspunkt als Doppelpunkt der Kurve voraus, was $\varphi_0 = 0$ verlangt, und überdies $\frac{\partial f}{\partial w} = \frac{\partial f}{\partial z} = 0$ für $w = z = 0$, d. h. $\varphi_1 = 0$. Unsere Kurvengleichung homogen gemacht erhält also jetzt die Form

$$0 = t^{n-2}\,(aw^2 + 2bwz + cz^2) + t^{n-3}\,\varphi_3 + \ldots [+ \varphi_n.]$$

Bei der Bildung der ersten Polaren eines Punktes (w',z',t') interessieren uns nur die Glieder niedrigster Ordnung in w und z, weil wir aus ihnen, in der eben für die Hauptkurve durchgeführten Art, das Verhalten der 1. Polare im Nullpunkt erkennen. Die Glieder niedrigster Ordnung in w, z in der Polarengleichung sind aber

$$t^{n-2}\,(w'(2aw + 2bz) + z'(2bw + 2cz)),$$

also linear, also: Im Doppelpunkt der Grundkurve hat die 1. Polare einen einfachen Punkt.

[1] Skrupel, ob wir bei solchen Abzählungen nicht etwa imaginäre Vorkommnisse vergessen haben.

Es ist kein Grund vorhanden anzunehmen, daß die Tangente der 1. Polare im Doppelpunkt der Grundkurve mit einer Tangente der letzteren zusammenfalle, schon darum nicht, weil diese beiden doch gleichwertig sind. Wir könnten dieses negative Resultat natürlich streng nachweisen. Nach unseren früheren Erörterungen ist also ein Doppelpunkt der Grundkurve ein zweifacher Schnitt der letzteren mit der 1. Polare, und wir haben also, wenn d die Anzahl der Doppelpunkte [ist], von n(n-1) zunächst [2d abzuziehen], um die Zahl der von (w',z',t') möglichen Tangenten, oder kurz gesagt, die Klasse der Hauptkurve zu erhalten.

2. k-facher Punkt. Die Überlegungen geschehen hier genauso wie für einen Doppelpunkt. Nehmen wir einen solchen zum Koordinatenanfang, so beginnt die homogen gemachte Kurvengleichung mit

$$t^{n-k}\,\varphi_k(w,z) + t^{n-k-1}\,\varphi_{k+1}(w,z) + \ldots [+\,\varphi_n] = 0.$$

Wir halten dabei die alte Voraussetzung fest, daß die Tangenten des k-fachen Punktes alle getrennt sind, d. h., daß die k-ten partiellen Differentialquotienten $\frac{\partial\varphi_k}{\partial w}$ und $\frac{\partial\varphi_k}{\partial z}$ nicht gleichzeitig verschwinden können. Für die erste Polare ergibt sich

$$0 = t^{n-k}\left(w'\,\frac{\partial\varphi_k}{\partial w} + z'\,\frac{\partial\varphi_k}{\partial z}\right) + t^{n-k-1}(\ldots) + \ldots$$

Nach unserer alten Voraussetzung verschwindet der Koeffizient von t^{n-k} nicht, unsere Gleichung beginnt also mit Gliedern (k-1)-ter Ordnung in w und z, d. h.: Im k-fachen Punkt der Hauptkurve hat die 1. Polare einen (k-1)-fachen Punkt.

Nehmen wir wieder wie oben als bewiesen an, daß von sämtlichen Tangenten beider Kurven in diesem Punkt keine zwei zusammenfallen, dann zählt also dieser Punkt als k(k-1)-facher Schnittpunkt, und diese Zahl haben wir in Abzug zu bringen von n(n-1), analog wie oben.

3. Spitze. Nehmen wir die Spitze zum Koordinatenanfang und die Spitzentangente zur z-Achse, dann läßt sich zeigen, daß w^2 das einzige quadratische Glied in der Kurvengleichung ist, so daß die homogen gemachte Gleichung lautet:

$$t^{n-2}\,w^2 + t^{n-3}\,\varphi_3 + \ldots [+\,\varphi_n] = 0.$$

Für die erste Polare erhalten wir

$$2\cdot t^{n-2}\cdot w\cdot w' + t^{n-3}\cdot(\ldots) + \ldots = 0.$$

Die erste Polare hat also in der Spitze einen einfachen Punkt. Schneiden wir diese Kurve mit $w = 0$, so erkennen wir, daß sich aus der für z entstehenden Gleichung z^2 als Faktor heraushebt, d. h.: Die Spitzentangente ($w = 0$) ist zugleich Tangente an die 1. Polare in ihrem in der Spitze gelegenen einfachen Punkt.

Beide Kurven haben demnach in der Spitze einen dreifachen Schnittpunkt, und wenn r die Anzahl der Spitzen der Kurve /ist/, so hat man wegen derselben 3r von n(n-1) zu subtrahieren.

Für die Zahl c der von einem Punkt an die Hauptkurve möglichen Tangenten oder die Klasse der Kurve ergibt sich somit die erste Plückersche Formel

35 $$c = (n-1)n - 2d - 3r - \sum k(k-1),$$

n = Ordnung der Hauptkurve,
d = Anzahl ihrer Doppelpunkte,
r = Anzahl ihrer Spitzen,
k = k-facher Punkt.

Unter den vielen Arbeiten, welche die Aufstellung der Klasse einer Kurve bei Vorhandensein verwickelter Singularitäten behandeln, erwähne ich BRILL, Annal. Bd. 16 [18], weil dort das Prinzip der Kontinuität angewandt ist, welches im folgenden für die bereits gewonnenen Resultate auch benutzt werden soll.

1. Doppelpunkt. Hat eine Kurve $f = 0$ in P einen Doppelpunkt, so wird eine Kurve $f = \varepsilon$, wo ε sehr klein /ist/, sich der Gestalt nach nur wenig von $f = 0$ unterscheiden. Sie wird also z. B. die Gestalt der roten (·····) Kurve haben, wenn $f = 0$ die blaue (-·-·-·-) ergab (Fig. 71). An diese Kurve lassen sich aber von einem Punkt P' zwei (reelle oder imaginäre) Tangenten legen, deren Berührungspunkte in der Nähe des alten Doppelpunktes liegen. Lassen wir ε immer kleiner werden, so nähert sich die rote (·····) Kurve mehr und mehr der blauen (-·-·-·-), wobei die beiden von P' auslaufenden Tangenten mehr und mehr zusammenrücken. Denkt man sich schließlich $\varepsilon = 0$ werdend, so entsteht die blaue (-·-·-·-) Kurve, und man sieht recht deutlich, wie ein Doppelpunkt zwei Tangenten absorbiert.

2. Spitze. Hat $f = 0$ in P eine Spitze (welche Grenzfall eines Doppelpunktes mit unendlich kleiner Schleife ist), so wird sich ein sehr kleines ε finden lassen, so daß für $f = \varepsilon$ statt der Spitze wieder ein Doppelpunkt mit kleiner Schleife eintritt. Von einem Punkt P' geht außer der Verbindungslinie mit dem Doppelpunkt, welche als doppelte Tangente zählt, noch eine Tangente an die Kurve mit einem, dem

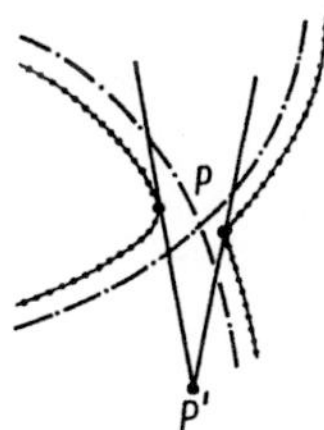

Fig. 71

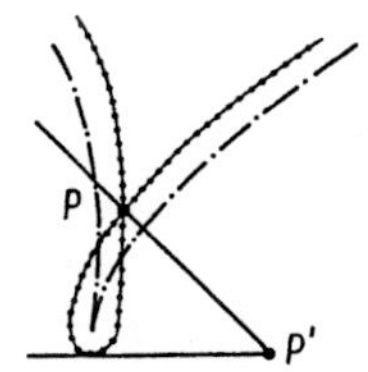

Fig. 72

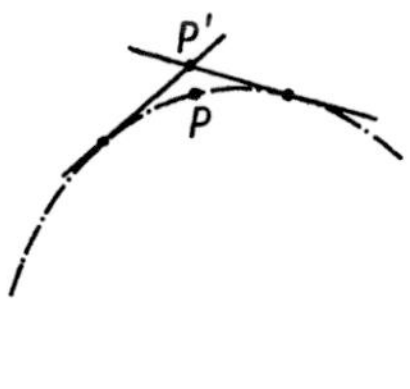

Fig. 73

Doppelpunkt sehr nahe liegenden Berührungspunkt (Fig. 72). Nimmt ε bis zu 0 ab, so wird der Doppelpunkt zur Spitze, und die beschriebene Tangente vereinigt sich mit der Geraden nach dem Doppelpunkt [und wird] zur Geraden nach der Spitze, so daß diese für 3 Tangenten zählt.

3. k-facher Punkt. Ändert man die Gleichung einer Kurve, welche in P einen k-fachen Punkt hat, um ein kleines ε, so schneiden sich die k Äste nicht mehr genau im k-fachen Punkt, sondern jeder schneidet jeden anderen in der Nähe desselben, so daß anstelle des k-fachen Punktes $\frac{k\cdot(k-1)}{2}$ Doppelpunkte getreten sind. Da jeder Doppelpunkt die Klassenzahl um 2 reduziert, so reduziert sie der k-fache Punkt um $2\cdot\frac{k\cdot(k-1)}{2} = k\cdot(k-1)$.

Zahl der Tangenten von einem Punkt der Kurve aus

Wir rechnen hierbei die Tangente im Kurvenpunkt P selbst nicht mit. Um die Zahl zu erfahren, betrachten wir zunächst einen Punkt P', welcher der Kurve sehr nahe liegt. Von ihm aus lassen sich zwei Tangenten an die Kurve legen, deren Berührungspunkte nahe bei P liegen (Fig. 73). Rückt P' nach P, so fallen diese beiden Tangenten in die von P zusammen, und da wir sie nicht mitzählen, bekommen wir also c-2 weitere Tangenten durch P.

Von einem k-fachen Punkt der Kurve lassen sich, da wir seine k Tangenten (wie die Auflösung des k-fachen Punktes zeigt) doppelt zählend von c abzuziehen haben, nur noch c-2k Tangenten an die Kurve legen, welche nicht im k-fachen Punkt selbst berühren.

Dienstag, 18.1.1881

7.2. ⟨Übergang von der Kurventheorie zur Theorie der Riemannschen Flächen⟩

Beispiele

1. ⟨Beispiel:⟩ $w = \frac{\varphi(z)}{\psi(z)}$. Diese Funktion wurde schon früher mit Hilfe Riemannscher Flächen behandelt. Die folgenden Überlegungen sollen den Übergang vermitteln von der Kurventheorie zur Theorie der Riemannschen Flächen für allgemeine algebraische Funktionen.

Es sei m die Ordnung von φ und ψ. Dann ist $w \cdot \psi(z) - \varphi(z) = 0$ eine Kurve von der Ordnung $n = m+1$; deren homogene Gleichung ist

$$w \cdot \psi(z,t) - t \cdot \varphi(z,t) = 0.$$

Die Schnittpunkte derselben mit der unendlich fernen Geraden $t = 0$ bestimmen sich aus $w \cdot \psi(z) = 0$. Für $t = 0$ verschwinden in ψ alle Glieder bis auf z^m, und die Schnittpunkte sind also gegeben durch $t = 0$ und $z^m \cdot w = 0$. Diese Gleichungen geben

1.) $t = 0$, $w = 0$, d. h., der unendlich ferne Punkt der z-Achse ist ein einfacher Punkt der Kurve;

2.) $t = 0$, $z^m = 0$, d. h., der unendlich ferne Punkt der w-Achse ist m-facher Schnittpunkt der Kurve und der unendlich fernen Geraden. Damit ist noch nicht gesagt, ein wievielfacher Punkt der Kurve dieser Schnittpunkt ist. Wir behaupten: Der unendlich ferne Punkt der w-Achse ist m-facher Kurvenpunkt. Zum Beweis haben wir zu zeigen, daß für den Punkt alle (m-1)-ten partiellen Differentialquotienten verschwinden. Diese letzteren sind alle quadratisch und homogen in den Koordinaten. Es gibt solche partiellen Differentialquotienten, bei deren Bildung einmal mit nach w differenziert worden ist. Durch diese Differentiation ist das einzige w, welches in der Kurvengleichung vorkommt, entfernt, und der betreffende Differentialquotient muß sicher für $t = z = 0$ verschwinden, da er in t ⟨und⟩ z homogen ist. Es gibt ferner solche Differentialquotienten, bei deren Bildung nie nach w differenziert worden ist. In diesen findet sich das w zwar noch vor, aber multipliziert in eine ganze lineare Funktion von z und t, und der Differentialquotient verschwindet also auch für $z = t = 0$.

Eine vertikale Gerade $z = \text{const}$ ergibt in der nicht homogenen Gleichung einen einzigen Wert w, also einen einzigen Schnittpunkt. Das ist natürlich, denn man weiß, daß eine solche Gerade im Unendlichen durch einen m-fachen Kurvenpunkt geht. Wenn wir die Bedingung dafür hinschreiben, daß das einzige w, welches sich für ein bestimmtes z ergibt, auch noch unendlich wird, so erhalten wir die Gesamtheit der Tangenten des unendlich fernen m-fachen Punktes. Diese Bedingung ist offenbar $\psi(z) = 0$. Wir nehmen an, daß diese Gleichung lauter getrennte Wurzeln habe. Bei Behandlung der Funktion mittels Riemannscher Flächen nannten wir die Wurzeln dieser Gleichung Unendlichkeitsstellen. Wir erkennen also: Die Unendlichkeitsstellen der z-Ebene (bei Behandlung der Funktion $w = \frac{\varphi(z)}{\psi(z)}$ mittels Riemannscher Flächen) entsprechen, wenn man w [und] z als rechtwinklige Koordinaten deutet, den Tangenten des Unendlichkeitspunktes der w-Achse.

Außer dem m-fachen unendlich fernen Punkt besitzt die Kurve keine weiteren mehrfachen Punkte. Wir haben also bei der Bestimmung der Klassenzahl nur diesen Punkt in bekannter Weise [zu berücksichtigen] und erhalten [dann die] Klasse $c = m(m+1) - (m-1)m = 2m$. Wie viele vertikale Tangenten sind möglich, d. h. solche, welche vom m-fachen Punkt aus an die Kurve gehen? Zur Bestimmung dieser Anzahl haben wir von der Klassenzahl die doppelte Multiplizität des Punktes abzuziehen und erhalten $2m - 2m = 0$; ein Resultat, welches schon in der früheren Bemerkung enthalten ist, daß jede vertikale Gerade nur in einem endlichen Punkt schneidet.

Da der horizontal unendlich fern liegende Punkt ein einfacher Kurvenpunkt ist, so gibt [es] $2m - 2$ horizontale Kurventangenten mit endlichen Berührungen. Solche Kurventangenten sind bekanntlich charakterisiert durch $\frac{dw}{dz} = 0$. Diese Gleichung ergab bei Benutzung Riemannscher Flächen die merkwürdigen Punkte der z-Ebene. Also: Den Berührungspunkten der horizontalen Tangenten der Kurve $w\psi - \varphi = 0$ entsprechen die merkwürdigen Punkte der z-Ebene und die Verzweigungspunkte der w-Fläche.

Genügt ein Punkt mehrfach $\frac{dw}{dz} = 0$, so ist er als mit der betreffenden Multiplizität behaftet zu zählen. Dadurch wird immer die Gesamtzahl $2m - 2$ erreicht.

2. Beispiel: Wir betrachten jetzt einen allgemeineren Fall, der den eben behandelten als Spezialfall einschließt. Wir betrachten eine Kurve, welche in den unendlich fernen Punkten der w- und z-Achse [ ] einen ν- und einen μ-fachen Punkt besitzt. Die Ordnung der Kurve sei $\nu + \mu$, so daß die unendlich ferne Gerade sie nur in jenen beiden mehrfachen Punkten schneidet. Eine Gerade parallel zur w-Achse und eine solche parallel zur z-Achse schneiden die Kurve nur noch in [ ] μ und ν Punkten im Endlichen. Setzen wir die diesen Geraden entspre-

chenden Werte z = const und w = const in die Kurvengleichung ein, so darf sich also nur die genannte Anzahl von Wurzeln ergeben, und hierzu ist nötig, daß in der Kurvengleichung w nur in der μ-ten und z nur in der ν-ten Potenz auftritt. Diese höchsten Potenzen müssen einmal verbunden vorkommen, damit die Gleichung den Grad $\mu + \nu$ erreicht. Die Kurvengleichung ist also

$$f(\overset{\mu}{w},\overset{\nu}{z}) = 0.$$

[Ordnen wir einmal nach Potenzen von w und hierauf nach Potenzen von z, so haben wir für diese Gleichung]

$$w^{\mu}\cdot\varphi_0^{(\nu)}(z) + w^{\mu-1}\cdot\varphi_1^{(\nu)}(z) + \ldots + \varphi_{\mu}^{(\nu)}(z) = 0$$

und

$$z^{\nu}\cdot\psi_0^{(\mu)}(w) + z^{\nu-1}\cdot\psi_1^{(\mu)}(w) + \ldots + \psi_{\nu}^{(\mu)}(w) = 0,$$

wo bei den Funktionen φ und ψ die oberen Indizes die Ordnung anzeigen.

Tangenten für die unendlich fernen Punkte

Die Tangenten in den unendlich fernen Punkten der w- und z-Achse sind bezüglich dieser Achsen parallel. Die Tangenten im ν-fachen unendlich fernen Punkt der w-Achse entsprechen solchen Werten von z, in denen auch noch ein weiterer Wert von w ins Unendliche rückt. Nun wissen wir aber von früher, daß überhaupt eine Wurzel der Gleichung ins Unendliche rückt, wenn der Koeffizient des höchsten Gliedes verschwindet, während die anderen Koeffizienten erhalten bleiben. Wir werden also die Gesamtheit der Tangenten im unendlich fernen Punkt der w-Achse haben, wenn wir den Koeffizienten von w^{μ} gleich 0 setzen. Wir erkennen so die beiden Sätze:

<u>$\varphi_0^{\nu}(z) = 0$ gibt die ν Tangenten für den unendlich fernen Punkt der w-Achse und $\psi_0^{\mu}(w) = 0$ die μ Tangenten für den unendlich fernen Punkt der z-Achse</u>.

[Dies hätte auch durch Homogenmachen] bewiesen werden können.

Setzen wir bei der Kurve außer den unendlich fernen mehrfachen Punkten nur noch Doppelpunkte und Spitzen voraus, so wird die <u>Klassenzahl</u> der Kurve

$$c = (\mu + \nu)(\mu + \nu - 1) - \mu(\mu - 1) - \nu(\nu - 1) - 2d - 3r$$
$$= 2\mu\nu - 2d - 3r.$$

Nach den früheren Auseinandersetzungen ist ohne weiteres klar, daß es noch $2\nu(\mu - 1) - 2d - 3r$ Tangenten vom unendlich fernen Punkt der w-Achse aus und $2\mu(\nu - 1) - 2d - 3r$ von demjenigen der z-Achse aus gibt.

36

Einführung Riemannscher Flächen für das Beispiel

Deuten wir jetzt w und z als Punkte zweier verschiedener Zahlenebenen, so gehören vermöge unserer Gleichung zu jedem beliebig gewählten endlichen Punkt z /genau/ μ Werte oder Punkte w und umgekehrt zu jedem Punkt w /genau/ ν Punkte z. Wir werden daher über der z-Ebene μ verschiedene Blätter ausbreiten, um für jeden der Punkte w, welche sich zu dem einen beliebigen z ergeben, einen eigenen Punkt z als entsprechend /zu/ erhalten. Die verschiedenen Punkte z, welche so zu den μ Werten w gehören, die sich als einem z der nur einmal überdeckten z-Ebene entsprechend herausstellen, liegen nun in den μ Blättern genau über jenem beliebig gewählten z. Aus dem entsprechenden Grund werden wir über der w-Ebene ν Blätter ausbreiten. So stehen sich nun eine μ-blättrige z-Fläche und eine ν-blättrige w-Fläche gegenüber, so beschaffen, daß die μ-blättrige z-Fläche vermöge unserer Funktion e i n d e u t i g bezogen ist auf unsere ν-mal überdeckte w-Ebene und umgekehrt die ν-blättrige w-Ebene vermöge unserer Funktion eindeutig bezogen ist auf die μ-mal überdeckte z-Ebene.[1]

Wenn einem z zwei zusammenfallende w entsprechen, so wird dieses z /sicherlich/ ein Verzweigungspunkt der z-Fläche, die zusammenfallenden w einen merkwürdigen Punkt der w-Ebene ergeben. Dies findet nun statt bei den vertikalen Kurventangenten, und wir vermuten also nach Analogie mit dem, was wir von der Kurve $w = \frac{\varphi(z)}{\psi(z)}$ wissen, die beiden Sätze: Den zu z = 0 parallelen Tangenten entsprechen Verzweigungspunkte der z-Fläche und merkwürdige Punkte der w-Ebene, den zu w = 0 parallelen Tangenten Verzweigungspunkte der w-Fläche und merkwürdige Punkte der z-Ebene.

[1] Jeder Punkt der beiden Flächen entspricht einer und nur einer Kombination w,z. (L)

Mittwoch, 19.1.1881

8. Reihenentwicklung von Funktionen und Riemannsche Flächen

8.1. [Grundlegendes zur Reihenentwicklung von Funktionen komplexer Variabler]

37

Im folgenden sollen diejenigen Schlüsse über die Beschaffenheit einer Funktion gezogen werden, welche sich aus dem Umstand ergeben, daß sich die Funktion innerhalb bestimmter Bereiche der Zahlenebene in eine anzugebende Reihe entwickeln läßt.

z_0 und w_0 seien entsprechende Werte der Variablen und der Funktion. Wir setzen voraus, daß innerhalb eines gewissen Bereiches um den Punkt z_0 herum sich der einem z entsprechende Wert w ergebe aus der Reihenentwicklung

$$w - w_0 = a_1(z - z_0) + a_2(z - z_0)^2 + \dots$$

Dabei setzen wir die Koeffizienten natürlich als komplex und die Reihenentwicklung als in jenem Bereich konvergent voraus.

Läßt sich die Funktion w in dieser Weise durch z darstellen, so ist sie in der Umgebung von z_0 <u>eindeutig</u> durch z definiert und eine <u>stetige</u> Funktion. Je näher z an z_0 rückt, um so näher rückt der Entwicklung zufolge w an w_0, und mit um so größerer Annäherung an die Wahrheit dürfen wir die höheren Potenzen von $z-z_0$ gegen die erste vernachlässigen, so daß im Grenzfall, [wenn wir $z-z_0 = \Delta z$ und $w-w_0 = \Delta w$ setzen], $\Delta w = a_1 \cdot z$ [entsteht], vorausgesetzt natürlich, daß $a_1 \neq 0$.

Einem unendlich kleinen Bogenelement, das die Punkte z und z_0 verbindet, entspricht also ein ebensolches Δw, welches w und w_0 verbindet. Schließt das erste mit einer bestimmten Richtung (z. B. mit der reellen Achse) einen Winkel φ ein, so macht das letztere mit derselben Richtung einen Winkel, der um die Amplitude von a_1 größer als ist. [Ferner ist der absolute Betrag von Δw] oder die Länge des Bogenelementes $w-w_0$ sovielmal so groß als der von Δz, als der absolute Betrag von a_1 angibt. Während sich das Bogenelement Δz einmal ganz um z_0 dreht, tut Δw dasselbe um w_0. Zwei Lagen von Δz schließen denselben Winkel miteinander ein, wie die entsprechenden Lagen Δw. Also: <u>Die Abbildung der z-Ebene und der w-Ebene aufeinander ist in einem Punkt z_0, w_0, in dessen Nähe die obige Entwicklung gilt, konform.</u>

Ist $a_1 = 0$ /und/ $a_2 \neq 0$, so haben wir in erster Annäherung

$$\Delta w = a_2 \cdot \Delta^2 z.$$

/Setzt man $\Delta z = \Delta\varrho \cdot (\cos\varphi + i\cdot\sin\varphi)$, so hat man dann/

$$\Delta w = \Delta^2\varrho \cdot (\cos 2\varphi + i \sin 2\varphi) \cdot a_2.$$

Drehen wir das Bogenelement wieder einmal um z_0, so dreht sich Δw doppelt so rasch, also zweimal um w_0. Damit die Abbildung der z-Ebene in der Nähe des entsprechenden Punktes eindeutig vor sich geht, nehmen wir in w_0 zwei Blätter übereinanderliegend an und erhalten das Resultat: Wenn in der /betrachteten Reihenentwicklung/ $a_1 = 0$ /und/ $a_2 \neq 0$, so ist w_0 ein einfacher Verzweigungspunkt.

In derselben Weise schließen wir weiter. Ist $a_1 = a_2 = \ldots = a_{\sigma-1} = 0$, dagegen $a_\sigma \neq 0$, so ist in erster Annäherung

$$\Delta w = \Delta^\sigma\varrho \cdot (\cos \sigma\cdot\varrho + i\cdot\sin \sigma\cdot\varrho)\cdot a_\sigma,$$

und wir haben den Satz: Wenn in der /betrachteten Reihenentwicklung/ a_σ der erste von 0 verschiedene Koeffizient ist, so ist w_0 ein $(\sigma-1)$-facher Verzweigungspunkt und zugleich natürlich z_0 ein merkwürdiger Punkt von der Multiplizität $(\sigma - 1)$.

Wir setzen jetzt voraus, daß eine Funktion innerhalb eines Bereiches um z_0 herum definiert sei durch eine Reihenentwicklung nach gebrochenen Potenzen von $z-z_0$ und sehen zu, welche Schlüsse über die Beschaffenheit der Funktion gezogen werden können. Gegeben ist also jetzt

$$w - w_0 = b_1(z - z_0)^{\frac{1}{\mu}} + b_2(z - z_0)^{\frac{2}{\mu}} + \ldots$$

Setzen wir $z - z_0 = \varrho e^{i\varphi}$ und berücksichtigen gleich die μ Werte von $(z - z_0)^{\frac{1}{\mu}}$, so wird diese Reihe /zu/

$$w - w_0 = b_1\cdot\varrho^{\frac{1}{\mu}}\cdot e^{\frac{i\cdot(\varphi+2k\pi)}{\mu}} + b_2\cdot\varrho^{\frac{2}{\mu}}\cdot e^{\frac{2i\cdot(\varphi+2k\pi)}{\mu}} + \ldots,$$

wo $k = 0,1,2,\ldots,\mu-1$. Wenn wir dem k gestatten, in verschiedenen Gliedern der Reihe verschiedene der μ möglichen Werte anzunehmen, so würden wir unendlich viele verschiedene Reihenentwicklungen erhalten. Unsere Funktion soll daher so definiert sein, daß k in allen Gliedern der Entwicklung denselben Wert besitzt. Zu einem bestimmten Wert z gehören dann μ verschiedene Entwicklungen und also auch verschiedene Funktionswerte.

Die Funktion ist also in der Nähe von z_0 eine μ-deutige. Damit jeder der Werte w, welcher zu einem z gehört, sein eigenes, ihm allein eigentümliches z habe, aus dem es durch Einsetzen in die Entwicklung entstanden gedacht wird, denken wir uns in z_0 die z-Ebene um z_0 herum mit μ Blättern überdeckt.

Es ist also genau umgekehrt wie oben, wo die w-Ebene mit 2 oder σ Blättern überdeckt war. Für $z = z_0$ fallen alle diese μ Werte mit z_0 zusammen. Wir behaupten, daß die μ Blätter im Punkt z_0 im Zyklus zusammenhängen, daß also z_0 ein $(\mu-1)$-facher Verzweigungspunkt ist. Zum Beweis lassen wir die Amplitude φ von $z - z_0$ wachsen von 0 bis 2π, so daß sich z auf einem kleinen Kreis um z_0 herum bewegt. Für $\varphi = 0$ ergeben sich μ Funktionswerte, welche entstanden, indem wir k alle seine Werte erteilten. Nach der obigen ersten Kreisbewegung erreichen wir den zweiten, zu $\varphi = 0$ gehörigen Funktionswert, den wir also auch bei Belassen von $\varphi = 0$ und Umändern des ersten Wertes von k in den zweiten erhalten hätten. Daraus sehen wir, daß wir bei unserer kleinen Kreisbewegung in das zweite Blatt gelangt sind. So geht es weiter. Bei jeder ferneren Umkreisung um z_0 erreichen wir denselben Funktionswert wie bei jeder Änderung von k, woraus wir sehen, daß wir bei diesen Umkreisungen die Blätter im Zyklus durchschreiten.

Um den Charakter des Punktes w_0 zu erkennen, betrachten wir den Funktionswert nur in erster Annäherung. Unter der Voraussetzung $b_1 \neq 0$ haben wir dann

$$w = b_1(\Delta z)^{\frac{1}{\mu}}$$

oder

$$w = b_1(\Delta\varrho)^{\frac{1}{\mu}} \left(\cos\frac{\varphi}{\mu} + i \sin\frac{\varphi}{\mu}\right).$$

Lassen wir φ wachsen von 0 bis 2π, also das Bogenelement Δz in einem Blatt sich völlig drehen, so dreht sich Δw um w_0 um den μ-ten Teil der Kreisperipherie. Während Δz so μ Umläufe gemacht hat, [absolvierte] Δw nur einen einzigen. Also: Falls $b_1 \neq 0$, [so] ist $w = w_0$ kein Verzweigungspunkt der w-Ebene, wohl aber ein merkwürdiger Punkt der Multiplizität $(\mu-1)$.

Ist jetzt $b_1 = 0$, $b_2 \neq 0$, so wird in erster Annäherung

$$\Delta w = b_2(\Delta\varrho)^{\frac{2}{\mu}} \left(\cos\frac{2\varphi}{\mu} + i \sin\frac{2\varphi}{\mu}\right).$$

Daraus folgt analog wie oben: Während Δz seine μ Umkreisungen des Punktes z_0 gemacht hat, hat Δw zwei Umkreisungen vollführt, so daß wir zur Erreichung /der/ eindeutigen Abbildung in w_0 zwei Blätter übereinanderliegend annehmen müssen. Also: Für $b_1 = 0$, $b_2 \neq 0$ ist z_0 ein $(\mu-1)$-facher, w_0 ein einfacher Verzweigungspunkt.

In derselben Weise schließen wir weiter.

In dem besonderen Fall $w-w_0 = b_1(z-z_0)^{\frac{1}{2}} + b_2(z-z_0) + b_3(z-z_0)^{\frac{3}{2}} + \ldots$ ist nach unseren allgemeinen Erörterungen z_0 stets ein einfacher Verzweigungspunkt. Ist $b_1 = 0$, so ist auch w_0 ein einfacher Verzweigungspunkt, und dann ist die Abbildung in der Nähe dieses entsprechenden Punktepaares wieder konform. /Wir dürfen die beiden Punkte jedoch nicht als gewöhnliche auffassen, obwohl die Abbildung konform ist/, denn erst bei zweimaliger Umkreisung von z_0 erhalten auch die späteren Glieder der Entwicklung ihre alten Werte wieder.

8.2. /Anwendung der Reihenentwicklung auf algebraische Kurven resp. Funktionen/

Nachdem so die Haupteigenschaften einer Funktion in der Nähe eines Punktes bestimmt sind, wo sie sich in der angegebenen Weise in eine Reihe entwickeln läßt, wollen wir uns darüber klar werden, ob und in welcher Weise sich unsere algebraischen Funktionen in der Nähe der verschiedenartigen Punkte in Reihen entwickeln lassen.

Wir wollen den Punkt unserer (als Kurve gedeuteten) Funktion, in welchem die Möglichkeit der Entwicklung untersucht werden soll, immer im Koordinatenanfang voraussetzen. Vorher müssen wir noch entscheiden, wie eine Kurvengleichung aussieht, für welche dieser Kurvenpunkt ein Punkt von gewisser Vielfachheit ist.[1] Da der Anfangspunkt ein Punkt der Kurve sein soll, so muß die Kurvengleichung (siehe S. 124) die Form haben: $0 = \varphi_1 + \varphi_2 + \varphi_3 + \ldots$ Wenn jede Gerade $w = \lambda z$ die Kurve im Anfang in zwei Punkten schneidet, so hat die Kurve dort einen Doppelpunkt. Damit aber die Gleichung nach der Substitution $w = \lambda z$ den Faktor z^2 erhalte, muß $\varphi_1 \equiv 0$ sein. Ist dies nicht der Fall, so ist $w = 0$, $z = 0$ einfacher Kurvenpunkt. Die Tangenten im Anfang bestimmen sich durch folgende Überlegung. Schneiden wir unter der Voraussetzung $\varphi_1 \not\equiv 0$ die Kurve durch die Gerade $\varphi_1 = 0$, setzen also $\varphi_1 = 0$ und $\varphi_1 + \varphi_2 + \ldots + \varphi_n = 0$, so sehen wir, daß sich bei der Substitution von $\varphi_1 = w - \lambda z = 0$ in die Kurvengleichung zwei

[1] Das ist doch eigentlich schon S. 118 ff. gemacht.

Wurzeln $z = 0$ ergeben, daß also $\varphi_1 = 0$, $z = 0$ zweifacher Schnitt der Kurve mit $\varphi_1 = 0$ ist, d. h., $\varphi_1 = 0$ ist Tangente im Anfang.

Ist nun $\varphi_1 \equiv 0$, so /ergibt/ $\varphi_2 = 0$ ein Geradenpaar $w = \lambda_1 \cdot z$, $w = \lambda_2 \cdot z$, nach dessen Substitution in die Kurvengleichung diese den Faktor z^3 erhält, so daß $z = 0$ und $w = \lambda_1 z$ oder $w = \lambda_2 z$ dreifacher Schnitt jener beiden Geraden mit der Kurve ist, d. h., $\varphi_2 = 0$ gibt das Tangentenpaar im Anfang /an/.

Ist $\varphi_2 \equiv \alpha w^2 + 2\beta wz + \gamma z^2$, so erhalten wir im Fall $\varphi_1 \equiv 0$ zwei getrennte Doppelpunktstangenten, wenn $\beta^2 - \alpha\gamma \neq 0$; dagegen zwei zusammenfallende, also eine Spitzentangente, wenn $\beta^2 - \alpha\gamma = 0$.

Donnerstag, 20.1.1881

Nach diesen notwendigen Vorbereitungen nun zu der Frage von S. 135 /, am Beginn des Abschnittes 8.2/! Wir stützen uns hierbei auf die hierfür grundlegenden Originalarbeiten von PUISEUX /im/ Liouville Journal /Bd./ 15 /und/ 16 [144], [145] und werden uns fast ausschließlich darauf beschränken, die dort entwickelten Resultate ohne Beweis anzuführen.

38

1.) Der Anfangspunkt sei ein gewöhnlicher Kurvenpunkt und besitze weder eine horizontale noch eine vertikale Tangente. /So haben wir die Kurvengleichung/

$$aw + bz + \varphi_2 + \varphi_3 + \ldots = 0, \text{ /mit/ } a \cdot b \neq 0.$$

In erster Annäherung ist die Kurve identisch mit $w = -\frac{b}{a} \cdot z$, und es steht zu erwarten, daß, wenn eine Reihenentwicklung in der Nähe dieses Punktes möglich ist, dies wohl auch das erste ausschlaggebende Glied derselben sein wird. In der Tat zeigt PUISEUX, daß in einem solchen gewöhnlichen Punkt eine Reihenentwicklung nach ganzen Potenzen von z möglich ist, /die wie folgt/ beginnt: $w = -\frac{b}{a} \cdot z + \alpha \cdot z^2 + \ldots$ Dann kann diese Reihe jedesmal nach der Methode der unbestimmten Koeffizienten beliebig weit berechnet werden, wobei nur der Beweis der Konvergenz fehlt. Und aus dem Früheren wissen wir, daß $w = 0$, $z = 0$ oder allgemein ein solches Punktepaar $w = w_0$, $z = z_0$ /einschließlich ihrer Umgebungen bei Deutung durch Riemannsche Flächen konform aufeinander abgebildet wird/.

2.) /Der Anfangspunkt besitze eine horizontale Tangente. Die Kurvengleichung ist/

$$aw + (\alpha w^2 + 2\beta wz + \gamma z^2) + \varphi_3 + \ldots = 0,$$

in erster Annäherung $0 = aw + \gamma z^2$, denn sofern w und z für einen

Kurvenpunkt noch sehr klein sind, muß αw^2 und $2\beta wz$ gegen w verschwinden. Für einen dem Anfang nahen Punkt ist daher in erster Annäherung $w = -\frac{\gamma}{\alpha}\cdot z^2$. In der Tat ist nach PUISEUX in diesem Fall für w eine Reihenentwicklung möglich nach aufsteigenden Potenzen von z, die mit $-\frac{\gamma}{\alpha}\cdot z^2$ beginnt. Wir erkennen /bei/ Deutung von w und z durch Riemannsche Flächen, daß w = 0 ein Verzweigungspunkt von der Multiplizität 1 und z = 0 ein merkwürdiger Punkt von derselben Multiplizität ist.

3.) /Der Anfangspunkt besitze eine vertikale Tangente. Die Kurvengleichung ist/

$$bz + (\alpha w^2 + 2\beta wz + \gamma z^2) + \varphi_3 + \ldots = 0,$$

in erster Annäherung $w^2 = -\frac{b}{\alpha}\cdot z$ oder $w = \sqrt{-\frac{b}{\alpha}}\cdot z^{\frac{1}{2}}$. Nach PUISEUX ist dies das erste Glied der für einen solchen Punkt gültigen, nach Potenzen von $z^{\frac{1}{2}}$ fortschreitenden Reihenentwicklung. Daraus /ist zu erkennen, daß w = 0 ein einfacher merkwürdiger Punkt ist und z = 0 ein einfacher Verzweigungspunkt/.

4.) Der Anfangspunkt /sei/ Doppelpunkt mit getrennten Ästen und ohne horizontale oder vertikale Tangente. /Die Kurvengleichung ist/

$$(\alpha w^2 + 2\beta w + \gamma z^2) + \varphi_3 + \varphi_4 + \ldots = 0$$

oder

$$(Aw + Bz)(A'w + B'z) + \varphi_3 + \ldots = 0.$$

Wir haben zwei erste Annäherungen $w = -\frac{B}{A}\cdot z$ und $w = -\frac{B'}{A'}\cdot z$. Nach PUISEUX beginnt jedes dieser Glieder eine unendliche Reihenentwicklung /, die nach ganzen Potenzen von z fortschreitet/. In einem Doppelpunkt erhalten wir also zwei verschiedene Reihenentwicklungen, / / da er ja zwei einfache Punkte vertritt!

Bei /der/ Übertragung auf Riemannsche Flächen hat man nicht zu denken, daß einem Doppelpunkt ein Verzweigungspunkt der z-Ebene entspräche. Schreibt man die Entwicklung hin und läßt ein kleines Bogenelement, welches den Punkt z = 0 mit /einem/ unendlich nahen z verbindet, sich um z = 0 drehen, so geht jede Reihenentwicklung wieder in sich über; daher sind die beiden übereinanderliegenden Blätter der z-Ebene im Anfang verzweigt.

[[Wir müssen hier darauf verzichten, bei den Auseinandersetzungen völlig streng zu sein, und können immer nur auf PUISEUX verweisen. Wir wollen aber im folgenden an einem schematischen Beispiel den

Unterschied klarmachen, der sich bei der Übertragung auf Riemannsche Flächen zwischen einem Doppelpunkt und einem Kurvenpunkt mit vertikaler Tangente herausstellt. Es sei die gezeichnete Kurve (Fig. 74) definiert durch $f(w,z) = 0$. Für ein bestimmtes reelles z_1 ergibt sich eine gewisse Anzahl Werte w, von denen im folgenden nur w_1' und w_1'' beachtet werden. In der Zahlenebene gedeutet ist z_1 ein reeller Punkt. Da ihm verschiedene Werte w entsprechen, so werde die z-Ebene mit ebensoviel Blättern überdeckt, damit jedes w sein eigenes z habe, aus dem es durch Substitution in die Gleichung entstanden zu denken ist. Wir beachten jetzt nur zwei Blätter, entsprechend den Werten w_1' und w_1''. Diese beiden Werte w_1' und w_1'' stellen sich in der w-Zahlenebene in den angegebenen reellen Punkten dar (Fig. 74 unten). Lassen wir jetzt z_1 nach der positiven Richtung wandern (Fig. 74 Mitte), so ändern sich kontinuierlich die beiden Werte w_1' und w_1'', indem sie, wie die Kurve lehrt, immer reell bleibend, beide wachsen. Dabei ist immer $w_1' > w_1''$. Wenn z den Wert z_R erreicht,[1] /so/ hat w_1' seinen größten Wert angenommen, weil dort unsere Kurve eine horizontale Tangente hat. Wächst also z noch weiter, so kehrt w_1' bei diesem größten Wert um, während w_1'' kontinuierlich weiter wächst. So kommt es, daß, sobald z den Wert z_S erreicht hat, beide Werte w, von entgegengesetzten Seiten der reellen Zahlen kommend, zusammenrücken, weil in S die Kurve eine vertikale Tangente hat. Dies mag in w_S geschehen, /der, wie wir wissen, ein merkwürdiger Punkt ist/. z_S /ist/ ein Verzweigungspunkt. Lassen wir z noch weiter auf der reellen Achse wachsen, so ergeben sich nicht mehr zwei reelle, sondern zwei imaginäre Werte von w. Die beiden Werte w' und w'' verlassen also bei z_S die reelle Achse und treten in den beiden angedeuteten Richtungen in das komplexe Gebiet über. So ist das Verhalten beim merkwürdigen Punkt w_S und dem Verzweigungspunkt z_S!

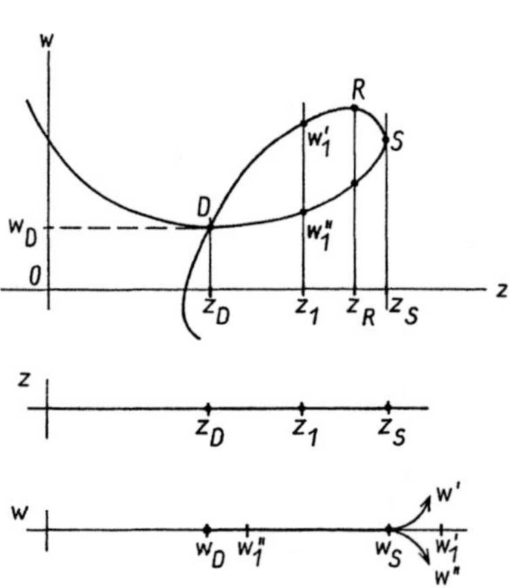

Fig. 74

[1] D. h. eigentlich, wenn beide in den beiden verschiedenen Blättern über der z-Ebene auf der reellen Achse wandernde z den Wert z_R erreicht haben.

Zum Vergleich lassen wir jetzt z von z_1 ⟨aus⟩ immer reell bleibend abnehmen. Dann nehmen, nach der Gestalt der Kurve, auch w_1' und w_1'' immer ab, und zwar ist immer $w_1'' < w_1'$. Aber w_1' nimmt rascher ab, und so kommt es, daß, wenn z_1 stetig abnehmend den Wert z_D erreicht hat, beide w im Punkt w_D der reellen Achse zusammentreffen. Nimmt z noch weiter ab, so nehmen w' und w'' auch weiter ab, immer reell bleibend, aber w' hat einfach w'' überlaufen. Eine Verzweigung, ein Zusammentreffen verschiedener Gebiete in der w-Ebene, welche verschiedenen Blättern der z-Ebene entsprechen, in einem Punkt hat nicht stattgefunden.]]

Genau in derselben Art entspricht einem k-fachen Kurvenpunkt mit lauter getrennten Ästen, die nicht Tangenten mit besonderer Lage gegen das Achsensystem besitzen, kein merkwürdiger Punkt der z-Ebene oder Verzweigungspunkt der w-Ebene.

5.) Der Anfangspunkt ⟨sei eine⟩ Spitze der Kurve mit allgemein gelegener Tangente. Nach dem Früheren ⟨ist die⟩ Kurvengleichung dann

$$0 = (Aw + Bz)^2 + \varphi_3 + \varphi_4 + \ldots$$

In erster Näherung folgt $w = -\frac{B}{A}\cdot z$, und nach PUISEUX ist dies der Anfang einer nach halben Potenzen von z fortschreitenden Entwicklung, die in der Nähe der Spitze gilt. Daß die Reihe nicht nach ganzen Potenzen fortschreiten kann, wiewohl sie mit einer solchen beginnt, ist unmittelbar klar, denn bei einer Spitze im Anfang - wie in der Figur 75 - ergeben positive z reelle Schnittpunkte, negative dagegen imaginäre. Wir wissen, daß, sobald diese Entwicklung gilt, der entsprechende Punkt sowohl in der z- wie in der w-Ebene ein einfacher Verzweigungspunkt ist (siehe S. 135 oben).

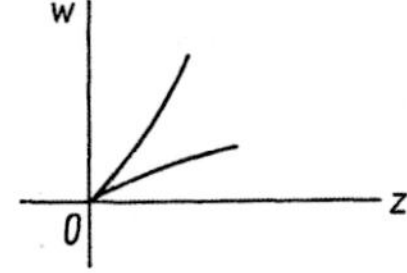

Fig. 75

Die für Doppelpunkt und Spitze erhaltenen Resultate sollen nun noch durch das weniger strenge, aber anschaulichere Kontinuitätsprinzip nachgewiesen werden.[1]

1. Doppelpunkt. Derselbe wurde entstanden gedacht durch Verwachsen zweier Äste, die vorher ihre konvexen Seiten einander zukehrten. An diese ließen sich zwei vertikale Tangenten legen, denen Verzweigungs-

[1] Ist bei ausführlicher Darlegung auch der imaginären Vorkommnisse ⟨ebenso⟩ streng! (L)

punkte der z-Fläche entsprechen. Die Verzweigungspunkte liegen in der Nähe des Punktes z_0, in welchem, bei Deformation der Kurve zu einer solchen mit Doppelpunkt, der dem Doppelpunkt entsprechende liegt (Fig. 76a, c). Es zieht sich durch z_0 ein Verzweigungsschnitt hindurch, längs dessen zwei Blätter zusammenhängen, und zwar müssen wir annehmen, daß dies dieselben beiden Blätter sind. Eine gleichzeitige Umkreisung beider Punkte (Fig. 76b) [7], die von einem Punkt irgendeines der beiden Blätter begonnen wird, führt dann, wie leicht ersichtlich, zu demselben Punkt desselben Blattes zurück.

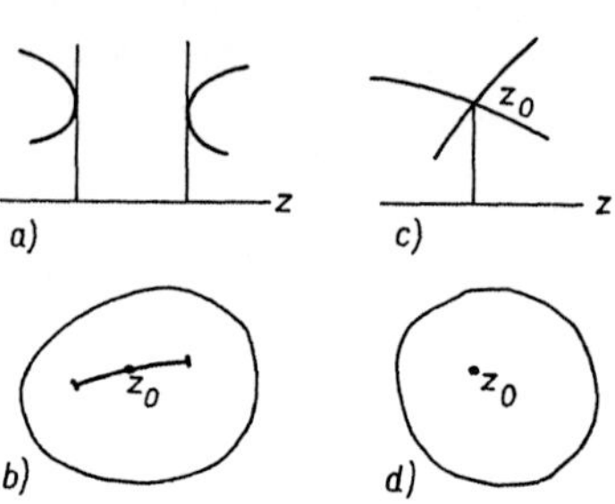

Fig. 76

Wenn nun die beiden Verzweigungspunkte nach z_0 zusammenrücken, entsprechend dem Zusammenrücken der beiden vertikalen Kurventangenten in eine vertikale Gerade durch den Doppelpunkt, so fällt der Verzweigungsschnitt weg (Fig. 76d), und die beiden Blätter haben in z_0 eine Berührung, aber keine Verzweigung.

2. Spitze. Eine solche entsteht beim Zusammenziehen einer Schleife zu Null. Vor diesem Grenzübergang gibt es außer der vertikalen Geraden durch den Doppelpunkt noch eine vertikale Kurventangente (Fig. 77). Der ersteren entspricht bei Übertragung auf Riemannsche Flächen ein gewöhnlicher Punkt, der letzteren ein dem ersten nahe gelegener Verzweigungspunkt. Wird der Doppelpunkt zur Spitze, so rücken jene beiden vertikalen Geraden und demnach auch die ihnen entsprechenden Punkte der z-Ebene nach z_0 zusammen, und dieser wird also nun Verzweigungspunkt.

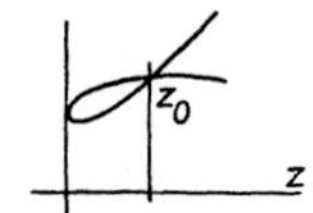

Fig. 77

Nach demselben Prinzip läßt sich das Verschmelzen zweier niederer Verzweigungspunkte zu einem höheren verstehen. Wir denken uns eine Riemannsche dreiblättrige Fläche mit den beiden einfachen Verzweigungspunkten P und P'. Längs der beiden von P und P' auseinanderlaufenden Verzweigungsschnitte hängen [7] die Blätter 1 und 2, 2 und 3 zusammen, so daß eine dreimalige Umkreisung beider Punkte uns erst wieder an den Punkt R des ersten Blattes zurückbringt, von dem wir ausgegangen waren. In der Figur 78a ist der Weg im ersten Blatt stark ausgezogen, im zweiten punktiert und im dritten strichpunktiert

Rücken wir jetzt bei geringer Deformation der abzubildenden Funktion die beiden Verzweigungspunkte zusammen, so entsteht daraus ein solcher von der Multiplizität 2, in welchem, wie man aus unserem Weg sieht, die 3 Blätter im Zyklus zusammenhängen.

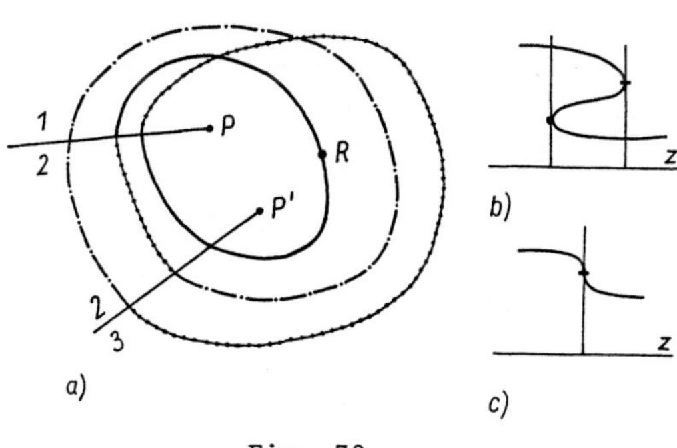

Fig. 78

In der Geometrie der Kurven entspricht dieser Verschmelzung zweier einfacher Verzweigungspunkte zu einem Doppelten der Übergang zweier einfacher vertikaler Tangenten zu einer doppelt zählenden, d. i. zu einer vertikalen Wendetangente (Fig. 78b, c).

In ähnlicher Weise kann man immer höhere Verzweigungspunkte verstehen als entstanden durch Zusammenrücken niederer.

Freitag, 21.1.1881

Unsere Behauptungen bezüglich der Reihenentwicklungen sind ungültig, sobald die Variable, nach deren aufsteigenden Potenzen entwickelt wird, unendlich wird, oder wenn die Funktion, welche durch die Entwicklung dargestellt wird, selbst unendlich wird, in unserem Fall also für $z = \infty$ und $w = \infty$. Wir beseitigten früher diese besonderen Fälle durch lineare Transformation. Jetzt heben wir sie durch die Bemerkung [weg], daß wir ja irgendeine lineare Funktion von w nach irgendeiner von z entwickeln können und daß wir für jede Wertkombination (w,z) beide so wählen können, daß der obige Fall nicht eintritt. Die genannten Unendlichkeitspunkte sind also nur für die gewählte Beweismethode, aber nicht an sich ausgezeichnet.

8.3. [Riemannsche Flächen und algebraische Funktionen (Fortsetzung von 7.2.)]

Wir kehren nun zurück zu den auf S. 131 beschriebenen Riemannschen Flächen, die zu der Funktion $f(\overset{\mu}{w},\overset{\nu}{z}) = 0$ gehören. Wir fassen die erhaltenen Resultate noch einmal kurz zusammen.

Über der z-Ebene sind μ Blätter ausgebreitet, die an solchen Punkten z paarweise verzweigt sind, die vertikalen Tangenten bei der Deutung als Kurve zugehören, d. h. die bestimmt sind durch $\frac{\partial f}{\partial z} \neq 0$, $\frac{\partial f}{\partial w} = 0$. Ferner sind sie paarweise verzweigt an solchen Stellen z, welche Spitzen der Kurve zugehören, d. h. für welche $\frac{\partial f}{\partial z} = 0$, $\frac{\partial f}{\partial w} = 0$, $\left(\frac{\partial^2 f}{\partial w \partial z}\right)^2 - \frac{\partial^2 f}{\partial z^2}\frac{\partial^2 f}{\partial w^2} = 0$. Vertikale Tangenten und daher Verzweigungspunkte der zuerst genannten Art gibt es $2\nu(\mu - 1) - 2d - 3r$, und es gibt r Spitzen, also überhaupt $2\nu(\mu - 1) - 2d - 2r$ Verzweigungspunkte

Entsprechendes gilt für die über der w-Ebene konstruierte Riemannsche Fläche. Sie besitzt ν Blätter und zunächst $2\mu(\nu - 1) - 2d - 3r$ einfache Verzweigungspunkte, die den horizontalen Kurventangenten entsprechen und durch $\frac{\partial f}{\partial w} \neq 0$, $\frac{\partial f}{\partial z} = 0$ bestimmt sind. Ferner hat sie dieselben r, den Spitzen entsprechenden einfachen Verzweigungspunkte wie oben, im ganzen also $2\mu(\nu - 1) - 2d - 2r$ einfache Verzweigungspunkte. Die beiden Flächen sind (siehe S. 131) so beschaffen, daß jede Wertkombination (w,z), die der Gleichung genügt, ihr eigenes Bild in der w- und der z-Ebene besitzt.

Um die Abbildung beider Flächen aufeinander vermöge der Funktion genauer zu erkennen, legen wir zunächst in der w-Ebene durch sämtliche Verzweigungspunkte eine geschlossene Kurve, den Verzweigungs- oder Absonderungsschnitt. Das Innere dieser Kurve, das (da wir uns ja auf der Kugel operierend denken) gleichberechtigt ist mit dem äußeren Gebiet derselben, wollen wir schraffieren. Diese selbige Zerlegung und Schraffierung denken wir uns durch alle Blätter der w-Ebene fortgesetzt. Dann bilden wir die so zerlegte Fläche auf die z-Fläche ab. Die w-Fläche besitzt ν Blätter und also 2ν Gebiete, da jedes Blatt aus zweien besteht. Wir erhalten also bei dieser Abbildung in der z-Fläche ν schraffierte und ebensoviel nicht schraffierte Gebiete, die zusammen die ganze μ-blättrige Fläche erfüllen. Dabei wird es sich natürlich oft ereignen, daß z. B. der schraffierte Teil eines einzigen Blattes der w-Fläche sich zum Teil auf mehrere Blätter der z-Fläche abbildet. So haben wir ein erstes Bild von der Abbildung der einzelnen Teile beider Flächen aufeinander. Ein zweites erhalten wir analog, wenn wir durch sämtliche Verzweigungspunkte der z-Ebene in allen μ Blättern denselben Schnitt legen, sein Inneres schraffieren und nun die 2μ entstandenen Gebiete abbilden auf der w-Fläche.

Ehe wir aber diese Abbildungen im einzelnen ausführen können, sind noch folgende Vorbereitungen nötig.

Verallgemeinerungen

Für eine allgemeine Kurve n-ten Grades $f(\overbrace{w, z}^{n}) = 0$, in der beide Koordinaten bis zum Grad n ansteigen, haben wir im Unendlichen keine besonderen Punkte. Ein vertikaler wie ein horizontaler beweglicher Strahl schneidet [die Kurve] in n Punkten, die unendlich ferne Gerade schneidet [ebenso] in n Punkten ohne besondere Lage gegen das Koordinatensystem, so daß für $w = \infty$ auch $z = \infty$ [ist]. Für diese Funktion erhalten wir also über der w- und z-Ebene je n Blätter mit sovielen Verzweigungspunkten als horizontale resp. vertikale Tangenten und Rückkehrpunkte zusammen vorhanden sind, nämlich

$$n(n - 1) - 2d - 3r + r = n(n - 1) - 2d - 2r.$$

Da im allgemeinen für $z = \infty$ auch $w = \infty$ [ist], so werden die Unendlichkeitsstellen beider Flächen einander entsprechen. Es tritt also hier für die allgemeinere Kurve eine speziellere Beschaffenheit der Riemannschen Fläche auf.

Zusammenhang der Blätter der Flächen

Einem beliebigen z_0 entsprechen vermöge unserer allgemeinen algebraischen Funktion n Werte w. Wir denken uns die z-Ebene mit den Verzweigungspunkten gezeichnet. Wenn wir jetzt von z_0 aus irgendeinen Weg beschreiten, so tun dies auch alle zugehörigen w. Laufen wir nach z_0 zurück, so werden wir im allgemeinen dabei einige Verzweigungspunkte umkreist haben, d. h., es werden die einzelnen w nicht zugleich nach ihrem alten Punkt zurückgekommen, sondern teilweise ineinander übergelaufen sein. Nun steht die Frage: Wenn man von z_0 aus alle möglichen in sich zurücklaufenden Wege beschreitet, kann man dadurch jeden der n Werte w in jeden anderen überführen?

Diese Frage ist identisch mit der folgenden: Kann man aus jedem Blatt der z-Ebene durch geeignete Umkreisung der Verzweigungspunkte in jedes andere gelangen, ist also die Riemannsche Fläche durchweg zusammenhängend?

39

Wir erkennen unmittelbar, daß dies für eine reduzible Kurve nicht der Fall ist, denn jedem ihrer Faktoren wird eine andere Riemannsche Fläche zugehören, die zwar zusammen diejenige der Kurve bilden, aber keinen Punkt miteinander gemein haben. Wir behaupten: Einer irreduziblen Gleichung muß eine zusammenhängende Riemannsche Fläche zugehören.

Zum Beweis entnehmen wir aus NEUMANN, Riemannsche Theorie [der Abelschen Integrale7, [128, S. 154] den Hilfssatz: Eine eindeutige Funktion von z ist eine rationale Funktion.

Nehmen wir jetzt an, daß aus einem w_1 (welches wir in z /hin7geschrieben denken), bei allen möglichen Wegen vom entsprechenden z aus und zu demselben zurück, nicht alle anderen Werte w entstehen könnten, sondern nur $w_2, w_3, \ldots, w_\mu$, so wollen wir bilden

$$(w - w_1)(w - w_2) \ldots (w - w_\mu) = 0$$

oder ausmultipliziert

$$w^\mu + Aw^{\mu-1} + Bw^{\mu-2} + \ldots = 0.$$

Die Koeffizienten A, B, ... sind symmetrische Funktionen von w_1, $w_2, \ldots, w_\mu$. Wir denken sie uns, da wir allgemein verfahren, in z /hin7geschrieben. Bei allen möglichen Wegen des z von dem jenem w entsprechenden Punkt aus und nach ihm zurück, gehen diese Werte w nur ineinander über. Die symmetrischen Funktionen derselben bleiben also völlig ungeändert, daher sind sie rationale Funktionen von z. Wir haben also in der obigen Gleichung eine Gleichung von niederem Grad als die ursprüngliche erhalten, welche für zusammengehörige Werte w und z der ursprünglichen Gleichung erfüllt wird. Das aber ist gegen unsere Voraussetzung, daß diese Gleichung irreduzibel sein sollte. Unsere Annahme selbst ist also falsch, und w_1 kann in alle anderen w übergehen.

Dienstag, 25.1.1881

9. Einschiebung aus der Analysis situs (Topologie) mit verschiedenen Anwendungen

9.1. /Einige Grundbegriffe7

Für alles Folgende werden die Flächen aus absolut dehnbarem Stoff vorausgesetzt, so daß man jedes einzelne Flächenstück zusammenziehen und ausdehnen kann, nur aber immer so, daß Nachbarpunkte ebensolche bleiben.

Wir betrachten zunächst nur geschlossene Flächen. Die einfachste solche ist die Kugel.

Wann ist es möglich, zwei geschlossene Flächen eindeutig-stetig aufeinander zu beziehen?

Eindeutig, d. h., jedem Punkt der einen soll nur ein Punkt der anderen entsprechen, stetig, d. h., aufeinanderfolgenden Punkten sollen aufeinanderfolgende Punkte entsprechen.

Zunächst ein Beispiel:

Die gezeichnete Kurve (Fig. 79) sei symmetrisch zur Geraden. Durch Rotation derselben um die Gerade entsteht eine Fläche, welche in jeder Ebene durch diese Gerade die gezeichnete Kurve ergibt. Wir wollen die Fläche eindeutig stetig auf die Kurve beziehen und zwar auf zwei Arten. Hierdurch üben wir uns, rasch zu erkennen, ob eine solche Beziehung möglich ist.

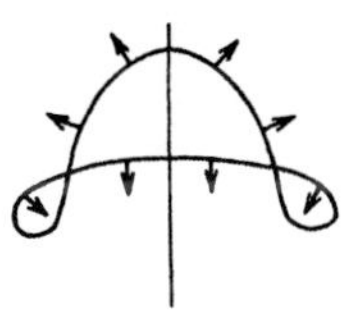

Fig. 79

Wir erhalten zunächst ein Bild von der Beschaffenheit der Fläche dadurch, daß wir in einem bestimmten Kurvenpunkt eine Normale nach außen festsetzen durch einen Pfeil, den wir dann immer normal zur Kurve längs derselben hinbewegen. Wir durchschreiten [also] jeden Kurvenpunkt mit einer bestimmten Richtung nach außen, der eine ebensolche nach der Innenseite gegenübersteht. Die Rotation ergibt eine Außenseite und eine Innenseite der Fläche, welchen die entsprechenden Seiten der Kugel zugehören sollen.[1] Die Beziehung beider Flächen [aufeinander] erreichen wir

1.) dadurch, daß wir die Meridiankurven in der durch die Figur 80a, b, c angegebenen Weise deformieren, so daß sie symmetrisch zur Achse bleibt. Entsprechend werden wir die Fläche deformieren. Die beiden Spitzen der Figur 80c ergeben bei der Rotation eine Rückkehrkante der Fläche. Man kann offenbar das eindeutige Beziehen auf die Kugel dadurch erreichen, daß man den Schnittpunkt M der beiden Spitzentangenten mit der Achse zum Kugelmittelpunkt wählt.

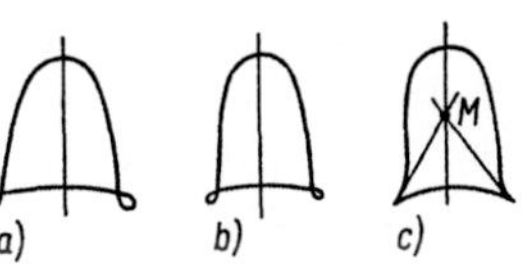

Fig. 80

Jeder Halbstrahl durch M schneidet Kugel und Fläche in nur einem Punkt, die dann einander entsprechen sollen.

[1] Wesentlich: Die Fläche hat wie die Kugel zwei Seiten, wie man bei dieser Normalenwanderung erkennt. (L)

40 2.) Methode des Zerschneidens und Wiederaneinanderheftens. Wir denken uns die Fläche längs eines Breitenkreises, der durch Rotation der Spiegelpunkte P und P' (Fig. 81a) bezüglich der Achse entstanden sein soll, aufgeschlitzt. Sie zerfällt dann in zwei Kalotten, an denen wir die Normalen nach außen markiert haben (Fig. 81b). Beide Kalotten kann man nun leicht in zwei Kugelschalen deformieren (Fig. 81c), die dann leicht zu einer Kugel zusammengesetzt werden, und dann ist die eindeutige stetige Aufeinanderbeziehung klar.

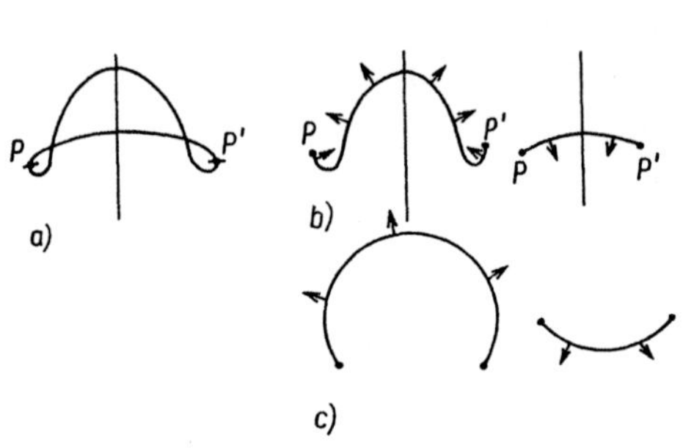

Fig. 81

Einen ersten Gesichtspunkt für die Möglichkeit der eindeutigen stetigen Aufeinanderbeziehung zweier Flächen erhalten wir in der Unterscheidung von einfachen und Doppelflächen.

Eine einfache Fläche ist eine solche, welche zwei verschiedene Seiten hat, von deren einer man zur anderen nur gelangen kann, indem man die Fläche durchbohrt. Dabei ist aber nicht eine solche Durchbohrung gemeint, welche von selbst eintritt, wenn man längs der Fläche hinläuft, wie dies z. B. der Fall ist an der eben beschriebenen Rotationsfläche, die sich selbst durchsetzt und welche man also notwendig bei einer Wanderung längs der Fläche, welche die Selbstdurchdringungskurve überschreitet, ebenfalls durchbohren muß.

Eine Doppelfläche dagegen ist eine solche, welche nur eine Seite hat und auf welcher man also von jedem Punkt zu jedem anderen gelangen kann, ohne eine Durchbohrung auszuführen, die nicht zu der eben beschriebenen zweiten Art gehört. MÖBIUS hat zuerst auf diese Doppelfläche aufmerksam gemacht. Das einfachste Beispiel einer solchen (allerdings nicht geschlossenen, sondern mit einer Randkurve versehenen) Fläche erhält man, wenn man einen Streifen (Fig. 82) nicht so zusammenklebt, daß C auf A fällt, sondern auf B, was man erreicht, wenn man den Streifen vor dem Kleben eine unpaare Anzahl Male dreht. Dreht man ihn eine gerade Anzahl Mal, so bekommt man eine gewöhnliche einfache Fläche. Daß man eine einfache und eine Doppelfläche nicht eindeutig stetig aufeinander beziehen kann, ist klar, da die

• A C •
• B

Fig. 82

erstere zweiseitig, die letztere einseitig ist. Also haben wir den Satz: Zwei Flächen sind nur eindeutig [stetig] ineinander transformierbar, wenn beide Doppelflächen oder beide einfache Flächen sind.

Erinnern wir uns an unsere über die Kugel ausgebreiteten Riemannschen Flächen, so erkennen wir, daß wir aus jedem Blatt in jedes andere gelangen können, aber immer nur auf die eine Seite eines jeden Blattes. Wir schließen daraus: Die Riemannschen Flächen sind einfache Flächen.

Aber nicht alle einfachen Flächen sind eindeutig-stetig ineinander überführbar. Ein Ring z. B. ist eine einfache Fläche. Es lassen sich auf demselben Kurven zeichnen, die geschlossen sind und doch die Fläche nicht in 2 [getrennte] Stücke zerlegen. Wenn wir eine solche Kurve nur zeichnen und längs derselben nicht aufschlitzen, so können wir noch von jedem Punkt der einen Seite der Fläche zu jedem anderen [dieser Seite] gelangen, ohne Überschreitung der Kurve. Wäre nun der Ring eindeutig-stetig in eine Kugel überführbar, so müßte es offenbar auf der Kugel geschlossene Kurven von derselben Eigenschaft geben. Solche gibt es aber nicht, vielmehr zerfällt die Kugel durch jede geschlossene Kurve in zwei Teile, und also sind beide Flächen nicht eindeutig-stetig ineinander transformierbar.

Man erkennt ohne weiteres, daß jene eigentümlichen Kurven auf der Ringfläche nicht durch kontinuierliche Verschiebung und Zusammenziehung auf einen Punkt reduzierbar sind. Zu ihnen gehört ein Kreis, der sich wie ein Band um den Wulst [windet] (Fig. 83) und ein solcher, der sich ebenso um die mittlere Öffnung des Ringes herumlegt, endlich eine Kurve, die sich spiralig um den Wulst windet. Sicher sind aber nicht zwei sich nicht schneidende solche Kurven möglich, ohne daß bei Anbringung der betreffenden "Rückkehrschnitte" die Fläche in 2 Stücke zerfällt.

Das Beispiel zeigt, wie man sich leicht Flächen bilden kann, die zwei und mehr solche, einander nicht treffende Rückkehrschnitte zulassen, ohne zu zerfallen.
Man braucht nur einen Doppelring oder einen Dreifachring usw. zu bilden, dessen Gestalt ohne Beschreibung vorstellbar ist (Fig. 84). Wir stoßen also hier auf eine charakteristische Eigenschaft der Flächen, die sich bei

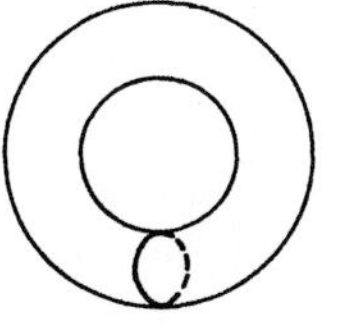

Fig. 83

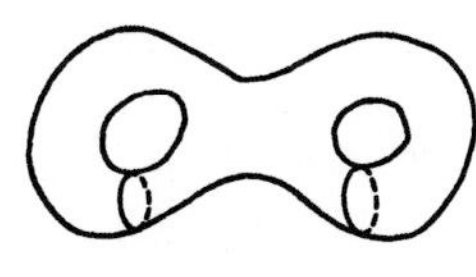

Fig. 84

eindeutig-stetiger Transformation nicht verwischen läßt. Die Maximalzahl von solchen, einander nicht treffenden Rückkehrschnitten, die noch kein Zerfallen der Fläche herbeiführen, heißt das Geschlecht p der Fläche. Dann wissen wir, daß sicher nur solche Flächen eindeutig-stetig ineinander überführbar sind, die dasselbe p besitzen.

Mittwoch, 26.1.1881

Umgekehrt [gilt]: Zwei Flächen, welche dasselbe p besitzen, lassen sich eindeutig-stetig ineinander überführen.

Beweis:

Zunächst mögen beide Flächen das Geschlecht p = 0 haben. Wir wollen eine der beiden, ganz allgemein gedachten Flächen stetig-eindeutig auf die Kugel beziehen. In derselben Weise können wir dann auch die zweite auf die Kugel beziehen, und durch Vermittlung der letzteren sind dann beide Flächen aufeinander bezogen.

Wir haben keine Übersicht über die Gestalt der Fläche p = 0, gleichwohl aber können wir folgende Überlegung verstehen: Wir legen zunächst irgendeinen Rückkehrschnitt [in die] Fläche, wodurch sie wegen p = 0 in zwei Stücke zerfällt. Jeder Teil hat eine und nur eine Randkurve, denn wir dachten uns die Fläche vorher ohne solche. In den einen Teil legen wir nun wieder einen Schnitt von einem Randpunkt zu einem anderen. Wir behaupten, durch denselben zerfällt jener eine Teil der ursprünglichen Fläche wieder in zwei Stücke, oder: jener Teil ist einfach berandet und einfach zusammenhängend. Zerfiele nämlich dieser Teil nicht wieder in zwei Stücke, so könnten wir das zwischen den beiden verbundenen Randpunkten gelegene Stück des Randes hinzunehmen und erhielten dadurch eine geschlossene Kurve. Diese geschlossene Kurve dürfte, wenn wir uns die ursprüngliche Fläche wieder in ihrer Totalität denken, diese letztere nicht zerstückeln, weil sie nur ein Stück des später gewählten Rückkehrschnittes enthält. Längs des übrigen Stückes nämlich hängen dann beide Teile der ganzen Fläche noch zusammen. Und weil der eine Teil der ganzen Fläche nicht zerfällt, so zerfällt auch die ganze nicht. Aber unsere ursprüngliche Fläche hatte p = 0 und enthielt also keine geschlossene Kurve, die sie nicht zerstückelte. Also ist unsere Annahme falsch, daß jener eine Teil der ganzen Fläche durch den Schnitt von Randpunkt zu Randpunkt nicht zerfällt. Durch weitere solche Schnitte von Randpunkt zu Randpunkt zerlegen wir jeden neu entstandenen Teil wieder in zwei Teile, bis solche Flächenstücke entstehen, die sich nicht mehr selbst durchsetzen.[1] Diese Flächenstücke setzen wir dann alle genau längs der Kurven, längs welcher sie zerschnitten wurden, wieder aneinander, aber so, daß keine Durchsetzung mehr stattfindet. Wir können das deshalb erreichen, weil uns Dehnung und Zusammenziehung einzelner Flächengebiete freisteht. So erlangen wir schließlich statt der ursprünglichen Fläche eine schlichte Fläche, d. h. eine solche ohne Selbstdurchsetzung, ähnlich z. B. wie ein schlaffer Ballon. Dann ist Blähung gestattet, und dann [ist] die eindeutig-stetige Beziehung auf die Kugel oder die Verwandlung in die Kugel selbst sehr einfach. Womit der Satz für $p = 0$ bewiesen ist.

Nun zu den Flächen mit $p > 0$!

Wenn wir bei irgendeiner solchen Fläche mit einem ersten, die Fläche nicht zerstückelnden Rückkehrschnitt beginnen, danach einen zweiten ziehen, einen dritten usw., bis keiner mehr möglich ist, so fragt es sich, ob dadurch die Maximalzahl solcher Schnitte erreicht worden [ist] oder ob wir nicht auf geschicktere Art noch mehr solcher Schnitte hätten herausbringen können. Diese Frage soll weiter unten beantwortet werden.

Wir nehmen an, daß wir bei beliebiger Wahl eines ersten solchen Rückkehrschnittes deren π herausgebracht hätten. Durch jeden derselben hat die Fläche, da sie keine Doppelfläche ist, zwei Randkurven bekommen, die wir zu kleinen Öffnungen zusammenziehen wollen. Wir haben so eine Fläche vom Geschlecht $p = 0$ mit 2π kleinen Löchern. Diese verwandeln wir, nachdem wir die Löcher durch fremd hergenommene Flächenstücke [wieder] geschlossen haben, in der oben beschriebenen Weise in eine Kugel. Nehmen wir die fremden Flächenstükke [nun] wieder heraus, so haben wir eine Kugel mit 2π kleinen Löchern vor uns. In eine solche kann man natürlich jede Fläche verwandeln, für welche man bei zufälliger Wahl des ersten Rückkehrschnittes deren π erhalten hat. Durch [Dehnung] und Zusammenziehung passender Teile der Kugel kann man dann die Paare entsprechender Löcher wieder zusammenfügen, natürlich so, daß vorher getrennte Punkte des Randes wieder aneinanderzuliegen kommen. Bei jeder solchen Zusammenfügung entsteht eine Art Handhabe oder Henkel wie an einem Topf (Fig. 85a, b). Nach Schließung aller Paare ist so eine Kugel mit π Henkeln entstanden, und das ist die Normalfläche, in die wir jede

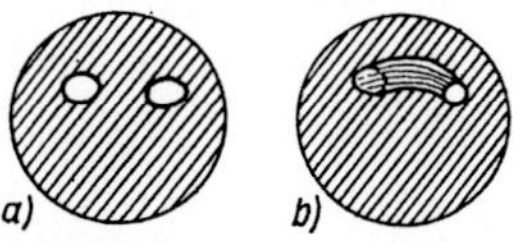

Fig. 85

[1] Annahme, die hier impliziert wird, daß dies immer nach einer endlichen Zahl von Operationen möglich sei. (L)

Fläche mit π Rückkehrschnitten verwandeln können. Wir können also auch immer durch Vermittlung dieser Normalfläche zwei Flächen mit demselben π stetig-eindeutig ineinander transformieren.

Wenn wir nun endlich noch zeigen, daß, wie wir auch auf einer Fläche den ersten nicht zerstückelnden Rückkehrschnitt legen und wie wir auch die übrigen wählen mögen, wir immer dieselbe Anzahl π erhalten, daß also π gleich der Maximalzahl p ist, so ist unser Beweis fertig.

Den noch fehlenden [Teil des Beweises] führen wir wie folgt, indem wir uns zugleich ein neues Hilfsmittel für spätere Zwecke zurechtlegen: Nach dem Eulerschen Satz für einfache Polyeder ohne einspringende Winkel ist stets $E + P = K + 2$, wenn E die Zahl der Ebenen, P die der Ecken und K die der Kanten des Polyeders bedeutet. Wenn wir nun das Polyeder deformieren zu einer Fläche mit $p = 0$, so bleiben die obigen Zahlen unverändert: E wird die Zahl der Gebiete auf der Fläche, K die der Gebietsgrenzlinien und P die der Schnittpunkte der K Grenzlinien.

Wie ändert sich dieser Satz nun für die Flächen höheren Geschlechts? Wir betrachten zunächst die zu π gehörige Normalfläche, die Kugel mit π Henkeln. Wir überziehen dieselbe jetzt mit einer netzförmigen Gebietseinteilung, so daß (wie im Fall $p = 0$) alle Gebiete einfach zusammenhängend sind, d. h., daß auf der Fläche jede geschlossene Kurve innerhalb eines Gebietes eine Zerstückelung herbeiführt.

[Es darf also z. B. die Gebietseinteilung nicht in der gezeichneten Weise gewählt sein (Fig. 86), so daß der Henkel ohne solche Begrenzungslinien ist, weil sonst der grüne (------) Schnitt keine Zerstückelung herbeiführen würde.]

Fig. 86

Wir wählen für diese Einteilung in Gebiete die Buchstaben E, P, K. Hierauf legen wir um jeden Henkel einen Querschnitt. Ein einzelner solcher Rückkehrschnitt trifft offenbar ebensoviele Kanten, als er Gebiete durchschneidet (wenn, wie wir voraussetzen, er nicht zufällig durch eine Ecke geht). An jedem Schnitt einer Kante mit einem solchen Querschnitt entsteht eine neue Ecke, und so ist die Summe der neu entstandenen Ecken gleich der Zahl der durchschnittenen alten Kanten, gleich der Zahl der durchschnittenen Flächen, gleich der Zahl der neuen Kanten, in die der Querschnitt durch die neuen Ecken selbst zerlegt wird, gleich ν_i. Nehmen wir alle diese Querschnitte mit zu unserer Gebietseinteilung hinzu und wählen für die so entstehende neue Gebietseinteilung die Buchstaben E', P', K', so haben wir demnach

$$P' = P + \sum \nu_i, \quad E' = E + \sum \nu_i, \quad K' = K + 2 \cdot \sum \nu_i .$$

Donnerstag, 27.1.1881

Jetzt endlich trennen wir die Flächenteile längs der gemachten Rückkehrschnitte, schließen die entsprechenden Löcher durch fremd hergenommene Flächenstücke und wählen für die so entstandene neue Gebietseinteilung die Buchstaben E", P", K". Durch diese Operation ist unsere Fläche in eine vom Geschlecht 0 verwandelt, und also haben wir $E'' + P'' = K'' + 2$.

Wie hängen nun E", P", K" zusammen mit E', P', K'? Offenbar ist die Zahl der Gebiete bei der letzteren Operation nur vermehrt worden um die Zahl der in die Löcher eingeführten fremden Flächenteile, also, da wir p Henkel zerschnitten haben, um 2p, d. h. $E'' = E' + 2p$. Neue Kanten sind dadurch entstanden, daß bei der Trennung längs der Querschnitte jede auf dem Querschnitt selbst gelegene Kante in 2 zerspalten wird, also $K'' = K' + \sum \nu_i$. Dasselbe gilt für die auf allen jenen Henkelschnitten liegenden Eckpunkte: $P'' = P' + \sum \nu_i$. Diese Werte substituieren wir in $E'' + P'' = K'' + 2$ /und erhalten/ $E' + P' = K' + 2 - 2p$, woraus schließlich /mit/ den Werten /für/ E', P', K' folgt

$$\underline{E + P = K + 2 - 2p,}$$

<u>der Eulersche Satz für Flächen vom Geschlecht p</u>.

Diese Abzählung ist - und das ist wesentlich - völlig unabhängig von der Wahl der Gebietseinteilung, wenn diese letztere nur die eine (Fig. 86) angegebene Bedingung erfüllt. Der Beweis wurde geführt an der Kugel mit p Henkeln und läßt sich von dieser natürlich auf die Fläche, auf der wir p nicht zerstückelnde Rückkehrschnitte gefunden hatten, übertragen. Wenn wir nun auf derselben Fläche auf irgendeine geschickte Art mehr als p nicht zerstückelnde Rückkehrschnitte hätten finden können, so müßte die obige Formel auch für ein anderes p richtig sein, und das ist absurd. Damit ist gezeigt, daß wir immer dieselbe Maximalzahl p solcher Schnitte erlangen müssen, wo wir auch beginnen und wie wir auch weitergehen. Es ist also $\Pi = p$, und damit ist der Satz von S. 148 bewiesen.

Die Idee, beliebige Flächen durch p zu charakterisieren, findet sich zuerst bei RIEMANN. Derselbe wendet jedoch nicht die hier benutzte Ausdehnung des Eulerschen Polyedersatzes an.

9.2. ⟨Geschlecht algebraischer Funktionen und Riemannscher Flächen⟩

Wir kehren nun zurück zu unseren Funktionen und Riemannschen Flächen, für die wir die gewonnenen Begriffe und Sätze verwerten wollen.

Die beiden Riemannschen Flächen, welche zu einer Funktion $f(w,z) = 0$ gehören, müssen, da sie stetig-eindeutig aufeinander bezogen sind, dasselbe Geschlecht besitzen. Diese Zahl wird also ein Charakteristikum für die Funktion sein. Jeder, die Riemannsche Fläche nicht zerstückelnde Rückkehrschnitt ist eine Kette von ∞^1 Werten w und z. Sehen wir einmal ganz ab von der geometrischen Repräsentation der Funktion durch Riemannsche Flächen, so wird p, das Geschlecht der Funktion, so zu schreiben sein:

Es ist p die höchste Zahl von Aufeinanderfolgen von ∞^1 Wertepaaren w,z, die der Funktion genügen, welche sich so wählen lassen, daß man von jedem Wertepaar kontinuierlich noch zu jedem anderen übergehen kann, falls man sich die Bedingung auferlegt, keines der Wertepaare jener Aufeinanderfolge zu passieren.

Aus dieser Fassung der Definition von p erkennt man, daß jene Zahl für die Funktion selbst eine wesentliche Größe sein muß. Im folgenden bestimmen wir ⟨zunächst⟩ das Geschlecht für einige einfache Riemannsche Flächen.

1.) Die Fläche besteht aus zwei Blättern mit zwei Verzweigungspunkten. Wir behaupten $p = 0$ ⟨und führen⟩ den Beweis, indem wir die Fläche eindeutig stetig in eine Kugel verwandeln. Zunächst schneiden wir längs des Verzweigungsschnittes AB beide Kugeln durch und heben die innere heraus (Fig. 87a). Die Schnitte erweitern wir zu Schlitzen, dann zeigen die Figuren 87b und 87c durch die Farbe (Striche-

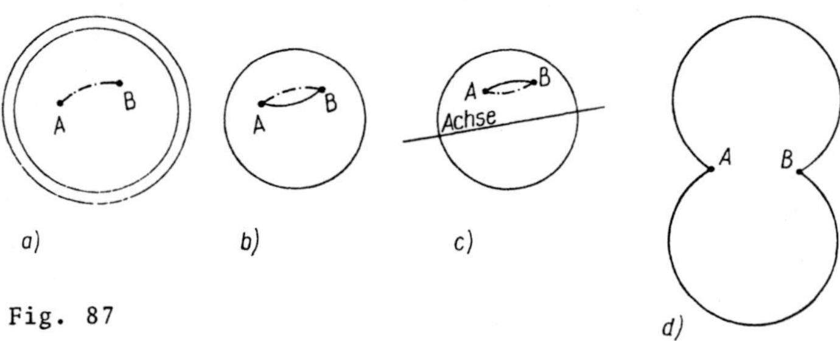

Fig. 87

lung), wie die beiden Flächen längs AB zusammengehangen haben. Drehen wir jetzt die untere, frühere innere Kugel um die Achse und setzen sie so auf die obere Kugel drauf, daß A auf A [und] B auf B fällt, die blaue (-·-·-·) Hälfte des Schlitzes auf die blaue (-·-·-·) Hälfte des anderen und daß überhaupt solche Punkte zusammenfallen, die vorher getrennt wurden. So entsteht eine Doppelkugel (Fig. 87d), die durch Blähung in eine gewöhnliche verwandelt wird. Unsere Riemannsche Fläche besitzt also in der Tat das Kugelgeschlecht p = 0.

2.) [Die Fläche besteht aus] <u>zwei Blättern und vier Verzweigungspunkten</u>. [Wir behaupten p = 1 und führen den] Beweis nach derselben Methode wie [unter 1.)]. Als Normalfläche dieses Geschlechtes haben wir früher die Kugel mit <u>einem</u> Henkel angesehen. Durch Blähung des Henkels und Einschrumpfung der Kugel entsteht daraus leicht der Ring, den wir ebensogut als Normalfläche benutzen können. Daß derselbe wirklich p = 1 hat, ergibt sich aus dem Eulerschen Satz: Als Gebietseinteilung wählen wir die beiden blauen (-·-·-·) Kreise (Fig. 88) und haben dann E = 1, P = 1, K = 2, also p = 1.

Die obige Riemannsche Fläche besteht nun aus zwei ineinandergeschachtelten Kugeln, die längs AB und CD kreuzweise zusammenhängen (Fig. 89a). Wir schneiden wieder längs AB und CD beide Kugeln durch und erweitern die Schnitte zu Löchern, wodurch [wir Figur 89b, c] erhalten. Jetzt bringen wir wieder wie im ersten Beispiel die beiden Kugeln so aneinander, daß entsprechende Punkte der beiden Löcher CD zusammenfallen. Dann fallen noch nicht ohne weiteres auch entsprechende Punkte der beiden Löcher AB zusammen. [ ] Durch eine passende Verdrehung beider Kugeln, die am Gummiball leicht vorstellbar ist, kann man auch dies erreichen. Dann haben wir eine Doppelkugel, wie [sie die] beistehende Figur 89d angibt. Daß dieselbe leicht in einen Ring deformierbar [ist], ist klar und also hat unsere Riemannsche Fläche das Ringgeschlecht p = 1.

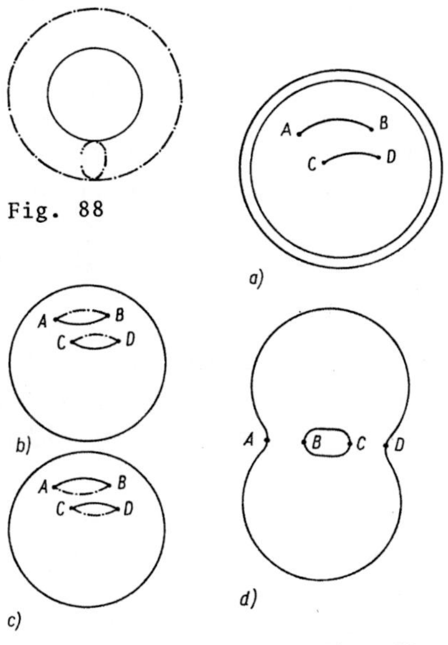

Fig. 88

Fig. 89

Um uns nun den einzigen, die Fläche nicht zerstückelnden Rückkehrschnitt vorzustellen, denken wir uns die Riemannsche Fläche als aus zwei ebenen Blättern bestehend, die längs AB und CD in bekannter Weise zusammenhängen. Schneiden wir jetzt das obere Blatt in einem Oval um CD herum durch, so fällt darum die Fläche noch nicht auseinander, weil die beiden Blätter noch in der ganzen Strecke AB zusammenhängen (Fig. 90).

/Letzteres/ läßt sich leicht verallgemeinern: Haben wir 2p + 2 Verzweigungspunkte, die paarweise durch Verzweigungsschnitte verbunden sind, so können wir um p solcher Paare Ovale legen, längs welcher wir ein Blatt durchschneiden können, ohne daß die beiden Blätter (denn wir denken uns die Fläche nur aus zwei Blättern bestehend) auseinanderfallen. Das letzte Paar von Verzweigungspunkten darf nicht mit einem solchen ovaligen Schlitz umgeben werden. Eine Riemannsche Fläche mit 2p + 2 einfachen Verzweigungspunkten und 2 Blättern ist also vom Geschlecht p.

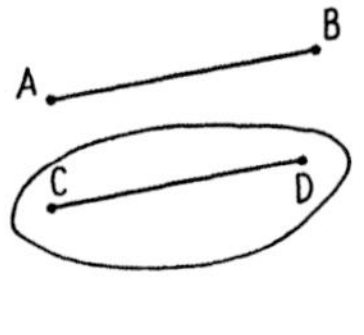

A B C D

Fig. 90

Freitag, 28.1.1881

/Nun zum allgemeinen Fall des/ Geschlechtes einer Riemannschen Fläche mit μ Blättern und ν Verzweigungspunkten. Zur Bestimmung dieser Zahl legen wir durch sämtliche Verzweigungspunkte in allen Blättern eine geschlossene Kurve und haben dadurch die Fläche mit einem Polygonsystem überdeckt, so daß wir den Eulerschen Satz anwenden können. Als Kanten desselben betrachten wir die einzelnen zwischen zwei aufeinanderfolgenden Verzweigungspunkten liegenden Stücke der geschlossenen Kurve. Nun haben wir ν Verzweigungspunkte, und zwar einfache. Von jedem solchen gehen in jedem der beiden Blätter, die es verbindet, zwei Kanten aus, also zusammen 4. Jede Kante geht wiederum durch zwei Verzweigungspunkte, also haben wir $\frac{4\nu}{2} = 2\nu$ /= K/ Kanten. Da jeder Verzweigungspunkt /nur je/ ein Eckpunkt unseres Polygonsystems ist, so haben wir $P = \nu$.

Ehe wir unsere geschlossene Kurve durch sämtliche Verzweigungspunkte legten, hingen natürlich die einzelnen Blätter schon paarweise längs einzelner Linien kreuzweise zusammen, /die/ je 2 Verzweigungspunkte verbanden. Wenn wir dann unser geschlossenes Polygon durch alle Verzweigungspunkte legen, /so/ wollen wir als Polygonseiten zwischen zwei auf obige Weise verbundenen Verzweigungspunkten den schon vorhandenen Schnitt wählen.[1] Dann sind die einzelnen Blätter getrennt, und jedes derselben zerfällt durch das Polygon in zwei Gebiete, also haben wir $E = 2\mu$. Der Eulersche Satz gibt dann $2p - 2 = K - E - P = \nu - 2\mu$, d. h. /(Geschlechtssatz)7

$$\underline{p = 1 + \frac{\nu}{2} - \mu}.$$

Wegen $p \geq 0$ lehrt diese Gleichung, daß die Zahl der Verzweigungspunkte gebunden ist an die Bedingung $\nu \geq 2(\mu - 1)$, und ferner folgt, daß ν eine gerade Zahl sein muß.

Beispiele:

1.) die früher behandelte rationale Funktion $w = \frac{\varphi(z)}{\psi(z)}$, wo φ und ψ vom Grad n, hatte n Blätter über der w-Ebene und $2(n - 1)$ Verzweigungspunkte, also $p = 0$. /Dieses Resultat wird verifiziert7 durch die Überlegung, daß jene n-blättrige Fläche eindeutig-stetig bezogen ist auf die gewöhnliche z-Ebene und also auch das Geschlecht $p = 0$ haben muß.

2.) Die früher behandelte algebraische Funktion $f(\overset{\mu}{w}, \overset{\nu}{z}) = 0$ wurde dargestellt durch eine μ-blättrige z-Fläche und eine ν-blättrige w-Fläche. Die Zahl der Verzweigungspunkte der ersteren war $2\nu(\mu - 1) - 2d - 2r$, also ihr Geschlecht /ist7

$$p = 1 + \nu(\mu - 1) - d - r - \mu = (\mu - 1)(\nu - 1) - d - r.$$

Diese Gleichung ist symmetrisch in μ und ν, und darin liegt eine Art Verifikation. Bestimmten wir nämlich das Geschlecht der w-Fläche, so mußten wir auf dieselbe Zahl stoßen, weil sie stetig-eindeutig auf die z-Fläche bezogen ist. Aber die Zahl für die w-Fläche müssen wir aus der für die z-Fläche einfach durch Vertauschen von μ und ν erhalten, und in der Tat geht unser Ausdruck dabei in sich über.

3.) Allgemeine Kurven n-ter Ordnung mit d Doppelpunkten und r Spitzen. Die früher gefundene Zahl der Verzweigungspunkte sowohl der z- als der w-Fläche ist $n(n - 1) - 2d - 3r$, also /ist7 das Geschlecht

$$p = \frac{n(n - 1)}{2} - d - r - n + 1 = \frac{(n - 1)(n - 2)}{2} - d - r.$$

Wir sehen daraus, daß eine Gerade und ein Kegelschnitt immer vom Geschlecht $p = 0$ sind. Eine Kurve dritter Ordnung mit Doppelpunkt oder Spitze hat das Geschlecht 0. Eine solche ohne diese besonderen Punkte das Geschlecht $p = 1$ usw.

[1] D. h., wir verzerren die Verzweigungsschnitte so, daß sie mit Stükken der von uns gewählten /geschlossenen Kurve7 zusammenfallen. (L)

9.3. /Einfluß der Zahl p (Geschlecht) auf die Darstellung algebraischer Kurven/

Welchen Einfluß die Zahl p auf die Darstellung der Kurven hat, zeigen folgende Erörterungen:

R a t i o n a l e K u r v e n sind solche, deren Koordinaten sich als rationale Funktionen eines Parameters darstellen lassen:

$$w = R_1(\lambda), \quad z = R_2(\lambda).$$

Die beiden Funktionen R_1 und R_2 kann man auf die gleichen Nenner bringen und dann wie früher homogene Koordinaten einführen, indem w, z durch $\frac{w}{t}$, $\frac{z}{t}$ /ersetzt wird/. Hat man in dieser Weise

$$R_1 = \frac{\varphi(\lambda)}{\chi(\lambda)}, \quad R_2 = \frac{\psi(\lambda)}{\chi(\lambda)}$$

/erhalten/, so werden die homogenen Gleichungen unserer rationalen Kurve

$$w : z : t = \varphi(\lambda) : \psi(\lambda) : \chi(\lambda).$$

Wir behaupten zunächst nur, daß dieser Kurvengattung die Gerade und der Kegelschnitt angehören.

In der Tat, die Verbindungslinie der Punkte (w_o, z_o, t_o) und (w_1, z_1, t_1) hat die Gleichung

$$w : z : t = (w_o + \lambda w_1) : (z_o + \lambda z_1) : (t_o + \lambda t_1).$$

Die Gleichung eines Kegelschnittes $\frac{w^2}{a^2} + \frac{z^2}{b^2} = 1$ /wird/ erfüllt durch $w = a\cdot\cos\Phi$, $z = b\cdot\sin\Phi$. Wenn aber die Koordinaten einer Kurve sich durch trigonometrische Funktionen ausdrücken lassen, so lassen sie sich auch als rationale Funktionen eines Parameters darstellen. /Dann ist/

$$\sin\Phi = \frac{2\cdot \mathrm{tg}\,\frac{\Phi}{2}}{1 + \mathrm{tg}^2\frac{\Phi}{2}}, \quad \cos = \frac{1 - \mathrm{tg}^2\,\frac{\Phi}{2}}{1 + \mathrm{tg}^2\,\frac{\Phi}{2}}.$$

Setzt man / / $\mathrm{tg}\,\frac{\Phi}{2} = \lambda$, so stellt sich der Kegelschnitt /in der folgenden Form/ dar:

$$w : z : t = a(1 - \lambda^2) : 2b\lambda : (1 + \lambda^2).$$

Eine allgemeine rationale Kurve ist definiert durch $w : z : t = \varphi_n(\lambda) : \psi_n(\lambda) : \chi_n(\lambda)$, wo rechts lauter ganze Funktionen n-ten Grades /stehen/. Die Elimination von λ würde die Kurvengleichung in gewöhnlicher Form und also auch ihre Ordnung ergeben. Letztere bestimmt man aber einfacher, indem man in die Gleichung einer beliebigen Geraden $Aw + Bz + Ct = 0$ für w, z, t setzt φ_n, ψ_n, χ_n. Dadurch entsteht eine Gleichung n-ten Grades, aus der sich die zu den Schnittpunkten der Geraden und der Kurve gehörigen Werte von λ bestimmen. Also: Verhalten sich die homogenen Koordinaten einer Kurve wie ganze Funktionen n-ten Grades, so ist die Kurve von der n-ten Ordnung.

Hier /ist/ jedoch noch ein Einwurf zu beseitigen. Gewiß gehört zu jedem Wert von λ ein Kurvenpunkt, aber kann nicht derselbe Kurvenpunkt mehreren Werten von λ zugehören? Daß dem so sein kann, sehen wir /wie folgt/: Hat man $w : z : t = \varphi(\lambda) : \psi(\lambda) : \chi(\lambda)$, wo zunächst noch zu jedem Punkt nur ein λ als zugehörig vorausgesetzt wird, so kann man λ^2 statt λ setzen und erhält dann eine neue Parameterdarstellung, in der nun sicher zu jedem Kurvenpunkt zwei Werte λ gehören. LÜROTH /Math. Annalen Bd. IX, [120]/ hat aber gezeigt: Wenn sich eine Kurve überhaupt rational durch einen Parameter darstellen läßt, so läßt sich auch immer ein solcher Parameter finden, daß zu jedem Kurvenpunkt nur ein einziger Parameterwert gehört. Diese Parameterwahl setzen wir im folgenden immer voraus.

Wann ist es nun überhaupt möglich, eine Kurve rational durch einen Parameter auszudrücken?

Ist eine algebraische Kurve in dieser Weise darstellbar, so ist jede der beiden zugehörigen Riemannschen Flächen stetig-eindeutig bezogen auf eine λ-Zahlenebene, weil nach LÜROTH zu jedem Punkt der Kurve nur ein λ gehört. Diese Riemannschen Flächen müssen also wie die gewöhnliche Zahlenebene das Geschlecht 0 haben. Also: Soll eine Kurve n-ter Ordnung rational sein, so muß sie das Geschlecht 0 und also $\frac{(n-1)(n-2)}{2}$ Doppelpunkte und Spitzen zusammen besitzen.

Dienstag, 1.2.1881

Umgekehrt: Eine Kurve vom Geschlecht 0, d. h. mit der Maximalzahl von Doppelpunkten und Spitzen, ist eine rationale Kurve.

Einer Kurve vom Geschlecht 0 gehören Riemannsche Flächen desselben Geschlechtes zu, d. h. solche, auf denen kein Rückkehrschnitt möglich ist, der sie nicht zerstückelt. Diese beiden Flächen w und z sind dann jedenfalls stetig-eindeutig beziehbar auf eine gewöhnliche λ-Zahlenebene. Wenn aber $w : z : t = \varphi(\lambda) : \psi(\lambda) : \chi(\lambda)$ die Gleichungen unserer Kurven sind, so ist, weil φ, ψ, χ rationale Funktionen von λ /sind/, die Abbildung zwischen jeder der beiden Flächen w und z und der λ-Ebene nicht nur stetig-eindeutig, sondern auch konform (wie wir aus der Betrachtung von $w = \frac{\varphi(z)}{\psi(z)}$ wissen). Durch Vermittlung der Zahlenebene können dann auch die beiden Riemannschen Flächen konform aufeinander bezogen werden. Ist [der obige] umgekehrte Satz richtig, so gilt [daher] zugleich der Satz: Wenn zwei Flächen, von denen eine das Geschlecht 0 hat, stetig-eindeutig ineinander transformiert werden können, so können sie auch konform eindeutig ineinander transformiert werden.

Um nun den [obigen] umgekehrten Satz zu beweisen, erläutern wir den Beweisgang vorerst an einigen einfachen Beispielen. Zu den rationalen Kurven gehören der Kegelschnitt, die Kurve dritter Ordnung mit Doppelpunkt oder Spitze, die Kurve vierter Ordnung mit drei Doppelpunkten [usw.]

1. Gegeben sei ein Kegelschnitt $f(w,z) = 0$.

Wir schneiden denselben durch die Gerade $q = 0$. Durch den einen Schnittpunkt (w_0,z_0) legen wir eine zweite Gerade $r = 0$. Die Gleichung $q - \lambda r = 0$ stellt das ganze Geradenbüschel dar, welches durch den Schnittpunkt $q = 0$, $r = 0$ geht. Eine jede Gerade dieses Büschels schneidet den Kegelschnitt außer in dem festen Punkt (w_0,z_0) noch in einem weiteren Punkt, der bei Änderung von λ auf der Kurve wandert. Wir behaupten, daß die Koordinaten des Kegelschnittpunktes sich rational durch λ ausdrücken lassen. Setzt man nämlich z aus $q - \lambda r = 0$ in $f(w,z) = 0$ ein, so erhält man für das w der beiden Schnittpunkte von $q - \lambda r = 0$ und $f = 0$ eine quadratische Gleichung

$$w^2 + Aw + B = 0.$$

Einer dieser Schnittpunkte ist aber (w_0,z_0), also muß die Gleichung durch $w - w_0$ teilbar sein, worauf eine Gleichung $w - C = 0$ übrigbleibt, welche w rational durch λ ausdrückt. Durch Substitution dieses Wertes in $q - \lambda r = 0$ ergibt sich dann auch z als rationale Funktion von λ. Die obige Parameterdarstellung eines Kegelschnittes (S. 156 f.) ist hiervon nur ein spezieller Fall.

2. Kurve dritter Ordnung mit Doppelpunkt oder Spitze (Fig. 91).

Es sei $q = \lambda r$ die Gleichung des Strahlenbüschels durch den Doppelpunkt oder [die] Spitze (z_0,w_0). Jeder Strahl desselben schneidet die Kurve außer im Doppelpunkt nur noch in einem freien Punkt. Wenn wir daher das aus $q - \lambda r = 0$ folgende z in die Kurvengleichung einsetzen, so erhalten wir eine kubische Gleichung in w und λ, die durch $(w - w_o)^2$ teilbar sein muß. Usw. Beispiel: $w^2 = z^3$. Spitze im Anfang, $z = \lambda^2$, $w = \lambda^3$.

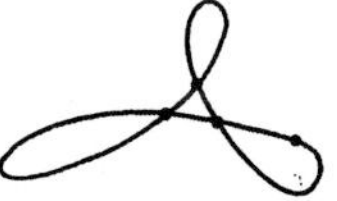

Fig. 91

3. Kurve vierter Ordnung mit drei Doppelpunkten.

Durch die drei Doppelpunkte und einen vierten festen Punkt [dieser] C_4 legen wir ein Kegelschnittbüschel $q - \lambda r = 0$. Jeder Kegelschnitt des Büschels kann die C_4 außer in den genannten Punkten nur noch in einem weiteren schneiden, denn er hat überhaupt nur 8 Punkte mit der C_4 gemein, und davon sind in den 3 Doppelpunkten bereits 6 und in dem vierten festen Punkt der C_4 der siebente fest gewählt. Durch das λ des Kegelschnittbüschels gelingt also wie oben die Parameterdarstellung der C_4.

4. Kurve n-ter Ordnung mit $\frac{(n-1)(n-2)}{2}$ Doppelpunkten.

[Wir gehen nun zu dem allgemeinen Fall über, um den obigen umgekehrten Satz zu beweisen.] Die allgemeinste Gleichung n-ter Ordnung zwischen zwei Variablen hat $\frac{(n+1)(n+2)}{2}$ Glieder. Durch den Koeffizienten eines Gliedes kann man dividieren. Die Gleichung enthält also $\frac{(n+1)(n+2)}{2} - 1 = \frac{n(n+3)}{2}$ unabhängige Konstanten. Die C_n wird also durch $\frac{n(n+3)}{2}$ Punkte bestimmt, eine C_{n-2} also durch $\frac{(n-2)(n+1)}{2}$ $= \frac{(n-2)(n-1)}{2} + n-2$. Daraus folgt durch Vergleich mit oben: Durch die Doppelpunkte unserer Kurve n-ter Ordnung und durch n-2 weitere einfache Punkte derselben ist eine Kurve (n-2)-ter Ordnung bestimmt. Es gibt also noch ein ganzes Büschel von Kurven (n-2)-ter Ordnung, welches durch die Doppelpunkte und n-3 andere einfache Punkte der C_n geht.

Die Gleichung dieses Büschels hat, weil in ihr ja nur ein Parameter willkürlich bleibt, wieder die Form $q - \lambda r = 0$. Jede C_{n-2} derselben geht außer durch die genannten Punkte der C_n nur noch durch einen beweglichen derselben, denn die C_n hat mit der C_{n-2} [schon] $n(n-2)$ Schnittpunkte. Davon fallen in die Doppelpunkte $2 \cdot \frac{(n-1)(n-2)}{2}$ $= (n-1)(n-2)$ und auf die weiteren festen Punkte der C_n, die Basispunkte des Büschels heißen, noch n-3. Im ganzen sind also $(n-1)(n-2) + (n-2) - 1 = n(n-2) + 1$ Schnittpunkte fest. Es bleibt also nur noch ein Schnittpunkt beweglich, und daher kann man ganz wie oben die Koordinaten dieses beweglichen Punktes der C_n als rationale Funktion von λ ausdrücken.

9.4. Bedeutung der erhaltenen Resultate für die Auswertung unbestimmter Integrale [, Abelsche Integrale]

Solange unter dem Integral eine rationale Funktion der Integrationsvariablen steht, läßt sich das Integral immer durch Partialbruchzerlegung ausdrücken. Wenn aber die Funktion unter dem Integralzeichen eine Irrationalität enthält, so muß man durch passende Substitution die Funktion erst rational machen, sofern dies überhaupt geht. Betrachten wir das $\int \Phi(w,z)\,dz$, wo w und z durch eine algebraische Gleichung [$f(w,z) = 0$] verbunden sind und Φ eine rationale Funktion beider ist. Soll sich nun eine Substitution finden lassen, welche $\Phi \cdot \frac{dz}{d\lambda}$ in eine rationale Funktion von λ verwandelt, so muß die algebraische Gleichung zwischen w und z eine Kurve vom Geschlecht 0 darstellen. Ist dies der Fall, so ist immer die gewünschte Substitution möglich und das Integral ausführbar, weil sich ja dann z und w rational durch einen Parameter λ darstellen lassen. Ist dies dagegen nicht der Fall, so ist das Rationalmachen unmöglich und darum alles Versuchen eitel.

Diese Bemerkung gehört in die Theorie der

Abelschen Integrale.

Hierunter versteht man alle Integrale der Form $\int R(w,z)\,dz$, wo R eine rationale Funktion ist und w, z verbunden sind durch eine algebraische Gleichung $f(w,z) = 0$.

Übersicht über Abelsche Integrale und deren Behandlung:

1.) $w = \sqrt{a + bz + cz^2}$ [, d. h. $f(w,z) = a + bz + cz^2 - w^2$]. Diese Integrale lassen sich immer rational machen, denn $w^2 = a + bz + cz^2$ ist die Gleichung eines Kegelschnittes, dessen Koordinaten nach dem Früheren sich stets als rationale Funktion eines Parameters darstellen lassen.

2.) $w = \sqrt{a + bz + cz^2 + dz^3 + ez^4}$, elliptische Integrale. Für jedes z ergeben sich zwei Werte von w. Die Riemannsche z-Fläche ist also zweiblättrig. Verzweigungspunkte hat sie an den Stellen z, für welche sich zwei zusammenfallende w ergeben. Dies kann nur eintreten, wenn die Wurzel 0 oder ∞ wird. Den Wert 0 erreicht sie für vier Werte z. Die Riemannsche Fläche hat also zunächst 4 endliche Verzweigungspunkte. Unendlich wird w nur für $z = \infty$. Dann aber überwiegt z^4 alle anderen Potenzen, und wir erhalten in erster Annäherung

$w = \sqrt{e} \cdot z^2$. Hier tritt keine gebrochene Potenz von z auf, und es kann daher auch $z = \infty$ kein Verzweigungspunkt der z-Fläche sein. Diese ist /_/ eine zweiblättrige Fläche mit 4 Verzweigungspunkten und /_/ nach Früherem vom Geschlecht 1. Es ist also im allgemeinen unmöglich, ein elliptisches Integral auf ein rationales zurückzuführen.

Der Zusatz "im allgemeinen" ist zugefügt, weil ja im besonderen die C_4, $w = \sqrt{a + \ldots + ez^4}$, drei Doppelpunkte besitzen, oder auch R(w,z) so beschaffen sein könnte, daß nicht w selbst, sondern nur w^2 vorkäme. $w = \sqrt{\alpha + \beta z + \gamma z^2 + \delta z^3}$ ist hiervon nur ein spezieller Fall. /Für diesen besitzt die z-Fläche/ wie oben zwei Blätter, und den Wurzeln von w = 0 entsprechend drei einfache Verzweigungspunkte im Endlichen. Da nun die Anzahl der Verzweigungspunkte stets eine gerade sein muß, so folgt, daß solche noch im Unendlichen liegen müssen. Für $z = \infty$ ergibt sich in der Tat in erster Annäherung $w = \pm\sqrt{\delta} \cdot z^{\frac{3}{2}}$. Nach dem Früheren liegt also im Unendlichen ein einfacher Verzweigungspunkt. Dieser kann natürlich durch lineare Transformation ins Endliche verlegt werden, und dann haben wir unseren alten Fall.

3.) $w = \sqrt{a_o + a_1 z + \ldots + a_{2n-1} z^{2n-1} + a_{2n} z^{2n}}$, hyperelliptische Integrale. Wir unterscheiden zunächst wieder die beiden Fälle $a_{2n} \neq 0$ und $a_{2n} = 0$. In beiden ist die z-Fläche zweiblättrig. Für $a_{2n} \neq 0$ haben wir 2n endliche einfache Verzweigungspunkte. Für $a_{2n} = 0$ haben wir 2n-1 endliche einfache und einen unendlich fernen einfachen Verzweigungspunkt. In beiden Fällen ist also das Geschlecht $p = n-1$. Für jedes p /gibt es somit/ zugehörige hyperelliptische Integrale.

4.) $w^\beta = z^\alpha$, α, β ganze Zahlen ohne gemeinsamen Teiler. Das Integral wird sofort rational gemacht durch $w = \lambda^\alpha$, $z = \lambda^\beta$. Die Kurve ist also vom Geschlecht 0.

Mittwoch, 2.2.1881

Wir betrachten nun noch den Fall, wo unter dem Integral zwei Irrationalitäten stehen:

$$\int R(z,w_1,w_2)\,dz, \text{ wobei } f_1(w_1,z) = 0,\ f_2(w_2,z) = 0$$

/algebraische Gleichungen sind/. Einen Überblick über diese Integrale erhalten wir wieder durch Zuhilfenahme der Geometrie.

Wir deuten z, w_1 und w_2 als rechtwinklige Koordinaten im Raum.

$f_1(w_1,z) = 0$ stellt dann einen Zylinder dar, dessen Erzeugende senkrecht zur w_1,z-Ebene stehen und dessen Schnittkurve mit der w_1,z-Ebene die Gleichung $f_1(w_1,z) = 0$ hat. Entsprechend stellt $f_2(w_2,z) = 0$ einen zur w_2,z-Ebene senkrechten Zylinder dar. Die Punkte der Schnittkurve beider Zylinder entsprechen zusammengehörigen Wertegruppen w_1,w_2,z.

In der Regel werden nur die beiden /folgenden/ Fälle behandelt:

1.) $w_1 = \sqrt{a_1 + b_1z}$, $w_2 = \sqrt{a_2 + b_2z}$;

2.) $w_1 = \sqrt{a_1 + b_1z + c_1z^2}$, $w_2 = \sqrt{a_2 + b_2z + c_2z^2}$. [1)]

/Zu/ 1.) Die Kurven $w_1^2 = a_1 + b_1z$ und $w_2^2 = a_2 + b_2z$ sind Parabeln, beide mit der z-Achse als Hauptachse, die eine in der w_1,z-Ebene, die zweite in der w_2,z-Ebene liegend. Die beiden senkrecht über ihnen errichteten Zylinder schneiden sich in der für /den ersten Fall/ in Frage kommenden Raumkurve. Nun berührt bekanntlich jeder parabolische Zylinder die unendlich ferne Ebene längs einer Scheitelerzeugenden. Jene beiden Zylinder haben also in der unendlich fernen Ebene eine gemeinsame Tangentialebene. Im gemeinsamen Berührungspunkt, d. i. im unendlich fernen Punkt der z-Achse, hat daher die durch ihren Schnitt entstehende Raumkurve 4. Ordnung einen Doppelpunkt.

/Zu/ 2.) Die Kegelschnitte $w_1^2 = a_1 + b_1z + c_1z^2$ /und/ $w_2^2 = a_2 + b_2z + c_2z^2$ liegen in der w_1,z- und w_2,z-Ebene symmetrisch zur z-Achse. Die senkrecht darüber errichteten Zylinder schneiden sich in einer Raumkurve 4. Ordnung, die aus zwei oder einem räumlichen Oval besteht, mit den beiden genannten Koordinatenebenen als Symmetrieebenen. Das alles kann man durch bloße Anschauung leicht kontrollieren.

Daß jene Raumkurven von 4. Ordnung /sind/, folgt aus dem allgemeinen Bézoutschen Theorem, wonach 3 Flächen m-ter, n-ter /und/ p-ter Ordnung sich durchschneiden in 3 Raumkurven, die $m \cdot n \cdot p$ Punkte miteinander gemein haben. Zwei Flächen zweiter Ordnung und eine Ebene haben also 4 Punkte gemein, d. h., die Schnittkurve der beiden Flächen 2. Ordnung ist von der 4. Ordnung.

[1)] Wir werden sehen, daß man die Integrale der ersten Art immer zurückführen kann auf rationale, die der zweiten Art auf elliptische. (L)

Donnerstag, 3.2.1881

Man kann nun auch bei den Raumkurven von einem Geschlecht sprechen. Den Punkten der Raumkurve entsprechend hat man eine ∞^2-Mannigfaltigkeit von Tripeln zusammengehöriger Werte w_1, w_2, z, die wie die Raumkurve selbst ein in sich geschlossenes Ganzes bildet. Man kann von jedem Tripel kontinuierlich zu jedem anderen übergehen. Wie früher das Geschlecht einer ebenen Kurve [definiert wurde, ohne die Vorstellung Riemannscher Flächen anzuwenden, so kann man auch für Raumkurven das Geschlecht definieren]:

Das Geschlecht einer Raumkurve ist in der Maximalzahl von ∞^1-Mannigfaltigkeiten zusammengehöriger Wertetripel w_1, w_2, z, welche man in der ∞^2-Mannigfaltigkeit so bestimmen kann, daß man bei Vermeidung ihrer Überschreitung noch kontinuierlich von jedem Wertetripel zu jedem anderen übergehen kann.

Soll sich nun das Tripelsystem rational durch einen Parameter λ darstellen lassen, so muß sich eine eindeutig-stetige Beziehung zwischen jener ∞^2-Mannigfaltigkeit und den Punkten einer λ-Zahlenebene herstellen lassen, das Geschlecht dieser Mannigfaltigkeit [muß] also 0 sein. Diese Bedingung ist aber auch genügend, wie die Überlegungen der Analysis situs, die auch hierfür gelten, zeigen.

Wir bestimmen nun das Geschlecht der Raumkurve 4. Ordnung. [Bisher hatten wir] zwei Kegelschnitte als Projektionen der räumlichen C_4. Eine solche Projektion ist eine doppelte, weil jeder Projektionsstrahl die C_4 in 2 Punkten trifft.

Projizieren wir jetzt die C_4 von einem allgemein gelegenen Punkt aus auf eine Ebene, dann trifft, eine endliche Anzahl besonderer Projektionsstrahlen ausgenommen, jeder Strahl die C_4 nur einmal. In der Projektionsebene nehmen wir ein Koordinatensystem W, Z an. Dann muß sich, weil jedem Punkt der C_4 nur ein Punkt der Projektionsebene zugehört und umgekehrt, das Tripelsystem w_1, w_2, z als rationale Funktion von W, Z darstellen lassen, und ebenso müssen W und Z rationale Funktionen von w_1, w_2 und z werden. Wenn aber zwischen zwei Kurven (wie zwischen den obigen) eine umkehrbare eindeutig-stetige Beziehung möglich ist, so muß das, was von der einen bezüglich der Ausscheidung der beschriebenen ∞^1-Mannigfaltigkeiten von Gruppen zusammengehöriger w und z gilt, auch von der anderen gelten, und also haben beide dasselbe Geschlecht.[1)]

[1)] Wir übertragen dabei, was wir von den reellen Punkten unserer Kurven konstruktiv ausführen, ohne weiteres auf die komplexen Punkte. Berechtigung dieses Prinzips!

Das Geschlecht zunächst der (zweiovaligen) räumlichen C_4 bestimmen wir dadurch, daß wir sie von einem ihrer Punkte aus auf eine Ebene projizieren. Um die Ordnung der Projektionskurve zu bestimmen, legen wir in die Projektionsebene irgendeine Gerade. Die durch sie und den Projektionspunkt bestimmte Ebene schneidet die räumliche C_4 außer im Projektionspunkt noch in 3 Punkten. Die drei Durchstichpunkte der zu diesen drei Raumpunkten gehörigen Projektionsstrahlen sind offenbar die einzigen Punkte, welche die in der Projektionsebene willkürlich gewählte Gerade mit der Projektionskurve gemein hat, d. h., diese letztere ist von der 3. Ordnung. [Ebenso] kann man bei höheren Kurven verfahren, und wir erkennen daher den allgemeinen Satz:

Wenn man eine Raumkurve n-ter Ordnung von einem ihrer Punkte aus auf eine Ebene projiziert, so erhält man eine ebene Kurve (n-1)-ter Ordnung.

Unsere als Projektion entstandene ebene Kurve 3. Ordnung kann keine Doppelpunkte haben. Ein solcher würde nur entstehen, wenn ein Projektionsstrahl die C_4 außer im Projektionszentrum noch in zwei Punkten träfe. Ein solcher Strahl hätte dann aber ja mit den beiden Zylindern, die sich in der C_4 durchdringen, 3 Punkte gemein und müßte daher beiden zugleich angehören. Dann könnten sie sich aber außerdem nicht mehr in einer räumlichen C_4 durchdringen. Das Geschlecht unserer ebenen C_3 und daher auch unserer räumlichen C_4 ist also 1.

Im Fall der beschriebenen Durchdringung zweier parabolischer Zylinder ist es dagegen [gleich 0, da die C_4 und also auch die ebene C_3 einen Doppelpunkt besitzt].

Die C_4 mit $p = 0$ kann immer rational durch einen Parameter dargestellt werden. Ihre Projektion ist ja eine rationale Kurve

$$W = R_1(\lambda), \quad Z = R_2(\lambda),$$

und die w_1, w_2, z drücken sich wieder rational in W, Z und also auch in λ aus. Also lassen sich in der Tat Integrale $\int R(z,w_1,w_2)\,dz$ mit den beiden Irrationalitäten [des Falles 1.) von] S. 162 rationalmachen, während dies für die beiden Irrationalitäten [des Falles] 2.) im allgemeinen unmöglich ist.[1]

Diese Überlegungen lassen sich sofort verallgemeinern. Jede Raumkurve vom Geschlecht 0 muß sich projizieren als ebene Kurve desselben Geschlechts, und man sieht ein, daß sich durch Vermittlung der letzte-

[1] In besonderen Fällen können die Konstanten a_1, b_1, c_1, a_2, b_2, c_2 solche Relationen haben, daß auch diese C_4 einen Doppelpunkt bekommt

ren die Koordinaten der Raumkurve müssen rational durch einen Parameter darstellen lassen, d. h., jede Raumkurve vom Geschlecht 0 ist eine rationale Kurve.

Weiter erkennt man, daß jedes $\int R(z,w_1,w_2)\,dz$ mit zwei Irrationalitäten sich zurückführen läßt auf ein solches mit einer einzigen Irrationalität.[1] Man projiziert einfach die zum ersten Integral gehörige Raumkurve auf eine W,Z-Ebene. Dann gelten die Übergangsformeln $w_1 = r_1(W,Z)$, $w_2 = r_2(W,Z)$, $z = r_3(W,Z)$, durch deren Substitution das Integral übergeht in

$$\int R(r_1(W,Z),\ r_2(W,Z),\ r_3(W,Z))\ dr_3(W,Z),$$

welches dann nur noch die einzige Irrationalität W enthält.

Freitag, 4.2. 1881

10. Eindeutige Beziehung zwischen Kurven

Es seien $f'(w',z') = 0$ und $f(w,z) = 0$ zwei /algebraische/ Kurvengleichungen. Die beiden Kurvengleichungen heißen dann eindeutig aufeinander bezogen, wenn sich die Koordinaten eines beweglichen Punktes einer jeden darstellen lassen als rationale Funktionen der Koordinaten eines beweglichen Punktes der anderen.

Es müssen dann also Gleichungen von der /Form

$$w' = R_1'(w,z),\quad z' = R_2'(w,z),\quad w = R_1(w',z'),\quad z = R_2(w',z')$$

bestehen./ Vermöge derselben gehört zu jedem Punkt einer der beiden Kurven ein und nur ein Punkt der anderen. Diese eindeutige Beziehung ist nur möglich, wenn beide Kurven dasselbe Geschlecht haben.

Als Spezialfall ist darin enthalten die Beziehung zwischen einem veränderlichen Punkt λ und den Koordinaten einer rationalen Kurve. Ist nämlich $f(w,z) = 0$ die Gleichung einer solchen Kurve und wählen wir als die darauf eindeutig umkehrbar bezogene Kurve $w' = 0$, indem wir λ als z' deuten, so gelten zwischen $f(w,z) = 0$ und $w' = 0$ die Gleichungen

$$w = R_1(0,\lambda) = R_1(\lambda),\quad z = R_2(0,\lambda) = R_2(\lambda),\quad w' = 0,$$

$$z' = \lambda = R(w,z).$$

[1] Darum kann es doch für verschiedene Zwecke nützlich sein, Integrale mit unseren Irrationalitäten zu betrachten.

Die folgenden Überlegungen sollen dartun, wie die eindeutige Beziehung zwischen zwei Kurven schon in den elementarsten Fragen auftritt:

[Beispiel 1]. Evolute. Die Normalen der ursprünglichen Kurve sind Tangenten ihrer Evolute. Jedem Punkt der einen von beiden Kurven entspricht offenbar ein und nur ein Punkt der anderen.

Sei (w,z) der Punkt der ursprünglichen Kurve, (w',z') der entsprechende der Evolute. Die Koordinaten $[w',z']$ des Krümmungsmittelpunktes eines (w,z) sind rationale Funktionen von w, z. Aber auch umgekehrt sind w, z rationale Funktionen von w', z', denn ist w', z' gegeben, so hat man in der Tangentengleichung von (w',z') eine erste in w, z und w', z' rationale Gleichung für w, z. In der Gleichung der ursprünglichen Kurve $f(w,z) = 0$ [hat man eine zweite solche rationale Gleichung] und eine dritte in der Bedingungsgleichung, daß die Tangente von (w',z') auf der von (w,z) senkrecht steht. Aus zwei von diesen Gleichungen eliminieren wir etwa w und erhalten dann zwei in w', z' und z rationale Gleichungen für z. Da zu jedem (w',z') ein (w,z) gehört, müssen diese beiden Gleichungen für z eine gemeinsame Wurzel haben, die sich rational in den Koeffizienten beider Gleichungen, also rational in w', z', ausdrücken muß. Selbstverständlich könnte man ebensogut w als rationale Funktion von w', z' darstellen. Wir sehen also, daß [die] ursprüngliche Kurve und [die] Evolute in der genannten Beziehung zueinander stehen. Dabei haben wir vorausgesetzt, wie es ja auch im allgemeinen Fall sein muß, daß die Evolutentangente nur in einem Punkt der ursprünglichen Kurve auf dieser senkrecht steht.

[Als einen speziellen Fall betrachten wir die Parabel] $w^2 = z$ (Fig. 92). [Die Koordinaten des Krümmungsmittelpunktes sind] $w' = -4wz$, $z' = 3z + \frac{1}{2}$. Durch Elimination von z [und w] aus den drei Gleichungen erhalten wir

$$\frac{w'^2}{16} = \frac{(z' - \frac{1}{2})^3}{27}.$$

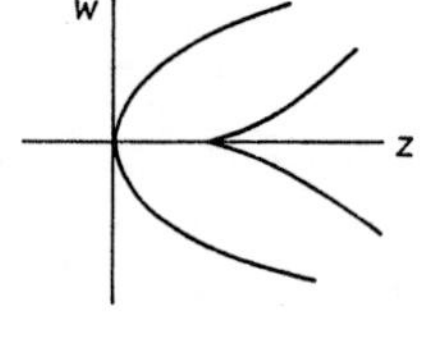

Fig. 92

Die Evolute der Parabel ist also eine Kurve 3. Ordnung. Mit der Parabel ist auch ihre Evolute vom Geschlecht 0. Sie hat daher einen Doppelpunkt oder eine Spitze. In der Tat hat sie eine Spitze auf der z-Achse mit dieser als Spitzentangente. Aus den obigen Formeln ergibt sich umgekehrt $z = \dfrac{z' - \frac{1}{2}}{3}$, $w = -\dfrac{3w'}{4(z' - \frac{1}{2})}$.

Beispiel 2. Projiziert man eine Raumkurve von zwei verschiedenen Punkten aus, so erhält man zwei ebene Kurven, die eindeutig auf die Raumkurve und darum auch eindeutig aufeinander bezogen sind, so daß sie dasselbe Geschlecht besitzen müssen. Unsere Raumkurve 4. Ordnung ohne Doppelpunkte hatte als Projektion von einem ihrer eigenen Punkte aus eine ebene C_3 ohne Doppelpunkt, also vom Geschlecht 1, ergeben. Von einem beliebigen Raumpunkt aus projiziert, muß sie eine ebene C_4 desselben Geschlechts, d. h. mit zwei Doppelpunkten, ergeben - ein allgemeiner Satz, den wir mit Hilfe der eindeutigen Beziehungen gewinnen.

Beispiel 3. Plückersche Formeln. Bewegt sich der Pol eines festen Kegelschnittes auf einer gegebenen Kurve, so umhüllt seine Polare die reziproke Kurve der ersteren. Umgekehrt /gilt/, wenn ein Punkt die reziproke Kurve K' einer Kurve K durchläuft, so umhüllt seine Polare /die Kurve/ K, denn zu jedem Punkt P von K gehört als Polare eine Tangente T von K mit dem Berührungspunkt P'. Es ist nur zu zeigen, daß P' als Polare die Tangente T' von K in P besitzt.

Zwei Punkte P_1 und P_2 von K haben nun als Polaren die Tangenten T_1 und T_2 von K' mit den Berührungspunkten P_1' und P_2' und dem Schnittpunkt P' (Fig. 93). Die Polare von P' ist aber die Verbindungslinie T von P_1 und P_2. Lassen wir also P_1 und P_2 auf K immer näher und näher zusammenrükken und schließlich zusammenfallen, so fallen auch T_1 und T_2 zusammen, P' kommt auf K' zu liegen, und seine Polare T wird Tangente von K.

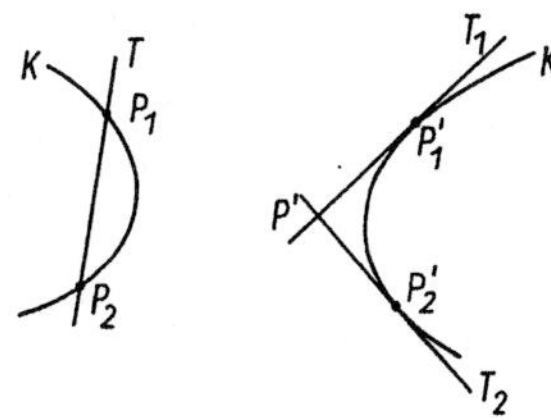

Fig. 93

Wie übertragen sich nun die Singularitäten einer Kurve auf ihre reziproke Kurve?

Bewegt sich der Pol längs einer Kurve und passiert einen bestimmten Punkt (Doppelpunkt), so berührt seine Polare die reziproke Kurve zweimal, d. h., den Doppelpunkten einer Kurve entsprechen Doppeltangenten ihrer reziproken Kurve.

Die der Spitze entsprechende Singularität der reziproken Kurve /ist erkennbar/, wenn man die kontinuierliche Bewegung der Polaren des über eine Kurvenspitze P' hinwandernden Poles ins Auge faßt. Es sei G die Polare von P (Fig. 94). Während sich P längs der Kurve bis P' bewegt, dreht sich G kontinuierlich /rechtsherum/ bis in die Lage G' In der Spitze bleibt der wandernde Pol einen Moment stehen, während die Tangente der Kurve mit Spitze sich ruhig weiter dreht im alten Sinne. Auf der reziproken Kurve hält daher die Tangente in der Lage G' einen Moment inne, während ihr Berührungspunkt in der bisherigen Richtung auf ihr fortrückt. Bei P' kehrt der wandernde Pol dann seine Bewegungsrichtung um, während die Tangente ihren Drehungssinn beibehält. Die wandernde Tangente der reziproken Kurve kehrt daher in der Lage G' ihren Drehungssinn um, während der wandernde Punkt seine Bewegungsrichtung auf der Tangente beibehält. Der Spitze P' entspricht also die Wendetangente G' der reziproken Kurve.

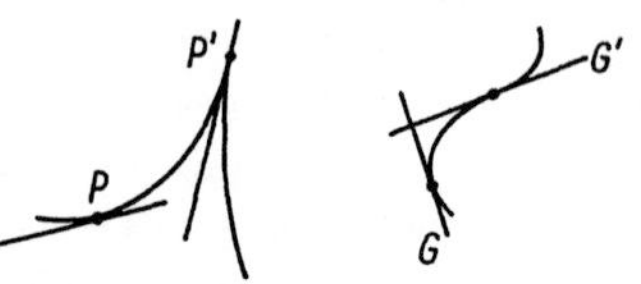

Fig. 94

Sind also die Singularitätenzahlen der ursprünglichen Kurve diese: d Doppelpunkte, r Spitzen, t Doppeltangenten, ν Wendepunkte, so hat die reziproke Kurve d Doppeltangenten, r Wendepunkte, t Doppelpunkte, ν Spitzen. Außerdem folgt aus der Polarentheorie leicht, daß die Klasse der reziproken Kurve gleich der Ordnung n der ursprünglichen ist und umgekehrt. Für die ursprüngliche Kurve war nun

I. Klasse $c = n(n-1) - 2d - 3r.$

Für die reziproke Kurve hat man also /die Ordnung/

II. $n = c(c-1) - 2t - 3\nu.$

Diese Formel gilt natürlich ganz allgemein für jede Kurve, weil man jede als reziproke ansehen kann. Eine Kurve und ihre reziproke sind offenbar eindeutig umkehrbar aufeinander bezogen. Das Geschlecht beider ist also dasselbe. Stellen wir es für beide auf und setzen die Ausdrücke einander gleich, so erhalten wir die dritte Plückersche Formel

III. $$p = \frac{(n-1)(n-2)}{2} - d - r = \frac{(c-1)(c-2)}{2} - t - \nu .$$

Diese Gleichungen gestatten die Berechnung aller der genannten, für eine Kurve charakteristischen Zahlen aus dreien derselben.

Dienstag, 8.2.1881

Anwendungen

Eine allgemein hingeschriebene Gleichung $f(w,z) = 0$ wird eine Kurve darstellen, die weder Doppelpunkte noch Spitzen besitzt. Ein Doppelpunkt ist bedingt durch $f = 0$, $\frac{\partial f}{\partial w} = 0$, $\frac{\partial f}{\partial z} = 0$. Die Elimination von w, z aus den drei Gleichungen gibt eine Bedingung, welche die Koeffizienten von f erfüllen müssen, wenn ein Doppelpunkt existieren soll. Die Existenz von Spitzen legt den Koeffizienten außerdem noch eine Bedingung auf. Wegen dieser Bedingung muß es eine höhere Mannigfaltigkeit von Kurven einer beliebigen Ordnung ohne Doppelpunkte und Spitzen geben als mit solchen. Wir nennen eine Kurve ohne diese Singularitäten eine <u>allgemeine Ordnungskurve</u>. Für sie ist also $d = 0$, $r = 0$, woraus leicht folgt:

$$\underline{c = n(n-1), \quad \nu = 3n(n-2), \quad t = \tfrac{1}{2}n(n-2)(n^2-9).}$$

Für $n = 2$ erhalten wir das aus den Kegelschnitten bekannte Resultat: $c = 2$, $\nu = 0$, $t = 0$. Für $n = 3$ folgt $c = 6$, $\nu = 9$, $t = 0$. Für $n = 4$ folgt $c = 12$, $\nu = 24$, $t = 28$.

Von der Gesamtheit aller Wendepunkte einer Kurve kann [höchstens ein Drittel reell sein (Beweis in Math. Annalen Bd. X, S. 199)]. Die beschriebene C_3 besteht entweder aus einem einzigen Zug mit 3 reellen Wendepunkten oder aus einem solchen und einem davon getrennten Oval (Fig. 95). Die beschriebene C_4 [besteht] aus 4 Ovalen mit je 2 Wendepunkten. Jedes solche Oval besitzt infolge der beiden Wendepunkte eine eigene Doppeltangente und gibt zusammen mit jedem anderen Oval (und solcher Verbindungen von 4 Elementen zu je 2 gibt es 6) Veranlassung zu 4 Doppeltangenten der C_4, so daß alle $4+4\cdot 6 = 28$ Doppeltangenten reell sind (Fig. 96). [Fig. 97 stellt ferner] eine C_4 dar, bei welcher die Maximalzahl reeller Wendepunkte vorhanden ist, [jedoch] nur 4 Doppeltangenten reell sind.

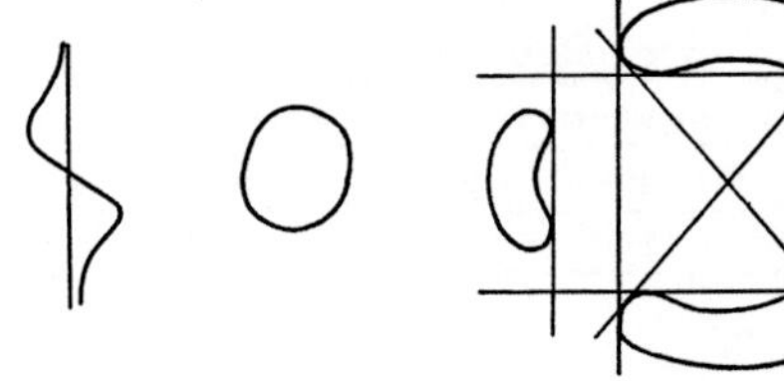

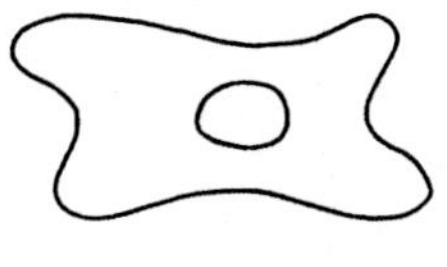

Fig. 95

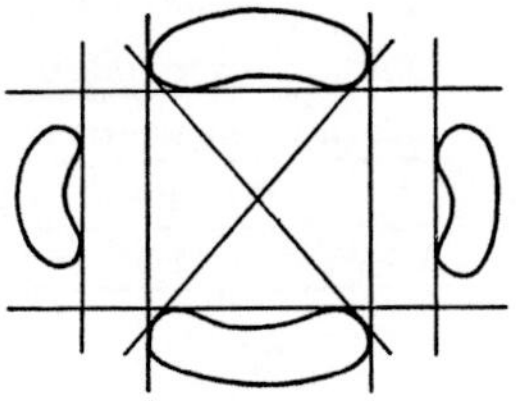

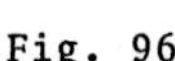

Fig. 96

Fig. 97

Benutzt man Linienkoordinaten statt Punktkoordinaten, so erhält man zu jedem der ausgesprochenen Sätze eine dualistische Übertragung.

Das Vorhandensein einer Wendetangente oder Doppeltangente legt den Koeffizienten einer in Linienkoordinaten gegebenen Kurvengleichung eine Bedingung auf. Als <u>allgemeine Klassenkurve</u> bezeichnen wir [diejenige], bei welcher diese Bedingung nicht erfüllt ist und die also diese Singularität nicht besitzt. ⟨Von solchen⟩ Kurven gibt es eine höhere Mannigfaltigkeit als ⟨von solchen⟩ mit diesen Singularitäten. Wir erhalten, wie aus dem Früheren hervorgeht, die allgemeinen Klassenkurven durch Polarisation der allgemeinen Ordnungskurven an einem Kegelschnitt und umgekehrt. Für die allgemeinen Klassenkurven hat man also $t = \nu = 0$ ⟨und⟩

$$n = c(c-1), \quad r = 3c(c-1), \quad d = \frac{c}{2}(c-2)(c^2-9).$$

Die allgemeine Kurve dritter Klasse besitzt 9 Spitzen, von denen aber entsprechend dem Obigen nur 3 reell sind (z. B. Fig. 98). Die allgemeine Kurve vierter Klasse hat 24 Spitzen, von denen aber nur 8 reell sind (z. B. Fig. 99). Figur 98 und Figur 99 stellen die an einem Kegelschnitt polarisierten Kurven der Figuren 95 und 97 dar.

Fig. 98

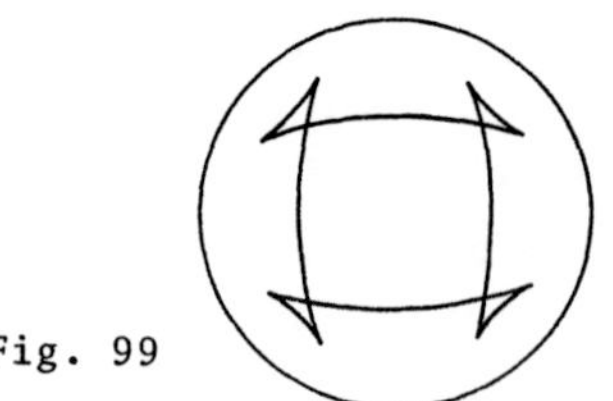

Fig. 99

Mittwoch, 9.2.1881

Nachdem diese Beispiele die Bedeutung der eindeutigen Transformation dargetan ⟨haben⟩, kehren wir zurück zur systematischen Behandlung der letzteren selbst, wie ⟨sie⟩ S. 165 begonnen wurde. Zunächst und vor allem sind die Bedingungen zu entwickeln, welche die rationalen Funktionen (S. 165)

$$w' = R_1'(w,z), \quad z' = R_2'(w,z), \quad w = R_1(w',z'), \quad z = R_2(w',z')$$

erfüllen müssen, um eine eindeutig umkehrbare Transformation zwischen den Kurven

$$f'(w',z') = 0 \quad \text{und} \quad f(w,z) = 0$$

41 zu bewirken.

Gegeben ist $f(\overset{\mu}{w},\overset{\nu}{z}) = 0$. ⟨Wir machen zunächst nur die Transformation $w' = R_1'(w,z)$, $z' = z$, und bestimmen hierfür die verlangte Bedingung⟩. Die Elimination von w ⟨in $f(w,z) = 0$⟩ gibt $F(w',z) = 0$. Offenbar liefert jedes Wertepaar w,z, welches f = 0 erfüllt, nur ein w'. Wir nennen Wertigkeit von w' die Anzahl der Wertepaare w,z, welche f = 0 erfüllen und zugleich dasselbe w' ergeben. Diese Zahl ist zunächst zu bestimmen, um eine klare Vorstellung von dem Eliminationsprozeß zu erhalten. Als rationale Funktion ist $R_1'(w,z) = \frac{\varphi(w,z)}{\psi(w,z)}$, wo φ und ψ ganze Funktionen [sind]. Um für das unendlich Ferne nicht besondere Überlegungen anstellen zu müssen, [benutzen wir homogene Koordinaten und erhalten] dann $w' = \frac{\varphi(w,z,t)}{\psi(w,z,t)}$, wobei n' der Grad von φ und ψ [sei]. Wenn wir jetzt in φ und ψ die Koordinaten eines Punktes von f = 0 einsetzen, so ergibt sich ein bestimmtes w'. Wir erhalten alle übrigen Wertepaare w,z, welche dasselbe w' ergeben, wenn wir die Kurve f = 0 mit der Kurve $\varphi - w'\psi = 0$ schneiden, wo w' den obigen Wert hat. Da f vom Grad n, φ und ψ vom Grad n' [sind], so ergeben $n \cdot n'$ Punkte von f = 0 dasselbe w', und die Wertigkeit von w' ist gleich $n \cdot n'$. In bestimmten Fällen ist jedoch diese Zahl noch zu reduzieren, wie folgende Beispiele zeigen sollen:

1.) Ist f = 0 ein Kegelschnitt und [sind] $\varphi = 0$, $\psi = 0$ zwei Geraden, so hat jede Gerade $\varphi - w'\psi = 0$ zwei Schnittpunkte mit f = 0. [Die Wertigkeit von $w' = \frac{\varphi}{\psi}$ ist daher gleich 2]. Wenn nun aber der Schnittpunkt [S] von $\varphi = 0$ [mit] $\psi = 0$ selbst auf f = 0 liegt (Fig. 100), so ergibt nur ein Punkt (w,z) von f = 0 einen bestimmten Wert w', denn die Verbindungslinie eines [Punktes] (w,z) mit dem Punkt [S] schneidet den Kegelschnitt in keinem weiteren Punkt. Der Punkt [S] selbst kann nun aber ein beliebig gegebenes w' nicht ergeben, sondern ihm gehört ein ganz bestimmtes w' zu. Wir finden dasselbe, wenn wir einen Punkt (w,z) sich auf dem Kegelschnitt immer mehr dem Punkt [S] nähern lassen und immer sein w' bestimmen. Schließlich geht, wenn (w,z) selbst nach [S] gerückt ist, die Verbindungslinie in die Tangente in [S] über, und das zu dieser Tangente gehörige w' ist das zum Punkt [S] gehörige und kein anderes. Es ergibt sich also nur ein Punkt (w,z) von f = 0 [für] ein bestimmtes w'. [ ] Die Wertigkeit von w' ist [also] 2 - 1 = 1. [Ebenso gilt] allgemein: Jeder Schnittpunkt von $\varphi = 0$ [mit] $\psi = 0$, also jeder Basispunkt des Büschels $\varphi - w'\psi = 0$, der auf f = 0 liegt, erniedrigt die Wertigkeit von w' um 1. Durch Übertragung auf den allgemeinen Fall erhält man offenbar den Satz:

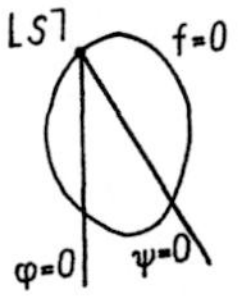

Fig. 100

Einem Basispunkt des Büschels $\varphi - w'\psi = 0$, der einfacher Punkt von f = 0 ist, entspricht ein solcher Wert w', daß $\varphi - w'\psi = 0$ in diesem Punkt die Kurve berührt.

2.) Ist ein Doppelpunkt von $f = 0$ ein Schnittpunkt von $\varphi = 0$ [mit] $\psi = 0$, so wird dadurch die Wertigkeit von w' um 2 erniedrigt. Eine jede Kurve des Büschels $\varphi - w'\psi = 0$ schneidet [ ] $f = 0$ in $n \cdot n'$ Punkten, von denen aber immer zwei in jenen Doppelpunkt hineinfallen. Sollte die Wertigkeit von w' noch immer $n \cdot n'$ sein, so müßte dieser Doppelpunkt als jeden beliebigen Wert w' doppelt ergebend angesehen werden. Zu diesem Doppelpunkt gehören aber zwei ganz bestimmte Werte w'. Man findet sie, wenn man einen Punkt sich auf beiden durch den Doppelpunkt gehenden Kurvenzweigen diesem nähern läßt und immer das w' resp. die dadurch charakterisierte Kurve des Büschels ins Auge faßt. Man findet so, daß zu jenem Doppelpunkt diejenigen beiden w' gehören, die den beiden Kurven des Büschels entsprechen, welche $f = 0$ im Doppelpunkt berühren. Da dieser Doppelpunkt also nicht für ein beliebiges w' beachtet werden kann, so ergeben nur noch die weiteren $n \cdot n'-2$, als allgemein und einfach angesehenen Schnittpunkte, dasselbe w'. [ ] $n \cdot n-2$ ist also die Wertigkeit von w' im vorliegenden Fall.

Aber jetzt zurück zur allgemeinen Erörterung!

Wir nehmen an, [die] n'^2 Schnittpunkte von $\varphi = 0$ und $\psi = 0$ seien σ einfache und τ doppelte Punkte von $f = 0$, sonst aber liegen keine [weiteren Schnittpunkte] auf dieser Kurve. Nach den obigen Überlegungen ist dann klar, daß sich für $n \cdot n' - \sigma - 2\tau$ Punkte von $f = 0$ dasselbe w' ergibt, d. h., daß die Funktion $w' = \frac{\varphi}{\psi}$ in bezug auf $f = 0$ ν'-wertig ist, wo $\nu' = n \cdot n' - \sigma - 2\tau$.

Es liegt hier die Frage nahe, welche Funktion w' in bezug auf eine gegebene Funktion $f = 0$ die niedrigste Wertigkeit besitzt und ob zu jeder [Funktion] $f = 0$ eine Funktion w' gefunden werden kann, welche die Minimalwertigkeit 1 besitzt. Wir bemerken hier nur, daß $\nu' = 1$ nur dann erreichbar ist, wenn $f = 0$ vom Geschlecht $p = 0$ [ist], denn wenn $\nu' = 1$ [ist], so sind w und z rationale Funktionen von w'. Diesen Fall schließen wir aus und setzen künftig immer voraus $p > 0$ und daher $\nu' > 1$.

Nach dieser Bestimmung der Wertigkeit [kehren wir] nun zurück zur Aufgabe von S. 170!

Jedes Wertepaar w,z von $f = 0$ ergibt einen Wert von w'. Es soll nun $w' = R_1'(w,z)$ so gewählt werden, daß sich auch w darstellt als rationale Funktion von w',z, [also] $w = R_1(w',z)$, oder mit anderen Worten, daß z und ein zugehöriges w' unzweideutig eine Stelle der Riemannschen Flächen w und z bestimmen, welche zu $f = 0$ gehören. Über der z-Ebene liegen μ Blätter. Jeder Wert z besitzt also μ übereinanderliegende, ihn repräsentierende Punkte. Zu jedem derselben gehört vermöge f = 0 ein anderes w, und jede solche Kombination ergibt ein w'. Soll nun ein solches w' und das z, welches w' erzeugt hat, rückwärts w unzweideutig definieren, so müssen doch die Werte w', welche sich zu den μ übereinanderliegenden z und den dazugehörigen w ergeben, alle verschieden sein. Es muß also w' - wie auch w - eine μ-deutige Funktion von z sein. Genügt aber w' dieser Bedingung, so läßt sich, behaupte ich, auch w als rationale Funktion von w' und z darstellen. Wir erhalten nämlich f(w,z) = 0 und $w' = R_1'(w,z)$ und daraus durch Elimination F(w',z) = 0. Bis zu welchen Potenzen steigen w' und z in dieser letzten Gleichung an? Da wir die Wertigkeit von w' gleich ν' erkannt hatten und R_1' so gewählt annahmen, daß ein z μ verschiedene Werte w' ergibt, so muß w' bis zur μ-ten Potenz ansteigen, und die letzte Gleichung lautet also

$$F(\overset{\mu}{w'}, \overset{\nu'}{z}) = 0.$$

Ist nun w',z ein gegebenes Wertepaar, das dieser Gleichung genügt, so muß, weil sie das Eliminationsresultat aus f = 0 und $w' = R_1'$ ist, ein und dasselbe zu w',z gehörige w diesen beiden Gleichungen genügen. Nach Voraussetzung gehört aber zu einem Paar w',z nur ein w, das zusammen mit z der Gleichung f = 0 genügt. Die Gleichungen f = 0 und $w' = R_1'$ haben also eine und nur eine Wurzel gemein für jedes Wertepaar w',z. Nach einem bekannten Satz der Gleichungstheorie läßt sich aber dann w als rationale Funktion der Koeffizienten dieser beiden Gleichungen, also als rationale Funktion von w',z, darstellen:

$$w = R_1(w', z).$$

Wir haben hiermit also einen besonderen Fall der eindeutigen Transformation erledigt:

Die beiden Kurven $f(\overset{\mu}{w}, \overset{\nu}{z}) = 0$ und $F(\overset{\mu}{w'}, \overset{\nu'}{z}) = 0$ sind eindeutig aufeinander bezogen vermöge der beiden Gleichungspaare

$$w' = R_1'(w,z),\ z' = z \quad \text{und} \quad w = R_1(w',z'),\ z = z'.$$

Als einzige Bedingung ergab sich dabei für R_1', daß es für gegebenes z μ verschiedene Werte aufweisen muß.

Eine Frage bleibt noch übrig: Wie ist w' in bezug auf z verzweigt? Gehen wir in der z-Ebene von einem Punkt z_0 aus auf geschlossenem Weg wieder dahin zurück und das entsprechende w kehrt nicht ebenfalls zurück, sondern geht in einen anderen, dem z_0 entsprechenden Punkt über, so sind wir aus einem Blatt der z-Fläche in ein anderes gelangt, sofern diese Fläche für die Funktion w [(f = 0)] gebildet ·

ist. Aber da zu einem z und zwei verschiedenen zugehörigen Werten w auch zwei verschiedene zugehörige w' gehören sollen, so müssen wir auch auf unserem Weg aus einem Blatt in ein anderes gelangt sein, falls die z-Fläche für die Funktion w' /(F = 0) gebildet ist/. Dasselbe muß für jeden solchen Weg gelten, und daraus folgt: w' hat in der z-Fläche dieselben Verzweigungspunkte wie w. Man sieht dies übrigens deutlich an den Gleichungen $w' = R_1'(w,z)$ /und/ $w = R_1(w',z)$. Bleibt z ungeändert und ändert eines der beiden w seinen Wert, so ändert ihn auch das andere. Dabei ist noch ein besonderer Fall zu beachten:

Wenn die Kurve f = 0 für ein bestimmtes z einen Doppelpunkt hat, so haben doch in diesem Punkt z zwei Blätter der Riemannschen z-Fläche eine einfache Berührung, aber keine Verzweigung. Ist nun derselbe Kurvenpunkt ein Basispunkt des Kurvenbüschels, in welchem w' der variable Parameter ist, so gehören doch zu dem Wertepaar z,w, also auch allein zu z, zwei verschiedene Werte w', und dieselben beiden Blätter der Riemannschen z-Fläche haben also, sofern die Fläche für w benutzt wird, in jenem z eine Berührung. Sofern /die Fläche/ für w' benutzt wird, /haben die beiden Blätter/ an derselben Stelle keine Berührung. Für einen Doppelpunkt der Kurve F = 0 kann natürlich das Umgekehrte eintreten. Um diesen Verschiedenheiten zu begegnen, setzen wir fest:

Eine Berührung zweier Blätter einer Riemannschen Fläche, die einem Doppelpunkt der zugrunde liegenden Kurve entspricht, soll fernerhin nicht als Besonderheit aufgefaßt werden, so daß auch in diesem Fall von zwei getrennten Blättern mit zwei getrennten Punkten gesprochen werden soll. Dann müssen wir sagen, daß die beiden Gleichungen f = 0 und F = 0 dieselbe Riemannsche z-Fläche liefern. Und wenn wir überhaupt fragen, ob zu einer Riemannschen Fläche nur eine Funktion gehöre, so haben wir zu antworten: Eine Riemannsche μ-blättrige Fläche über der z-Ebene definiert noch keine individuelle algebraische Funktion. Ist w eine zu ihr gehörige Funktion, so besitzt auch jede bezüglich z μ-deutige rationale Funktion von w und z dieselbe z-Fläche.

Donnerstag, 10.2.1881

Nun zum allgemeinen Fall eindeutiger Transformationen!

Gegeben /sei/ f(w,z) = 0. Sind $w' = R_1'(w,z)$ und $z' = R_2'(w,z)$ geeignet, eine eindeutig-umkehrbare Beziehung der Kurve f = 0 auf eine Kurve f'(w',z') = 0 zu bewirken, wenn f' = 0 das Eliminationsresultat aus f(w,z) = 0, $w' = R_1'$, $z' = R_2'$ ist?

Es sei in einer der zu $f = 0$ gehörigen Riemannschen Flächen ν' die Wertigkeit von w' und μ' die /Wertigkeit/ von z'. Wenn nun an den ν' Stellen der Riemannschen Fläche, wo w' denselben Wert besitzt, z' lauter verschiedene Werte hat (oder umgekehrt, was dasselbe besagt), so muß doch ein zusammengehöriges Wertepaar w', z' ausreichen, um eine Stelle der Riemannschen Fläche z oder w unzweideutig zu bestimmen. Es muß sich also dann sowohl z wie w als rationale Funktion von z' und w' darstellen lassen.

Dann ist also die Kurve $f'(\overset{\mu'}{w'}, \overset{\nu'}{z'}) = 0$ eindeutig-umkehrbar bezogen auf $f(w,z) = 0$ vermöge $w' = R_1'(w,z)$, $z' = R_2'(w,z)$, $w = R_1(w',z')$, $z = R_2(w',z')$. Daß das Geschlecht der beiden Kurven $f' = 0$ und $f = 0$ dasselbe ist, wurde bereits erwähnt. Es könnten sonst die beiden Riemannschen Flächen gar nicht eindeutig-stetig aufeinander bezogen sein.

Es fragt sich nun umgekehrt: Reicht die Gleichheit des Geschlechtes zweier Kurven hin, um die eindeutig-umkehrbare Transformation derselben ineinander zu ermöglichen?

Ist dies der Fall, so werden wir alle Kurven desselben Geschlechtes auf eine einzige, möglichst einfach zu wählende Normalkurve mit nur noch numerischen Koeffizienten transformieren. Durch deren Vermittlung kann dann jede Kurve eines beliebigen Geschlechtes auf jede andere desselben Geschlechtes eindeutig-umkehrbar bezogen werden. Im Fall $p = 0$ /sahen wir, daß jede Riemannsche Fläche auf die einfache λ-Ebene bezogen werden konnte, und also kann/ jede Kurve dieses Geschlechtes eindeutig-umkehrbar in jede andere transformiert werden. Betrachten wir zunächst noch nicht den allgemeinen Fall, sondern $p = 1$. Welche Kurve wollen wir als Normalkurve bezeichnen, wobei es dahingestellt bleibe, ob diese Kurve neben numerischen noch veränderliche Konstanten enthalten wird? CLEBSCH und GORDAN wählten dazu die Kurve niedrigster Ordnung des betreffenden Geschlechtes. RIEMANN dagegen definierte als solche diejenige Kurve, welche in den einzelnen Koordinaten eine möglichst niedrige Ordnung besitzt und sah ab von der Gesamtordnung der Kurve. Wir folgen hier RIEMANN.

Eine Kurve n-ter Ordnung $f(w,z) = 0$ vom Geschlecht 1 besitzt $\frac{(n-1)(n-2)}{2} - 1 = \frac{n(n-3)}{2}$ Doppelpunkte und Spitzen. Wir suchen eine Kurve $f'(w',z') = 0$, welche durch eindeutige Transformation $w' = \frac{\varphi_1'(w,z)}{\psi_1'(w,z)}$, $z' = \frac{\varphi_2'(w,z)}{\psi_2'(w,z)}$ aus der ersten entstanden ist, wobei aber μ' und ν' möglichst niedrige Werte erlangen sollen. Daß $\mu' = \nu' = 1$ nur für $p = 0$ erreichbar ist, wurde schon erwähnt (S. 172). Wir wollen versuchen, $\mu' = \nu' = 2$ zu erreichen. ⟨Wir nehmen daher⟩ $\varphi_1' = 0$, $\psi_1' = 0$ von der Ordnung $n' = n - 2$ an und legen beide Kurven durch die $\frac{n(n-3)}{2}$ Doppelpunkte und Spitzen von $f = 0$ und durch weitere $n - 2$ einfache Punkte dieser Kurve, was möglich ist, da eine Kurve $(n-2)$-ter Ordnung durch $\frac{(n-2)(n+1)}{2}$ Punkte bestimmt ⟨ist⟩ und $\frac{n(n-3)}{2} + n - 2 = \frac{(n-2)(n+1)}{2} - 1$ ist. Dann sind von den $n(n-2)$ Schnittpunkten einer Kurve des Büschels $\varphi_1 - w'\psi_1 = 0$ mit $f = 0$ bereits $n(n-3) + n - 2 = n^2 - 2n - 2$ fest und also frei nur noch zwei. Es existiert also auf unserer Kurve vom Geschlecht $p = 1$ eine rationale Funktion w' von der Wertigkeit 2.

Fügen wir den $\frac{n(n-3)}{2}$ Doppelpunkten und Spitzen andere $n - 2$ einfache Punkte von $f = 0$ hinzu, so können wir dadurch ein anderes Kurvenbüschel ⟨$\varphi_2' - z'\psi_2' = 0$⟩ $(n-2)$-ter Ordnung legen und auf dieselbe Weise erreichen, daß die Wertigkeit von z' ⟨gleich⟩ 2 wird. Unsere Kurve $f'(\overset{\mu'}{w'}, \overset{\nu'}{z'}) = 0$ wird also wegen $\mu' = \nu' = 2$ eine Kurve 4. Ordnung von folgender Form:

$w'^2(az'^2 + bz' + c) + 2w'(dz'^2 + ez' + f) + (gz'^2 + hz' + i) = 0$ ⟨ ⟩.

Auf eine solche Kurve 4. Ordnung mit zwei Doppeltangenten (wegen $p = 1$) kann also jede Kurve vom Geschlecht 1 transformiert werden. (CLEBSCH und GORDAN erhalten als solche Normalkurve eine C_3 ohne Doppelpunkt.)

⟨Bezeichnen wir in der Gleichung für die Kurve 4. Ordnung die drei Klammern der Reihe nach mit $\Omega_1, \Omega_2, \Omega_3$ und lösen die Gleichung nach w' auf, so erhalten wir⟩

$$w' = \frac{-\Omega_2 \pm \sqrt{\Omega_2^2 - \Omega_1\Omega_3}}{\Omega_1} .$$

Da zu jedem allgemeinen z' zwei Werte w' gehören (und umgekehrt), so ist w' eine zweideutige Funktion von z' (und umgekehrt) und wird versinnlicht durch zwei Riemannsche Flächen über der z'- und w'-Ebene, deren jede zwei Blätter mit vier Verzweigungspunkten besitzt. Eine solche Fläche erhielten wir aber auch für die Irrationalität, welche sich unter dem Integralzeichen eines elliptischen Integrals ⟨befindet⟩. Wir wollen versuchen, ob wir nicht unsere Funktion w' eindeutig-umkehrbar auf diese bekanntere Funktion transformieren können. Wir setzen einfach $w'' = \sqrt{\Omega_2^2 - \Omega_1\Omega_3}$, $z'' = z'$. Dann haben wir in der Tat eine eindeutig-umkehrbare Transformation nach Art der spezielleren, S. 173 , abgeschlossenen. ⟨Wir setzen schließlich⟩ noch etwas allgemeiner $w^2 = \alpha z^4 + \beta z^3 + \gamma z^2 + \delta z + \varepsilon$. Auf diese Funktion kann also immer eine solche vom Geschlecht 1 eindeutig-umkehrbar transformiert werden, oder wie wir uns ausdrücken wollen:

Ein Integral, welches an einer beliebigen Kurve n-ter Ordnung vom Geschlecht 1 entlang geleitet ist, kann immer durch zweckmäßige Substitution in ein elliptisches verwandelt werden.

Freitag, 11.2.1881

Unsere Frage, ob man überhaupt zwei Kurven des Geschlechtes 1 eindeutig-umkehrbar ineinander transformieren kann, spitzt sich nach dem Bisherigen auf die Frage zu, ob man 2 beliebige Funktionen der Gestalt wie die Funktion $w^2 = \alpha z^4 + \beta z^3 + \gamma z^2 + \delta z + \varepsilon$ in solcher Weise ineinander überführen kann?

Man kann die Funktion $w^2 = \alpha z^4 + \beta z^3 + \gamma z^2 + \delta z + \varepsilon$ leicht durch folgenden Prozeß in eine ebenso gebaute überführen: Setzen wir zunächst $z = \frac{aZ + b}{cZ + d}$ [, so erhalten wir]

$$w^2 = \frac{\alpha(aZ+b)^4 + \beta(aZ+b)^3(cZ+d) + \ldots + \varepsilon\cdot(cZ+d)^4}{(cZ+d)^4}.$$

[Setzen wir weiter $W = w(cZ+d)$, so haben wir]

$$W^2 = \alpha' Z^4 + \beta' Z^3 + \gamma' Z^2 + \delta' Z + \varepsilon'.$$

Die beiden angewandten Transformationen sind eindeutig-umkehrbar. Nun wissen wir aber, daß bei der ersten linearen Transformation das Doppelverhältnis der 4 Wurzeln der Gleichung $\alpha z^4 + \ldots + \varepsilon = 0$ unverändert geblieben ist. Die 4 Verzweigungspunkte der zur Funktion w gehörigen, über der z- und der Z-Ebene ausgebreiteten zweiblättrigen Riemannschen Flächen haben also dasselbe Doppelverhältnis, und dies wird durch die zweite Transformation nicht geändert. Also: Durch unsere Transformationsmittel kann man eine Gleichung $w^2 = \alpha z^4 + \ldots + \varepsilon$ in jede andere mit demselben Doppelverhältnis der Verzweigungspunkte überführen, aber niemals in eine solche, welche ein anderes Doppelverhältnis aufweist.

Wir wollen nun versuchen, durch eine weitere Transformation unserer Funktion eine besonders einfache Gestalt zu geben, nämlich zu erreichen suchen, daß von den 4 Verzweigungspunkten 3 in die Punkte 0, 1 [und] ∞ zu liegen kommen. Ist $w^2 = \alpha z^4 + \ldots + \varepsilon = \alpha(z - z_1)(z - z_2)(z - z_3)(z - z_4)$, so kann man (vgl. S. 45) immer durch eine lineare Transformation der z-Ebene erreichen, daß z_1, z_2, z_3 in die genannten Punkte der neuen z-Ebene übergehen. Setzen wir

$$(1) \qquad Z = \frac{(z - z_1)(z_2 - z_3)}{(z - z_3)(z_2 - z_1)},$$

so erhalten wir in der Tat

$$Z = \begin{cases} 0 \\ 1 \\ \infty \end{cases} \quad \text{für } z = \begin{cases} z_1 \\ z_2 \\ z_3 \end{cases}.$$

Es ergeben sich dann die Formeln

$$(2) \qquad z = \frac{z_1(z_2 - z_3) - z_3(z_2 - z_1)Z}{N},$$

$$(3) \quad z - z_1 = \frac{Z(z_1 - z_3)(z_2 - z_1)}{N},$$

$$(4) \quad z - z_2 = \frac{(1 - Z)(z_1 - z_2)(z_2 - z_3)}{N},$$

$$(5) \quad z - z_3 = \frac{(z_2 - z_3)(z_1 - z_3)}{N},$$

$$(6) \quad z - z_4 = \frac{\left[1 - Z\cdot\frac{(z_1 - z_2)(z_3 - z_4)}{(z_1 - z_4)(z_3 - z_2)}\right]\cdot(z_2 - z_3)(z_1 - z_4)}{N},$$

wo $N = (z_2 - z_3) - (z_2 - z_1)Z$. Wir setzen ⌊für⌋ das Doppelverhältnis der 4 Verzweigungspunkte

$$\frac{(z_1 - z_2)(z_3 - z_4)}{(z_1 - z_4)(z_3 - z_2)} = k^2$$

und nennen dasselbe den <u>Modul</u>. Durch unsere Formeln wird ⌊dann⌋

$$w^2 = \frac{-\alpha(z_1 - z_2)^2(z_2 - z_3)^3(z_3 - z_1)^2(z_1 - z_4)}{N^4} Z(1 - Z)(1 - k^2 Z).$$

⌊Wenden wir noch die eindeutige Transformation

$$(7) \quad W = \frac{w\cdot N^2}{(z_1 - z_2)(z_2 - z_3)(z_3 - z_1)\cdot\sqrt{-\alpha(z_1 - z_4)(z_2 - z_3)}}$$

an⌋, so erhalten wir die Funktion

$$(8) \quad W^2 = Z(1 - Z)(1 - k^2 Z),$$

für welche die 4 Verzweigungspunkte der zweiblättrigen Z-Fläche in den Punkten 0, 1, ∞ ⌊und⌋ $\frac{1}{k^2}$ liegen. Man sieht leicht, daß man <u>zwischen 4 Punkten 6 verschiedene Doppelverhältnisse bilden kann.</u>

Wenn k^2 eines derselben ist, so lauten sie alle:

$$k^2,\ \frac{1}{k^2},\ 1 - k^2,\ \frac{1}{1 - k^2},\ \frac{k^2 - 1}{k^2},\ \frac{k^2}{k^2 - 1}. \tag{9}$$

Man sieht ferner, daß man in derselben Weise wie oben die Normalform (8) auf 6 verschiedene Arten erreichen kann, indem man statt des einen oben gewählten Doppelverhältnisses eines der 5 anderen nimmt. Sicher kann man zwei solche Kurven eindeutig-umkehrbar ineinander transformieren, welche ebenso transformierbar sind in die Normalform (8), in der die Moduln beider zwei von den genannten zusammengehörigen 6 Werten besitzen.

Die Theorie der elliptischen Funktionen zeigt dagegen, daß zwei Kurven der Gestalt (8), deren Moduln nicht in der Weise zusammenhängen, wie es (9) angibt, niemals eindeutig-umkehrbar ineinander transformiert werden können. Damit ist nun auch die auf S. 175 aufgeworfene Frage endgültig dahin beantwortet, daß zwei Kurven vom Geschlecht 1 darum noch nicht notwendig eindeutig-umkehrbar ineinander transformierbar sind, sondern daß dazu noch die Gleichheit einer gewöhnlichen charakteristischen Konstanten k^2 erforderlich ist.

Wie beantwortet sich nun die Frage für Kurven von einem höheren Geschlecht p? Wir können die Riemannsche Antwort hierauf nur anführen, nicht aber ableiten. Sie lautet: Wie bei den Kurven vom Geschlecht 1 die Gleichheit *eines Moduls* k^2 die notwendige und hinreichende Bedingung war für die Möglichkeit der eindeutig-umkehrbaren Transformation, so ist es für die Kurven vom Geschlecht $p > 1$ die Gleichheit von $3p - 3$ *Moduln*.

Wir erwähnen noch besonders die hyperelliptischen Kurven eines Geschlechtes p. Dies sind solche, welche sich eindeutig-umkehrbar transformieren lassen in eine Kurve von der Form

$$W^2 = Z(1 - Z)(1 - k^2Z)(1 - \lambda^2Z)(1 - \varkappa^2Z),$$

wenn wir wie oben 3 der Verzweigungspunkte bereits in die Punkte $Z = 0, 1, \infty$ gebracht haben. Hier ist $\mu = 2$, also nach dem Geschlechtssatz $p = 1 + \frac{\nu}{2} - \mu$ [ist dann] $\nu = 2p + 2$. Ein Faktor fällt aber weg, weil ein Verzweigungspunkt in $Z = \infty$ liegt. Wir erhalten also $2p + 1$ Faktoren und darin $2p - 1$ Moduln $k^2, \lambda^2, \varkappa^2, \ldots$, welche dem bekannten Modul k^2 entsprechen. Es gilt der Satz, daß für die [eindeutig-umkehrbare] Transformation zweier hyperelliptischer Kurven ineinander notwendig und hinreichend ist, daß diese $2p - 1$ Moduln einander gleich sind oder doch in ähnlichen Beziehungen stehen, wie es (9) angibt. Nun ist nur für $p = 2$ auch $2p - 1 = 3p - 3$, d. h., für $p = 2$ ist die allgemeine Kurve zugleich die hyperelliptische ([d. h.] in dieselbe eindeutig-umkehrbar zu transformieren). Für $p > 2$ dagegen ist $3p - 3 > 2p - 1$, und die hyperelliptische Kurve ist also nicht der allgemeine Vertreter dieses Geschlechtes.

Dienstag, 15.2.1881

11. Riemannsche Idealflächen für algebraische Funktionen

Wir sahen bereits [(Abschnitt 8.3.)], wie zur geometrischen Repräsentation einer algebraischen Funktion $f(\overset{\mu}{w},\overset{\nu}{z}) = 0$ zwei Riemannsche Flächen nötig waren, eine μ-blättrige z-Fläche und eine ν-blättrige w-Fläche. Im folgenden wollen wir statt dieser beiden Flächen eine einzige konstruieren, die uns die Funktion versinnlicht.

Wir sahen, daß alle Flächen desselben Geschlechtes in eine Normalfläche, eine Kugel mit p Henkeln, eindeutig-stetig transformiert werden konnten. Die beiden für $f = 0$ konstruierten Riemannschen Flächen sind sicher von demselben Geschlecht. Es liegt also doch nahe, beide in eine und dieselbe Normalfläche zu verwandeln und zwar so, daß jedes z und sein zugehöriges w in denselben Punkt der Normalfläche übergehen. Wir wollen für die folgenden Überlegungen die vereinfachende Annahme machen, die Funktion $f = 0$ sei so beschaffen, daß in einem Verzweigungspunkt einer der beiden zugehörigen Riemannschen Flächen nicht mehrere Zyklen von Blättern zusammenhängen. Hängen also in einem Punkt z_α [gerade $\alpha \leqq \mu$] Blätter im Zyklus zusammen, so sollen an dieser Stelle die übrigen $\mu - \alpha$ Blätter unverzweigt übereinander[liegen].

Wir verwandeln nun unsere z-Fläche in die gewöhnliche Riemannsche Normal- oder Idealfläche durch folgendes Verfahren:
Durch sämtliche Verzweigungspunkte der z-Ebene legen wir eine geschlossene Kurve, einen Absonderungsschnitt, zu welchem die zwischen je zwei Verzweigungspunkten liegenden Verzweigungsschnitte mit benutzt werden. Dann schneiden wir sämtliche Blätter längs dieses Absonderungsschnittes durch. Hatten wir [ ] vorher das Innere des Absonderungsschnittes in allen Blättern schraffiert, so ist jetzt jedes Blatt zerfallen in ein schraffiertes und ein nicht schraffiertes Polygon (deren Gleichberechtigung man sofort erkennt, wenn man die Operation sich auf der Kugel ausgeführt denkt), und die ganze Fläche ist zerfallen in μ schraffierte und μ nicht schraffierte Polygone.

Nun fügen wir die Polygone genau längs der Linien, längs welcher vorher zerschnitten wurde, wieder aneinander, so daß immer getrennte Punktepaare wieder zusammenrücken. Dieses Aneinanderfügen bewerkstelligen wir aber so, daß die Fläche sich nicht mehr (wie vorher längs der Verzweigungsschnitte) durchdringt, sondern daß sie eine schlichte, geschlossene Fläche wird, die μ schraffierte und ebensoviel nicht schraffierte Gebiete von gleicher Eckenzahl besitzt. Ist dies möglich?

In einem Verzweigungspunkt hingen vorher mehrere Blätter zusammen, die nur übereinander Platz hatten, wie können sie jetzt nebeneinander ohne gegenseitige Durchdringung gelegt werden? Damit dies ermöglicht werde, gestatten wir uns, wie in der Analysis situs die Blätter zu deformieren. An jeder Polygonecke P, welche in der ursprünglichen z-Fläche ein Verzweigungspunkt war, in dem d Blätter zusammenhingen, deformieren wir die Polygone so, daß sie dort einen Winkel von $\frac{180^o}{d}$ bilden (Fig. 101). Dann lassen sich in der Tat die 2d Halbblätter gerade ohne gegenseitige Durchdringung aneinanderheften, aber so, daß der Zusammenhang genau so bleibt, wie in der unzerschnittenen z-Fläche. Wenn wir so alle Polygone aneinandergeheftet haben, so haben wir dann eine geschlossene (je nach dem Geschlecht) einfach oder mehrfach zusammenhängende Ringfläche vor uns. Das ist unsere Idealfläche der Funktion. Sie ist geschlossen, aber nur einfach überdeckt. Genau dieselbe Operation nehmen wir nun auch mit der w-Fläche vor. Wir schneiden alle Blätter längs des Absonderungsschnittes durch und erhalten so ν schraffierte und ν nicht schraffierte Polygone, welche wir dann in derselben Weise, aber ohne Durchdringung wieder zusammenheften. So entsteht eine Ideal-w-Fläche von demselben Geschlecht wie die aus der z-Fläche gebildete Idealfläche. Beide können wir dann bekanntlich durch bloße Verzerrung ineinander überführen, und wir tun dies so, daß jedes z mit seinem entsprechenden w sich überdeckt. Dann erhalten wir also eine schlichte geschlossene Idealfläche mit 2 Überlagerungen resp. "Gebietseinteilungen", einer aus μ schraffierten und μ nicht schraffierten Polygonen bestehenden z-Überlagerung und einer aus ν schraffierten und ν nicht schraffierten Polygonen bestehenden w-Überlagerung. Aus der Art und Weise, wie sich die Polygone der einen Art mit denen der anderen Art decken, erkennt man die Zusammengehörigkeit der einzelnen Blätter der ursprünglichen beiden Riemannschen Flächen.

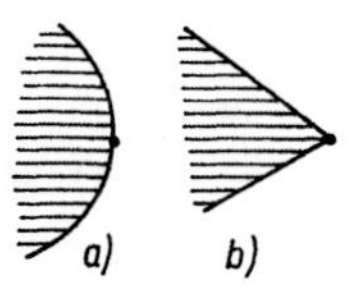

Fig. 101

Diese allgemeinen Auseinandersetzungen sollen nun an Beispielen verwertet und durch dieselben verständlicher gemacht werden.

1.) Gegeben /sei/ eine rationale /Kurve/ $f(w,z) = 0$ von der Art, daß sie sich erfüllen läßt durch $w = R_1(\lambda)$, $z = R_2(\lambda)$ und daß also $p = 0$ ist. Wir müssen als Idealfläche eine solche vom Geschlecht 0, also eine Kugel, bekommen und werden dazu gleich die λ-Kugel verwenden. /Wir betrachten das/ Beispiel $w^3 = z^2$ oder $w = \lambda^2$, $z = \lambda^3$. Die w-Ebene ist mit 2, die z-Ebene mit 3 Blättern überdeckt, und man sieht leicht, daß in beiden Flächen die Blätter in den Punkten 0 und ∞ im Zyklus zusammenhängen, sonst aber keine Verzweigungspunkte existieren. Als Absonderungsschnitt wählen wir in beiden Ebenen die reelle Zahlenachse und bringen an den einzelnen Stücken derselben, die doch als Polygonseiten anzusehen sind, verschiedene Farben in der gezeichneten Weise an (Fig. 102a, b).
Die Schraffur der positiven Halbebene ist absichtlich in beiden Fällen verschieden gewählt, damit sie bei der späteren Übereinanderlegung unterschieden werden können. Die z-Fläche ist nun zerfallen in 6 Halbblätter. Nach unseren allgemeinen Auseinandersetzungen müssen dieselben in den Punkten 0 und ∞ eingeknickt und so deformiert werden, daß Sicheln mit zwei Winkeln von 60° entstehen. Diese fügen wir dann wieder aneinander. Dadurch erhalten wir aber, oder wenigstens kann man bei geschickter Deformation erhalten, eine Kugel, die nach dem Kreisteilungstypus durch 3 durch Nord- und Süd-Pol und Kugelzentrum laufende Ebenen, die Winkel von 60° miteinander bilden, in 6 Zweiecke eingeteilt ist, deren Winkel 60° und deren Ecken Nord- und Süd-Pol sind. Nun erinnern wir uns aber doch, daß wir genau dieselbe Einteilung der λ-Kugel erhielten, indem wir die z-Ebene vermöge $z = \lambda^3$ auf die λ-Kugel abbildeten. Wir werden also gleich die λ-Kugel als unsere Idealfläche benutzen.

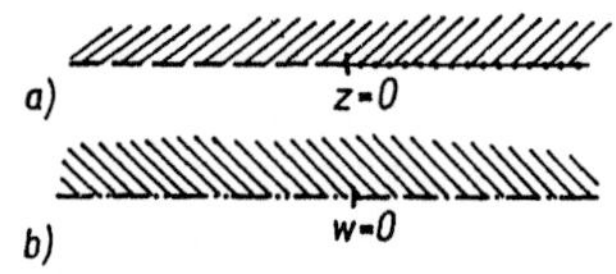

Fig. 102

Mittwoch, 16.2.1881

Aus der w-Fläche bilden wir in derselben Weise eine schlichte Fläche und sehen, daß wir genau die nach $w = \lambda^2$ eingeteilte λ-Kugel als diese Fläche erhalten. Dieselbe ist nämlich durch die Meridiane der reellen und rein imaginären Zahlen eingeteilt in 4 Kugelzweiecke mit Winkeln von 90° in Nord- und Süd-Pol. Ein Zweifel ist nur noch zu lösen: Wenn wir nämlich diese beiden, vermöge $z = \lambda^3$ und $w = \lambda^2$ nach /den/ Kreisteilungstypen eingeteilten λ-Kugeln mit den entsprechenden Werten übereinanderlegen, fallen dann wirklich alle Punkte z mit ihren entsprechenden Punkten w (so wie die Beziehung in den beiden ursprünglichen Riemannschen Flächen z und w war) vermöge $f(w,z) = 0$ zusammen? Daß dem so ist, sieht man unmittelbar ein. Wir erhalten ja immer entsprechende Werte z und w, indem wir aus einem beliebig gewählten λ [die Werte] w und z berechnen [mittels] $z = \lambda^3$, $w = \lambda^2$.

Wir zeichnen nur noch statt der doppelt überdeckten λ-Kugel die doppelt überdeckte λ-Ebene [ ], die nun den Verlauf der Funktion $w^3 = z^2$ versinnlicht (Fig. 103).

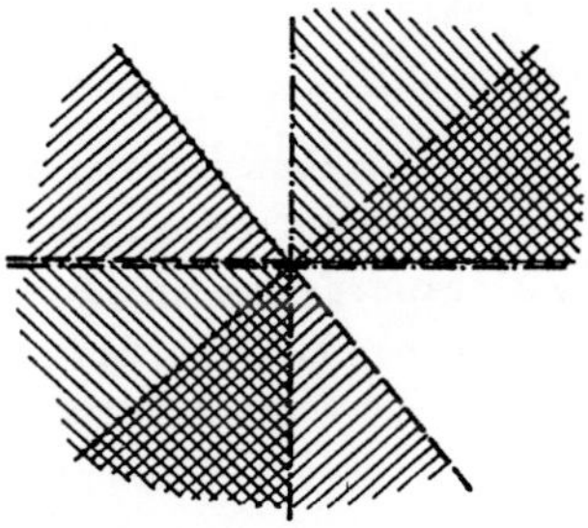

Fig. 103

[2.)] [Als zweites Beispiel nehmen wir die spezielle] elliptische Kurve $w^2 = 1 - z^4$. Man nennt w die lemniskatische Irrationalität, weil $\int \frac{dz}{\sqrt{1 - z^4}}$ bei der Berechnung der Bogenlänge der Lemniskate auftritt.

Dieser Funktion gehören offenbar eine zweiblättrige Riemannsche z-Fläche und eine vierblättrige w-Fläche zu. Aus $w = \sqrt{1 - z^4}$ erkennen wir, daß die vier Punkte $z = \sqrt[4]{1}$ $= +1, -1, +i, -i$ Verzweigungspunkte und natürlich einfache Verzweigungspunkte sind, weil die z-Fläche überhaupt nur zwei Blätter besitzt. Diesen 4 Verzweigungspunkten der z-Fläche entsprechen 4 merkwürdige Punkte der w-Fläche, nämlich die 4 übereinanderliegenden Punkte $w = 0$. Wir umgeben [nun] jeden Verzweigungspunkt der z-Fläche und sein Bild in der w-Fläche mit einem kleinen Kreis, jeden Verzweigungspunkt der w-Fläche und sein Bild in der z-Fläche mit einem kleinen Quadrat.

$z = \sqrt[4]{1 - w^2}$ zeigt zunächst, daß $w = \pm 1$ Verzweigungspunkte sind. Um ihre Multiplizität zu erkennen, kann man z. B. für den Punkt $w = +1$ die lineare Transformation der w-Fläche [$w = w' + 1$ ausführen.] Dann haben wir $1 - w^2 = -w'^2 - 2w'$, [also] $z = \sqrt[4]{-w'^2 - 2w'}$. Der Punkt $w = +1$ ist durch diese Transformation nach dem Nullpunkt gekommen. Nehmen wir jetzt w' unendlich klein [an], so kann w'^2 gegen $2w'$ vernachlässigt werden, und wir erhalten $z = \sqrt[4]{-2} \cdot \sqrt[4]{w'}$. Setzen wir $w' = \rho(\cos\varphi + i \cdot \sin\varphi)$, wo also ρ sehr klein [ist], und sehen von dem konstanten Faktor $\sqrt[4]{-2}$ ab, so [haben wir]

$z = \rho^{\frac{1}{4}}(\cos\frac{\varphi}{4} + i \sin\frac{\varphi}{4})$. Wenn wir uns jetzt, indem wir ρ konstant lassen auf sehr kleinem Kreis um den Punkt $w' = 0$ herumbewegen, so wächst

φ um 2π, und z multipliziert sich also mit einer 4ten Einheitswurzel, d. h., wir sind durch diesen Weg aus dem einen Blatt in das nächste gekommen. Bei Wiederholung dieses Verfahrens multipliziert sich jedesmal z mit einer 4ten Einheitswurzel, d. h., wir gelangen allemal in ein nächstes Blatt, bis wir alle 4 Blätter durchwandert haben. Entsprechend verfahren wir für $w = -1$. Wir erkennen also, daß in $w = \pm 1$ die 4 Blätter im Zyklus zusammenhängen. Wir haben [ ] noch zu untersuchen, ob der unendlich ferne Punkt Verzweigungspunkt ist. Für ein unendliches w wird $z = \sqrt[4]{-w^2} = \sqrt[4]{-1} \cdot \sqrt{+w}$, $\sqrt[4]{-1} \cdot \sqrt{-w}$ Umkreisen wir den unendlich fernen Punkt, so werden nur die beiden Werte $\sqrt{w}$ einerseits und die beiden Werte $\sqrt{-w}$ andererseits ineinander übergehen, und es müssen also die diesen Werten entsprechenden Blätter im Punkt ∞ zusammenhängen. Der unendlich ferne Punkt der w-Fläche ist also anzusehen als zwei übereinanderliegende Verzweigungspunkte je von der Multiplizität 1, während $w = \pm 1$ Verzweigungspunkte von der Multiplizität 3 sind.

Kontrollieren wir diese Resultate mit Hilfe des Geschlechtssatzes $p - 1 = \frac{\nu}{2} - \mu$ (wo μ die Blätterzahl und ν die Zahl der Verzweigungspunkte ist, jeden mit der richtigen Multiplizität gerechnet)!

Wie bei jeder elliptischen Kurve ist [auch] hier $p = 1$, wir haben also $0 = \frac{\nu}{2} - 4$. Die beiden Verzweigungspunkte von der Multiplizität 3 zählen als 6 einfache, der unendlich ferne Punkt als 2 einfache Verzweigungspunkte, also ist $\nu = 8$, und die Gleichung stimmt.

Den beiden Verzweigungspunkten $w = \pm 1$ entsprechen als merkwürdige Punkte in der z-Ebene die beiden übereinanderliegenden Punkte $z = 0$, weshalb wir diese nach früherer Festsetzung mit einem doppelten kleinen Quadrat markieren und $w = \pm 1$ daran schreiben. Dem doppelten Verzweigungspunkt ∞ von der Multiplizität 1 entsprechen als merkwürdige Punkte in der z-Fläche die beiden übereinanderliegenden Punkte $z = \infty$, weshalb wir sie (d. h. die dafür angedeuteten Punkte) ebenfalls mit doppeltem kleinen Quadrat umgeben.

Als Absonderungsschnitt der z-Fläche wählen wir den durch die 4 Verzweigungspunkte gehenden Kreis vom Mittelpunkt 0 und dem Radius 1. Seine zwischen je zwei aufeinanderfolgenden Verzweigungspunkten liegenden Bögen, die als verschiedene Polygonseiten aufzufassen sind, färben wir in verschiedener Weise. Als Absonderungsschnitt in der w-Fläche wählen wir die Achse der reellen Zahlen, deren verschiedene, zwischen je zwei aufeinanderfolgenden Verzweigungspunkten liegenden Stücke wieder verschieden [gefärbt werden]. Hiernach sind nun die beiden nachfolgenden Bilder (Fig. 104a, b) verständlich.

Nun schraffieren wir noch das Innere dieses Absonderungsschnittes, resp. die positive Halbebene, in jedem Blatt und schneiden dann längs des Absonderungsschnittes alle Blätter durch. Die z-Fläche zerfällt dabei in 4 Polygone, in unserem Fall kreisförmig begrenzte Flächenstücke. Da jedes dieser Flächenstücke in der ursprünglichen Fläche in 4 einfachen Verzweigungspunkten mit anderen zusammenhing, so muß man jedes solche Gebiet so deformieren, daß es in den 4 Verzweigungspunkten Winkel von $\frac{180^{\circ}}{2} = 90^{\circ}$ erhält. Wir wählen als einfachste solche Figur ein Quadrat und deformieren also jedes der 4 Gebiete der z-Fläche in ein Quadrat. So erhalten wir zwei schraffierte und zwei nichtschraffierte Quadrate, deren Seiten die 4 Farben der z-Ebene der Reihe nach tragen. Die beiden schraffierten Quadrate haben in ihren Mitten die den Punkten w = ±1 entsprechenden Punkte z = 0, die beiden nichtschraffierten die den Punkten w = ∞ entsprechenden z-Punkte, die zufällig auch die beiden Punkte z = ∞ sind.

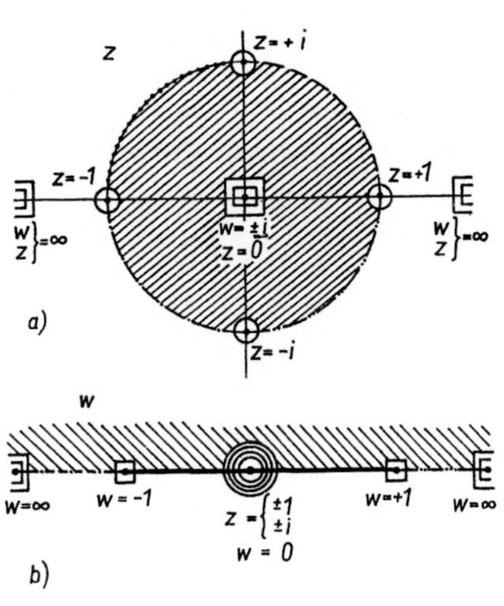

Fig. 104

Donnerstag, 17.2.1881

Nun haben wir die 4 Quadrate zu unserer geschlossenen Idealfläche vom Geschlecht 1 zusammenzufügen. Das muß in der Weise geschehen, daß immer ein schraffiertes Quadrat an ein nichtschraffiertes längs einer Seite stößt, daß gleiche Farben zur Deckung kommen und daß die Punkte ±1, ±i, welche die Ecken unseres Quadrates bilden und welche in unserer ursprünglichen Riemannschen z-Fläche ja als Verzweigungspunkte nur je <u>einmal</u> vorhanden waren, auch auf der Idealfläche nur einmal auftreten, so daß also z. B. die 4 Ecken +1 der 4 Quadrate zusammenstoßen. Die Konstruktion der Idealfläche, die durch die angegebenen Bedingungen bestimmt ist, gelingt, wenn man zunächst die 4 Quadrate wie anbei (Fig. 105) zu einem einzigen großen Quadrat zusammensetzt und [man] hierauf die linke und rechte blaue (-·-·-·)

Seite vereinigt, so daß ein Zylinder entsteht (wobei aus den beiden Punkten z = -i ein einziger und aus den 4 Punkten z = -1 deren 2 werden) und wenn endlich die obere und untere kreisförmige rote (·······) Begrenzungslinie durch Zusammen/biegen/ vereinigt werden, so daß ein Kreisring entsteht. Bei dieser letzten Operation werden noch die beiden Punkte z = +1 und z = -1 je zu einem einzigen solchen Punkt zusammengerückt.

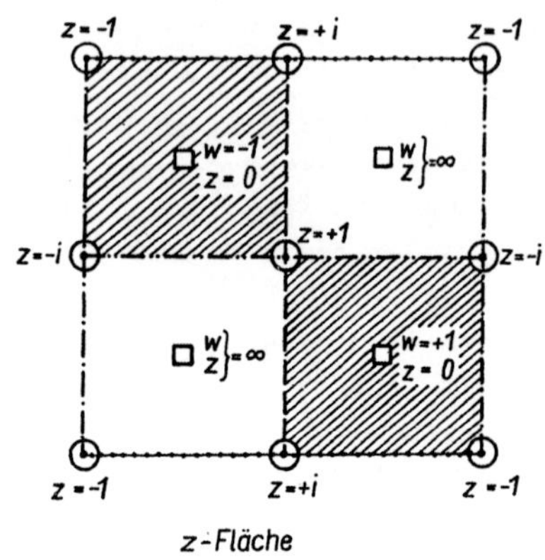

Fig. 105

Diese Ringfläche ist unsere, zunächst noch nur einmal, der alten z-Fläche entsprechend, überdeckte Idealfläche. Jeder gewöhnliche Punkt z, der vorher in jedem der beiden übereinanderliegenden Blätter vertreten war, ist jetzt auch zweimal vertreten, nämlich in jedem der beiden schraffierten oder nichtschraffierten Quadrate. Jeder Verzweigungspunkt ist wie in der ursprünglichen z-Fläche nur einmal vorhanden, und in ihnen stoßen wie in der ursprünglichen Fläche je zwei schraffierte oder nichtschraffierte Gebiete zusammen.

Nun haben wir die 8 Halbblätter, in welche die w-Fläche beim Zerschneiden durch den Absonderungsschnitt zerfallen ist, in derselben Weise zu deformieren und zu einer Idealfläche zusammenzufügen. Wir wissen, daß jedes dieser Halbblätter in der unzerschnittenen w-Fläche an zwei Verzweigungspunkte von der Multiplizität 3 (nämlich ±1) und an einen Verzweigungspunkt von der Multiplizität 1 (nämlich ∞) heranreicht, und also muß jedes Halbblatt an den beiden ersten Verzweigungspunkten so deformiert werden, daß es dort Winkel von 45° bildet, und am letzten Verzweigungspunkt so, daß es dort einen Winkel von 90° bildet.

Wir werden jedem Blatt daher am einfachsten die Gestalt eines gleichschenklig-rechtwinkligen Dreiecks geben. Wir haben also 8 solche Dreiecke, mit je einer schwarzen (═══) Hypotenuse und einer grünen (-·······-···) und roten (--.--------) Kathete. 4 davon /haben/, im Uhrzeigersinn umlaufen, die Farbenfolge grün (-·······-), schwarz (═══), rot (--------·). Sie sind, als den positiven Halbblättern entsprechend, zu schraffieren. Die 4 anderen /haben/ bei derselben

Umlaufung die entgegengesetzte Farbenfolge und sind unschraffiert zu lassen. Die Dreiecke tragen in ihren Ecken die mit je einem kleinen Quadrat umgebenen Punkte +1, -1, ∞ und in der Mitte der schwarzen (══════) Hypotenuse die je mit einem kleinen Kreis umgebenen Punkte w = 0, welche /z = ±i und z = ±1 entsprechen7. Wir haben nun die 8 Dreiecke so zu einer Idealfläche zusammenzufügen, daß immer ein schraffiertes Dreieck längs einer Seite an ein nichtschraffiertes stößt, daß gleichfarbige Seiten zur Deckung kommen, daß die 8 Ecken +1 einerseits und die 8 Ecken -1 andererseits zusammenrücken und daß die 8 Ecken ∞ zu je 4 zu 2 Punkten zusammenrücken. Das gelingt, wenn man die Dreiecke zunächst zu beistehendem (Fig. 106a) Quadrat zusammenfügt.

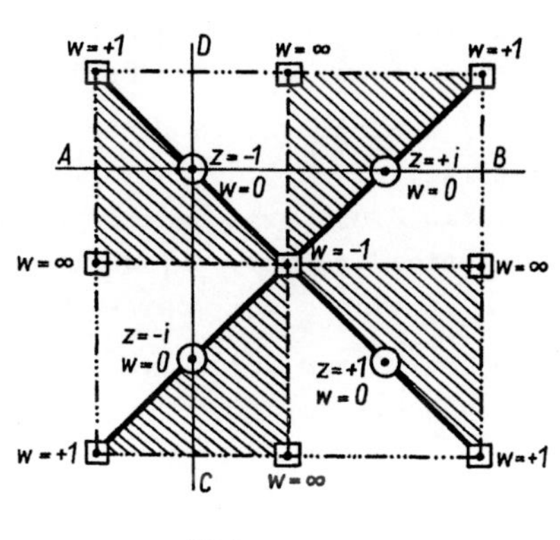

Fig. 106

Denken wir uns jetzt dieses Quadrat /in gleicher Weise wie das obige der z-Fläche7 zu einem Ring zusammengefügt, so haben wir in diesem Ring unsere Idealfläche für w, welche genau den eben angegebenen Bedingungen genügt und die 8 Halbblätter in derselben Aufeinanderfolge und in demselben Zusammenhang aufweist, wie die unzerschnittene w-Fläche. Nun wollen wir aber doch diese Idealfläche mit der vorher anstelle der alten z-Fläche erhaltenen Ringfläche so zur Deckung bringen, daß zusammengehörige Wertepaare w,z sich decken. Dazu ist /es erforderlich7, daß wir noch eine Deformation einer der beiden Ringflächen in sich vornehmen, bevor das Quadrat zur Ringfläche zusammengefügt ist, und daher wollen wir sie an dem w-Quadrat vornehmen.[1)] Wir erhalten nämlich offenbar genau dieselbe Ringfläche, wenn wir von dem Quadrat durch eine Parallele zur oberen und unteren Seitenlinie oben einen Streifen abschneiden und denselben unten wieder ansetzen, oder durch eine Parallele zur linken und rechten Seite links einen Streifen abschneiden und rechts wieder ansetzen. Die Aufeinanderfolge und der Zusammenhang der einzelnen Gebiete auf der

[1)]Besser vielleicht, das z-Quadrat zu wählen.

Ringfläche wird dadurch absolut nicht geändert. Es wird nur die ganze Oberfläche in der Weise modifiziert, als ob

1.) eine gleichmäßige Winkelbewegung aller Oberflächenpunkte um den Kreis stattfände, der alle Meridianmittelpunkte verbindet. Jeder Meridian bleibt als solcher erhalten, nur die Breitenkreise tauschen sich untereinander aus, so daß der[jenige], welcher vorher der größte war, derselbe nicht mehr bleibt; [ ]

2.) hierauf ein Verschieben der ganzen Oberfläche in sich längs der Breitenkreise stattfände.

Wenn wir jetzt in der Tat den durch AB (Fig. 106a) abgeschnittenen oberen Streifen unten ans Quadrat wieder ansetzen und hierauf den durch CD (Fig. 106a) abgeschnittenen linken Streifen rechts wieder ansetzen, so erhalten wir dadurch die Figur 106b! Vergleichen wir nun [dieses] Quadrat (Fig. 106b) mit dem z-Quadrat [der Fig. 105], so sehen wir, daß alle die entsprechend markierten Punkte aufeinanderfallen, so daß dies also auch bei den aus ihnen zu konstruierenden Ringflächen der Fall sein muß. Durch Dehnung und Zusammenziehung kann man dann bewirken, daß überhaupt alle entsprechenden Punktepaare w,z in der nun doppelt belegten Ringfläche sich decken (Fig. 106b), und dann versinnlicht uns [ ] der Ring als Idealfläche die ganze Funktion $w^2 = 1 - z^4$.

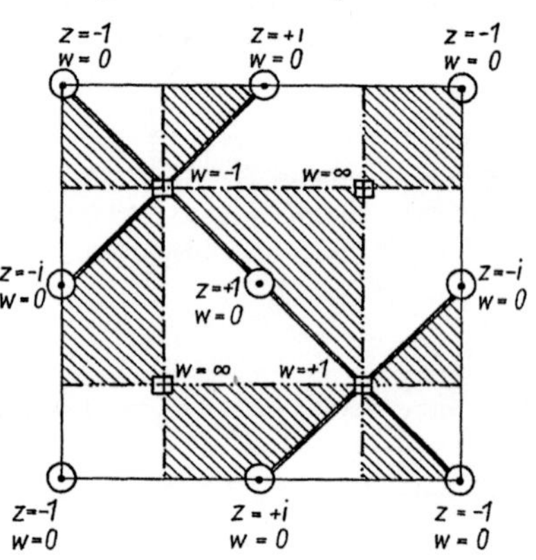

b) z,w - Überlagerung

Fig. 106

Freitag, 18.2.1881

Transformieren wir die ursprüngliche Funktion, welche diese Idealfläche ergab, eindeutig-stetig in eine andere, so entspricht jedem Wertepaar w,z ein und nur ein Wertepaar w',z' der neuen Funktion und umgekehrt. Wir erhalten dann auch für diese neue Funktion dieselbe Riemannsche Fläche, nur mit einer neuen Gebietseinteilung. Diese Idealflächen haben also zugleich den Vorzug, daß sie nicht nur eine Funktion versinnlichen, sondern zugleich alle, welche daraus durch eindeutig-umkehrbare Transformation erzeugt werden können. Denken wir uns dieselbe Ringfläche noch mit der Gebietseinteilung w',z' bedeckt, so haben wir dann auf ihr 4 übereinanderliegende Wertesysteme, die Punkt für Punkt einander zugehören.

Hiermit haben wir für algebraische Gleichungen f(w,z) = 0 die abschließende Auffassung erreicht.

12. Geometrische Repräsentation komplexer Punkte in der Ebene als Anhang zu der bisher entwickelten Theorie (von Staudtsche Auffassung, neue Riemannsche Flächen)

Wenn wir w,z als rechtwinklige Koordinaten in der Ebene deuten, so erhalten wir für die reellen Wertekombinationen w,z Punkte in der Ebene. Wie deuten wir aber z. B. w = c + id, z = a + ib?

Wir haben früher schon von komplexen Punkten gesprochen, konnten doch aber mit dieser geometrischen Ausdrucksweise nur die Vorstellung eines analytischen Objekts, nämlich eines Wertepaares, nicht eines Punktes verbinden. /Nun hat VON STAUDT/ in seiner Geometrie der Lage [161], [162] auch für diese komplexen Punkte der Ebene eine geometrische Bedeutung eingeführt, die im folgenden kurz angedeutet werden soll.

Wir betrachten zunächst nur die komplexen Punkte der z-Achse, für die also w = 0, z = a + ib. Wir markieren vor der Hand einen Punkt z = a + ib so wie in der Gaußschen komplexen Zahlenebene. Wir setzen dann fest, daß jeder Punkt mit einem Pfeil umgeben sei, der den Drehungssinn angebe, welcher dem Uhrzeigersinn entgegengesetzt ist. Für alle Punkte der positiven Halbebene überträgt sich dieser Sinn als Richtung I auf die z-Achse, für alle Punkte der negativen Halbebene als Richtung II. Wenn wir jetzt durch jeden Punkt z = a + ib und seinen konjugierten zwei Kreise legen, so erhalten wir zwei Paare von Schnittpunkten der letzteren mit der z-Achse, die sich gegenseitig trennen (Fig. 107). /Wir sehen/: Geben wir von vornherein diese 4 Punkte und außerdem einen der beiden Pfeile I oder II /vor/, so ist dadurch einer der beiden genannten Punkte z unzweideutig bestimmt.

In dieser Weise bestimmen wir nun in der Tat alle komplexen Punkte!

Man sieht nun noch, daß es nicht nur die beiden gezeichneten Kreise /gibt, sondern deren unendlich viele/, welche durch $z = a \pm ib$ gehen, und daß /es demnach/ unendlich viele Punktequadrupel auf der z-Achse zur Bestimmung zweier konjugiert imaginärer Punkte gibt. Diese Punktequadrupel bilden eine Involution, natürlich mit imaginären Doppelelementen. Wir haben also das Resultat:

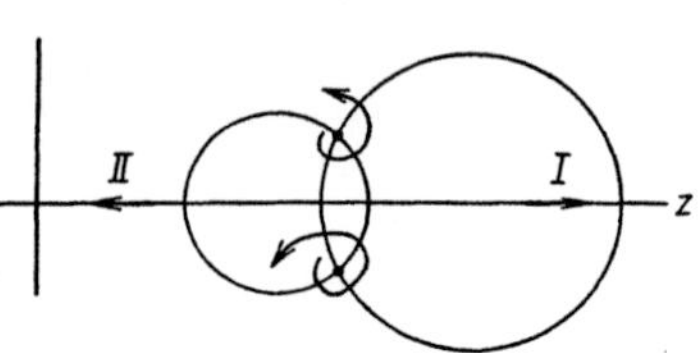

Fig. 107

Alle komplexen Punkte der z-Achse lassen sich repräsentieren durch je eine Involution auf der z-Achse und einen Sinn der z-Achse, wobei die Involution durch irgend zwei ihrer Punktepaare gegeben werden kann.

Es ist wichtig, daß die geometrischen Gebilde, die wir zu dieser Repräsentation anwenden, sich auf der z-Achse selbst befinden und daß für $b = 0$ die Bestimmungsstücke einfach den Punkt $z = a$ auf der z-Achse ergeben. Dann nämlich berühren sich alle jene Kreise im Punkt $z = a$ selbst. Nun fragt es sich, ob wir in derselben Weise jeden beliebigen komplexen Punkt der Ebene $z = a + ib$, $w = c + id$ repräsentieren können?

Wir wissen, daß jeder komplexe Punkt mit seinem konjugiert imaginären durch eine reelle Gerade verbunden wird. Die Gleichung derselben sei $Aw + Bz + C = 0$. Soll ihr $z = a + ib$, $w = c + id$ genügen, so muß $A(c + id) + B(a + ib) + C = 0$ sein, was erfüllt wird durch $A = b$, $B = -d$, $C = -bc + ad$, so daß die Gleichung jener reellen Geraden durch unseren komplexen Punkt /die folgende/ ist:
$bw - dz + (da - bc) = 0$. Diese Gerade führen wir ein als z'-Achse, so daß wir setzen: $w' = \frac{bw - dz + (ad - bc)}{+\sqrt{b^2 + d^2}}$. Der Ausdruck rechts gibt, bestimmt für jeden Punkt (w,z), die Entfernung von der genannten Geraden an. Als w'-Achse nehmen wir das vom Punkt $z = 0$, $w = 0$ hierauf gefällte Lot, dessen Gleichung /die folgende/ ist:
$z' = \frac{dw + bz}{\sqrt{b^2+d^2}}$. Unser komplexer Punkt $z = a + ib$, $w = c + id$ hat dann die neuen Koordinaten $w' = 0$, $z' = \frac{ab + dc}{+\sqrt{b^2 + d^2}} + i\cdot\sqrt{b^2 + d^2}$. Unsere komplexen Punkte können wir nun genau wie oben durch eine Involution

und einen Bewegungssinn auf der z'-Achse definieren und haben also das allgemeine Resultat:

Der komplexe Punkt der Ebene bedeutet eine, auf einer bestimmten reellen Geraden der Ebene befindliche reelle Involution und einen Richtungssinn dieser Geraden.

Diese Definition der komplexen Punkte einer Geraden hat ihr Analogon in der von Staudtschen Definition der komplexen Geraden der Ebene. Eine komplexe Gerade $(A + iA')w + (B + iB')z + (C + iC') = 0$ hat einen reellen Punkt, den Schnittpunkt der beiden reellen Geraden

$$Aw + Bz + C = 0 \quad [\text{und}] \quad A'w + B'z + C' = 0.$$

Denselben Punkt besitzt auch die zu der ersten konjugiert-imaginäre Gerade $(A - iA')w + (B - iB')z + (C - iC') = 0$. VON STAUDT definiert nun als ein Paar solcher zusammengehöriger Geraden eine Strahleninvolution (mit imaginären Doppelelementen) durch den genannten reellen Punkt beider und unterscheidet die beiden Geraden durch die beiden Drehsinne, welche man einem Punkt beilegen kann. **42**

Alle Sätze über imaginäre Geraden sprechen sich dann aus als Sätze über Strahleninvolutionen und Drehungssinn, welche beide bestimmte reelle Punkte als Zentren haben.

Dienstag, 22.2.1881

[Neue Riemannsche Flächen]

Die nun folgenden Überlegungen, welche die Betrachtungen der algebraischen Funktionen abschließen sollen, werden uns zeigen, wie man das Geschlecht einer Kurve bestimmen kann, ohne erst die Anzahl der Blätter beider Flächen und ihrer Verzweigungspunkte zu bestimmen.[1)]

Wenn uns gegeben ist $f(w,z) = 0$, so werden wir zunächst die reellen Punkte in gewohnter Weise unter Zugrundelegung eines rechtwinkligen Achsensystems bestimmen. Jeder der ∞^2 imaginären Punkte hat eine imaginäre Tangente (die Tangente kann nicht reell sein, sonst müßte sie [die Kurve] in konjugiert-imaginären Punkten schneiden, und wir kämen zu dem Schluß, daß jener Berührungspunkt sich selbst konjugiert, d. h. reell sein müßte).[2)] Jede imaginäre Tangente hat ferner wieder einen reellen Punkt. Die Gesamtheit dieser reellen Punkte, von denen sich imaginäre Tangenten legen lassen, ist offenbar eindeutig auf die Gesamtheit der imaginären Kurvenpunkte bezogen, wenn

[1)] Die ist zugleich ein Stück der ausführlichen Exposition, welche man der von Staudtschen Auffassung zu Teil werden lassen sollte. (L)

[2)] Möglichkeit isolierter Doppeltangenten!

wir das von diesen reellen Punkten gebildete Flächenstück so oft überdecken, als sich verschiedene imaginäre Tangenten von einem ihrer reellen Punkte an die Kurve legen lassen. Wenn wir zu diesem mehrfach überdeckten Flächengebiet noch die reellen Punkte der Kurve hinzunehmen, so erhalten wir eine Fläche, welche eindeutig und stetig auf sämtliche Kurvenpunkte bezogen ist, und aus dem Geschlecht derselben erkennen wir das Geschlecht der Kurve ohne weiteres. [Ich

43 zeige nun durch folgende Beispiele, wie sich diese Theorie bewährt].

1. [Beispiel:] Ellipse (Fig. 108). Von jedem Punkt der Ebene müssen sich zwei Tangenten an sie legen lassen. Offenbar sind diese Tangenten von jedem Punkt außerhalb der Ellipse reell, von jedem inneren Punkt imaginär. Das Innere der Ellipse ist die Gesamtheit der reellen Punkte, die auf den imaginären Tangenten der imaginären Kurvenpunkte [liegen]. Wir haben also das Ellipseninnere mit zwei Blättern zu überdecken, um [dieses] Flächengebiet eindeutig auf die Gesamtheit der imaginären Kurvenpunkte zu beziehen, weil ja von jedem Punkt zwei imaginäre Tangenten auslaufen.

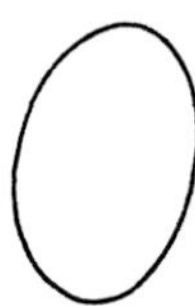

Fig. 108

Lassen wir einen Punkt im Inneren der Ellipse sich auf die Kontur zubewegen, so werden die beiden von ihnen auslaufenden imaginären Tangenten und auch ihre beiden imaginären Berührungspunkte (analytisch) sich mehr und mehr nähern, und in dem Moment, wo der bewegliche Punkt auf die Ellipse selbst rückt, fallen die beiden imaginären Tangenten in die eine reelle und die beiden imaginären Berührungspunkte in den einen reellen zusammen. Die Ellipse selbst bildet also den Übergang von dem einen Blatt über ihrem Inneren zum anderen, und wenn wir beide Blätter längs der Ellipse zusammenheften, so haben wir nun eine geschlossene Fläche, offenbar vom Geschlecht 0, die eindeutig auf sämtliche Punkte der Ellipse bezogen ist. [ ] Wir sehen so: Die Ellipse hat das Geschlecht 0.

2. [Beispiel]: Kurve 3ter Klasse, 6ter Ordnung (Fig. 109). Von jedem Punkt der Ebene gehen an sie 3 Tangenten, und wenn wir uns die Gleichung der Kurve in Linienkoordinaten geschrieben denken, so sehen wir, daß von einem reellen Punkt aus immer eine Tangente reell sein muß, während die imaginären Tangenten paarweise auftreten müssen.

Um nun zu erkennen, wieviel reelle und wieviel imaginäre Tangenten sich von jedem reellen Punkt der Ebene an die Kurve ziehen lassen, legen wir zunächst in einem beliebigen Punkt des umschließenden Ovals

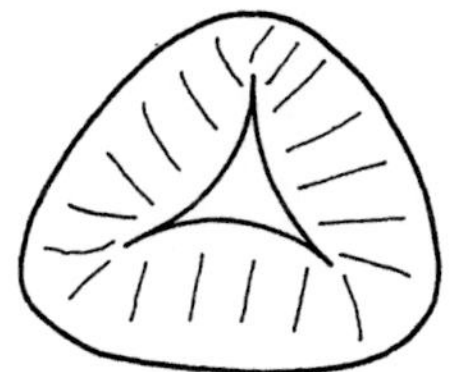

Fig. 109

eine Tangente und lassen dieselbe längs des ganzen Ovals hingleiten. Dabei wird das ganze, außerhalb des Ovals liegende Gebiet zweimal überstrichen, d. h., von jedem Punkt dieses Gebietes gibt es 2 reelle Tangenten an das Oval. Lassen wir jetzt ebenso eine Tangente an dem ganzen dreispitzigen Kurvenzug [der Figur 109] hinrollen, so sehen wir, daß dabei das Innere dieses Zuges 3mal, das Äußere nur einmal überstrichen wird. Verbunden mit dem Vorhergehenden folgt also: Es gibt

1.) von jedem reellen Punkt außerhalb des Ovals drei reelle und keine imaginären Tangenten,

2.) von jedem reellen Punkt innerhalb des Ovals und außerhalb des Dreispitzes eine reelle und zwei imaginäre Tangenten,

3.) von jedem reellen Punkt innerhalb des Dreispitzes drei reelle und keine imaginäre Tangente.

Man muß also das unter 2.) beschriebene und in der Figur 109 schraffierte Flächengebiet mit 2 Blättern überdecken und findet durch dieselbe Überlegung wie oben, daß man diese beiden Blätter längs der beiden Zweige der Kurve aneinanderheften muß. Dann entsteht offenbar eine geschlossene, einfache Ringfläche, d. h., unsere Kurve 3ter Klasse, 6ter Ordnung ist vom Geschlecht 1.

Nach S. 168 [(III. Plückersche Formel)] erniedrigt das Auftreten einer Doppeltangente das Geschlecht der Kurve um 1. Es soll hier der (durch stetige Änderung der Konstanten der Gleichung bewirkte) Übergang von unserer Kurve zu einer solchen mit Doppeltangente nur geschildert werden. Während dieses Überganges nähert sich der eine zwischen zwei Spitzen gelegene Teil der Kurve mehr und mehr dem gegenüberliegenden Teil des umschließenden Ovals, indem beide zugleich mehr und mehr flach [werden, einer Geraden ähnlich (Fig. 110a)]. Im Augenblick des Eintritts der Doppeltangente wachsen diese beiden

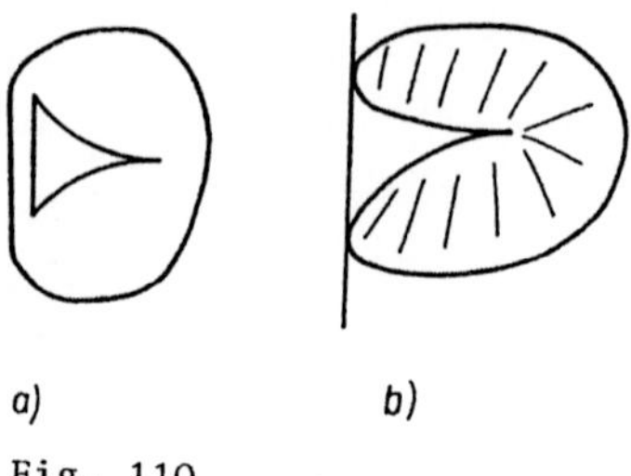

Fig. 110

Teile zusammen zur Doppeltangente, die sich von der Kurve ablöst und so ein Sinken der Ordnung um 2 herbeiführt. An diese neue Kurve (Fig. 110b) lassen sich von jedem Punkt des schraffierten Gebietes 2 imaginäre und eine reelle Tangente legen. Von jedem anderen Punkt der Ebene 3 reelle Tangenten. Wir erhalten also offenbar 2 über dem schraffierten Gebiet ausgebreitete und längs der Kurve zusammengeheftete Blätter, die eine Fläche vom Geschlecht 0 bilden.

Den Übergang unserer obigen Fläche mit p = 1 zu dieser mit p = 0 [ ] haben wir so zu denken, daß sich der Ring [(welchen wir uns nicht aus zwei flach übereinanderliegenden Blättern denken wollen, sondern aus einem vollen Ring, der durch Aufblähen der flachen Ringfläche entstanden ist)] an zwei gegenüberliegenden Flächengebieten mehr und mehr verflacht und dadurch verdünnt und daß schließlich diese beiden Gebiete zu einer sich ausschneidenden, doppeltzählenden Ebene zusammenwachsen.

3. [Beispiel]: Kurve 4ter Klasse, 12ter Ordnung (Fig. 111). Wir finden wieder durch Abrollen einer Tangente auf beiden Teilen der gezeichneten Kurve (Fig. 111), daß sich von einem reellen Punkt außerhalb des Ovals 4 reelle, also 0 imaginäre Tangenten legen lassen, desgleichen von jedem Punkt der 4 kleinen dreiecksähnlichen Flächenstücke. [Dagegen müssen] von jedem Punkt des Gebietes 2 zwei der 4 möglichen Tangenten imaginär sein [ ], während alle 4 von einem reellen Punkt des Gebietes 4 auslaufenden Tangenten imaginär sind (denn dieses Gebiet wird beim Abrollen der Tangente überhaupt nicht bestrichen).

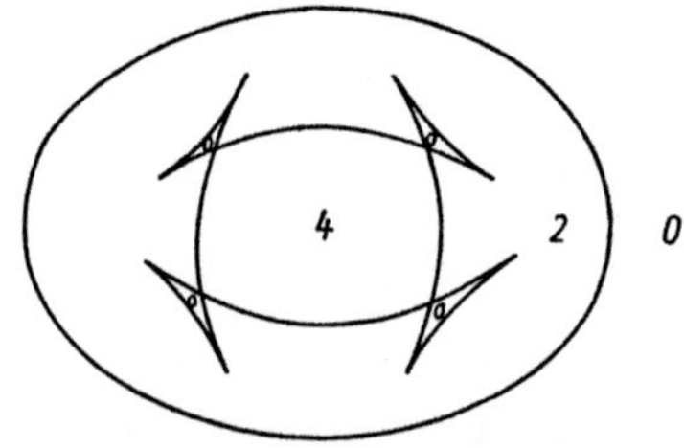

Fig. 111

Wir haben also das Gebiet 4 mit 4 und /das Gebiet/ 2 mit 2 Blättern zu überdecken und diese längs der Kurve zusammenzuheften, so daß längs jeden Kurvenstücks 2 Blätter zusammenhängen, weil, wie man sieht, bei jeder Überschreitung der Kurve 2 reelle Tangenten imaginär werden oder umgekehrt. Als Übergang tritt die reelle Tangente in dem Überschreitungspunkt auf. Kommt man von der konvexen Seite nach der konkaven, so werden 2 vorher reelle Tangenten imaginär. Wir erhalten aber bei dieser Aneinanderheftung die Fläche der Figur 112. Man versteht diese Fläche am besten, wenn man sich einen Ring denkt, dessen gegenüberliegende Seiten A und B durch eine Röhre verbunden sind, die in der Figur 112 vorn liegt, und dessen gegenüberliegende Stellen C und D ebenfalls durch eine Röhre verbunden sind, die in der Figur 112 nach rückwärts liegt und daher schwächer schraffiert ist. Die Fläche zerfällt <u>nicht</u>,

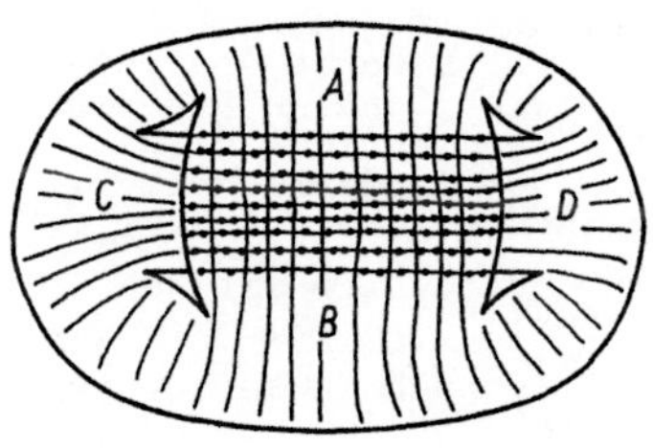

Fig. 112

1.) wenn wir die vordere Röhre durch einen Rückkehrschnitt zerschneiden,

2.) wenn wir auch die rückwärtsgelegene Röhre so zerschneiden,

3.) wenn wir den Ring selbst durchschneiden.

<u>Also ist die Fläche und auch die Kurve 4ter Klasse, 12ter Ordnung vom Geschlecht 3. Sie hat die Charakteristiken $c = 4$, $n = 12$, $p = 3$, $t = 0$, $\nu = 0$, $d = 28$, $r = 24$.</u>

III. Kapitel. Funktionen, die durch Differentialgleichungen definiert sind

Mittwoch, 23.2.1881

"Und nun greifen wir auf den ursprünglichen Plan unserer Vorlesung zurück. Wir wollen uns mit Hilfe geometrischer Anschauung das Wesen womöglich sämmtlicher in der Analysis gebrauchter Functionen klar machen. Zu dem Zwecke betrachteten wir zunächst die elementaren F., die F. der niederen Analysis. Die haben wir jetzt vollkommen erledigt. Die rationalen und einfachsten transcendenten bereits vor Weihnachten. Nunmehr die algebraischen, von denen nur die einfachsten in der niederen Analysis vorkommen und die also zum Theil bereits in das höhere Gebiet gehören.

Nunmehr betrachten wir den weiten Kreis der sonstigen transcendenten Functionen.

Ich stelle auch da keinen systematischen Gedanken voran, sondern lasse mich von dem Vorhandenen leiten. Die Mathematik entsprang nicht aus philosophischen Konceptionen, sondern aus dem praktischen Bedürfnisse (das ist in der modernen Mathematik thatsächlich so gewesen); dem Verständnisse der Naturerscheinungen oder vielmehr dem Wunsch, dieselben zu beherrschen. Sie entwickelt sich nur dann, dem philosophischen Triebe entsprechend, über das nächste Bedürfniss hinaus.

44 Bei der Naturerklärung geht man von der Annahme aus, dass die Verhältnisse im unendlich-kleinen immer einfach sind; dass also alle Erscheinungen des Endlichen, so complicirt sie sein mögen, auf einfache Differentialgleichungen zurückkommen.

Daher Studium der Diff.gleichungen als würdigster Gegenstand für einen Mathematiker. In den Differentialgleichungen kommen vorab nur die elementaren Functionen vor. Aber man fand bald, dass sie nicht durch die gewöhnlichen Functionen integrirt werden können. Daher definiren sie neue Functionen.

Fragen, mit denen wir uns zu beschäftigen haben: In wie weit definiren sie? Was haben diese Functionen für Eigenschaften? Und diess ist, in unbestimmter Form, der Vorwand für den Gegenstand dieser Vorlesung und ihrer Fortsetzung im Sommersemester. Wir beschränken uns dabei auf nur zwei Veränderliche w und z, also gewöhnliche Differentialgleichungen

$$f\left(\frac{d^{\nu}w}{dz^{\nu}},\ldots,\frac{dw}{dz},w,z\right) = 0$$

und unter diesen auf die allereinfachsten, weil wir nur bei ihnen mit unseren geometrischen Methoden durchkommen.

Es sind zwei Classen, bei denen die bisherigen Bemühungen der Mathematiker besonders erfolgreich waren, d. h. nur die Bemühungen in dem hier von mir zu verwendenden functionentheoretisch - geometrischen Sinne:

1.) Differentialgleichungen 1. Ordnung mit separirten Veränderlichen: $dw\,\varphi(w) = dz\,\psi(z)$. Sie führen auf blosse 'Quadraturen' $\int\varphi(w)\,dw$, $\int\psi(z)\,dz$.

Was ist $\int\psi(z)\,dz$? - Also Lehre von derjenigen Function, die durch Integration entsteht. Ist insbesondere φ, ψ algebraisch, so haben wir die Abelschen Integrale.

2.) Lineare Differentialgleichungen beliebiger Ordnung mit rationalen Coeffizienten:

$$\frac{d^{\nu}w}{dz^{\nu}} + r_1 \frac{d^{\nu-1}w}{dz^{\nu-1}} + \dots + r_{\nu-1} \frac{dw}{dz} + r = 0.$$

Letztere stehen eben jetzt auf der Tagesordnung... Ich strebe an, soweit zu kommen, dass Sie die Grundzüge der Riemannschen Theorie der betr. Integrale vollauf verstehen. Bis Ostern kann ich freilich nur gewisse Grundvorstellungen entwickeln.

Den Rest des Sommersemesters verwende ich auf Differentialgleichungen, einen Gegenstand, der eben jetzt im Vordergrund des mathematischen Interesses steht... Also wir beginnen mit den Integralen algebraischer Functionen. Einige auf sie bezügliche Anschauungen habe ich schon bei Gelegenheit entwickelt. Ich werde die Zeit bis Ostern benutzen, um gewisse Fundamentalsätze zu gewinnen. Dann können wir nach Ostern die eigentliche Riemannsche Theorie der Abelschen Integrale mit Erfolg in Angriff nehmen." F. KLEIN [98, S. 188 - 195]

Eine allgemeine Methode, beliebig gegebene Differentialgleichungen zu lösen, gibt es nicht. Die Lösung gelingt nur in einigen speziellen Fällen. Ist die Lösung unmöglich, so definiert die Differentialgleichung eine neue Funktion, und wir wollen nun die bisherige Methode auf so definierte Funktionen anwenden. Die Methode wird sich besonders in zwei Fällen bewähren:

1.) Bei Differentialgleichungen 1. Ordnung mit separierten Variablen $\frac{dw}{dz} = F(z)$ oder $w = \int F(z)\,dz$, wo F eine rationale oder algebraische Funktion ist.

2.) Bei linearen Differentialgleichungen, d. h. Gleichungen von der Form $\frac{d^{\nu}w}{dz^{\nu}} + r_1 \frac{d^{\nu-1}w}{dz^{\nu-1}} + \dots + r_{\nu-1} \frac{dw}{dz} + r_{\nu} = 0$, wo die r im allgemeinen rationale Funktionen von w und z sind.

13. Infinitesimalkalkül im Bereich komplexer Variabler

Zunächst müssen wir uns [ ] darüber klarwerden, ob unsere Regeln aus der Differential- und Integralrechnung auch für komplexe Variable noch gültig sind. Man kann

1.) ein Integral bei komplexer Variablen in der Weise definieren, daß man festsetzt, man solle seinen Wert wie bei reellen Variablen bestimmen, hierauf aber komplexe Veränderliche benutzen. Diese Definition ist gestattet, solange sie nicht zu Widersprüchen führt, was wir a priori nicht übersehen können. Wir haben in der Tat schon früher mit Integralen komplexer Variabler operiert und dabei stillschweigend angenommen, daß diese Ableitung des Integrals komplexer Variabler aus denjenigen reeller Veränderlicher zulässig sei. Wenn wir [nachfolgend] zeigen, daß das letztere der Fall ist, so rechtfertigen wir zugleich unser früheres Vorgehen. Diese Definition hat aber den großen Mißstand, daß sie nur anwendbar ist, wenn das Integral sich ausführen läßt. Es wird daher besser sein,

2.) sich zu überlegen, ob alle fundamentalen Begriffe und Überlegungen, welche in der Differentialrechnung bei Voraussetzung reeller Variabler gemacht werden, sich ohne weiteres auf die Rechnung mit komplexen Variablen übertragen.

Wir wählen 2.) und haben [uns] also zunächst klar zu werden über den Begriff Integral bei komplexen Variablen.

Bei Voraussetzung reeller Variabler gibt man in der Integralrechnung zwei Definitionen:

α) Die erste Definition faßt das Integrieren als inverse Operation des Differenzierens auf und versteht also unter dem unbestimmten Integral einer Funktion φ_1 eine solche φ_2, welche differenziert φ_1 ergibt.

β) Die zweite Definition sieht in $\int_{z_0}^{z_1} f(z)dz$ den Grenzwert, den man erhält, wenn man das Integral z_0 bis z_1 in kleiner und kleiner werdende Intervalle dz teilt, jedes derselben multipliziert mit dem zugehörigen Funktion[swert] f(z) und also diese Produkte addiert.

Man zeigt in der Integralrechnung die Identität beider Definitionen. Die zweite ist deshalb weittragender als die erste, weil diese doch nur einen Sinn hat, wenn es wirklich ein φ_2 gibt, welches φ_1 zum Differentialquotienten [hat].

α) Wollen wir nun untersuchen, ob sich die erste Definition von Integralen ohne weiteres (wie schon früher angenommen) auch auf die Rechnung mit komplexen Variablen überträgt, so haben wir diese Prüfung nur für den Begriff des Differenzierens zu machen, weil das Integrieren nur die inverse Operation hiervon ist.

Ausschlaggebend für alle Überlegungen der Differentialrechnung ist der Begriff Differentialquotient. Für reelle Variable können wir ihn als eine Funktion nur abhängig von der unabhängigen Variablen [ansehen], welche bei jedem Wert der letzteren angibt, eine wievielmal so große Änderung die Funktion erfährt bei einer unendlich kleinen Änderung der unabhängigen Variablen. Bei reellen Zahlen konnte die Änderung der unabhängigen Variablen nur in ganz bestimmter Weise erfolgen.[1] Bei komplexen Zahlen kann man dagegen von einer Zahl z_o aus nach unendlich vielen Richtungen um ein unendlich kleines Stück fortschreiten (Fig. 113), man kann also die Zahl sich auf unendlich viele verschiedene Weisen um unendlich wenig ändern lassen. Es scheint demnach doch, daß die Änderung von z von einem bestimmten Wert z_o aus sich auch die Funktion w auf unendlich viele verschiedene Weisen, und damit sich also auch das Verhältnis dieser unendlich kleinen Änderungen von w und z auf unendlich viele verschiedene Weisen ändern könnte. Dann wäre also doch das Verhältnis der Änderungen von w und z, das wir analog dem Früheren als Differentialquotient definieren müssen, nicht allein abhängig von der Stelle z_o, sondern auch von der Richtung der Änderung von z, und wir könnten also unsere Begriffe und Sätze nicht ohne weiteres auf die Rechnung mit komplexen Zahlen übertragen. [Letzteres] können wir aber, [falls] wir eine Funktion w von z vor uns haben, für welche $\frac{dw}{dz}$ in der Tat nur von der Stelle z und nicht von der Richtung der Änderung von z abhängig ist. [ ] Wir haben im folgenden zunächst die Bedingung für eine solche Funktion w zu entwickeln.

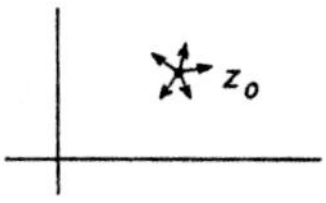

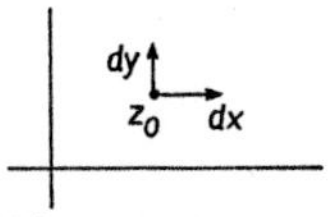

Fig. 113

Fig. 114

Offenbar muß sich für eine solche Funktion dasselbe $\frac{dw}{dz}$ ergeben, wenn wir von z_o aus einmal um ein unendlich kleines Stück in der Richtung der reellen Zahlenachse und das anderemal in der Richtung der rein imaginären Zahlenachse fortgehen. Später werden wir dann zeigen, daß

[1] Neuerdings unterscheidet man vorwärts und rückwärts genommene Differentialquotienten! (L)

die Funktion w, falls sie diese Eigenschaft besitzt, überhaupt dasselbe $\frac{dw}{dz}$ ergibt, wenn wir nach beliebiger Richtung von z_o aus fortschreiten.

Es sei, Reelles und Imaginäres getrennt, $z = x + iy$ und $w = u + iv$. u und v sind dann Funktionen von x und y [(x, y, u, v reelle Variable)]. Ändern wir x um dx, y um dy (Fig. 114), so ändert sich z um

$$dz = dx + i \cdot dy.$$

Ändern wir nun nur x, so [haben wir] $dz = dx$ [und] $dw = \frac{\partial u}{\partial x}dx + i\frac{\partial v}{\partial x}dx$, also

$$\frac{dw}{dz} = \frac{\partial u}{\partial x} + i\frac{\partial v}{\partial x}.$$

Ändern wir nun nur y, so [haben wir] $dz = i \cdot dy$, $dw = (\frac{\partial u}{\partial y} + i\frac{\partial v}{\partial y})dy$, also

$$\frac{dw}{dz} = \frac{1}{i}(\frac{\partial u}{\partial y} + i\frac{\partial v}{\partial y}).$$

Die Gleichsetzung beider Werte ergibt die Bedingung für unsere Funktion:

$$\text{(A)} \qquad \frac{\partial u}{\partial x} + i\frac{\partial v}{\partial x} = \frac{1}{i}(\frac{\partial u}{\partial y} + i\frac{\partial v}{\partial y}),$$

welche zerfällt in

$$\text{(1)} \qquad \frac{\partial u}{\partial x} = \frac{\partial v}{\partial y} \quad \text{[und]} \qquad \text{(2)} \qquad \frac{\partial v}{\partial x} = -\frac{\partial u}{\partial y},$$

woraus noch die beiden Formeln folgen:

$$\text{(3)} \qquad \frac{\partial^2 u}{\partial x^2} + \frac{\partial^2 u}{\partial y^2} = 0 \quad \text{[und]} \qquad \text{(4)} \qquad \frac{\partial^2 v}{\partial x^2} + \frac{\partial^2 v}{\partial y^2} = 0.$$

Erfüllt die Funktion die Bedingungen (1) [und] (2) und ändern wir nun gleichzeitig x und y, so [haben wir]

$$dw = dx(\frac{\partial u}{\partial x} + i \cdot \frac{\partial v}{\partial x}) + dy(\frac{\partial u}{\partial y} + i \cdot \frac{\partial v}{\partial y}) = (dx + i \cdot dy)(\frac{\partial u}{\partial x} + i \cdot \frac{\partial v}{\partial x}),$$

also

$$\frac{dw}{dz} = \frac{\partial u}{\partial x} + i \cdot \frac{\partial v}{\partial x}.$$

Demnach, damit $w = u + iv$ einen bestimmten Differentialquotienten besitzt, muß es den Bedingungen (1) und (2) und also auch (3) und (4) genügen.

Erinnern wir uns daran, was wir bisher immer unter einer Funktion einer komplexen Variablen verstanden haben. Es war nicht schlechthin eine Funktion von x und iy, sondern eine Funktion von $z = x + iy$. Sie wurde gebildet, indem wir sie zuerst in z hinschrieben und hierauf $x + iy$ für z setzten. Daraus wollen wir beweisen, daß sie den obigen Bedingungsgleichungen genügt. Wir differenzieren sie [so], wie man Funktionen von Funktionen differenziert, also

$$\frac{\partial w}{\partial x} = \frac{dw}{dz}\frac{\partial z}{\partial x}, \quad \frac{\partial w}{\partial y} = \frac{dw}{dz}\frac{\partial z}{\partial y},$$

aber $\frac{\partial z}{\partial x} = 1$, $\frac{\partial z}{\partial y} = i$, also $\frac{\partial w}{\partial y} = i\cdot\frac{\partial w}{\partial x}$ oder

$$\frac{\partial u}{\partial y} + i\cdot\frac{\partial v}{\partial y} = i\left(\frac{\partial u}{\partial x} + i\cdot\frac{\partial v}{\partial x}\right).$$

Das ist aber Gleichung (A), aus der (1) bis (4) folgt. Demnach: Wird $w = u + iv$ gebildet, indem man [in $w = f(z)$] hinterher für z einsetzt $x + iy$ und dann das Reelle und Imaginäre trennt, so besitzt w einen Differentialquotienten im alten Sinne.

CAUCHY nannte diese Art Funktionen synectische Funktionen. RIEMANN dagegen gab überhaupt nur solchen Funktionen den Namen Funktionen. Wenn wir fernerhin von Funktionen sprechen, so wird dies immer im Sinne RIEMANNs geschehen, so daß man sagen kann: Eine Funktion von z, gleichviel ob z reelle oder komplexe Variable ist, hat überall, wo sie endlich und stetig ist, infolge ihrer Definition einen bestimmten, nur von der Stelle z abhängigen Differentialquotienten. **45**

Weil aus diesem Begriff sich alle anderen Begriffe der Infinitesimal-Rechnung ableiten ließen, so können wir also nunmehr die Sätze und Begriffe dieser Disziplin, insbesondere den Begriff Integral, ohne weiteres auch auf die Rechnung mit komplexen Variablen übertragen und haben damit unser auf S. 199 behauptetes α) absolviert.

Donnerstag, 24.2.1881

β) Die zweite Definition des Integrals stellte dasselbe [dar] als Summe von $w(z)dz$, wenn die Strecke $\overline{z_0 z_1}$ in lauter unendlich kleine dz geteilt worden war. Die dz waren lauter Stückchen der reellen z-Achse (Fig. 115). z konnte nur in einer bestimmten Weise geändert werden, und das Integral war daher nur abhängig von den beiden Werten z_0 und z_1 und nicht von der Art, wie wir durch kontinuierliche Addition von dz das z_0 in z_1 überführten.

Sobald wir z als Punkt der komplexen Zahlenebene deuten, können wir auf unendlich viele verschiedene Weisen durch kontinuierliche Addition von dz [das] z_0 in z_1 überführen (Fig. 116). Man kann nämlich längs einer beliebigen zwischen z_o und z_1 ausgelegten Kurve (Integrationsweg) wandern und jedes dz auf derselben mit w(z) multiplizieren und so $\int_{z_o}^{z_1} w(z)dz$ bilden. Es scheint demnach, als ob das Integral bei komplexen Variablen nicht allein von den Grenzen, sondern auch vom Integrationsweg abhängig sei. /Würde sich dies bestätigen/, so könnten wir die Definition β) des Integrals nicht ohne weiteres auf die Rechnung mit komplexen Variablen übertragen. Wir behaupten aber: Der Wert des Integrals ist innerhalb gewisser Grenzen von der Wahl des Integrationsweges unabhängig. Wir legen uns bei dieser Behauptung nur die Beschränkung auf, daß die Integrationswege, von denen der Satz spricht, durch Biegung, Dehnung und Streckung in der Zahlenebene sich sollen ineinander überführen lassen, ohne daß dabei ein Unendlichkeitspunkt (zu denen z = ∞ gezählt wird) oder Verzweigungspunkt überstrichen wird, d. h., innerhalb des Flächengebietes, welches von den beiden Integrationswegen begrenzt wird, soll kein solcher Punkt liegen.

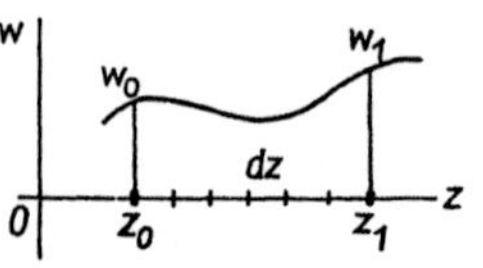

Fig. 115

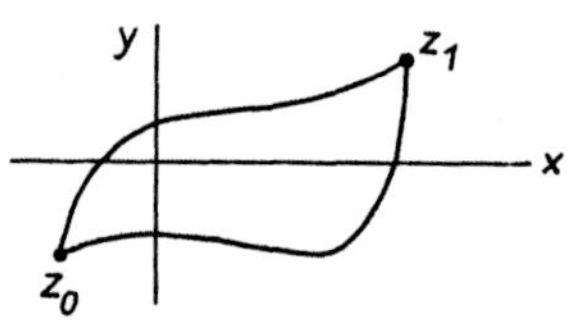

Fig. 116

Beweis: Unser Integral lautet

$$\int (u + iv)(dx + i\cdot dy) \quad \text{oder} \quad \int (udx - vdy) + i \int (udy + vdx).$$

Soll unser Satz überhaupt gelten, so muß er auch gelten für jeden der beiden Bestandteile des Integrals. Wegen

$$\frac{\partial u}{\partial y} = -\frac{\partial v}{\partial x} \quad /\text{und}/ \quad \frac{\partial u}{\partial x} = \frac{\partial v}{\partial y}$$

sind die beiden unter den Teilintegralen stehenden Ausdrücke exakte Differentiale. Wir brauchen also nur zu zeigen, daß der Satz für das Integral eines exakten Differentials $\int_{x_o,y_o}^{x_1,y_1} (pdx + qdy)$ richtig ist.[1]

46

[1] Wenn wir die Funktion, welche die Integration ergibt, in jedem Punkt der x,y-Ebene als Ordinate z auftragen, so erhalten wir durch die Endpunkte der Ordinate eine Fläche über der x,y-Ebene ausgebreitet. /Zu/ einem bestimmten Integrationsweg von x_o,y_o bis x_1,y_1 gehört dann eine bestimmte, normal über dem Integrationsweg auf der Fläche liegende Kurve. Unser Satz, daß wir dasselbe Integral bei verschiedenen Integrationswegen zwischen x_o,y_o und x_1,y_1 erhalten, falls im Flächengebiet zwischen beiden Wegen kein Unend-

(Fortsetzung S. 203)

Der vorläufigen Einfachheit des Beweises halber nehmen wir an, daß die beiden Integrationswege zwischen x_0,y_0 und x_1,y_1 sich zu einem einfachen Oval ergänzen. Statt die Integralwerte auf beiden Integrationswegen zwischen x_0,y_0 und x_1,y_1 zu vergleichen, untersuchen wir, welcher Integralwert herauskommt, wenn wir von einem beliebigen Punkt des Ovals ausgehend im Uhrzeigersinn z. B. längs des ganzen Ovals zum Ausgangspunkt zurück integrieren. Wir durchlaufen dabei nur einen der beiden Integrationswege im Sinne von x_0,y_0 bis x_1,y_1, den anderen im entgegengesetzten [Sinne]. Das Integral längs des zweiten [Weges] wird daher auch den entgegengesetzten Wert von dem ergeben, den wir bei Integration im Sinne von x_0,y_0 zu x_1,y_1 erhalten hätten, und ist der Satz richtig, so muß das Integral längs des ganzen Ovals den Wert 0 ergeben.

Durch die beiden vertikalen Tangenten, welche den größten und kleinsten auf dem Oval vorkommenden Wert x angeben, wird dasselbe in zwei Bogen zerlegt (Fig. 117). Für die Punkte des oberen Bogens führen wir die Bezeichnung (x,y'), für die des unteren (x,y"); [dementsprechend auch] p' und p". Dann können wir offenbar für den ersten Teil unseres Integrals setzen

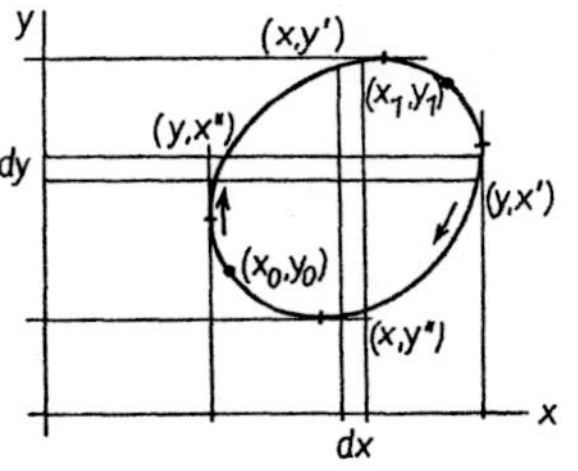

Fig. 117

$$\int p\, dx = \int p'\, dx - \int p''\, dx$$

$$= \int (p' - p'')dx.$$

Über einem unendlich kleinen Intervall dx errichten wir einen Normalenstreifen, welcher das Oval in zwei Punkten (x,y') und (x,y") trifft. Zu ihnen gehören als Funktionalwerte p' = p(x,y') und p" = p(x,y"). Nun kann man p' - p" in ein neues Integral verwandeln, indem man setzt

$$p' - p'' = \int_{y''}^{y'} \frac{\partial p}{\partial y}\, dy,$$

und dann wird

(Fortsetzung Fußnote S. 202)

lichkeits- und Verzweigungspunkt liegt, spricht sich dann so aus: Man kommt bei jenen verschiedenen Integrationswegen von demselben Punkt der über der x,y-Ebene ausgebreiteten Fläche zu einem und demselben neuen Punkt. Es kann also jene Fläche nicht aus mehreren "Mänteln" bestehen, so daß man bei zwei verschiedenen Integrationswegen in der x,y-Ebene zu zwei senkrecht übereinanderliegenden Punkten dieser beiden Mäntel gelangen könnte.

$$\int p\ dx = \iint \frac{\partial p}{\partial y}\ dx\ dy$$

[, wobei das Doppelintegral über das Ovalinnere zu nehmen ist]. Durch die beiden horizontalen Tangenten wird ein größtes und ein kleinstes y auf dem Oval bestimmt. Die Berührungspunkte teilen das Oval in einen rechten und einen linken Bogen (Fig. 117). Für die Punkte des rechten wählen wir die Bezeichnungen [(y,x') und q'], für die des linken [(y,x'') und q''], wo $q' = q(y,x')$ [und] $q'' = q(y,x'')$. Beachten wir, in welchem Sinne wir das Oval durchlaufen, so sehen wir, daß

$$\int q\ dy = \int (q'' - q')dy$$

zu setzen ist. Wir können dann wieder schreiben

$$q'' - q' = -\int_{x''}^{x'} \frac{\partial q}{\partial x}\ dx$$

und also

$$\int q\ dy = -\iint \frac{\partial q}{\partial x}\ dx\ dy.$$

Also ist [insgesamt]

$$\int (p\ dx + q\ dy) = \iint \left(\frac{\partial p}{\partial y} - \frac{\partial q}{\partial x}\right)\ dx\ dy.$$

Nun ist aber, weil $p\ dx + q\ dy$ ein exaktes Differential sein soll, $\frac{\partial p}{\partial y} = \frac{\partial q}{\partial x}$ und also der Wert des Doppelintegrals und damit auch der des einfachen gleich 0 und unser Satz für ein exaktes Differential bewiesen.

Hätten wir nicht ein einfaches Oval genommen, so hätten wir die Integration in mehrere Stücke spalten müssen, falls es mehrere vertikale und horizontale Tangenten [gibt]. Wir hätten aber den Beweis doch noch nach demselben Prinzip erbringen können. Damit ist der Satz von S. 202 bewiesen, daß nämlich

$$W = \int_{z_0}^{z_1} (u + iv)(dx + i\ dy)$$

unabhängig von dem Integrationsweg zwischen z_0 und z_1 unter der früher genannten Beschränkung [ist].

Wir behaupten jetzt: W ist eine synectische Funktion von z. Setzen wir $W = U + iV$, so folgt

$$U = \int (u\ dx - v\ dy) \quad [\text{und}] \quad V = \int (u\ dy + v\ dx).$$

Nun ist der Differentialquotient eines Integrals nach der oberen Grenze /gleich der/ zu integrierenden Funktion an dieser Grenze, und also /gilt/

$$\frac{\partial U}{\partial x} = u, \quad \frac{\partial U}{\partial y} = -v, \quad \frac{\partial V}{\partial x} = v, \quad \frac{\partial V}{\partial y} = u.$$

Diese partiellen Differentialgleichungen genügen aber den Bedingungen

$$\frac{\partial U}{\partial x} = \frac{\partial V}{\partial y} \quad \text{/und/} \quad \frac{\partial U}{\partial y} = -\frac{\partial V}{\partial x},$$

und also ist das Integral eine synectische Funktion der oberen Grenze.

Nachdem wir auch die zweite Definition des Integrals unter gewissen Beschränkungen auf die Operationen mit komplexen Variablen übertragen haben, sind nun überhaupt die Begriffe von Differentiation und Integration für komplexe Variable nicht mehr zweifelhaft, und wir wenden uns nun zur Behandlung der durch Integrale definierten Funktionen, /wobei/ die zu integrierenden Funktionen sukzessive komplizierter werden.

Freitag, 25.2.1881

14. Die durch Integrale rationaler Funktionen definierten Funktionen und die durch sie vermittelten Abbildungen

1. Ganze Funktionen. Aus der Gültigkeit der Begriffe Differentialquotient und Integral für komplexe Variable schlossen wir die Gültigkeit der für reelle Variable geltenden Formeln und haben also:

$$\frac{dz^n}{dz} = n\cdot z^{n-1} \quad \text{und} \quad \int z^n\, dz = \frac{z^{n+1}}{n+1},$$ [1]

$$\int (a\cdot z^n + b\cdot z^{n-1} + \ldots + \gamma)\,dz = \frac{a\cdot z^{n+1}}{n+1} + \frac{b\cdot z^n}{n} + \ldots + \gamma\cdot z + C.$$

Dieser Integralwert wird unendlich nur für $z = \infty$, und zwar sehen wir: Das Integral einer ganzen Funktion n-ten Grades wird bei $z = \infty$ (n+1)-fach unendlich.[2]

[1] Verifikation, die in der Eindeutigkeit dieser Formel liegt.

[2] Beim Integral müssen wir unsere bisherige Gleichgültigkeit gegen unendlich große Werte aufgeben. (L)

2. Rationale Funktionen. $\int \frac{\varphi(z)}{\psi(z)}\,dz$, wo φ und ψ ganze Funktionen /sind/. Die Hauptfrage ist, ob dieses Integral, zwischen bestimmten Grenzen genommen, einen bestimmten vom Integrationsweg unabhängigen Wert hat. Sodann suchen wir die Unendlichkeitsstellen des Integrals. Unsere Beschränkung sprach von Verzweigungspunkten und Unendlichkeitsstellen des Differentials. Erstere sind nicht vorhanden, letztere dagegen in den Punkten $\psi(z) = 0$.

Wenn wir ein Oval um einen solchen Punkt herumlegen und längs desselben integrieren, so bekommen wir nicht notwendig den Wert 0 heraus. Wir hatten die Bestandteile unseres Randintegrals durch Doppelintegrale ausgedrückt, die über das ganze Innere des Ovals auszudehnen waren. Für die letzteren liegt nun innerhalb des Ovals eine Unstetigkeitsstelle, und die beiden Bestandteile unseres Randintegrals nehmen daher die Gestalt $\infty - \infty$ /an/. Unser Randintegral hat also wenigstens möglicherweise bei einmaliger Umlaufung des Ovals z. B. den Wert P erhalten. Umlaufen wir dasselbe Oval n-mal, so erhalten wir als Integralwert $n \cdot P$. Man nennt P, d. i. der Wert des Randintegrals bei einmaliger Umlaufung e i n e r Unstetigkeitsstelle der zu integrierenden Funktion, einen Periodizitätsmodul des Integrals.

Der Wert unseres Integrals zwischen zwei bestimmten Grenzen ist dann offenbar vieldeutig, denn wir können ja unseren Integrationsweg beliebig oft um jeden der Unendlichkeitspunkte herumlegen, ehe wir ihn in der oberen Grenze ausmünden lassen. Die Vieldeutigkeit beschränkt sich auf Vielfache der Periodizitätsmoduln.

Lassen wir die obere Grenze des Integrals in eine solche Unendlichkeitsstelle hineinrücken, so gehört zum letzten dz des Integrationsweges ein unendlich großer Wert der zu integrierenden Funktion, und es ist darum möglich, daß das Integral selbst unendlich wird. Ob dies der Fall ist, werden wir zunächst im folgenden an einfachen Beispielen untersuchen, als Vorbereitung zur allgemeinen Entscheidung der Frage.

Beispiel 1: $\int \frac{dz}{z}$. Die einzige Unendlichkeitsstelle der zu integrierenden Funktion ist $z = 0$. Um zu untersuchen, ob sie zu einem Periodizitätsmodul des Integrals Veranlassung gibt, legen wir um sie einen ovalen Integrationsweg.

Zunächst behaupten wir, und dies ist nicht nur für dieses Beispiel, sondern für alle folgenden Fälle wichtig, daß die Integration längs dieses Ovals dasselbe Resultat ergibt, wie diejenige längs eines Kreises um $z = 0$.

Integrieren wir zunächst einmal vom Punkt S aus geradlinig zu einem Punkt des Kreises (Fig. 118), dann um den Kreis und geradlinig zu S zurück, so erhalten wir offenbar dasselbe Resultat wie bei [der] Integration um das Oval, denn dieser Weg schließt mit dem Oval keinen Unendlichkeitspunkt ein. Die beiden Bestandteile aber, welche die Integration längs der geradlinigen Brücke zwischen Kreis und Oval liefert, zerstören sich offenbar, weil längs der Brücke zweimal in entgegengesetzter Richtung integriert wird. Die Integration längs des Kreises gibt also dasselbe Resultat wie die längs des Ovals. Das Kreisintegral ist aber leicht zu bestimmen. Für jeden Kreispunkt nämlich ist $z = r \cdot e^{i\varphi}$, und wegen $r = \text{const}$ [ist] $dz = r \cdot e^{i\varphi}\, i\, d\varphi$. Durch Substitution dieser Werte wird das Integral gleich $\int i\, d\varphi$. Bei Umlaufung des ganzen Kreises (entgegengesetzt dem Uhrzeigersinn) ändert sich φ von 0 bis 2π, also

Fig. 118

$$\int_0^{2\pi} i\, d\varphi = 2\pi i.$$

Unser Integral besitzt also in bezug auf den Nullpunkt den Periodizitätsmodul $2i\pi$.

Die Frage, ob der Punkt $z = \infty$ ebenfalls einen Periodizitätsmodul liefert, wird einfach durch die Erwägung erledigt, daß eine Umkreisung des Nullpunktes zugleich eine Umkreisung des ∞-Punktes ist, nur im entgegengesetzten Sinne. Man sieht das ganz klar ein, wenn man die Umkreisung auf der Zahlenkugel vornimmt. Wenn wir also eine Umkreisung des Punktes $z = \infty$ vornehmen, die in bezug auf diesen Punkt denselben Sinn hat wie die vorhergehende Umkreisung des Nullpunktes in bezug auf diesen, so liefert sie den Periodizitätsmodul $-2i\pi$.

Aus dem Vorhergehenden ist nun klar, daß das Integral, aufgefaßt als Funktion der oberen Grenze, unendlich vieldeutig ist, und daß sich alle seine Werte um Vielfache von $2i\pi$ unterscheiden. Wir können ja zu dieser oberen Grenze von einer unteren Grenze z_0 aus auf unendlich vielen verschiedenen Wegen gelangen, die den Punkt $z = 0$ oder $z = \infty$ beliebig oft umkreisen. Dieses letzte Resultat ist kein neues. Wir wissen ja, daß

$$\int_{z_0}^{z_1} \frac{dz}{z} = \Big[\log z\Big]_{z_0}^{z_1}$$

und daß diese Funktion die Periode $2i\pi$ hat. Diese Auswertung des Integrals entscheidet auch noch über die Unendlichkeitsstellen:

Unser $\int \frac{dz}{z}$ wird bei $z = 0$ und $z = \infty$ logarithmisch unendlich.
Konforme Abbildung durch $\int \frac{dz}{z} = w$:
Zur Untersuchung derselben verbinden wir zunächst einen beliebigen Punkt $\mathfrak{v}$ mit $z = 0$ und $z = \infty$. Setzen wir dann fest, daß nur längs solcher Werte integriert werden soll, welche diese Verbindungslinie nicht überschreiten, so werden die Integralwerte, die zu den einzelnen Punkten der z-Ebene als obere Grenze gehören, nicht vieldeutig, sondern eindeutig sein, weil ja Umkreisungen der Punkte $z = 0$ [und] $z = \infty$ ausgeschlossen sind. Es bildet sich demnach die ganze z-Ebene auf ein Gebiet der w-Ebene ab. Um nun die Grenzen dieses Bildgebietes zu erfahren, integrieren wir von irgendeiner unteren Grenze z_0 aus auf beliebigen Integrationswegen bis zu den Punkten $a, b, \ldots, g$ der einen Seite unseres Schnittes (Fig. 119a). Unsere Integralfunktion läuft dabei von einem dem z_0 entsprechenden Punkt w_0 der w-Ebene aus auf entsprechenden Wegen bis resp. $a_0, b_0, c_0, \ldots, f_0$, und wir erhalten so als Bild der gebrochenen Kurve $0, \mathfrak{v}, \infty$ der z-Ebene eine gebrochene Kurve der w-Ebene, die durch $a_0, b_0, \ldots$ gebildet wird (Fig. 119b). Sie muß, da zu $z = 0$ und $z = \infty$ unendlich große Integralwerte gehören, ins Unendliche laufen nach zwei Seiten, und zwar nach $+\infty$ und $-\infty$. Wenn wir alsdann auf anderen Integrationswegen nach den Punkten $a', b', c', \ldots$ hin von z_0 integrieren, so müssen wir in der w-Ebene von w_0 aus auf anderen Wegen zu $a_0', b_0', \ldots$ gelangen, welche durch Verschiebung von $a_0, b_0, \ldots$ um $-2i\pi$ entstehen. Dann können wir ja zu a', $b', c', \ldots$ auch gelangen, indem wir zunächst zu $a, b, c, \ldots$ hin integrieren und hierauf eine Umkreisung von $z = 0$ im entgegengesetzten Sinn des Uhrzeigers vornehmen. Wir erhalten also die neue gebrochene Linie, welche dem anderen Ufer des Schnittes $z = 0$, $z = \mathfrak{v}$, $z = \infty$ entspricht, durch Parallelverschiebung der ersten um $-2i\pi$ in der

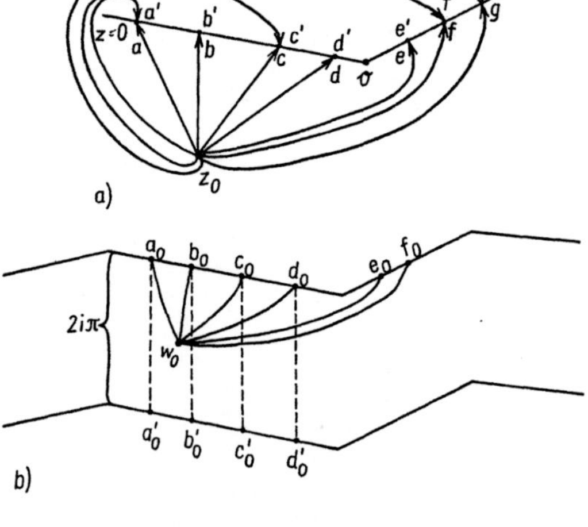

Fig. 119

w-Ebene. Beide schließen einen Streifen ein, auf dem die ganze z-Ebene vermöge unserer Integralfunktion abgebildet ist (Fig. 119).

Beispiel 2: $\int \frac{dz}{z^n} = \frac{-1}{(n-1)z^{n-1}}$, $n > 1$. Diese Funktion ist nicht periodisch. Das Integral kann also keine Periodizitätsmoduln besitzen. $z = 0$ ist Unendlichkeitsstelle (und zwar eine algebraische) sowohl für $\frac{1}{z^n}$, wie für das Integral.

Dienstag, 1.3.1881

Wir wissen also jetzt, wie sich in bezug auf Periodizitätsmoduln [ ] die drei Integrale

$$(1)\ \int z^n\, dz, \qquad (2)\ \int \frac{dz}{z}, \qquad (3)\ \int \frac{dz}{z^n}$$

[verhalten]. Mit ihrer Hilfe können wir nun die [auf] S. 206 aufgeworfene Frage nach den Periodizitätsmoduln für das allgemeine Integral einer rationalen Funktion $\int \frac{\varphi(z)}{\psi(z)}\, dz$ beantworten.

Ist der Grad von φ größer als der Grad von ψ, so liefert die algebraische Division $\frac{\varphi}{\psi} = G(z) + \frac{\chi}{\psi}$, wo G eine ganze Funktion [ist] und der Grad von χ niedriger ist als der von ψ. In Faktoren zerlegt hat ψ die Gestalt

$$\psi = (z-\alpha)^a\,(z-\beta)^b\,(z-\gamma)^c \ldots$$

[ ], und durch Partialbruchzerlegung erhält man

$$\begin{aligned}\frac{\chi}{\psi} = {} & \frac{A}{z-\alpha} + \frac{A_1}{(z-\alpha)^2} + \ldots + \frac{A_{a-1}}{(z-\alpha)^a} \\ & + \frac{B}{z-\beta} + \frac{B_1}{(z-\beta)^2} + \ldots + \frac{B_{b-1}}{(z-\beta)^b} \\ & + \frac{C}{z-\gamma} + \ldots \\ & + \ldots,\end{aligned}$$

wo die A, B, C, ... konstant [sind]. Bei der Integration liefern die Glieder mit linearen Nennern Periodizitätsmoduln, die anderen nicht, dagegen liefern die letzteren auch Unendlichkeitsstellen. Also: In den Stellen α, β, γ, ... überlagern sich verschiedene Unendlichkeitsstellen des Integrals und zwar logarithmische sowie algebraische der verschiedensten Ordnung. Aber nur die ersteren bringen Periodizitätsmoduln hervor und zwar die Glieder

$$\frac{A}{z-\alpha},\ \frac{B}{z-\beta},\ \frac{C}{z-\gamma},\ \ldots$$

resp. die Moduln

$$2Ai\pi,\quad 2Bi\pi,\quad 2Ci\pi,\ \ldots,$$

wie man genau wie früher durch leichte Rechnung findet.

/Es bleibt nun noch übrig, das Verhalten des Integrals/ im Punkt $z = \infty$ zu untersuchen:

Wie sich G(z) dort verhält, ist bekannt und soll hier nicht weiter beachtet werden. Von allen Partialbrüchen von $\frac{\chi}{\psi}$ können nur die mit linearen Nennern ein logarithmisches Unendlichwerden des Integrals herbeiführen. Die anderen Glieder /ergeben/ die Werte 0. Die ausschlaggebenden Glieder sind $A\cdot\log(z-\alpha) + B\cdot\log(z-\beta) + \ldots$ $= \log\left\{(z-\alpha)^A\cdot(z-\beta)^B\cdot(z-\gamma)^C\ \ldots\right\}$. /Dieser Ausdruck ist für $z = \infty$ identisch/ mit

$$\log(z^{A+B+C+\cdots}).$$

Wir haben nun die beiden Fälle

$$1.)\ A+B+C+\ldots \neq 0, \qquad 2.)\ A+B+C+\ldots = 0$$

zu unterscheiden.

Im Fall 1.) wird unser Integral im Punkt $z = \infty$ selbst logarithmisch unendlich. Im Fall 2.) wird es nicht unendlich, und es liefert also die Umkreisung des Unendlichkeitspunktes auch keinen Periodizitätsmodul.

Bestimmen wir nun den Periodizitätsmodul für den Fall, daß das Integral im ∞-Punkt selbst unendlich wird! Wir wissen, daß eine Umkreisung des Punktes $z = \infty$ /im Sinn entgegen dem Uhrzeiger/ identisch ist mit einer Umkreisung sämtlicher im Endlichen gelegenen Unendlichkeitsstellen α, β, γ, ... im Uhrzeigersinn. Statt längs des sie alle umschließenden Ovals zu integrieren, kann von einem Punkt σ aus zunächst bis α /integriert werden (Fig. 120, wobei parallelliegende Strecken als mit dem Abstand 0 zu betrachten sind)/, dann auf sehr kleinem Kreis um diesen Punkt herum und auf demselben Weg nach σ zurück. Da die Integralbeträge, die bei Integration von σ bis α und zurück entstehen, sich zerstören, erhalten wir

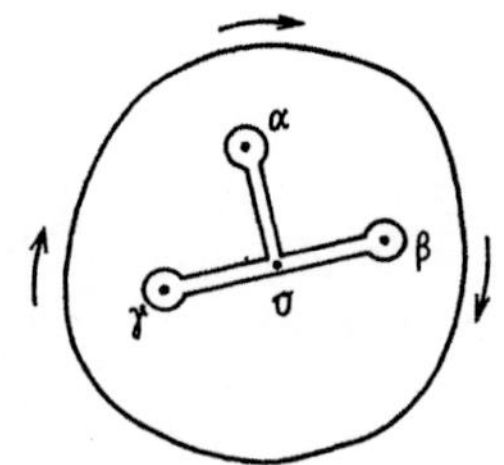

Fig. 120

hierbei nur $-2i\pi A$, den Periodizitätsmodul, der zu α gehört, /jedoch/ negativ genommen. Ebenso integrieren wir dann von σ aus um β /und/ γ und die anderen Unendlichkeitsstellen und erhalten schließlich als Gesamtresultat

$$-2i\pi\cdot(A + B + C + \ldots),$$

d. h., der Periodizitätsmodul, der zum Punkt $z = \infty$ gehört, ist der negative Wert der Summe der Periodizitätsmoduln, welche von allen im Endlichen gelegenen Unendlichkeitsstellen herrühren.

Es zeigt sich wieder, daß $z = \infty$ keinen Periodizitätsmodul herbeiführt, wenn $A + B + C + \ldots = 0$ ist. Die Einfachheit des Kriteriums dafür, ob $z = \infty$ einen Periodizitätsmodul herbeiführt oder nicht, läßt vermuten, daß man dies leichter müsse entscheiden können. Multiplizieren wir

$$\frac{\chi}{\psi} = \frac{A}{z-\alpha} + \frac{A_1}{(z-\alpha)^2} + \ldots + \frac{A_{a-1}}{(z-\alpha)^a}$$

$$+ \frac{B}{z-\beta} + \frac{B_1}{(z-\beta)^2} + \ldots + \frac{B_{b-1}}{(z-\beta)^b}$$

$$+ \frac{C}{z-\gamma} + \ldots$$

mit dem Generalnenner, so ergibt sich, falls n der Grad von ψ ist,

$$\chi = z^{n-1}(A + B + C + \ldots) + z^{n-2}(\ldots) + \ldots$$

Offenbar liefern nur die Glieder mit linearen Nennern in der Partialbruchzerlegung von $\frac{\chi}{\psi}$ Glieder mit z^{n-1} in χ. / / Umgekehrt liefern Glieder mit z^{n-1} in χ Partialbrüche mit linearen Nennern. Der Koeffizient von z^{n-1} in χ ist die entscheidende Summe, und wir erhalten daher die allgemeine Regel: Der Punkt $z = \infty$ liefert einen oder keinen Periodizitätsmodul des $\int\frac{\chi(z)}{\psi(z)}dz$, in welchem $\psi(z)$ vom Grad n ist, je nachdem /, ob/ χ bis oder nicht bis zum Grad n-1 ansteigt.

Wir werden es immer durch eine lineare Transformation erreichen können, daß $\chi(z)$ nicht bis zu diesem Grad ansteigt und daß folglich $z = \infty$ kein singulärer Punkt mehr ist. Im folgenden setzen wir immer voraus, daß diese lineare Transformation unserer Rechnung vorangegangen sei.

/Nun ein/ Beispiel für diese Theorie: **47**

$w = \int\frac{z\,dz}{z^3 - 1}$. Der Grad des Zählers ist um zwei kleiner als der des

Nenners. $z = \infty$ wird daher keinen Periodizitätsmodul ergeben. Die zu integrierende Funktion hat drei Unendlichkeitsstellen / / $1, \alpha, \alpha^2$, /wo/ $\alpha = \frac{-1 + i\sqrt{3}}{2}$, $\alpha^2 = \frac{-1 - i\sqrt{3}}{2}$ ist. Diese drei Punkte liegen auf einem Kreis vom Radius 1 um den Punkt $z = 0$, und ihre Radien bilden Winkel von 120° (Fig. 121).

Wir wollen jetzt über der z-Ebene eine Riemannsche Fläche konstruieren, in der w eindeutig ist. Bei jeder Umkreisung einer der drei Unendlichkeitsstellen ändert sich der Integralwert um einen Periodizitätsmodul. Eine Riemannsche Fläche für w muß daher aus unendlich vielen Blättern bestehen, die in den Verzweigungspunkten $1, \alpha, \alpha^2$ im Zyklus zusammenhängen.

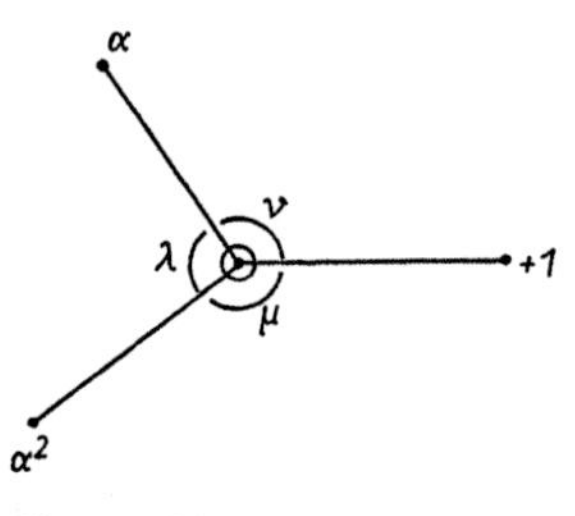

Fig. 121

Umgekehrt /untersuchen wir auch/, wie sich diese unendlich vielen Blätter der z-Ebene auf die w-Ebene abbilden. Wir hatten bei $w = \int \frac{dz}{z}$ diese Abbildung untersucht und gefunden, daß sich jedes Blatt der z-Fläche auf einen Streifen in der w-Ebene abbildete und daß alle diese Bildstreifen, indem sie sich auf der w-Ebene nebeneinanderlagerten, die w-Ebene nur einmal überdeckten. Wir behaupten nun dementgegen, daß sich durch $w = \int \frac{z\,dz}{z^3 - 1}$ jedes Blatt der z-Ebene auch nur auf ein Gebiet (und zwar ein dreizipfliges) der w-Ebene abbildet, daß aber diese Gebiete die w-Ebene nicht nur einmal, sondern unendlich oft überlagern, so daß vermöge $w = \int \frac{z\,dz}{z^3 - 1}$ sich eine unendlichblättrige z-Fläche und eine ebensolche w-Fläche gegenüberstehen.

Daß die w-Ebene überhaupt nicht nur mit einem einzigen Blatt überdeckt sein kann, sehen wir schon ein, wenn wir in ihr einen Verzweigungspunkt oder in der z-Ebene einen merkwürdigen Punkt /aufzeigen/. Beide sind, sofern sie im Endlichen liegen, nach dem Früheren definiert durch $\frac{dw}{dz} = \frac{z}{z^3 - 1} = 0$, und man sieht unmittelbar, daß $\frac{dw}{dz} = 0$ wird für $z = 0$.

Mittwoch, 2.3.1881

Wir berechnen nun zunächst die Periodizitätsmoduln für die drei Verzweigungspunkte der z-Fläche. Die Partialbruchzerlegung gibt

$$\int \frac{z\,dz}{z^3 - 1} = \int \frac{1}{3}\left(\frac{1}{z - 1} + \frac{\alpha^2}{z - \alpha} + \frac{\alpha}{z - \alpha^2}\right) dz$$

$$= \frac{1}{3}\log(z - 1) + \frac{\alpha^2}{3}\log(z - \alpha) + \frac{\alpha}{3}\log(z - \alpha^2).$$

Daran sehen wir, analog dem Früheren, daß

$z = 1$ den Periodizitätsmodul bringt $\frac{2i\pi}{3}$,

$z = \alpha$ den Periodizitätsmodul bringt $\frac{2i\pi\alpha^2}{3}$,

$z = \alpha^2$ den Periodizitätsmodul bringt $\frac{2i\pi\alpha}{3}$.

Ihre Summe ist 0. Dadurch wird unsere frühere Behauptung bestätigt, daß der Punkt $z = \infty$ keinen Periodizitätsmodul [liefert]. Wir markieren diese drei Werte in der w-Ebene. Es sind drei Punkte, die auf einem Kreis mit dem Radius $\frac{2\pi}{3}$ um den Punkt $w = 0$ herum liegen und deren Radien Winkel von $120^\circ = \frac{2\pi}{3}$ miteinander bilden (Fig. 122).

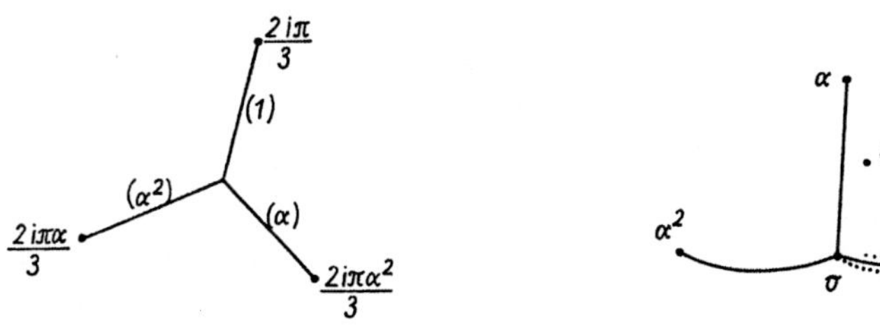

Fig. 122 Fig. 123

Nun führen wir von einem beliebigen Punkt σ der z-Ebene Schnitte nach den drei Verzweigungspunkten (Fig. 123). Wenn wir unseren Integrationswegen sodann die Beschränkung auferlegen, daß sie diese Schnitte nicht überschreiten sollen, so wird ein Umkreisen der drei kritischen Punkte [im einzelnen] unmöglich sein. Die Werte, welche das Integral in den einzelnen Punkten der z-Ebene annimmt, werden also ganz bestimmt [(eindeutig)] sein, weil das Auftreten von Periodizitätsmoduln unmöglich ist. Wenn wir von einem Punkt z_0 aus auf zwei verschiedenen Wegen nach entgegengesetzten Punkten eines der drei Schnitte integrieren, [so] werden wir wie früher zwei Integralwerte erhalten, die sich um den Periodizitätsmodul des Punktes unterscheiden, nach welchem der Schnitt geführt ist.

Wir integrieren jetzt von σ auf dem punktierten Weg (Fig. 123) nach 1 hin, umkreisen diesen Punkt und integrieren längs des anderen Ufer des nach 1 gelegten Schnittes zurück. Welcher Weg entspricht diesem Integrationsweg in der w-Ebene?

Der Integralwert w wird von einem bestimmten, dem σ entsprechenden Punkt σ' auslaufen, sich bis zum negativen unendlich fernen Punkt (der, wie man aus dem ausgerechneten Integral sieht, dem Punkt $z = +1$ entspricht) der w-Ebene hinziehen und wird sodann auf einer Parallelkurve zur ersten, welche um den zu +1 /gehörenden/ Periodizitätsmodul $+\frac{2i\pi}{3}$ gegen diese verschoben ist, ins Endliche zurücklaufen bis zu einem Punkt σ'', der aus σ' durch Verschiebung um $+\frac{2i\pi}{3}$ entsteht. So haben wir, unserem ersten Integrationsweg entsprechend, in der w-Ebene zwei parallele Kurven erhalten, die aus dieser Ebene einen nach dem negativ unendlich fernen Punkt gerichteten Zipfel ausschneiden.

Wenn wir jetzt in derselben Weise nach dem Punkt α hin und zurück integrieren, so werden wir zwei parallele Kurven erhalten, die nach dem unendlich fernen Punkt hinlaufen in einer Richtung, die von derjenigen des ersten Zipfels um 120°, im Uhrzeigersinn gerechnet, verschieden ist. Es wird nämlich für $z = \alpha$ im ausgerechneten Integral das Glied $\frac{\alpha^2}{3}\cdot\log(z-\alpha)$ unendlich, und wenn wir zur Amplitude des negativen unendlich fernen Punktes diejenige von α^2 addieren, so erhalten wir die angegebene Richtung. In derselben Weise sehen wir, daß eine ebenso ausgeführte Integration nach dem Punkt α^2 hin und zurück einen dritten Zipfel in der w-Ebene herbeiführt, welcher sich nach einer Richtung ins Unendliche erstreckt, die durch die Winkelhalbierende der beiden ersten Richtungen gegeben ist. Wir erhalten also die Figur 124.

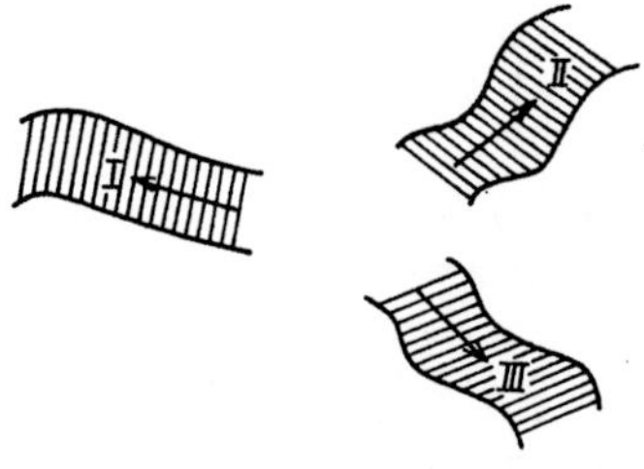

Fig. 124

Wir haben noch zu erläutern, wie sich die drei Zipfel zu einem ganzen Gebiet, auf welches sich die z-Ebene abbildet, vereinigen. Zu diesem Zweck verlegen wir den Anfangspunkt σ der Integration nach $z = 0$ und führen unsere Schnitte an den geraden Verbindungslinien dieses Punktes mit den drei Verzweigungspunkten hin. Hierdurch gewinnen wir zwei Vorteile:

1.) Wir wissen, daß $z = 0$ /ein/ einfacher merkwürdiger Punkt ist, daß sich also bei der Abbildung der z-Ebene die Winkel λ, μ, ν

(siehe Fig. 121), die ihre Scheitel im merkwürdigen Punkt haben, verdoppeln müssen.

2.) Gehen wir auf der reellen Achse von 0 bis 1, so ist für jeden Punkt des Weges [der Integrand] $\frac{z\,dz}{z^3 - 1}$ und daher auch der Integralwert reell. Daraus sehen wir, daß die beiden parallelen Kurven, die den früher beschriebênen ersten Zipfel für den vorliegenden Fall begrenzen, gerade Linien sein müssen, die nach dem negativ reellen unendlich fernen Punkt laufen. Für jeden Punkt z auf der Verbindungslinie der Punkte $z = 0$ und $z = \alpha$ ist $z = r\cdot\alpha$, also $dz = \alpha\, dr$, also (wegen $\alpha^3 = 1$)

$$\frac{z\,dz}{z^3 - 1} = \frac{\alpha^2 r\,dr}{r^3 - 1},$$

d. h., das Differential ist für jeden Punkt das Produkt aus einer reellen Größe [und] α^2. Daraus sehen wir, daß auch, der Integration längs dieser Geraden entsprechend, das Integral w sich geradlinig ins Unendliche bewegen muß, in der schon früher beschriebenen Richtung. Ein gleiches Resultat ergibt sich auf dieselbe Weise für die Integration längs der Geraden von $z = 0$ bis $z = \alpha^2$. Wir zeichnen nun [ ] einen Integrationsweg von $z = 0$ beginnend und dahin zurücklaufend (Fig. 125a) und sodann den Weg, welchen nach all dem Bisherigen das w dabei macht (Fig. 125b). Dabei ist natürlich gemeint, daß die Integrationswege in der z-Ebene sich von beiden Seiten unendlich nahe an die vom Nullpunkt auslaufenden Schnitte anschließen. Man sieht, wie sich die Winkel λ, μ, ν bei dieser Abbildung verdop-

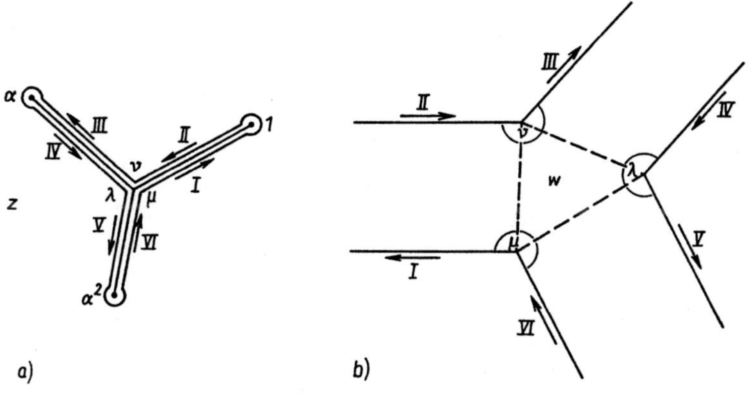

Fig. 125

pelt haben, und man sieht zugleich, daß die Abstände je zweier Parallelen der w-Ebene in Länge und Richtung übereinstimmen mit den Periodizitätsmoduln der drei Verzweigungspunkte, wie sie in Figur122 gezeichnet sind. Auf diesen dreizipfligen Streifen ist das eine von den unendlich vielen Blättern der z-Ebene konform abgebildet.

Es fragt sich nun vor allem: Wie werden sich Integrationswege abbilden, welche die drei Verzweigungsschnitte in der z-Ebene überschreiten?

Wenn wir z. B. zu all den Integrationswegen, welche in dem bisher betrachteten einzigen Blatt der z-Ebene möglich waren (und deren Bilder nicht aus dem einmal gezeichneten dreizipfligen Streifen hinauskamen), noch eine einmalige Umkreisung des Punktes $z' = +1$ hinzufügen, so werden die Bilder dieser Integrationswege in Punkten enden, die gegen die früheren Endpunkte gerade um den zu +1 gehörigen Periodizitätsmodul verschoben sind. [Das heißt] aber, daß sich dasjenige Blatt der z-Fläche, in welches wir gelangen, wenn wir den Verzweigungsschnitt $z = 0$ bis $z = +1$ einmal in einer bestimmten Weise überschreiten, [ ] auf einen dreizipfligen Streifen [abbildet], den wir erhalten, wenn wir den früheren um denjenigen Periodizitätsmodul verschieben, der der betreffenden Überschreitung des Verzweigungsschnittes zugehört. Dieser neue dreizipflige Streifen überdeckt nun aber den ersten teilweise, und wir müssen ihn daher als in einem anderen Blatt der w-Fläche liegend ansehen. Dieses Blatt ist dann längs der einen Geraden, die nach dem negativen unendlich fernen Punkt geht, mit dem ersten Blatt verzweigt (Fig. 126).

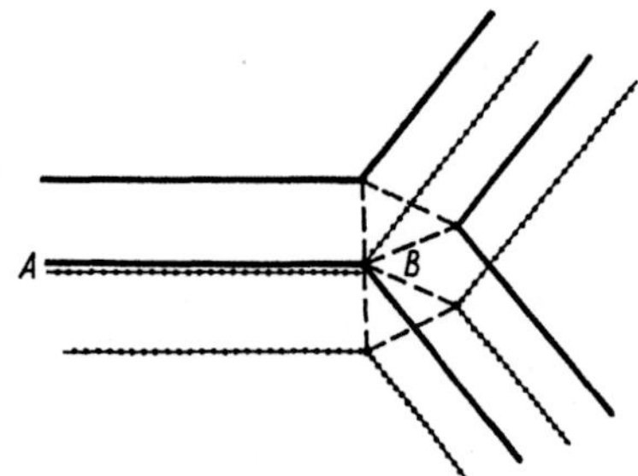

Fig. 126

Die beiden Streifen sind miteinander verzweigt längs der Geraden AB, während sonst z. B. der schwarz (════)-begrenzte über dem rot (····)-begrenzten liegend zu denken ist (Fig. 126). Wenn wir ebenso jetzt von unserem früheren einzigen Blatt der z-Fläche übergehen in die fünf anderen Blätter, mit denen das erstere noch verzweigt ist längs der drei Verzweigungsschnitte, so erkennen wir, daß diese 5 Blätter sich auf ebensolche dreizipflige Streifen abbilden, die wir aus dem ersteren erhalten durch

Verschiebung in der Richtung der Periodizitätsmoduln. So erhalten wir im ganzen zunächst 6 solche neuen Streifen, von denen jedes mit dem ersten längs einer der 6 Begrenzungsgeraden verzweigt ist und die untereinander wieder verzweigt sind längs ihrer Begrenzungsgeraden. Von diesen 6 Blättern kann man in derselben Weise zu neuen Blättern der z-Fläche übergehen und erkennt [also]: Die unendlich vielen Blätter der z-Fläche bilden sich ab auf ebensoviel dreizipflige Streifen, welche die w-Ebene wiederum unendlich oft überdecken und von denen je zwei längs einer ihrer 6 Begrenzungslinien verzweigt sind.

[Wir sehen in Figur 127 ein erstes Blatt der z-Fläche schwarz] (═══) gezeichnet und daran die 6 Bilder der 6 Blätter, mit denen dieses erste längs der 3 Schnitte verzweigt ist. Man sieht aus der Figur 127, wie die 6 neuen dreizipfligen Streifen nun wieder unter-

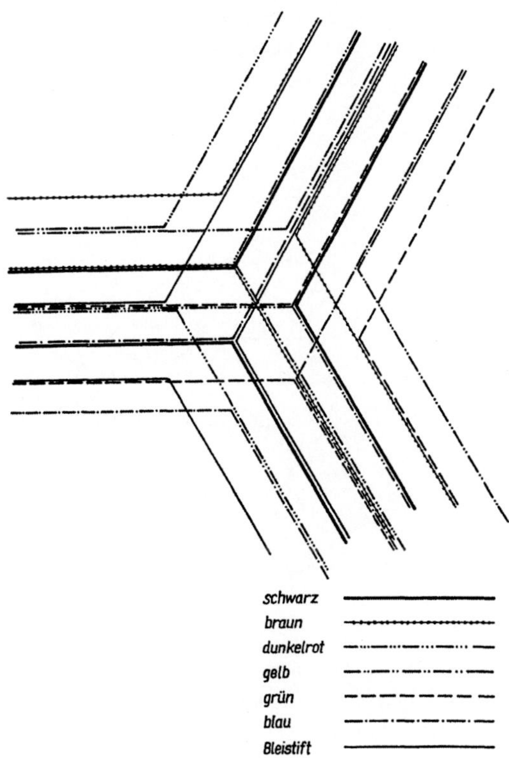

Fig. 127

einander zusammenhängen. An den Geraden, wo 4 Farben aufgetragen sind, hängen die Blätter paarweise zusammen und zwar diejenigen, deren Farben von demselben Punkt ausgehen. So hängen z. B. an der nach dem negativen unendlich fernen Punkt laufenden Mittellinie der ganzen Figur 127 das grüne(- - - -) und das gelbe (-·······) Blatt einerseits und das dunkelrote (-·-·-·-·-·) und das bleistiftfarbene (———) Blatt andererseits zusammen.

Diese Figur 127 ist namentlich zum Verständnis der folgenden Überlegungen gezeichnet. Wir wollen einmal in der z-Fläche die Querschnitte anders legen als bisher, aber doch so, daß sich die neuen sehr bald an die alten anschließen, so daß die Abbildung bei sehr weiten Punkten und im Unendlichen [so] bleibt wie vorher. Als Ausgangspunkt der nach den drei Verzweigungspunkten laufenden Schnitte wählen wir einen Punkt [a] auf der Strecke z = 0 bis z = 1 und legen die Schnitte [so], wie Figur 128a [es] zeigt. Die starken Linien sind die neuen, die schwachen [Linien] die alten Schnitte. Wir erhalten dementsprechend als Begrenzungen des Bildstreifens der w-Ebene solche Linien, die nur im Endlichen (und da wenig) von den alten (schwach gezeichneten) Grenzen abweichen (Fig. 128b), nämlich:

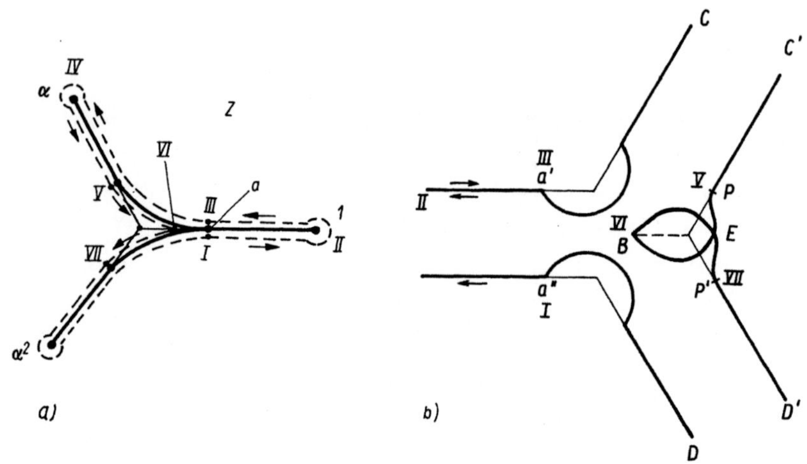

Fig. 128

Wenn wir die gebrochenen Grenzlinien a'C und a"D resp. parallel mit sich verschieben nach BC' und BD', so erkennen wir, daß von unserem Bildstreifen der lanzettförmige Teil mit den Spitzen B und E doppelt überdeckt sein muß.

Wir wollen jetzt wie früher um unsere neuen Querschnitte herumintegrieren und den entsprechenden Weg in der w-Ebene verfolgen.

Der Integration von I /(d. i. a)/ nach II und dann nach III /(d. i. wieder a)/ entspricht ein Weg von a" geradlinig zum Punkt $w = -\infty$ und zurück nach a'. Dem Weg III bis IV entspricht der Weg von a' über C ins Unendliche. Dem Weg IV bis V entspricht in der w-Fläche ein Weg vom Unendlichen über C' nach P. Bei V wird der alte Verzweigungsschnitt von 0 nach α überschritten. Dementsprechend liegt die Kurve PEB nicht mehr in dem in der Figur 127 schwarz (══════) gefärbten Ausgangsblatt, sondern in dem grün (- - - -) gefärbten, welches längs PC' mit jenem zusammenhängt. Bei VI (d. i. /wieder/ a) wird sodann vom Integrationsweg der alte Verzweigungsschnitt von 0 bis 1 überschritten. Dementsprechend geht die Begrenzungslinie unseres Bildstreifens bei B in ein neues Blatt über und zwar in dasjenige, welches in Figur 127 gelb (-·······-) gefärbt war. In diesem bleibt sie bis zum Punkt P'. Dieser entspricht dem Punkt VII der z-Ebene, wo unser Integrationsweg wieder auf den alten Schnitt von 0 bis α^2 kommt, auf dem er bleibt bis zum Punkt α^2. Der Umkreisung dieses Punktes durch unseren wandernden Punkt z entsprechend, tritt der Punkt w in dem unendlich fernen Punkt der Richtung P'D' wieder auf das ursprüngliche Blatt über, nachdem es von P' an bis dahin auf der Grenze zwischen diesem und dem schwarzen (══════) Blatt sich bewegt hat. Wir zeichnen jetzt die Begrenzungslinien unseres Bildstreifens mit den Farben der Blätter, in denen die einzelnen Teile liegen (Fig. 128c):

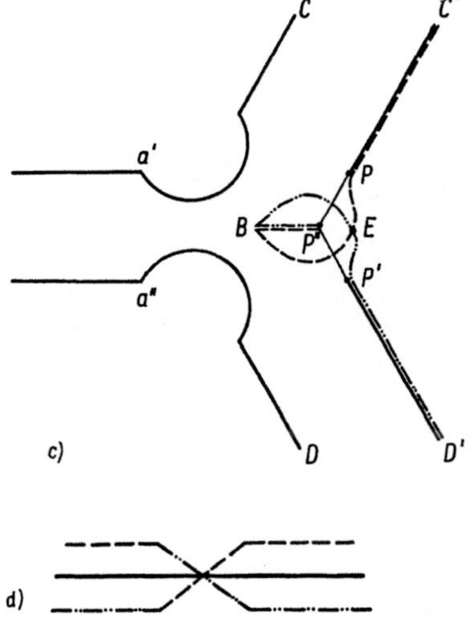

Fig. 128

Längs P"B hängen das grüne (- - - -) und gelbe (-·····-) Blatt zusammen. Das kleine lanzettförmige Flächenstück zerfällt in drei Teile: Das obere dreieckähnliche Stück ist überdeckt vom gelben (-·····-) und /vom/ schwarzen (══════) Blatt, und zwar wollen wir uns das gelbe (-·····-) hinter dem schwarzen (══════) liegend vorstellen. Das untere dreieckige Stück ist überdeckt vom grünen (- - - -) und /vom/ schwarzen (══════) Blatt, und zwar soll das grüne (- - - -) vor dem schwarzen (══════) liegen. Das rechte viereckige Stückchen ist überdeckt vom gelben (-······-) und /vom/ grünen (- - -) Blatt, und zwar liegt das gelbe (-······-) hinten. Schneiden wir BP" durch eine senkrechte Ebene, so erhalten wir im Querschnitt die Figur 128d.

Donnerstag, 3.3.1881

15. Die durch Integrale algebraischer Funktionen definierten Funktionen und die durch sie vermittelten Abbildungen

48

Gegeben sei $W = \int_{z_0,w_0}^{Z,w} R(w,z)\,dz$, wobei /die rationale Funktion R nur für solche Wertepaare w,z definiert sei, die der algebraischen Gleichung $f(\overset{\mu}{w},\overset{\nu}{z}) = 0$ genügen/. Zunächst sehen wir, daß man als untere Grenze des Integrals nicht nur einen Wert von z angeben darf, denn die z-Ebene ist /mit/ μ Blättern überdeckt, und es gibt daher /zu einem z_0 μ verschiedene Werte w/. Man muß zur unzweideutigen Bestimmung der unteren Grenze den dem z_0 zugehörigen Wert w_0 ebenfalls angeben. Dasselbe gilt für die obere Grenze.

Hauptsächlich beschäftigt uns nun wieder die Frage: Wie weit hängt der Wert des Integrals zwischen zwei bestimmten Grenzen vom Integrationsweg ab?

Werden wir uns zuerst klar über die verschiedenen Integrationswege, die hierbei möglich sind! Dies ist leichter an der idealen Riemannschen Fläche / / als an der gewöhnlichen, weil sich an der ersten der Zusammenhang der einzelnen Blätter besser überblicken läßt.
Das Geschlecht der Funktion sei p = 1. Wir haben auf der Fläche 3 Integrationswege gezeichnet (Fig. 129), von denen I und II einen Teil der Fläche völlig begrenzen, während weder I und III noch II und III dasselbe tun. Dies genügt zum Verständnis des Satzes:

Zwei Integrationswege, welche zusammen einen Teil der Riemannschen Fläche völlig begrenzen, mag nun dieser Teil Verzweigungspunkte einschließen oder nicht, geben denselben Wert des Integrals, sobald keine Unendlichkeitsstellen in dem umschlossenen Bereich liegen.

Zum Beweis beschränken wir uns auf eine Erläuterung des Falles, daß zwei Blätter der Riemannschen Fläche längs eines Verzweigungsschnittes zusammenhängen. /Sowohl die untere Grenze z_0 als auch die obere Grenze/ Z mögen im oberen Blatt liegen. Dann sehen wir sogleich

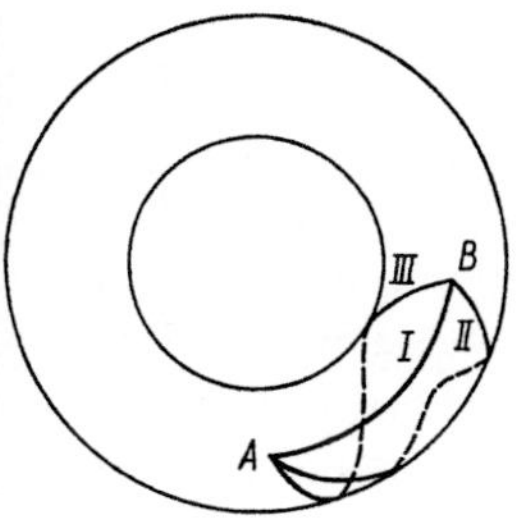

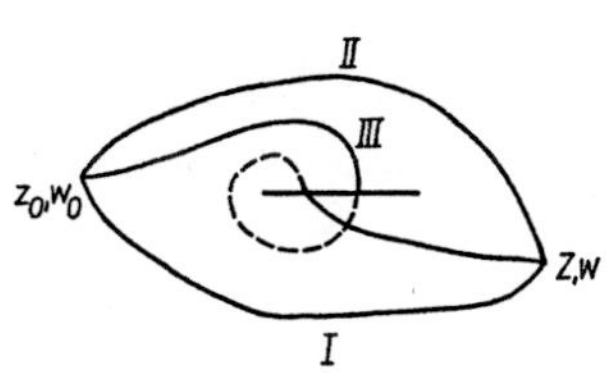

Fig. 129 Fig. 130

(Fig. 130), daß die Integrationswege I und II zusammen keinen Teil der Fläche völlig begrenzen, während I und III dies zusammen tun. Unser jetziger Beweis besteht im Grunde nur in einer Berufung auf Früheres.

Wir haben den Beweis bei rationalen oder eindeutigen Funktionen nach folgendem Gedankengang geführt: Statt die beiden Integrationsresultate längs beider Wege zu vergleichen, integrierten wir um die ganze Kontur des durch die Wege abgeschlossenen Teils der Fläche herum. Dieses Randintegral führten wir zurück auf ein Doppelintegral, das über jenen abgeschlossenen Teil der Riemannschen Fläche zu erstrekken war. Wir fanden, daß sich dasselbe zusammensetzte aus einem reellen und einem imaginären Integral, die beide über ein exaktes Differential zu nehmen waren. Diese beiden Bestandteile des Doppelintegrals und daher des letzteren selbst und mit ihm das ursprüngliche Randintegral erwiesen sich als gleich 0. Daher mußten die Integrale längs der beiden Wege zwischen den Integrationsgrenzen gleich sein.

Genau dieselbe Schlußweise können wir hier wiederholen. Das Flächenstück, über welches die Doppelintegrale zu erstrecken sind, durchsetzt sich nur zum Teil selbst, und das kann auf die Bedeutung oder den Wert des Doppelintegrals keinen Einfluß haben. Wir nehmen daher unseren Satz nur für die algebraischen Funktionen als bewiesen an.

Wenn ein Integrationsweg II mit einem anderen I keinen Teil der Fläche völlig begrenzt, so ist kein Flächenstück vorhanden, über welches das Doppelintegral zu erstrecken wäre. Wir können dann unseren Beweis nicht anwenden, und in der Tat ist für zwei solche Integrationswege der Satz nicht notwendig richtig.

Im folgenden beschäftigen wir uns mit der Frage: Wie viele verschiedene Integrationswege gibt es zwischen zwei Punkten der Riemannschen Fläche, und wie viele verschiedene Werte des Integrals zwischen denselben beiden Grenzen sind danach zu unterscheiden?

Wir vermuten nun, daß wie bei den rationalen Funktionen die Umkreisung einer geeigneten Unendlichkeitsstelle einen Periodizitätsmodul herbeiführen wird. Abgesehen hiervon wollen wir zunächst nur untersuchen, wie viele verschiedene Integrationswege es zwischen zwei Punkten gibt, einzig und allein infolge des Zusammenhangs oder des Geschlechts der Fläche und abgesehen von den Unendlichkeitsstellen. Wir behaupten dabei den folgenden Satz:

Wenn zwei geschlossene Kurven auf einer Riemannschen Fläche kontinuierlich ineinander übergeführt werden können, ohne daß dabei ein Unendlichkeitspunkt überschritten zu werden braucht, so liefert die Integration längs derselben dasselbe Resultat.

Wir führen den Beweis für die rote (·····) und /die/ blaue (-·-·-·-) Äquatorialkurve des gezeichneten Ringes (Fig. 131) und bemerken, daß er sich in genau derselben Weise für je zwei solche Kurven führen läßt. Es möge die Integration um den roten (······) Kreis im Uhrzeigersinn ergeben A, diejenige um den blauen (-·-·-·) Kreis in demselben Sinn dagegen B. Gehen wir von P aus /auf dem/ roten (·····) Kreis /in Pfeilrichtung/ bis dahin zurück, dann auf der schwarzen (═══) Brücke zum blauen (-·-·-·) Kreis, hierauf längs dieses /Kreises/ im entgegengesetzten Sinn /(Pfeilrichtung)/ als vorher und schließlich auf der schwarzen (═══) Brücke nach P zurück, so haben wir längs einer geschlossenen Kurve integriert, die keinen Unendlichkeitspunkt der Funktion umschließt. / / Wir müssen also den Randintegralwert 0 erhalten. Die beiden Beträge, welche die Integrationen auf der schwarzen (═══) Brücke liefern, heben sich auf, und also ist A - B = 0, d. h. A = B.

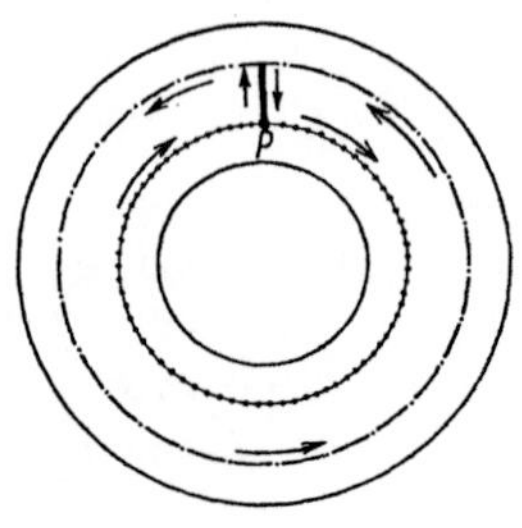

Fig. 131

Wir wollten die Periodizitätsmoduln, welche durch Unendlichkeitsstellen herbeigeführt werden, vorläufig unbeachtet lassen und können in diesem Sinne sagen:

1.) Die Integration längs einer Kurve auf dem Ring, die für sich allein den Ring zerstückelt, ergibt [den Wert] 0, denn die Kurve läßt sich kontinuierlich auf einen Punkt zusammenziehen.

2.) Die Integration längs jeder Meridiankurve ergibt denselben Wert A.

3.) Die Integration längs jeder Äquatorialkurve ergibt denselben Wert B.

Wir behaupten ferner, daß man jeden beliebigen Integrationsweg zwischen zwei Punkten a und b unseres Ringes zusammensetzen kann aus einem einfachsten Weg [(etwa dem kürzesten)] zwischen beiden und einer Anzahl Meridian- und Äquatorialkurven. Wir beweisen [diese Behauptung wieder] nur für zwei einfache Fälle. In derselben Weise zeigt man [dann] ihre Richtigkeit auch für jeden anderen Fall.

1.) Der einfachste Weg zwischen a und b (Fig. 132) ist mit Bleistift (———) gezeichnet. Der rote (·····) Integrationsweg nun läßt sich kontinuierlich deformieren zum blauen (-·-·-·), und dieser besteht aus unserem einfachsten Weg zwischen a und b und einer Meridiankurve. Das Integral, welches der rote (·····) Weg ergibt, kann sich daher von demjenigen des einfachsten Weges nur um den Betrag A unterscheiden, den die Integration längs eines Meridians ergibt.

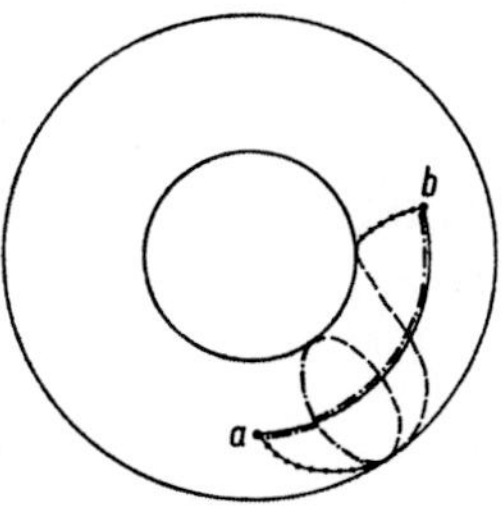

Fig. 132

2.) Der rote (·····) Integrationsweg (Fig. 133) läßt sich wieder kontinuierlich deformieren zu dem blauen (-·-·-·), der sich zusammensetzt aus dem einfachsten Weg [zwischen a und b (═══)] und einer Äquatorialkurve. Die Integration längs des roten (·····) Weges ergibt ein Resultat, das sich nur um B unterscheidet von dem Integralwert, welchen der einfachste schwarze (═══) Weg ergibt.

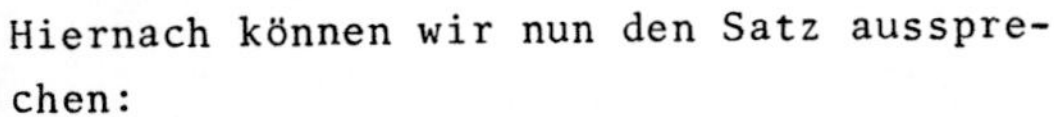

Hiernach können wir nun den Satz aussprechen:

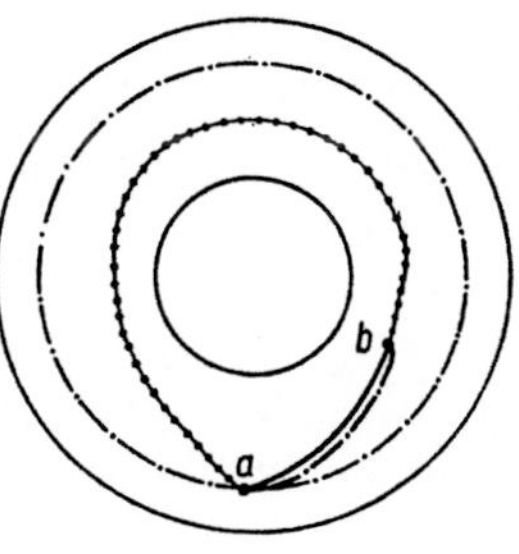

Fig. 133

<u>Die Integralwerte, welche zu zwei belie-</u>

bigen Wegen zwischen a und b gehören, können sich nur unterscheiden um ganzzahlige Vielfache von A und B.

Zwei solche Wege können z. B. den Ring verschiedene Male im Sinne einer Meridian- und einer Äquatorialkurve umschlingen. Bezeichnen wir den zum einfachsten Weg zwischen a und b gehörigen Integralwert mit $[W]$ und einen beliebigen anderen ⌊(bei gleichen Grenzen)⌉ mit W, so haben wir also

$$W = [W] + \alpha A + \beta B$$

⌊, wo α und β ganze Zahlen sind⌉. Wir sehen, wie die Integralwerte A und B die Rollen von Periodizitätsmoduln spielen.

Freitag, 4.3.1881

In derselben Weise wollen wir auch den Fall $p = 2$ behandeln. Die Normalgestalt der idealen Riemannschen Fläche ist hier der Doppelring (Fig. 134). Wir haben 4, die Fläche nicht zerstückelnde Integrationswege markiert und jeden mit einem Sinn versehen, in welchem die Integration geschehen soll. Es möge die Integration längs I ergeben B_1, längs II ergeben B_2, längs III ergeben A_1, längs IV ergeben A_2. Bezeichnen wir dann das Resultat, welches sich bei der Integration auf einem einfachsten bestimmten Weg zwischen zwei Punkten a und b ergibt, mit $[W]$ und mit W das zu einem beliebigen anderen Weg zwischen denselben Punkten gehörige Integral, so behaupten wir:

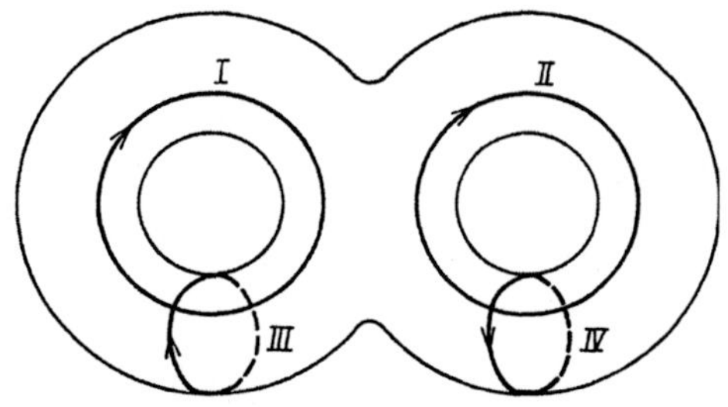

Fig. 134

$$W = [W] + \alpha_1 A_1 + \alpha_2 A_2 + \beta_1 B_1 + \beta_2 B_2$$

⌊, wo α_1, α_2, β_1, β_2 ganze Zahlen sind⌉. Dabei ließen wir, wie soeben auch, Periodizitätsmoduln, die durch Unendlichkeitspunkte entstehen, ⌊unbeachtet⌉.

Machen wir den Weg, welcher W ergibt, vorwärts und darauf den, welcher $[W]$ liefert, rückwärts, so haben wir eine geschlossene Kurve beschrieben, und unsere Behauptung lautet in anderer Fassung:

Das Randintegral einer beliebigen geschlossenen Kurve auf der Ringfläche [resp. Doppelringfläche] setzt sich zusammen aus ganzzahligen Vielfachen von A_1, A_2, B_1, B_2.

Wir beweisen den Satz wiederum nur für einige besondere Kurven auf der Fläche. Sie zeigen das Prinzip, wonach sich der Satz für jede Kurve beweisen läßt.

1.) Um den Satz für die blaue (-·-·-·) Kurve zu beweisen (Fig. 135), verwandeln wir die letztere zunächst kontinuierlich in die rote (·····). Beide müssen nach Früherem dasselbe Randintegral ergeben. Die rote (·····) Kurve zerfällt aber in zwei Teile, in welche man kontinuierlich III und IV durch Verschieben nach der der Mitte zu deformieren kann. Die Integration längs der roten (·····) und also auch längs der blauen (-·-·-·) Kurve muß [ ] ergeben $-A_1 - A_2$.

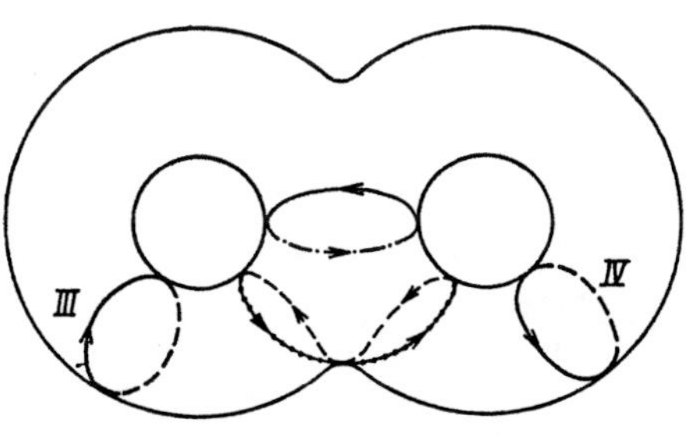

Fig. 135

2.) Für die neue blaue (-·-·-·) Kurve (Fig. 136) erkennt man den Satz dadurch, daß man sie zunächst kontinuierlich in die rote (····) deformiert. Diese kann man wieder, da sie einen Selbstberührungspunkt besitzt, als aus zwei Teilen bestehend ansehen, in deren jeden wir [den Weg] IV kontinuierlich deformieren können.

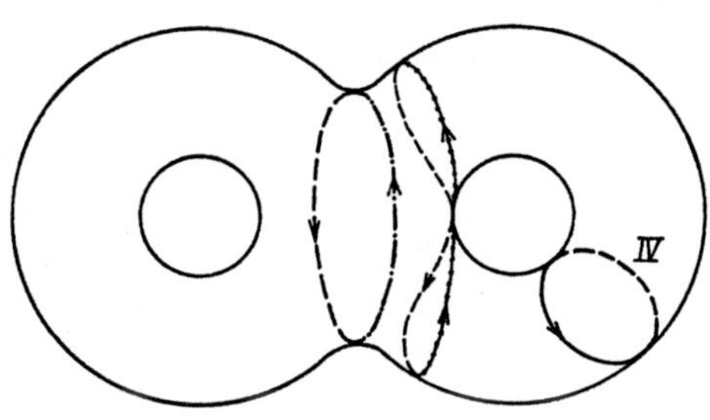

Fig. 136

Wir mögen längs der roten (·····) oder blauen (-·-·-) Kurve integrieren, in welchem Sinne wir wollen, sicher ergibt die Integration das Resultat $-A_2 + A_2 = 0$.

Nun zum Fall eines allgemeinen p! Wir zeigen auch hier, daß das Randintegral längs einer geschlossenen Kurve sich zusammensetzt aus Vielfachen solcher einfacher Randintegrale A,B,... wie vorher. Die

Normalfläche ist hier die Kugel mit p Henkeln. Ein beliebiger geschlossener Weg auf der Fläche wird [ ] eine beliebige Anzahl jener Henkel beliebig oft nach Art einer Breitenkurve und beliebig oft nach Art einer Meridiankurve umschlingen. Es seien nun die beiden mit Bleistift (———) gezeichneten Kurvenstücke (Fig. 137) Anfang und Ende von Umschlingungen des Henkels H durch unsere Integrationskurve.[1] Wir biegen dieselben zusammen, wie die blaue (-·-·-·) Kurve [es] angibt, dabei ändert sich bekanntlich der Integralwert nicht. Hierauf deformieren wir die blaue (-·-·-·) Kurve zur roten (·····). Wir haben dadurch von unserer gesamten Integrationskurve einen Teil abgetrennt, der sich nur um den Henkel H herumlegt. Ebenso verfahren wir mit der Kurve bezüglich aller übrigen Henkel. So zerfällt zuletzt unsere Kurve in lauter einzelne Teile, von denen einige nur bestimmte Henkel umschlingen, während der letzte übrigbleibende Teil ein Stück der Fläche völlig begrenzt, sich also auf einen Punkt zusammenziehen läßt und bei der Integration den Betrag 0 liefert. Jeden um einen Henkel sich schlingenden Kurventeil lösen wir dann wieder auf in Meridiane und Breitenkurven. Wir bezeichnen die [Resultate], welche die Integration längs der Breitenkurven um die einzelnen Henkel liefern, mit $B_1, B_2, B_3, \ldots$ und die entsprechenden [Resultate] für die Meridiane mit $A_1, A_2, A_3, \ldots$ Wenn wir dann wie früher $[W]$ das Integrationsresultat längs eines bestimmten Weges zwischen zwei Punkten a und b und W dasjenige für einen beliebigen anderen Weg zwischen denselben Punkten nennen, so kann man unter Hinweis auf Früheres den Satz als bewiesen ansehen:

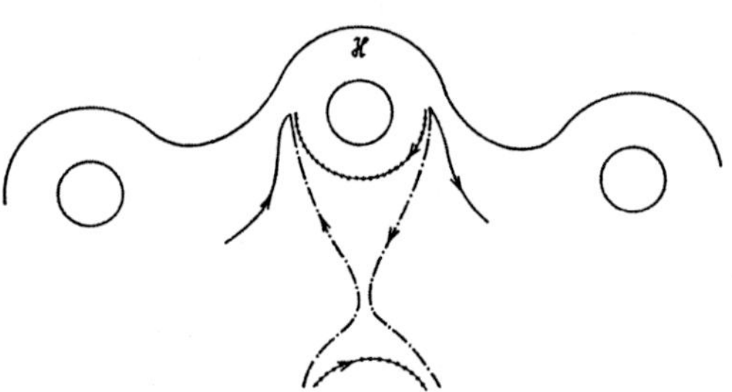

Fig. 137

$$W = [W] + \sum_{i=1}^{p} (\alpha_i A_i + \beta_i B_i).$$

[1] Im weiteren Verlauf kann unser Integrationsweg möglicherweise bei demselben Henkel wieder eine Serie von Umschlingungen geben. Die wird dann wieder genauso behandelt. (L)

/Bezeichnen wir die Integrationswerte A, B als Periodizitätsmoduln, so erkennen wir schließlich den Satz/:

Das Integral einer algebraischen Funktion besitzt 2p Periodizitätsmoduln nur infolge des Zusammenhanges der zugehörigen Riemannschen Fläche.

Nun wollen wir noch die bisher unberücksichtigt gebliebenen Unendlichkeitsstellen betrachten. Eine Umkreisung eines solchen Punktes kann bekanntlich einen Periodizitätsmodul ergeben.

Wir behaupten nun zunächst, daß zwei Wege, die in bezug auf den bisher betrachteten Zusammenhang der Fläche äquivalent sind, Integrale ergeben müssen, die sich nur um Vielfache der zu den Unendlichkeitsstellen gehörigen Periodizitätsmoduln unterscheiden.

Wir beweisen den Satz an einem Beispiel, welches den Gang des Beweises für alle anderen Fälle zeigt:

Die beiden schwarzen (═══) Integrationswege I und II zwischen P und P' (Fig. 138) sind bezüglich des Zusammenhangs der Fläche gleichwertig und schließen zusammen 3 Unendlichkeitsstellen ein. Nun kann man offenbar den Weg I kontinuierlich verzerren, bis er in den blauen (-·-·-·) Integrationsweg übergeht. Bei dieser Deformation wird keine Unendlichkeitsstelle überstrichen, daher muß das Resultat der Integration ungeändert geblieben sein. Nun ergibt aber die Integration längs des blauen (-·-·-·) Weges offenbar dasselbe /Resultat/ wie die längs II, vermehrt um die Summe der Periodizitätsmoduln, welche durch die Umkreisung um die Unendlichkeitsstellen herbeigeführt werden, und also ist unser Satz für das Beispiel bewiesen.

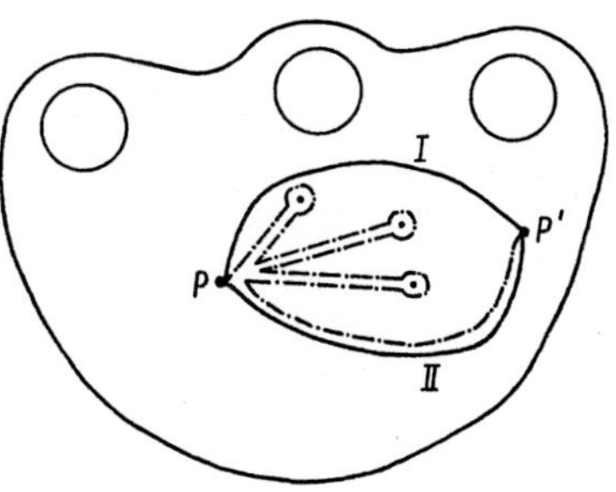

Fig. 138

Es mögen die μ Unendlichkeitsstellen der Funktion die Periodizitätsmoduln $C_1, C_2, C_3, \ldots, C_\mu$ herbeiführen. Bezeichnen wir dann wieder mit $[W]$ das Resultat der Integration längs eines bestimmten Weges zwischen a und b und mit W dasjenige für einen beliebigen anderen Weg /zwischen a und b/, so ergibt die Zusammenfassung der beiden letzten wichtigen Resultate die Formel:

$$W = [W] + \sum_{i=1}^{p} (\alpha_i A_i + \beta_i B_i) + \sum_{k=1}^{\mu} \gamma_k C_k .$$

Dienstag, 8.3.1881

Zu dem letzten Satz ist noch ein Zusatz nötig: Die Summe aller der Periodizitätsmoduln eines algebraischen Integrals, welche von Unendlichkeitsstellen der zu integrierenden Funktion herrühren, ist gleich 0.

Nach diesem Satz gibt es bei μ Unendlichkeitsstellen nur $\mu - 1$ davon herrührende Periodizitätsmoduln, die unabhängig voneinander sind. Den Beweis des Satzes führen wir wieder an einem besonderen Beispiel:

Die schwarze (═══) Kontur (Fig. 139) stelle einen Integrationsweg um sämtliche Unendlichkeitsstellen dar. Wir deformieren ihn, indem wir die untere Partie auf die Rückseite des Doppelringes ziehen und [so schließlich die rote (·····) Kurve gewinnen] die dann noch leicht in die blaue (-·-·-·) deformiert wird. Die blaue (-·-·-·) Kurve besitzt in a, b [und] c drei Selbstberührungspunkte und wird durch diese Punkte in vier Stücke geteilt, von denen jedes nichts anderes ist als eine Meridiankurve für einen der beiden Henkel. Je zwei zu demselben Henkel gehörige Meridiankurven geben bei der Integration in einem beliebigen Sinne längs der gesamten Kurve [Werte], die sich gegenseitig zerstören. [Die Integration längs des gesamten Weges liefert also das Resultat 0]. Daraus ersehen wir zugleich noch, daß die Zahl solcher "logarithmischen" Unendlichkeitsstellen mindestens gleich 2 sein muß.

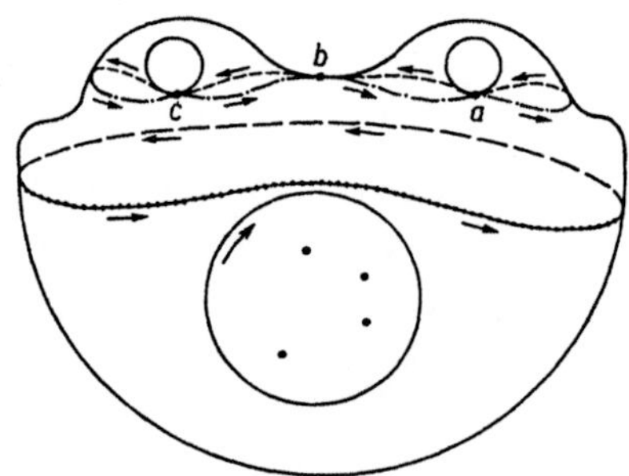

Fig. 139

Schließlich behandeln wir noch die Frage: Wo wird das Integral unendlich, und wie erkennt man dies am Differential?

Wir unterscheiden dabei [ ], ob wir ein unendliches Integral erhalten für ein endliches oder unendliches z und [ ] ob für ein gewöhnliches z oder für einen Verzweigungspunkt. Hierbei benutzen wir die Entwicklung der zu integrierenden Funktion in eine Reihe, führen aber wie früher die Gültigkeit dieser Reihenentwicklung ohne Beweis an.

1.) In einem gewöhnlichen endlichen Punkt z_0 gilt die Reihenentwicklung

$$R(w,z) = \frac{A}{z - z_o} + \frac{B}{(z - z_o)^2} + \ldots + \frac{N}{(z - z_o)^{\nu}} + \alpha$$

$$+ \alpha_1(z - z_o) + \alpha_2(z - z_o)^2 + \ldots,$$

d. h., die algebraische Funktion läßt sich in einem solchen Punkt in eine Potenzreihe nach ganzen Potenzen von $z - z_o$ entwickeln. Es können dabei negative Potenzen /auftreten, aber nur in endlicher Zahl/. Ist die $-\mu$-te die niedrigste vorkommende Potenz, so sagt man, daß im Punkt z_o die Funktion μ-fach unendlich wird. Bilden wir nun das Integral, so haben wir

$$\int R(w,z)\,dz = A\cdot\log(z - z_o) - \frac{B}{z - z_o} - \ldots - \frac{N}{(\nu - 1)(z - z_o)^{\nu-1}}$$

$$+ \alpha(z - z_o) + \frac{\alpha_1}{2}(z - z_o)^2 + \ldots$$

Daraus folgt: Wenn die algebraische Funktion an einer Stelle z_o eine Überlagerung eines $2,3,\ldots,\nu$-fachen Unendlichkeitspunktes aufweist, so besitzt ihr Integral an dieser Stelle zunächst die Überlagerung eines $1,2,\ldots,(\nu-1)$-fachen Unendlichkeitspunktes.

Dabei ist noch hinzuzufügen: Wird die Funktion an einer Stelle nur einfach unendlich, so wird das Integral dort logarithmisch unendlich.

2.) In einem endlichen Verzweigungspunkt von der Multiplizität $\varrho - 1$ besitzt die Funktion die Entwicklung:

$$R(w,z) = \frac{A}{(z - z_o)^{\frac{1}{\varrho}}} + \frac{B}{(z - z_o)^{\frac{2}{\varrho}}} + \ldots + \frac{N}{(z - z_o)^{\frac{\nu}{\varrho}}} + \alpha$$

$$+ \alpha_1(z - z_o)^{\frac{1}{\varrho}} + \alpha_2(z - z_o)^{\frac{2}{\varrho}} + \ldots$$

Man soll strenggenommen sagen, daß die Funktion hier in $z = z_o$ nur $\frac{\nu}{\varrho}$-fach unendlich wird. Der Nenner ϱ rührt davon her, daß z_o ein Verzweigungspunkt ist. Durch die Transformation

$$z' = (z - z_o)^{\frac{1}{\varrho}}$$

wird unsere ϱ-fach überdeckte Fläche in eine einfache verwandelt, und dann ist der Punkt $z' = 0$, welcher $z = z_o$ entspricht, ein ν-facher Unendlichkeitspunkt. Man sagt daher nach /der Vorgehensweise RIEMANNs/ auch von der ursprünglichen Funktion, daß sie im Punkt z_o eine ν-fache Unendlichkeitsstelle besitze.[1)]

[1)] Grund dieser Ausdrucksweise: Invarianz derselben bei eindeutiger Transformation.

Die Integration der entwickelten Funktion gibt:

$$\int R(w,z)\,dz = \frac{A(z-z_0)^{\frac{\varrho-1}{\varrho}}}{\frac{\varrho-1}{\varrho}} + \frac{B(z-z_0)^{\frac{\varrho-2}{\varrho}}}{\frac{\varrho-2}{\varrho}} + \dots$$

$$+ \frac{N(z-z_0)^{\frac{\varrho-\nu}{\varrho}}}{\frac{\varrho-\nu}{\varrho}} + \alpha(z-z_0) + \alpha_1\frac{(z-z_0)^{\frac{\varrho+1}{\varrho}}}{\frac{\varrho+1}{\varrho}} + \dots$$

Das Integral wird nur dann unendlich, wenn $\nu > \varrho$, d. h.: Wird eine algebraische Funktion in einem Verzweigungspunkt von geringerem Grad unendlich als die ⌊Anzahl⌋ der in jenem Punkt zusammenhängenden angibt, so bleibt das Integral der Funktion an jener Stelle endlich.

3.) Im Punkt $z = \infty$ entwickelt man die Funktion, falls der Punkt ein gewöhnlicher Punkt ist, wie folgt:

$$R(w,z) = Az + Bz^2 + \dots + Nz^{\nu} + \alpha + \frac{\alpha_1}{z} + \frac{\alpha_2}{z^2} + \dots.$$

⌊ ⌋ Falls der Punkt $z = \infty$ ein Verzweigungspunkt von der Multiplizität $\varrho - 1$ ist, ⌊entwickelt man hingegen so:⌋

$$R(w,z) = Az^{\frac{1}{\varrho}} + Bz^{\frac{2}{\varrho}} + \dots + Nz^{\frac{\nu}{\varrho}} + \wedge + \frac{\alpha_1}{z^{\frac{1}{\varrho}}} + \frac{\alpha_2}{z^{\frac{2}{\varrho}}} + \dots$$

$$+ \frac{\alpha_\varrho}{z} + \frac{\alpha_{\varrho+1}}{z^{1+\frac{1}{\varrho}}} + \frac{\alpha_{\varrho+2}}{z^{1+\frac{2}{\varrho}}} + \dots$$

Die Integration liefert im ersten Fall:

$$\int R(w,z)\,dz = \frac{Az^2}{2} + \frac{Bz^3}{3} + \dots + \frac{Nz^{\nu+1}}{\nu+1} + \alpha z + \alpha_1 \cdot \log z - \frac{\alpha_2}{z} - \dots$$

und im zweiten Fall:

$$\int R(w,z)\,dz = A\frac{z^{\frac{\varrho+1}{\varrho}}}{\frac{\varrho+1}{\varrho}} + B\frac{z^{\frac{\varrho+2}{\varrho}}}{\frac{\varrho+2}{\varrho}} + \dots + N\frac{z^{\frac{\varrho+\nu}{\varrho}}}{\frac{\varrho+\nu}{\varrho}} + \alpha z$$

$$+ \alpha_1 \frac{z^{\frac{\varrho-1}{\varrho}}}{\frac{\varrho-1}{\varrho}} + \alpha_2 \frac{z^{\frac{\varrho-2}{\varrho}}}{\frac{\varrho-2}{\varrho}} + \dots + \alpha_\varrho \cdot \log z - \frac{\alpha_{\varrho+1}\cdot\varrho}{z^{\frac{1}{\varrho}}}$$

$$- \frac{\alpha_{\varrho+2}\cdot\varrho}{2\cdot z^{\frac{2}{\varrho}}} - \dots$$

Vergleicht man die beiden Integralentwicklungen mit den beiden Funktionsentwicklungen, so erkennt man das für beide gemeinsame Gesetz:

Wenn die Funktion $z \cdot R(w,z)$ für $z = \infty$ unendlich oder überhaupt von 0 verschieden wird, so wird $\int R(w,z)\,dz$ im Punkt $z = \infty$ unendlich. Dagegen bleibt es endlich, wenn für $z = \infty$ der Ausdruck $z \cdot R(w,z) = 0$ wird.

Mittwoch, 9.3.1881

Zum Schluß folge noch ein kurzer Abschnitt über gewisse elementare algebraische Integrale, die ein besonderes Verhalten zeigen bezüglich ihrer Unendlichkeitsstellen. Der Vergleich mit den Integralen rationaler Funktionen wird eine Analogie dieser mit den nun zu betrachtenden Integralen zeigen.

Die Partialbruchzerlegung einer allgemeinen rationalen Funktion ist doch im Grunde nichts anderes als eine Zerspaltung des Integrals in mehrere einfache Integrale, deren Verhalten hinsichtlich des Unendlichwerdens man kennt. Diese einfachen Integrale besaßen sämtlich entweder eine algebraische oder zwei logarithmische Unendlichkeitsstellen. Das allgemeine Integral besaß daher sicher überhaupt Unendlichkeitsstellen. Man kann nun auch das allgemeine Integral algebraischer Funktionen spalten in gewisse elementare Integrale. Unter diesen finden sich aber im Gegensatz zu den elementaren Integralen bei rationalen Funktionen einige, welche nirgends unendlich werden. /Dann finden sich aber/ in Übereinstimmung mit dem Integral rationaler Funktionen andere, die in einem Punkt algebraisch, und andere, die in zwei Punkten logarithmisch unendlich werden. Wir behaupten, daß es p solcher überall endlicher elementarer Integrale gibt.

Diesen Satz können wir nicht mehr allgemein, sondern nur an den beiden Beispielen der elliptischen und hyperelliptischen Integrale beweisen.

1. Ein allgemeines elliptisches Integral lautet

$$\int R(x, \sqrt{ax^4 + \ldots + e})\,dx. \text{ [1]}$$

LEGENDRE hat die Aufgabe gelöst, alle Integrale dieser Form zurückzuführen auf die folgenden Normalintegrale, die er die Integrale 1., 2., 3. Gattung nannte:

$$(1) \qquad \int \frac{d\zeta}{\sqrt{(1-\zeta^2)(1-k^2\zeta^2)}},$$

[1] Eine allgemeine Definition der elliptischen Integrale siehe oben (S. 160 f.).

(2) $$\int \frac{\zeta^2 \, d\zeta}{\sqrt{(1 - \zeta^2)(1 - k^2\zeta^2)}},$$

(3) $$\int \frac{d\zeta}{(\zeta^2 - a)\sqrt{(1 - \zeta^2)(1 - k^2\zeta^2)}}.$$

Wir formen jetzt diese drei Integrale durch die Substitution $\zeta^2 = z$ um. Diese Transformation ist zwar keine lineare, aber sie wandelt die elliptischen Integrale in ebensolche um. Wir erhalten, abgesehen von einem Zahlenfaktor, ⟨die drei Integrale in der folgenden Form⟩:[1)]

(1) $$\int \frac{dz}{\sqrt{z(1 - z)(1 - k^2 z)}},$$

(2) $$\int \frac{z \, dz}{\sqrt{z(1 - z)(1 - k^2 z)}},$$

(3) $$\int \frac{dz}{(z - a)\sqrt{z(1 - z)(1 - k^2 z)}}.$$

Diese Integrale untersuchen wir nun betreffs ihrer Unendlichkeitsstellen.

Die unter dem Integral (1) stehende Funktion hat eine doppelblättrige z-Fläche mit Verzweigungspunkten in $z = 0,\ 1,\ \frac{1}{k^2},\ \infty$. Nimmt z einen der drei ersten Werte an, so wird die zu integrierende Funktion nach unserer Definition einfach unendlich. In diesen Verzweigungspunkten hängen zwei Blätter zusammen, und also muß das Integral in den drei Punkten endlich bleiben. Für $z = \infty$ wird

$$z \cdot \frac{1}{\sqrt{z(1 - z)(1 - k^2 z)}} = 0.$$

Das heißt, auch in diesem Punkt bleibt das Integral endlich. Also: <u>Das erste der genannten Integrale ist ein überall endliches.</u>

Für das zweite Integral (2) gelten in bezug auf $z = 0,\ 1,\ \frac{1}{k^2}$ die alten Überlegungen. Für $z = \infty$ dürfen wir im Radikanten die niederen Potenzen vernachlässigen gegen die dritte. ⟨ ⟩ Unser Integral verhält sich also im Unendlichen wie

---

1) Diese 3 Riemannschen Integrale sollte man überhaupt statt der Legendreschen zu Grunde legen. (L).

$$\int \frac{z\,dz}{z^{\frac{3}{2}}} = \int \frac{dz}{z^{\frac{1}{2}}} = 2\cdot z^{\frac{1}{2}}$$

und besitzt also wie dieses in $z = \infty$ eine einfache algebraische Unendlichkeitsstelle.

Das Integral (3) verhält sich in $z = 0,\ 1,\ \frac{1}{k^2},\infty$ wie (1). Für solche Werte z aber, welche a sehr nahe kommen, verhält es sich wie $\int\frac{dz}{z-a} = \log(z-a)$. Das Integral (3) besitzt also in $z = a$ eine logarithmische Unendlichkeitsstelle, und wir müssen, da es in unserer z-Fläche zwei übereinanderliegende Punkte $z = a$ gibt, sagen: Das dritte Integral besitzt zwei logarithmische Unendlichkeitsstellen.

2. Hyperelliptische Integrale. Ein hyperelliptisches Integral vom Geschlecht p hat z. B. die Gestalt

$$\int \frac{G(z)\,dz}{\sqrt{az^{2p+2} + \ldots + n}},$$

wo G eine ganze Funktion [ist]. Wir wollen dabei annehmen, daß der gleich 0 gesetzte Radikant 2p+2 verschiedene Wurzeln ergibt. Diese Stellen sind Verzweigungspunkte der zu integrierenden Funktion. In ihnen wird aber die Funktion nur einfach unendlich, während zwei Blätter zusammenhängen. Nach unserer alten Regel kann also für diese Stellen das Integral nicht unendlich werden.

Bestimmt man also die ganze Funktion im Zähler noch so, daß $z = \infty$ keine Unendlichkeitsstelle des Integrals wird, so hat man ein überall endliches Integral.

Beachten wir vorläufig nur den Nenner, so sehen wir, daß sich für ein unendliches z unser Integral genau so verhält wie $\int\frac{dz}{z^{p+1}}$. Daraus folgt, daß das hyperelliptische Integral

$$\int \frac{(\alpha + \beta z + \ldots + \pi z^{p-1})\,dz}{\sqrt{az^{2p+2} + \ldots + n}}$$

ein überall endliches ist. Dieses Integral setzt sich aber zusammen aus den folgenden p elementaren, überall endlichen Integralen:

$$\int \frac{dz}{\sqrt{az^{2p+2}+\ldots+n}},\ \int \frac{z\,dz}{\sqrt{az^{2p+2}+\ldots+n}},\ldots,\ \int \frac{z^{p-1}\,dz}{\sqrt{az^{2p+2}+\ldots+n}}.$$

Somit haben wir [p überall endliche hyperelliptische Integrale] nachgewiesen. Historisch sei bemerkt, daß dies die einzigen sind.

Abbildung durch algebraische Integrale

Wir können die Theorie der Abbildung der z-Fläche auf einer W-Fläche vermöge eines algebraischen Integrals $W = \int R(w,z)\,dz$ nicht mehr in voller Allgemeinheit behandeln und beschränken uns darauf, zwei Beispiele zu geben:

1. Elliptisches Integral, das überall endlich ist. Die ideale Riemannsche Fläche ist ein einfacher Ring, da $p = 1$. Wir markieren auf demselben eine Meridian- und eine Äquatorialkurve und schneiden den Ring längs derselben durch (Fig. 140). Da wir mit unseren Integrationswegen diese Kurve [(Schnitte)] nicht mehr überschreiten können, so muß unser Integral in der so zerschnittenen Fläche eindeutig sein. [ ] Wir erhalten wie früher das Resultat, daß sich Integralwerte, welche zu gegenüberstehenden Punkten des durchschnittenen Meridians gehören, [ ] gerade um den Periodizitätsmodul unterscheiden müssen, den die Integration längs einer Äquatorialkurve herbeiführt, und umgekehrt.

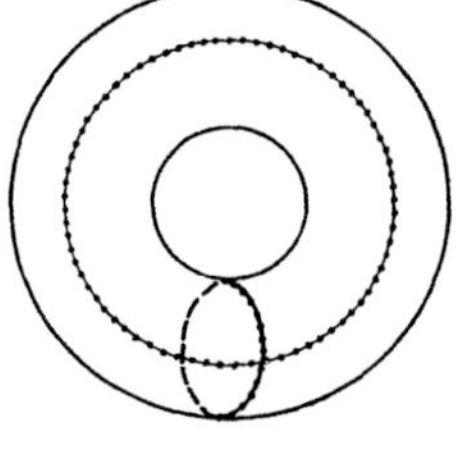

Fig. 140

Integrieren wir nun von irgendeinem Punkt der Ringfläche nach allen Punkten am einen Ufer des aufgeschlitzten Meridians, so beschreibt unser Integralwert in der W-Ebene lauter von einem Punkt ausgehende Wege, deren Endpunkte eine Kurve I bilden, die das Bild des Meridians ist. Integrieren wir von demselben Punkt der Ringfläche nach allen Punkten am entgegengesetzten Ufer des aufgeschlitzten Meridians, so werden wir in der W-Ebene lauter von demselben Punkt auslaufende Wege erhalten, deren Endpunkte eine zur vorigen kongruente Kurve II bilden, die entsteht, wenn man I um denjenigen Periodizitätsmodul parallel mit sich verschiebt, den die Integration längs einer Äquatorialkurve liefert.

Wenn wir nun zweitens von demselben Punkt der Ringfläche nach allen Punkten beider Ufer der aufgeschlitzten Äquatorialkurve hin integrieren, so müssen wir in der W-Ebene Wege erhalten, die wieder von dem alten Punkt ausgehen und deren Endpunkte sich zu zwei Kurven III und IV zusammensetzen, die Bilder [von der Äquatorialkurve sind. Sie sind um

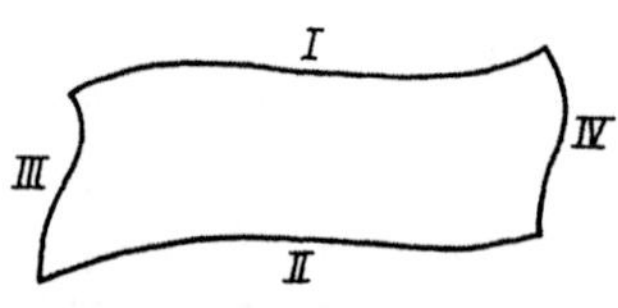

Fig. 141

den Periodizitätsmodul eines Meridians voneinander entfernt, und sie bilden zusammen mit den beiden ersten Kurven eine "parallelogrammähnliche" Figur (Fig. 141).7 Auf diese und zwar auf das Innere derselben ist unsere Ringfläche vermöge unseres Integrals abgebildet. Sie kann nicht auf das Äußere abgebildet sein, weil das Integral nie den Wert unendlich annimmt.

Wenn wir zu jedem Weg auf der Ringfläche eine Durchlaufung eines Meridians oder eines Äquators hinzufügen, so müssen wir in der W-Ebene ein neues Bild des Ringes erhalten, welches aus der ersten parallelo grammähnlichen Figur entsteht durch Verschiebung desselben resp. um den Periodizitätsmodul eines Äquators oder eines Meridians. Setzen wir so immer neue und neue Bilder der Ringfläche aneinander, [dann] wird die W-Ebene gerade einmal überdeckt. In diesem besonderen Fall ist also, was für die Anwendung desselben sehr wichtig ist, die obere Grenze eine eindeutige Funktion des Integrals.

2. Hyperelliptisches Integral, das überall endlich ist und das Geschlecht p = 2 hat.

$$W = \int \frac{(\alpha + \beta z)\, dz}{\sqrt{az^6 + bz^5 + \ldots + g}}.$$

Die Riemannsche Idealfläche ist der Doppelring mit zwei Meridian- und Äquatorialkurven, welche die Moduln A_1, A_2, B_1, B_2 liefern (Fig. 142).

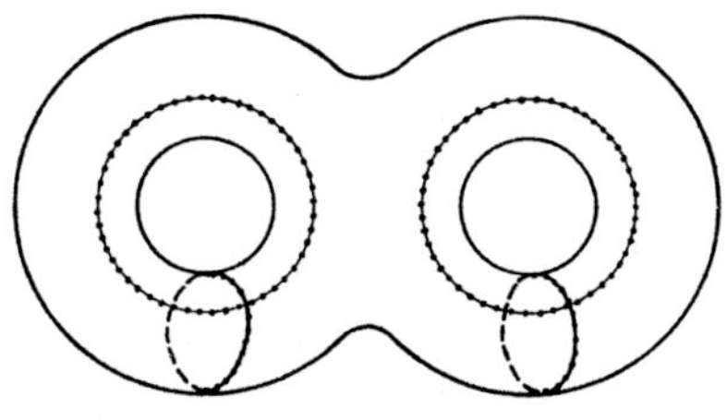

Fig. 142

Setzen wir den Zähler gleich 0, so erhalten wir einen Punkt z, für welchen dW = 0 wird, ohne daß dz = 0 ist. Dies ist eine merkwürdige Stelle der z-Ebene. Da über derselben aber zwei Blätter liegen, so erhalten wir zwei merkwürdige Punkte in der Riemannschen Idealfläche und schließen daraus, daß das Bild derselben zwei Verzweigungspunkte tragen muß, sicher also aus einem einzigen Blatt bestehen wird. Jetzt denken wir uns die oben gezeichneten Äquatorial- und Meridiankurven als Schnitte, welche bei der Integration nicht überschritten werden dürfen. Integrieren wir dann von einem beliebigen Punkt bis zu allen Punkten der entgegengesetzten Ufer eines Meridians und des zugehörigen Äquators, so erhalten wir wie bei 1.) zwei Paar Parallelkurven, die sich zu einer parallelogrammähnlichen

Figur zusammensetzen. Wir erhalten also im ganzen zwei solche parallelogrammähnliche Figuren, die sich zum Teil decken. Auf das Innere (weil das Integral überall endlich ist) derselben ist die Riemannsche Fläche abgebildet. Diese beiden Figuren sind materiell als Blätter übereinanderliegend zu denken und hängen längs eines Schnittes zusammen, welcher die beiden oben erwähnten Verzweigungspunkte verbindet (Fig. 143).

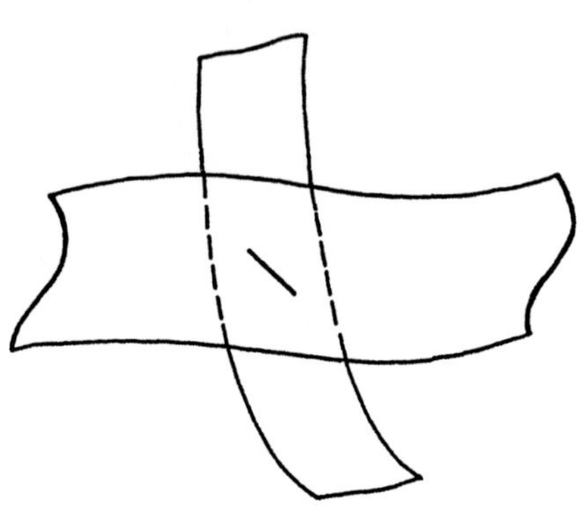

Fig. 143

Gestatten wir uns nun bei der Integration [beliebige Überschreitungen jener 4 roten (······) Kurven (Fig. 142)] hinzuzufügen, so erhalten wir neue und neue Bilder der Idealfläche, die den alten kongruent sind und sich nach den 4 Richtungen an sie anschließen. So erhalten wir schließlich eine doppelblättrige W-Ebene, von der jedes Blatt in ∞^2 parallelogrammähnliche Bilder der Idealfläche eingeteilt ist und zwar so, daß zwei übereinanderliegende Bilder durch einen Verzweigungsschnitt verbunden sind.

Funktionentheorie in geometrischer Behandlungsweise, Teil II

Vorlesung FELIX KLEINS, gehalten während des Sommersemesters 1881 an der Universität Leipzig

Inhaltsübersicht[1])

[1]) Zusammengestellt von F. KÖNIG nach einer von dem Physiker OTTO WIENER angefertigten teilweise stenographischen Abschrift der Ausarbeitung ERNST JULIUS MARTIN LANGEs, die auch für dieses 2. Semester vorlag.

1.2. Deutung der letzteren in der mathematischen Physik

49 2. Umsetzung funktionentheoretischer Resultate in mathematisch-physikalische Anschauung

2.1. Eindeutige Funktionen in der Ebene

2.2. Konforme Abbildung auf krumme Flächen. Allgemeines über letzter

2.3. Die Kugel. Rationale Funktionen und ihre Integrale

2.4. Algebraische Funktionen und ihre Integrale (p = 1)

2.5. Geometrisches über Flächen von höherem p (Minimalflächen)
- Konforme Abbildung Riemannscher Flächen mit höherem Geschlech

3. Funktionentheoretische Sätze aus bekannt vorausgesetzten Strömungen

3.1. Konjugierte Strömungen

3.2. Geschlossene Flächen. Algebraische und transzendente Funktionen des Ortes

3.3. Zusammenhang mit den Funktionen eines Arguments
- Konforme Abbildung der Flächen auf die Ebene
- Vergleich der Definitionen von RIEMANN und WEIERSTRASS
- Darlegung des Zusammenhanges mit unseren sonstigen Betrachtungen

4. Strömungen auf gegebenen Flächen

4.1. Der einfache Ring p = 1
- Funktionentheoretisches
- Konforme Abbildung

4.2. Der Fall p = 0

4.3. Konforme Abbildung von Flächen aufeinander

4.4. Funktionen auf Flächen von beliebigem Geschlecht p
- Allgemeines, Moduln
- Flächen und Symmetrielinien

Die folgenden Notizen gehören zu verschiedenen Vorträgen, die KLEIN im Rahmen seiner Forschungsseminare hielt (ermittelt nach [109, Anhang 8]):

5. Bemerkungen zu dem Buch "Über RIEMANNs Theorie der algebraischen Funktionen und ihrer Integrale" (sehr ausführlich). (KLEIN hielt die Vorträge hierzu in den Seminaren vom 18.1. bis 8.2.1882, 10 Vorträge.)

6. Mathematische Begründung der physikalischen Anschauung

6.1. Allgemeines

6.2. Bedeutung der Theorie der symmetrischen Flächen für die Kurventheorie

6.3. Das Dirichletsche Prinzip und seine Kritik
(KLEIN trug hierüber am 15.2.1882 im Seminar vor.)

Verzeichnis der Teilnehmer an F. Kleins Forschungsseminar, Leipzig 1880-1884

Übersicht der Teilnahme am Kleinschen Forschungsseminar in Leipzig (nach [109]), wobei nur diejenigen Studierenden berücksichtigt sind, die bis zum Sommersemester 1884 bereits teilgenommen hatten.

x Teilnahme am Seminar.

v Teilnahme an der Vorlesung "Functionentheorie in geometrischer Behandlungsweise", ermittelt aus den "Abgangs- und Sittenzeugnisse(n)" der Universität Leipzig.

H bzw. P weisen auf eine Habilitation oder eine Promotion des genannten Studierenden hin, die im angeführten Zeitraum erfolgreich an der Universität Leipzig abgeschlossen wurde (Thema der Arbeit im Literaturverzeichnis).

Name	Semester										
	80/81	81	81/82	82	82/83	83	83/84	84	84/85	85	85/86
BAUMGART, J. O.	x					x					
BRUNEL, G.	xv	xv									
BÜTTNER, F.	xv	xv	x	x							
DYCK, W. v.	xv		H								
HURWITZ, A.	xv	xvP									
LANGE, E. J. M.	xv	xv	x	xP							
STAUDE, E. O.	xv	xP	x	x	x						
STÖHR, H. F. A.	x										
STRINGHAM	x	x									
VERONESE, G.	xv	xv									
BUCHHEIM, A.		x	x								
DRESSLER, H.		x	x								
HERRMANN, O.	v	xv	x	x	P						
BOBECK, K.			x	x							
DINGELDEY, F.			x							xP	
HOPPE, R.	v	v	x	x							
KANTOR, S.			x	x							
KOLLERT, J.	v	v	x								
WEICHOLD, G.	v	v	x	x	xP						

Name	Semester										
	80/ 81	81	81/ 82	82	82/ 83	83	83/ 84	84	84/ 85	85	85/ 86
WIENER, H.			x	x							
KRAZER, A.				x	x						
STUDY, E.				x						x	H
DOMSCH, P. R.	v	v			x	x	x	x	P		
FISCHER, O.						x	x	x	xP		
OLBRICHT, R.	v	v				x	x	x			P
GERBALDI, F.						x					
PAPPERITZ, E.						x	xP	x	x	x	
FRIEDRICH, G.						x	x	x	x	xP	
NIMSCH, P.	v	v				x	x	x	x		P
BIEDERMANN, P.							x	x	x	x	P
FRICKE, R.							x	x	x	xP	
KRIEG v. HOCHFELDEN, F.							x	x			
MOLIEN, T.							x	x	x		
MORERA, G.							x	x			
PICK, G.							x	x			
ENGEL, F.							P	x			H
FIEDLER, E. W.								x	x	xP	
HÖLDER, O.								x			
TICHOMANDRITZKY								x			

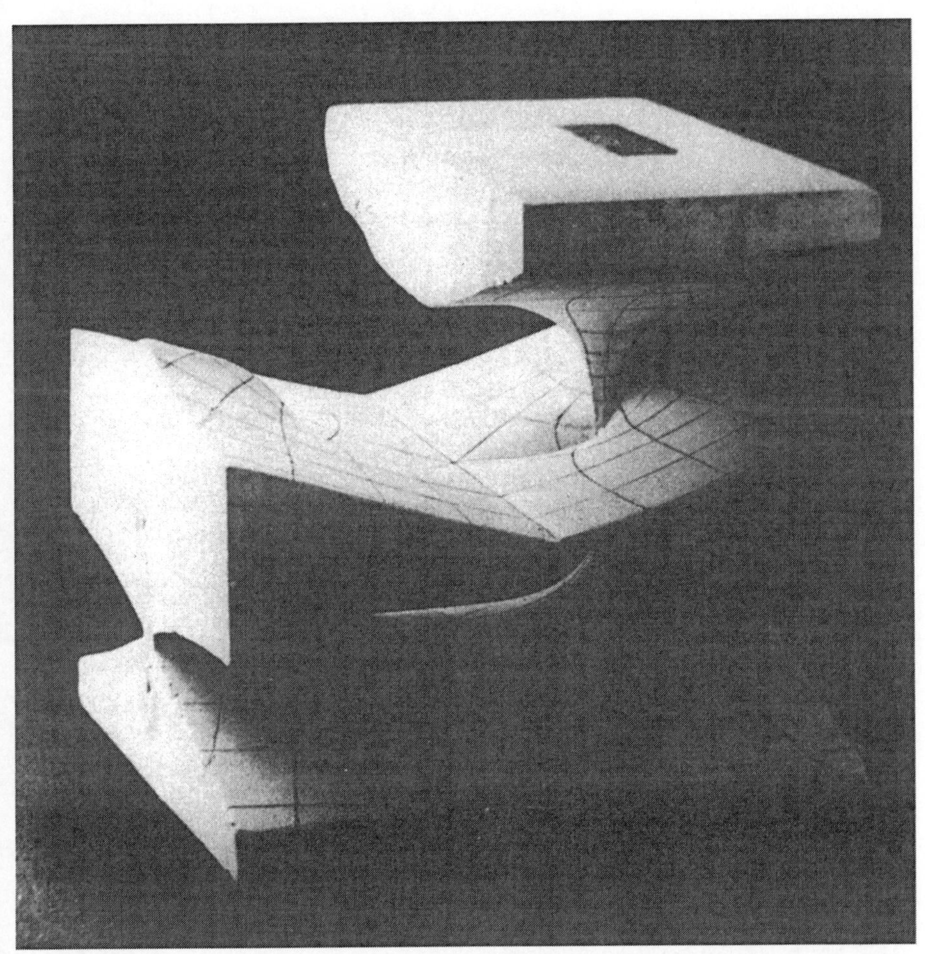

Dieses Modell veranschaulicht die 4blättrige Fläche für das auf den Seiten 244–246 behandelte Beispiel $w^2 = 1 - z^4$. KLEIN definiert (z. B. S. 131) die Fläche als w-Fläche, obwohl sie die vier verschiedenen z-Werte veranschaulicht, die einem bestimmten w zugeordnet sind. Eine Sammlung solcher und ähnlicher Modelle legte KLEIN auch in Leipzig an (beginnend 1880). [FISCHER, G.: Mathematische Modelle. Berlin: Akademie-Verlag 1986, Foto 125.]

Notizen aus KLEINS Vorbereitungen [98, S. 54] und die zugehörige Stelle aus der Mayerschen Abschrift der Lange-Hefte [99, S. 70], siehe folgende Seite, die dem Beginn des Abschnittes 5.1. der Vorlesung entsprechen.

Rationale Functionen

Ganze Functionen.

$w = Az^n + Bz^{n-1} + \ldots + Mz + N.$

Man erhält offenbar ~~wie~~ den Grenzwerth

$\bar{w} = \bar{A}\bar{z}^n + \ldots + \bar{N}$ für dasselbe $\bar{z}$ nur eins:

$w = Az^n + \ldots + N$

durch Spiegelung des letzteren an der Axe der reellen Grössen in der w-Ebene.

w kann nur für ∞ grosse Werthe von z selbst ∞ werden; wir bilden daher die Fl. w in einer gewissen Zahlenebene. Zu jedem z gehört offenbar nur ein w. Umgekehrt sind für ein bel. gegebenes w zugehörige Werthe von z nachzuweisen.

Um diesen Fundamentalsatz zu beweisen, also zu zeigen, dass jede Gl. n. Grades n Wurzeln hat, schicken wir 2 unmittelbar evidente Sätze voraus:

1. Wenn gezeigt ist, dass die Gl. eine Wurzel hat, so ist zugleich gezeigt, dass sie n Wurzeln hat.

   denn der Satz gilt ja dann auch für die Gl. $(n-1)$ Grades, welche nach Abtrennen des einen der 1. Wurzel entsprechenden Factors übrig bleibt.

2. die Gl. hat nicht mehr als n Wurzeln.

Wenn die Wurzeln angeben sich durch Nullstellen von Linearfactoren, in welche die Gl. zerlegbar ist; mehr als n solche

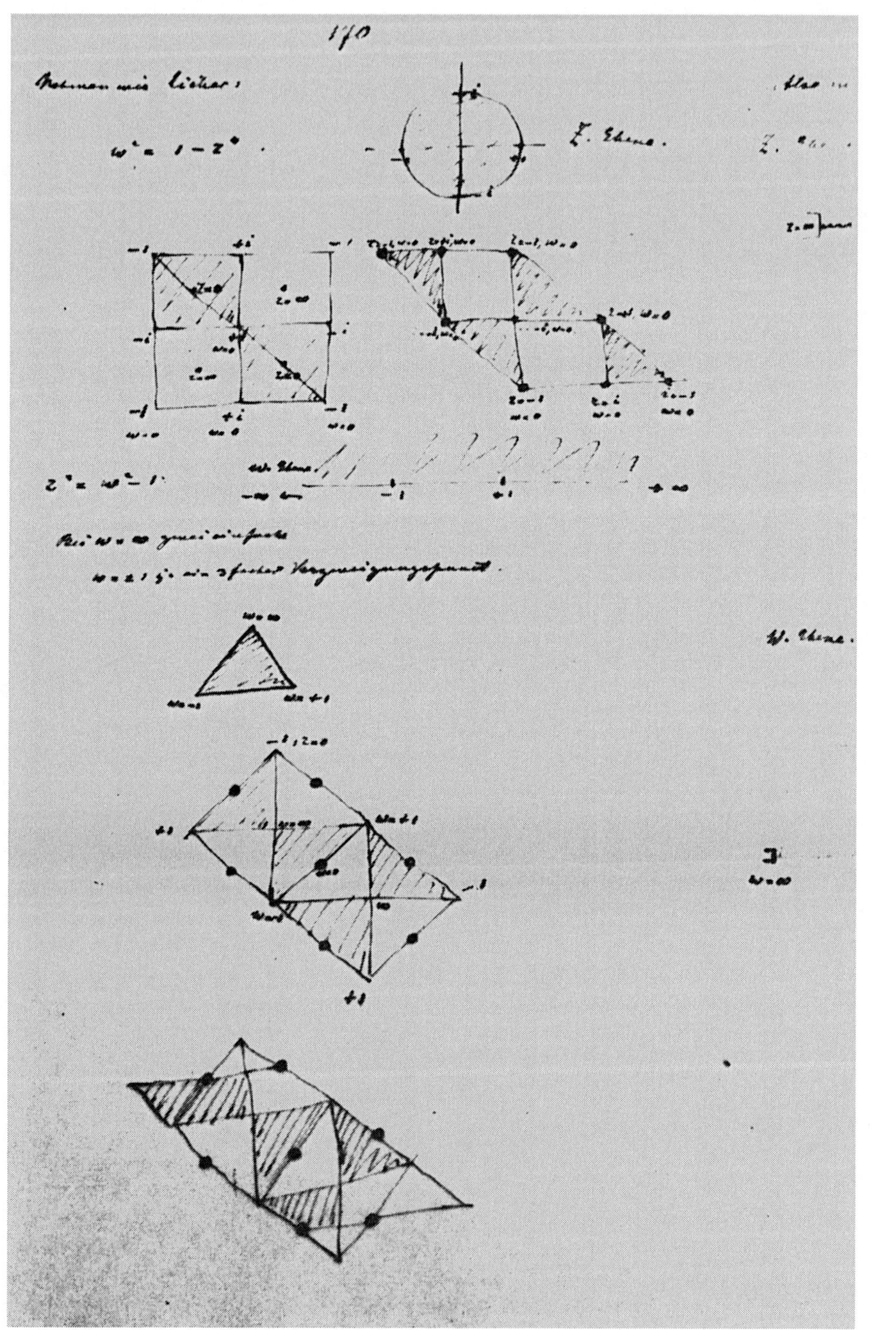

Kleins erste Notizen in seiner Vorlesungsvorbereitung [98, S. 170, 171, 173], siehe auch die folgenden beiden Seiten, zur Behandlung des Beispiels $w^2 = 1 - z^4$, die er später auf die in der Vorlesung (S. 183–189) gewählte Form abänderte.

Also mit Farben!

Z. Ebene.

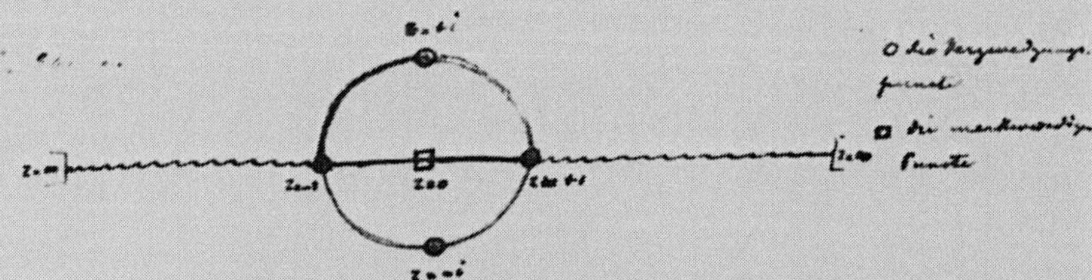

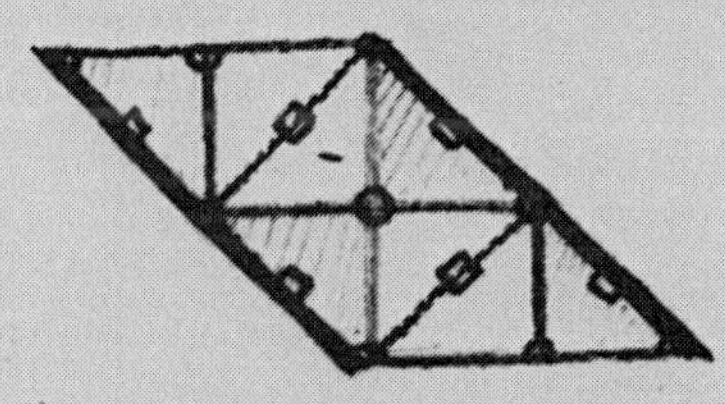

W. Ebene. richtig auf p. 170.

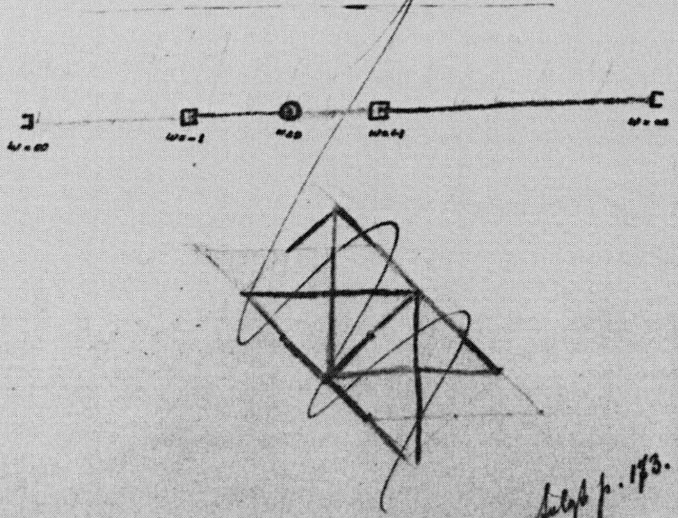

folgt p. 173.

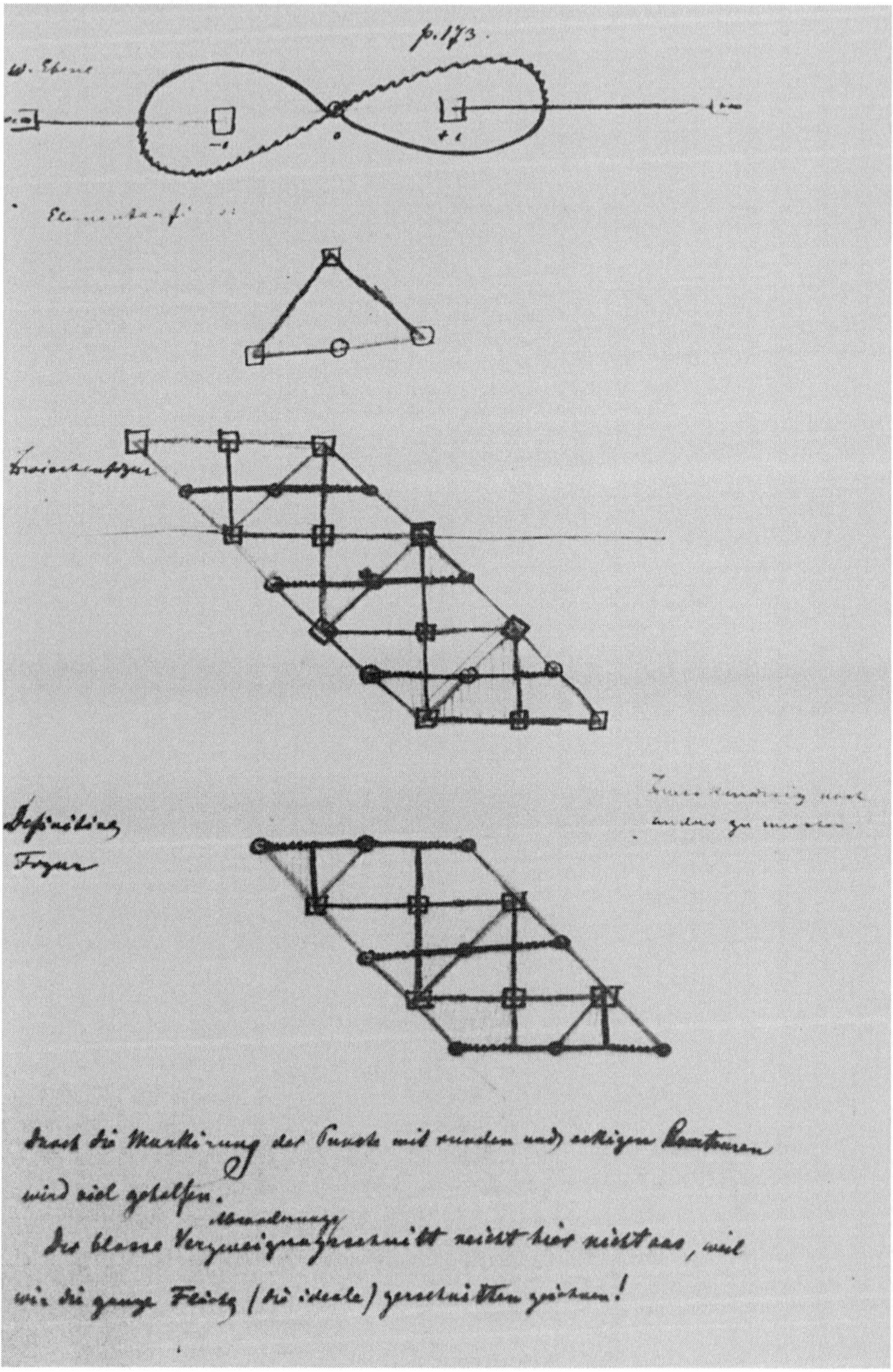

p. 173.

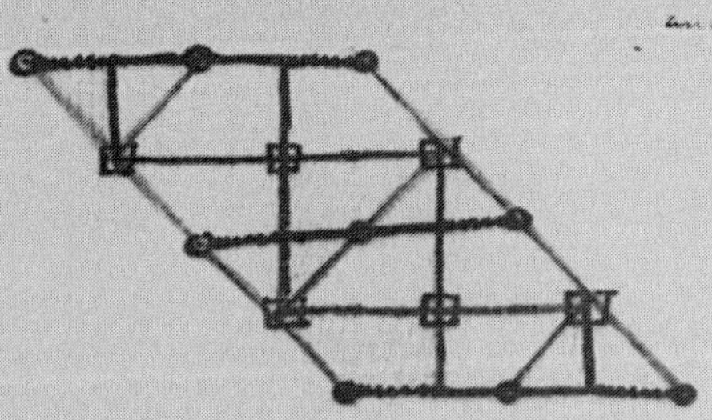

Durch die Markierung der Punkte mit runden und eckigen Konturen wird viel geholfen.

Der blosse Verzweigungs[Anordnungs]schnitt reicht hier nicht aus, weil wir die ganze Fläche (die ideale) zerschnitten zeichnen!

MATHEMATISCHE ANNALEN

IN VERBINDUNG MIT C. NEUMANN

BEGRÜNDET DURCH

RUDOLF FRIEDRICH ALFRED CLEBSCH.

Unter Mitwirkung der Herren

Prof. P. GORDAN zu Erlangen, Prof. C. NEUMANN zu Leipzig,
Prof. K. VONDERMÜHLL zu Leipzig

gegenwärtig herausgegeben

von

Prof. **Felix Klein** zu Leipzig und Prof. **Adolph Mayer** zu Leipzig.

XIX. Band.

Mit 10 lithographirten Tafeln.

LEIPZIG
DRUCK UND VERLAG VON B. G. TEUBNER.
1882.

50 Ueber eindeutige Functionen mit linearen Transformationen in sich.

Von

Felix Klein in Leipzig.

Im Anschlusse an die vorstehende Note des Hrn. Poincaré will ich einige Sätze veröffentlichen, welche sich auf demselben Gebiete bewegen und der Aufmerksamkeit der Mathematiker nicht unwerth erscheinen. Allerdings muss ich gestehen, dass ich den Hauptsatz bislang nur durch gewissermassen irreguläre Methoden bewiesen habe. Hoffentlich gelingt es mir, dieselben zu ordnen und völlig durchsichtig zu gestalten, und werde ich dieselben dann in ausgearbeiteter Form dem Publicum unterbreiten.

Sei eine Riemann'sche Fläche gegeben, deren p ich, um nicht immer der Ausnahmestellung der niedersten Fälle gedenken zu müssen, grösser als Eins voraussetzen will. So ziehe ich auf derselben irgend p sich selbst und einander nicht schneidende Rückkehrschnitte A_1, $A_2, \cdots, A_p$. Ich betrachte sodann solche auf der Fläche existirende complexe Functionen des Ortes*), ξ, welche nirgendwo verzweigt sind, auch nirgendwo Kreuzungspunkte besitzen; und die sich nach Durchlaufung eines beliebigen auf der Fläche construirbaren geschlossenen Weges linear $\left(\text{also in der Form } \frac{\alpha\xi+\beta}{\gamma\xi+\delta}\right)$ reproduciren. Man zeigt leicht, dass es, von linearen Substitutionen abgesehen, denen man das einzelne ξ unterwerfen mag, allemal genau ∞^{3p-3} derartige Functionen ξ giebt. Ich sage nun, *dass unter diesen ξ immer eine und nur eine ausgezeichnete Function η existirt, welche von unserer zerschnittenen Fläche eine besonders einfache Abbildung liefert.* Um nicht durch den Werth $\eta=\infty$ behindert zu sein, will ich mir die complexen Werthe von η auf einer Kugel gedeutet denken. *Dann überdeckt auf der η-Kugel das Bild unserer zerschnittenen Riemann'schen Fläche einen $2p$-fach*

*) Wegen dieser Redeweise und den sonstigen im Texte zu Grunde gelegten Anschauungen vergl. meine neuerdings erschienene Schrift: Ueber Riemann's Theorie der algebraischen Functionen und ihrer Integrale, Leipzig, B. G. Teubner, 1882.

zusammenhängenden, überall einfach ausgebreiteten Flächentheil. — Dieser Flächentheil hat den verschiedenen Ufern der Rückkehrschnitte A_1, $A_2, \cdots, A_p$ entsprechend natürlich $2p$ Randcurven; ich will dieselben resp. mit $A_1', A_2', \cdots, A_p'$ und $A_1'', A_2'', \cdots, A_p''$ bezeichnen.

Alles Folgende ist nun eine einfache Consequenz aus dem hiermit gegebenen Hauptsatze.

Zunächst ist deutlich, dass jede Randcurve A_i' aus der zugehörigen A_i'' durch eine lineare Substitution von η hervorgeht. Wendet man diese Substitution, im positiven oder negativen Sinne, auf unsere Abbildung an, so legt sich ein zweiter Bereich, der die analytische Fortsetzung des ersten ist, neben diesen. Die beiden Bereiche haben die Randcurve A_i' (oder A_i'') gemein, aber collidiren übrigens in keiner Weise. *Die unendlich vielen analytischen Fortsetzungen unserer Abbildung überdecken also die η-Kugel nirgends mehrfach.* Je weiter man sie vervielfältigt, um so mehr nähern sie sich gewissen in unendlicher Zahl vorhandenen singulären Punkten, welche sie indess niemals wirklich erreichen.

Es folgt also: *Von den singulären Werthen η abgesehen entspricht jedem η ein und nur ein Punkt unserer Riemann'schen Fläche.* Oder, indem wir zu den algebraischen Gleichungen übergehen, welche durch die Riemann'sche Fläche definirt werden: *Ist $f(w, z) = 0$ irgend eine algebraische Gleichung, die zu unserer Fläche gehört, so lassen sich w und z als solche eindeutige Functionen von η darstellen, welche sich bei den linearen Substitutionen, die η erfährt, ungeändert reproduciren.* Umgekehrt, wenn wir von dem Fundamentalbereiche auf der η-Kugel und den zugehörigen linearen Substitutionen ausgehen und wir construiren irgend zwei eindeutige Functionen w und z von η, die sich bei diesen Substitutionen reproduciren, und die innerhalb des Fundamentalbereiches nirgendwo eine wesentlich singuläre Stelle besitzen, so besteht zwischen w und z eine algebraische Gleichung, von deren zweckmässig zerschnittener Riemann'scher Fläche der Fundamentalbereich eine conforme Abbildung liefert.

Nun erwachsen aber die linearen Transformationen, denen η unterworfen wird, durch Combination und Wiederholung aus den p linearen Substitutionen, welche die A_i' in die A_i'' überführen. Diese „erzeugenden" Substitutionen sind durch die Gestalt des Fundamentalbereiches an gewisse Ungleichheiten gebunden, aber übrigens unabhängig. Sie enthalten also $3p$ veränderliche Parameter, von denen aber, da η von vorneherein durch ein beliebiges $\frac{a\eta + b}{c\eta + d}$ ersetzt werden kann, drei als unwesentlich in Abzug kommen. *Wir werden also zu einer Darstellung sämmtlicher Gleichungen $f(w, z) = 0$ von gegebenem p geführt, welche genau so viele wesentliche Constanten enthält, als nach der Riemann'schen*

Theorie Moduln vorhanden sind. Und es ist also eine Methode gewiesen, um *alle* Gleichungen, welche zu einem gegebenen p gehören, in independenter Weise aufzustellen.

Ich wünsche nun, wie ich es in meiner Schrift that*), die Aufmerksamkeit insbesondere auf solche Riemann'sche Flächen, beziehungsweise Gleichungen zu lenken, welche durch eindeutige Operationen, mögen dieselben nun directe oder inverse (symmetrische) sein, in sich übergehen. Die Anzahl derselben sei N. Man zeigt, dass η einer jeden solchen Operation entsprechend *lineare* Umformungen erfährt, und *dass also in einem solchen Falle die Gruppe der η-Substitutionen, welche wir seither betrachteten, als ausgezeichnete Untergruppe vom Index N in einer umfassenderen Gruppe linearer Substitutionen enthalten ist;* — ein Satz der sofort umgekehrt werden kann.

Unter den so ausgezeichneten Flächen will ich diejenigen noch näher discutiren, welche *symmetrisch* sind. Es lassen sich dieselben, wie ich l. c. ausführte, durch den Umstand charakterisiren, dass unter den zu ihnen gehörigen algebraischen Gleichungen $f(w, z) = 0$ solche sind, welche durchaus *reelle* Coefficienten besitzen. Als *Curve* gedeutet möge ein solches f λ reelle Züge aufweisen. Dann hat die Riemann'sche Fläche, wie ich mich ausdrückte, λ Uebergangscurven. Und zwar hat man nach dem Werthe von λ und der Lage der Uebergangscurven gegeneinander $\left[\frac{3p+4}{2}\right]$ Flächenarten zu unterscheiden, die sich in zwei Hauptclassen einordnen**). Bei den Flächen der ersten Classe kann λ nach Belieben $0, 1, \cdots, p$ sein; die Uebergangscurven müssen aber so liegen, dass die Fläche, längs derselben zerschnitten, noch nicht in Stücke zerfällt. Bei den Flächen der anderen Classe tritt ein solches Zerfallen ein; es ist überdiess $0 < \lambda \leqq p + 1$ und die Differenz $p - \lambda$ eine ungerade Zahl.

Bezüglich dieser symmetrischen Flächen besteht nun zunächst der allgemeine Satz, *dass den λ Uebergangscurven auf der η-Kugel allemal Kreise entsprechen.* Dann aber kann man mit Leichtigkeit angeben, wie man den Fundamentalbereich auf der η-Kugel auszuwählen hat, um jede symmetrische Fläche wenigstens einmal zu erhalten.

Zu dem Zwecke betrachten wir zunächst eine symmetrische Fläche der ersten Classe, und verlegen auf ihr λ von den p Rückkehrschnitten in die λ Uebergangscurven, während wir die übrigen $p - \lambda$, was immer möglich ist, sich selbst symmetrisch wählen. *Dann kann man dem Fundamentalbereiche auf der η-Kugel eine solche Lage geben, dass er in Bezug auf den Kugelmittelpunkt sich selbst symmetrisch (also „diametral symmetrisch") ist.* Die beiden Randcurven, welche dem-

*) Cf. pag. 71 ff.

**) Vergl. auch diesen Annalenband, pag. 159, 160.

selben Rückkehrschnitte A_i entsprechen, sind selbst diametral. Und zwar entsprechen sich auf diesen beiden Randcurven im Falle der λ Uebergangscurven die diametralen Punkte, während auf den übrigen Randcurvenpaaren die zusammengehörigen Punkte gegen die diametrale Lage um 180^0 gedreht erscheinen. — Das Wichtige ist nun die evidente Bemerkung, dass rückwärts ein so auf der η-Kugel construirter Bereich auch nothwendig zu einer symmetrischen Riemann'schen Fläche der ersten Classe mit λ Uebergangscurven Anlass giebt. —

Bei der zweiten Classe symmetrischer Flächen verfahre ich in der Weise, dass ich nur $(\lambda - 1)$ der Rückkehrschnitte $A_1, \cdots, A_p$ mit ebensovielen Uebergangscurven zusammenfallen lasse, und die übrigen $(p - \lambda + 1)$ Rückkehrschnitte zu symmetrischen Paaren ordne. *Man kann dann der Abbildung auf der η-Kugel eine solche Gestalt ertheilen, dass sie in Bezug auf einen Meridian, der ganz im Inneren der Abbildung verläuft, symmetrisch ausfällt. Dieser Meridian repräsentirt diejenige Uebergangscurve unserer Riemann'schen Fläche, welche nicht als Rückkehrschnitt benutzt wurde.* Den übrigen $(\lambda - 1)$ Uebergangscurven entsprechen dann auf der η-Kugel je zwei zu diesem Meridiane symmetrische Kreise, deren symmetrische Punkte zusammengehören. Die übrigen $2(p - \lambda + 1)$ Randcurven des Bildes aber treten zu je 2 in der Art zu Paaren zusammen, dass immer zwei Paare und auch die Zuordnungen, vermöge deren die Curven im Paare verbunden sind, zu einander in Bezug auf den Meridian symmetrisch sind. — Auch hier wieder gilt die oben bemerkte wichtige, aber evidente Umkehrung. —

Unter den letztgenannten Abbildungen ist augenscheinlich diejenige besonders einfach, welche $\lambda = (p + 1)$ entspricht. Es lässt sich alsdann die ganze auf der η-Kugel in Betracht zu ziehende Figur durch symmetrische Reproduction eines Ausgangsbereiches gewinnen, der von irgend $(p + 1)$ sich nicht schneidenden Kreisen begrenzt wird. Diess ist eben diejenige Figur, welche Hr. Schottky, wie ich in meiner Schlussbemerkung zu Hrn. Poincaré's Note hervorgehoben habe, gelegentlich in Betracht gezogen hat, allerdings ohne ihre principielle Wichtigkeit zu betonen.

Leipzig, den 12. Januar 1882.

Ueber eindeutige Functionen mit linearen Substitutionen in sich.

(Zweite Mittheilung.)

Von

FELIX KLEIN in Leipzig.

Der allgemeine Satz, welchen ich in meiner ersten unter gleichem Titel erschienenen Note (diese Annalen XIX, p. 565—568) mitgetheilt habe, gehört als einzelnes Glied in eine ganze Kette ähnlicher Theoreme, bei denen es sich immer um unendlich viele lineare Substitutionen einer Variabelen η handelt, welche einen ursprünglichen, auf der η-Kugel gegebenen Bereich, der das Bild einer zerschnittenen Riemann'schen Fläche ist, in der Art reproduciren, dass je nachdem entweder die Gesammtkugel oder nur eine von einer Ebene begrenzte Kugelcalotte von den Reproductionen einfach und vollständig überdeckt wird. Ich will dementsprechend einen Augenblick von η-Functionen der ersten und der zweiten Art sprechen. Dann ist das einfachste Resultat, welches ich bis jetzt in dieser Richtung gewonnen habe, für $p > 1$ durch folgenden Satz gegeben:

Unter allen auf einer Riemann'schen Fläche existirenden unverzweigten Functionen giebt es immer eine und nur eine) η-Function der zweiten Art. Alle anderen unverzweigten Functionen sind eindeutige Functionen dieses η.*

Dabei beachte man, dass zu diesen unverzweigten Functionen nicht nur die zur Riemann'schen Fläche gehörigen algebraischen, überhaupt die eindeutigen Functionen zu rechnen sind, sondern z. B. auch die Integrale erster und zweiter Gattung, sodann die ∞^{3p-3} in meiner vorigen Mittheilung besprochenen ξ-Functionen etc. —

Ich will dabei, um eine Anschauung vom Verlaufe dieser η-Func-

---

*) Von linearen Transformationen, denen man η unterwerfen mag, wird dabei natürlich abgesehen.

tion zu geben, an die Tafel erinnern, welche meiner Arbeit über Transformation siebenter Ordnung der elliptischen Functionen (diese Annalen Bd. XIV, p. 428 ff.) beigegeben ist. Die betreffende Zeichnung versinnlicht genau die hier in Rede stehende η-Function für die dort in Betracht gezogene Fläche $p = 3$. Die in bestimmter Weise*) zerschnittene Fläche wird durch das in der η-Ebene gelegene Vierzehneck der Figur abgebildet. In ähnlicher Weise kann vermöge der zugehörigen η-Function jede Fläche $p = 3$ durch ein Kreisbogen-Vierzehneck repräsentirt werden. Nur wird dasselbe im Allgemeinen in keiner Weise regulär sein. Die Zerlegung des in der Figur gegebenen Vierzehnecks in 168 schraffirte und ebensoviele nicht schraffirte Kreisbogendreiecke ist nur das Aequivalent dafür, dass die dort in Betracht gezogene Fläche $p = 3$ 168 directe und ebensoviele inverse eindeutige Transformationen in sich gestattet**).

Es kann hier nicht die Aufgabe sein, die Tragweite des hiermit ausgesprochenen Satzes noch besonders zu schildern. Ich will nur bemerken, dass für $p = 1$ unser η durch einen leicht zu verstehenden Grenzübergang in das zugehörige Integral erster Gattung übergeht, so dass also umgekehrt unser η als die richtige Generalisation jenes Integrals für den Fall eines beliebigen p erscheint.

Es ist übrigens sehr einfach, den vorstehenden Satz noch so zu generalisiren, dass auch solche auf der Riemann'schen Fläche existirende Functionen eindeutig darstellbar werden, welche, in übrigens beliebiger Weise, an *vorgegebenen* Stellen $Q_1, Q_2, \cdots, Q_\nu$ verzweigt sind. *Es giebt nämlich immer eine und nur eine η-Function der zweiten Art, welche in $Q_1, Q_2, \cdots, Q_\nu$ logarithmisch verzweigt ist****), *andere Verzweigungspunkte aber nicht besitzt.*

Der so erweiterte Satz gilt nun auch ungehindert für $p = 1$ und, falls $\nu > 2$, für $p = 0$. Im letzteren Falle wird unser η mit derjenigen Function identisch, welche Herr Poincaré in Nr. 10. und 11. seiner Annalenarbeit†) benutzt, und die für $\nu = 3$ die Modul-

*) Nämlich durch sieben, zwei bestimmte Flächenpunkte verbindende Querschnitte.

**) Ich habe dabei eine Uebereilung zu corrigiren, die sich in meine vorige Note eingeschlichen hat. Für die jetzt (im Texte) besprochene η-Function gilt allgemein, dass η eine lineare Transformation erfährt, sobald man die ursprüngliche Riemann'sche Fläche durch eine eindeutige Umformung in sich überführt. Dagegen ist dies für die damals besprochene η-Function nur so lange richtig als die betreffende eindeutige Transformation das dort in Betracht kommende System der Rückkehrschnitte in ein äquivalentes überführt. Auf die Construction symmetrischer Flächen, wie ich sie damals gab, hat diese Bemerkung keinen Einfluss.

***) D. h. so, wie etwa $\log z$ für $z = 0$.

†) Siehe Bd. XIX, pag. 561, 562.

function*) $\omega(\varkappa^2)$ als speciellen Fall umfasst, während die gewöhnliche Logarithmusfunction ein der Annahme $\nu = 2$ entsprechender Grenzfall ist. Man kann, wie ich beiläufig bemerken will, mit Hülfe dieser Function die allgemeine Aufgabe lösen: zu einer Riemann'schen Fläche, die mehrblättrig über der z-Ebene gegeben ist, die zugehörige algebraische Gleichung $f(w, z) = 0$ zu finden. Denn ein beliebiges zu verwendendes w wird eine eindeutige Function desjenigen auf die z-Ebene bezüglichen η sein, dessen Verzweigungspunkte mit denen der Riemann'schen Fläche zusammenfallen, und zwar eine eindeutige Function, welche bei allen linearen Substitutionen des η ungeändert bleibt, die unter jenen Substitutionen, welche z invariant lassen, als bestimmte durch die Gestalt der Riemann'schen Fläche definirte Untergruppe enthalten sind.

Düsseldorf, den 27. März 1882.

---

*) ω ist das Periodenverhältniss des Integrals $\int \frac{dx}{\sqrt{x \cdot 1 - x \cdot 1 - \varkappa^2 x}}$.

Kommentierender Anhang

Anmerkungen zum didaktischen Vorgehen Kleins

Felix Klein stellt auch in dieser Vorlesung des Wintersemesters 1880/81 seine außergewöhnlichen pädagogisch-methodischen Fähigkeiten unter Beweis. Viele typische Merkmale, die man bereits aus seinen mathematischen Monographien [92] bis [95] kennt, machen die Lektüre faßlich und sehr anregend. Besonders auffallend ist die *Dominanz des Beispiels* in jeder Phase der Vorlesung (vgl. insbesondere die Abschnitte 5.1.2., 5.2., 9.2., 10., 11., 12., 14. und 15.). Aus Beispielen heraus werden allgemeine Theoreme entwickelt, Übergänge zwischen verschiedenen Begriffen dargestellt (vgl. etwa die Abschnitte 5.2.1., 6.1., 7.2. usw.) und Beweise vorab erläutert, bevor sie ihre allgemeine Darstellung erhalten (insbesondere ab Abschnitt 9.). Auch werden Definitionen und Sätze sehr oft innerhalb der Beweisführung gebracht, so daß eine sehr konkrete Motivation bzgl. dieser Begriffe und Sätze gegeben ist.

Ein zweites methodisches Merkmal ist die *inhaltliche Homogenität*, die sich in der Beachtung bzw. Herausarbeitung gewisser Leitlinien zeigt. Das Festhalten am Ziel der Vorlesung, die elementaren Funktionen der gewöhnlichen und reellen Analysis ins Komplexe zu übertragen, ist ein solcher Leitgedanke. Aber auch die Erläuterung der Übergänge zwischen den Funktionstypen (vgl. 5.2.1. und 6.1.), wodurch Gemeinsamkeiten und Unterschiede besonders deutlich werden, erhöht die inhaltliche Homogenität entscheidend. Im vorliegenden Fall wird dabei die Erkenntnis impliziert, daß sich diese Funktionen unter einen verallgemeinerten Periodizitätsbegriff einordnen lassen, der praktisch zu den automorphen Funktionen führt, also denjenigen, die der Funktionalgleichung

$$f\left(\frac{az + b}{cz + d}\right) = f(z) \quad \text{mit } ad - bc \neq 0$$

genügen. Dieser Begriff wurde in der Vorlesung natürlich noch nicht verwendet (Klein hat ihn erst 1890 geprägt), jedoch ist seine Bedeutung gewissermaßen herausgearbeitet. Klein war mit solchen Funktionen im Rahmen seiner Untersuchungen zur Theorie der Modulfunktionen bereits gut vertraut, so daß diese Darstellungsweise kein Zufall ist. Und schließlich waren die automorphen Funktionen von entscheidender Bedeutung bei der Entdeckung der zwei Uniformisierungstheoreme durch Klein im Herbst 1881 und im Frühjahr 1882 (vgl. die beiden Arbeiten auf den Seiten 248–254).

Ein drittes methodisches Merkmal besteht in der geschickten *Auswahl konkreter mathematischer Probleme und Methoden* aus einem umfangreichen Gebiet, wobei Klein den Spürsinn für deren historische und zukünftige Bedeutung besaß. Diese bewußte Unvollständigkeit ist wie alles in Kleins Vorlesungen dem Prinzip untergeordnet, ein Höchstmaß an Motivation für seine Zuhörer zu erreichen. Völlig zutreffend äußert A. Voss über Kleins Vorlesungen: „Absolute Vollständigkeit wird immer dazu führen, daß der Inhalt in den Anfangsstadien stecken bleibt und die Hörer ermüdet; daher suchte er darauf hinzuwirken, daß an der Hand der reichlich gebotenen literarischen Nachweise dieselben zu eigener Vertiefung in solchen Fragen angeleitet wurden, die in der Vorlesung selbst nur im allgemeinen durch anschauliche Ideen bezeichnet waren" [170, S. 286]. Dies praktiziert Klein in der Vorlesung etwa bei der Behandlung der Singularitäten (S. 126, Brill), bei der Reihenentwicklung (S. 136, Puiseux) oder bei den Differentialgleichungen (Anm. 44). Bezüglich des Aufbaus der Zahlensysteme verweist er in der Einleitung auf die damals beginnenden und weit in die Zukunft weisenden Untersuchungen nichtkommutativer algebraischer Strukturen, indem er die Grundgedanken der diesbezüglichen bedeutsamen Resultate von H. Grassmann und W. R. Hamilton erläutert. Auf diese Weise und durch inhaltliche Verbindungen zwischen Vorlesung und Vortragstätigkeit im Seminar (im Sinne eines Forschungsseminars mit den auf den Seiten 239/240 genannten Teilnehmern) nutzte er die Vorlesung zu einer angemessenen *Verknüpfung von Lehre und Forschung* (siehe u. a. die Anm. 12, 15, 28, 34, 39, 44, 47). Auf die zahlreichen, mit den in Anm. 27 besprochenen Problemen im Zusammenhang stehenden Seminarvorträge und Publikationen seiner Schüler (wie z. B. A. Hurwitz, J. Gierster, G. Morera, G. Pick, W. Fiedler, E. Lange, G. Friedrich, R. Fricke, O. Fischer, P. Biedermann, P. Nimsch, T. Molien, R. Olbricht, F. Gerbaldi) mit dem Schwerpunkt „Kleinsche Stufentheorie" der elliptischen Modulfunktionen kann hier nur hingewiesen werden (siehe dazu [109, S. 137–143]).

In der „Vorrede" zu seinem Buch „Über Riemanns Theorie der algebraischen Funktionen und ihrer Integrale", das insbesondere aus dem 2. Semester dieser Vorlesung hervorging, begründet Klein sein methodisches Vorgehen:

„Es ist um höhere mathematische Vorlesungen eine eigentümliche und schwierige Sache: bei der besten Absicht des Dozenten erreichen sie durchweg nur ein sehr bescheidenes Ziel. Zumeist bestimmt, eine *systematische* Entwicklung zu bringen, beschränken sie sich entweder auf die Elemente der darzustellenden Disziplin oder verlieren sich in Einzelheiten. Ich glaubte in meinem Falle, wie ich es öfters schon tat, eine umgekehrte Methode eintreten lassen zu sollen. Die gewöhnlichen Darstellungen, wie sie die Lehrbücher von den Elementen der Riemannschen Theorie geben, setzte ich als bekannt voraus. Überdies verwies ich, sobald Einzelheiten ausführlicher zu erledigen waren, auf die einschlägigen Monographien. Dafür aber verwandte ich alle Sorgfalt auf die Darlegung des *eigentlichen Gedankenganges*, und strebte nach *Überblick* über Umfang und Leistung der Methode. Ich meine auf solchem Wege wiederholt gute Erfolge errungen zu haben, allerdings nur bei begabten Zuhörern" [88, Bd. 3, S. 501].

Und in den einleitenden Bemerkungen der vorn abgedruckten Vorlesung verdeutlicht er, wie ein Student sein Mathematikstudium organisieren sollte.

Klein bevorzugte bei seinen Vorbereitungen eine operative Methode. Er skizzierte die zu behandelnden Probleme nur für einige Vorlesungen im voraus. Diese Vorbereitung wurde dann jeweils entsprechend der aktuellen Vorlesungssituation präzisiert und inhaltlich wieder weiter nach vorn ausgedehnt.

Anmerkungen zu inhaltlichen Schwerpunkten

Kleins Ziel der zweisemestrigen Vorlesung ist es, eine Darstellung der Riemannschen Funktionentheorie zu geben, die primär zunächst eine geometrische Theorie war. Die wichtigsten Riemannschen Quellen waren für Klein die Dissertation Riemanns [153] und dessen Abhandlung über Abelsche Funktionen [150]. Der fundamentale Begriff dieser geometrischen Funktionentheorie ist die konforme Abbildung, und bereits in der

Riemannschen Dissertation findet man den wichtigen Riemannschen Abbildungssatz, daß einfachzusammenhängende Riemannsche Flächen stets konform durch eine (holomorphe) Funktion aufeinander abgebildet werden können, den RIEMANN auf das Dirichletsche Prinzip gründet. Auf diesem Abbildungssatz beruht auch das wichtige Problem der Parametrisierung bzw. Uniformisierung des Gesamtverlaufs mehrdeutiger analytischer Funktionen (Anm. 50). KLEIN entdeckte in unmittelbarem Anschluß bzw. bei der Nachbearbeitung der hier zu besprechenden Vorlesung die zwei wichtigen Uniformisierungssätze – das Rückkehrschnitt- und das Grenzkreistheorem –, die bereits eine Weiterentwicklung dieses Abbildungssatzes darstellen. Allerdings konnte er sie nicht beweisen. Später (1907/08 und danach) haben POINCARÉ und KOEBE (vgl. [11], [102] bis [105], [91] und [60]) diese Probleme völlig geklärt und damit dem Riemannschen Abbildungssatz die Form gegeben, daß eine einfachzusammenhängende Riemannsche Fläche eindeutig (bis auf lineare Transformationen) und konform auf die Vollebene (elliptischer Fall), die punktierte Ebene (parabolischer oder Grenzpunktfall) oder den Einheitskreis (hyperbolischer oder Grenzkreisfall) abbildbar ist. Die Abbildungsfunktionen dieser Ebenen auf die Riemannschen Flächen sind automorphe Funktionen, also gerade die eindeutigen Funktionen, mit denen die Uniformisierung gelingt und deren Existenzgebiete die genannten Ebenen sind. Für den Grenzkreisfall ist diese der Einheitskreis, und die linearen Transformationen, die den Einheitskreis in sich überführen, bilden gerade die Bewegungsgruppe der hyperbolischen nichteuklidischen Geometrie. Als einfachstes Beispiel solcher automorpher Funktionen hat man die Modulfunktionen (Anm. 27), die ein dem Einheitskreis einbeschriebenes nullwinkliges Kreisbogendreieck konform auf die obere Halbebene abbilden. Durch Anwendung der linearen Transformationen der Modulgruppe wird die Funktion dann auf den gesamten Einheitskreis – ihr Existenzgebiet – in Form von Spiegelungen an den Dreieckseiten fortgesetzt, und man hat die bekannte Grundfigur des Poincaréschen Modells der hyperbolischen Geometrie. (Ein anderes Modell stammt bekanntlich von KLEIN, siehe Anm. 42.) Eine solche Geometrie besitzt eine nichteuklidische Metrik (hier die Poincarésche), zu der eine entsprechende auf der Riemannschen Fläche existiert, die mit der ersten durch einen gewissen Abbildungsmodul (Vergrößerungsverhältnis) verbunden ist. Und von daher liegt auch eine Möglichkeit zur Lösung des Uniformisierungsproblems darin, daß man eine nichteuklidische Metrik auf der Riemannschen Fläche bestimmt, deren zugehörige Funktion uniformisiert werden soll, und den Abbildungsmodul errechnet, was auf die Lösung einer partiellen Differentialgleichung hinausläuft.

Im Rahmen der Untersuchungen zu verallgemeinerten Kugelmetriken, wie etwa der Kähler-Einstein-Metrik, stehen auch in der aktuellen mathematischen Forschung ganz analoge Zusammenhänge wieder im Mittelpunkt des Interesses (vgl. dazu insbesondere [83]).

Auf dem angedeuteten Weg gestattet die geometrische Funktionentheorie auch eine Darstellung und Behandlung der nichteuklidischen Geometrien, wozu RIEMANN und KLEIN auf dem Wege über die projektive und die metrische Geometrie entscheidend beigetragen haben. Der damit vollzogene Ausbau der geometrischen Grundauffassungen von Raum und Maß wurde zum Fundament der modernen Physik und Mathematik (vgl. etwa [64]). KLEIN hat diesbezüglich in den siebziger Jahren des 19. Jahrhunderts besonders die Resultate VON STAUDTS im Rahmen der projektiven Geometrie genutzt und ausgebaut, auf die er auch in der Vorlesung eingeht (Anm. 42).

Die geometrische Funktionentheorie RIEMANNS bildet mit ihrem Begriff der konformen Abbildung aber auch die Grundlage zur Formulierung und Lösung vieler Probleme der klassischen mathematischen Physik (Potentialtheorie, Strömungsmechanik usw.), worauf schon Riemann einging [152] bzw. was er zur Erklärung der Grundbegriffe benutzte [163]. Klein macht davon ebenfalls Gebrauch, aber geradezu im umgekehrten Sinne. Speziell im 2. Semester dieser Vorlesung entwickelte er die sogenannte „physikalische Mathematik", indem er auf den Riemannschen Flächen physikalisch Strömungszustände erzeugt, denen ganz bestimmte Ortsfunktionen entsprechen. So fand die Vorlesung auch in Physikerkreisen großes Interesse (Anm. 49).

Die Behandlung der algebraischen Funktionen und ihrer Integrale in der Kleinschen Vorlesung hat ihren Bezugspunkt in der Riemannschen Abhandlung über die Abelschen Funktionen [150], die sich als Lösungen des Jacobischen Umkehrproblems ergeben, also als Lösungen eines Gleichungssystems linear-unabhängiger Integrale 1. Gattung eines algebraischen Funktionenkörpers (vgl. dazu etwa [28]). Diese Arbeit Riemanns enthält zahlreiche bedeutende Resultate, jedoch nur sehr wenig Beweise, worauf Riemann selbst hinweist. Klein hat viele dieser Riemannschen Resultate aufgrund seiner genialen geometrisch-anschaulichen Denkweise besonders transparent gemacht und weiterentwickelt, doch blieb es ihm andererseits gerade aus Gründen der doch recht einseitigen Ausrichtung auf den anschaulichen Aspekt versagt, eine geschlossene Theorie der Riemannschen Funktionentheorie zu geben. Dies gelang erst 1913 H. Weyl in dem Buch „Die Idee der Riemannschen Fläche" [177].

Ber Beitrag Kleins zum Ausbau der Riemannschen Theorie zeigt sich in der hier zu besprechenden Vorlesung an vielen Stellen, wobei ein Teil bereits in vorangegangenen Publikationen Kleins enthalten ist, ein anderer in der Vorlesung selbst erstmals erwähnt wird bzw. in der Ausarbeitung „Über Riemanns Theorie der Algebraischen Funktionen und ihrer Integrale" [88, Bd. 3, S. 501–573] zur Vorlesung zu finden ist. Man vgl. dazu die speziellen Anmerkungen. Dabei ist bedeutsam, daß im Rahmen dieser Vorlesung erstmals die Auffassung der Riemannschen Fläche als einer frei im Raum gelegenen Sphäre mit p Handhaben (oder Henkeln) in den Mittelpunkt der geometrischen Funktionentheorie gestellt wurde, die sich als von den jeweiligen Überlagerungsstrukturen unabhängig erwies. In [88, Bd. 3, S. 502] weist Klein, bezugnehmend auf ein Gespräch mit Prym aus dem Jahre 1874, auf die Entstehung dieser seiner Idee hin, durch die er zu einer Reihe wichtiger topologischer Resultate gelangte (vgl. z. B. Anm. 40 und 48, auch im Abschnitt 11. wird der Nutzen dieser Idee sehr schön demonstriert). Modern ausgedrückt behandelte Klein ausführlich die homöomorphe Abbildung und lieferte Beiträge zu den Anfängen der Homologie- und Homotopietheorie. Dies ist vor dem Hintergrund der Entwicklung der Topologie von den Anfängen um die Mitte des 19. Jahrhunderts (Möbius, Listing) bis zur modernen Topologie und algebraischen Topologie zu sehen und zu beachten. In der historischen Entwicklung war dabei die Einbeziehung des gesamten Apparates der algebraischen Strukturtheorie in die Topologie der entscheidende Schritt hin zu einer modernen mathematischen Theorie unserer Zeit (E. Noether, H. Hopf u. a.).

Insgesamt stellt Kleins Vorlesung „Funktionentheorie in geometrischer Behandlungsweise" vom heutigen Standpunkt aus eine elementare Einführung in das Gebiet der algebraischen Geometrie dar. Sie stammt aus einer Zeit, in der sich diese mathematische Disziplin zu emanzipieren begann. Heute ist die algebraische Geometrie eine Theorie mit hohem Abstraktionsgrad, die sich lebhaft entwickelt und oft sehr konkrete Resultate liefert. Wohl auch deshalb findet sie in den verschiedensten mathematischen Gebieten breite Anwendung (partielle Differentialgleichungen, Zahlentheorie usw.). Sie wird heute in der auf Grothendieck zurückgehenden Terminologie der Schemata formuliert, wodurch ein enormes Maß an Vereinheitlichung erreicht wird. Eine sehr lesenswerte Darlegung der aktuellen Probleme und Ergebnisse mit direktem Bezug auf die klassischen Wurzeln, die insbesondere im 19. Jahrhundert liegen, findet man bei HOLZAPFEL [83].

Der Inbegriff der algebraischen Geometrie des 19. Jahrhunderts war die Theorie der Abelschen Funktionen, denn mit ihrer Hilfe konnten die Theorie der algebraischen Kurven, auf die KLEIN im Kapitel II ausführlich eingeht, und Flächen erfolgreich behandelt werden. Diese gesamte Entwicklung ist entscheidend initiiert worden von dem großen Invariantentheoretiker A. CLEBSCH, einem Lehrer KLEINS. CLEBSCH, von dem auch der Terminus „Geschlecht" geprägt wurde, ist KLEINS unmittelbarer Vorgänger bzgl. Verbreitung und Weiterentwicklung des Riemannschen Gedankengutes, indem er es auf die Geometrie der algebraischen Kurven systematisch anwendete [27] und auch auf Raumkurven ausdehnte. Während KLEIN die anschaulich-geometrische Richtung CLEBSCHS weiterführte, haben zunächst BRILL und NOETHER, dann KRONECKER, aber insbesondere DEDEKIND und WEBER [33] die algebraische Seite der Arbeiten CLEBSCHS aufgegriffen und so einen rein algebraischen Zugang zur Theorie der Abelschen Funktionen mittels des Funktionenkörpers der algebraischen Funktionen entwickelt. Einen Überblick zu diesen Arbeiten findet man in [19], vgl. auch [36, S. 533–536].

Aus der Theorie der algebraischen Kurven und Flächen erwuchs schließlich der Begriff der algebraischen Mannigfaltigkeit, und die Abelschen Funktionen gestatten die Parametrisierung einiger dieser (der Picardschen) Mannigfaltigkeiten (vgl. etwa [28]). Im 2. Semester behandelte KLEIN genau diese Gegenstände recht ausführlich (Kapitel IV). Dabei war das Jacobische Umkehrproblem für den Fall, daß das Geschlecht p der algebraischen Kurve, auf der die Integrale betrachtet werden, gleich 2 ist, bereits 1847 durch A. GÖPEL und G. ROSENHAIN gelöst worden. Allgemein wurde die Lösung nach wesentlichen Beiträgen RIEMANNS aus dem Jahre 1857 [150] dann durch WEIERSTRASS 1876 sichergestellt. Die Abelschen Funktionen (als Lösungen des Umkehrproblems) sind im Endlichen überall meromorph, nicht ausgeartet und besitzen $2p$ unabhängige Perioden. KLEIN, POINCARÉ und PICARD haben dann zuerst erkannt, daß es weitere derartige Funktionen gibt, die jedoch nicht Lösungen eines solchen Umkehrproblems sind. Schließlich entwickelten KLEIN und POINCARÉ gerade in der ersten Hälfte der 80er Jahre die Grundgedanken der Uniformisierung analytischer Funktionen aus der Theorie der algebraischen Gleichungen und ihrer Integrale in Verbindung mit den Differentialgleichungen im Komplexen.

Bereits im 1. Semester der Vorlesung behandelte KLEIN so fundamentale Dinge der algebraischen Geometrie wie die Puiseux-Reihen (S. 136ff., Anm. 36) oder den Satz von BÉZOUT (S. 121, Anm. 30 und 32), der den Ausgangspunkt der noch heute hochaktuellen Forschungen zur Multiplizitätstheorie darstellt. Aber auch der wichtige Satz von RIEMANN und seinem Schüler ROCH [154] wurde behandelt (2. Semester), der eine Aussage über die Anzahl der Parameter macht, durch die eine rationale Funktion mit einer gewissen Anzahl von Polen auf einer gegebenen Riemannschen Fläche bestimmt ist, und über den im Kleinschen Forschungsseminar am 18. 5. 1885 A. BÖTTGER vortrug [109, Anh. 8]. In moderner Ausdrucksweise würde man sagen, daß der Satz die Dimension einer Vollschar gegebenen Grades auf einer algebraischen Kurve bestimmt, wobei hervorgehoben sei, daß die Vollschar eine birationale Invariante ist (vgl. auch [87, S. 317–327]). Dieser Satz wurde zunächst auf algebraische Flächen und algebraische Funktionenkörper ausgedehnt und in den 50er Jahren des 20. Jahrhunderts besonders von F. Hirzebruch und schließlich A. Grothendieck zu einem der stärksten Theoreme der abzählenden Geometrie von großer Allgemeinheit ausgebaut, dessen Anwendungsmöglichkeiten auch heute noch nicht voll übersehen werden und viele mathematische Forschungen anregen (vgl. [10], [37], [121], [171]).

Ein Hauptziel der algebraischen Geometrie ist das Auffinden von Invarianten, also solchen Objekten, die bei bestimmten Transformationen bzw. Transformationsgruppen ungeändert bleiben, ganz im Sinne des Erlanger Programms von Klein. Die klassische algebraische Geometrie betrachtet solche Objekte, die reellen oder komplexen projektiven Räumen angehören. Klein führt in der Vorlesung in die komplexe projektive Geometrie ein (Abschnitt 7.1. und Anm. 29), die auf dem Körper der komplexen Zahlen aufbaut. In der modernen algebraischen Geometrie werden als Grundkörper auch andere, allgemeinere Körper benutzt und (allgemein formuliert) die Strukturen von endlichen Erweiterungskörpern des Grundkörpers untersucht, wobei die birationalen Transformationen bzw. birationalen Invarianten von besonderem Interesse sind. Die Klassifizierungen der Mannigfaltigkeiten bzgl. der birationalen Äquivalenz sind in der modernen algebraischen Geometrie zumindest von gleicher Bedeutung wie diejenige bezüglich der projektiven Äquivalenz. Klein behandelt im Abschnitt 10. seiner Vorlesung diese bedeutsame birationale Transformation relativ ausführlich und wendet sie selbstverständlich an (Anm. 41).

Die Kollineation, der Grundbegriff der projektiven Geometrie, wird im Abschnitt 4. der Vorlesung eingeführt und dann umfassend genutzt. Die Tatsache, daß die Kollineationen (2. Ordnung) durch die linearen Transformationen (Abschnitt 3. der Vorlesung und Anm. 18) vermittelt werden, zeigt, daß die automorphen Funktionen und speziell die Modulfunktionen darauf ruhen. In den siebziger Jahren des 19. Jahrhunderts hat Klein die linearen Transformationsgruppen mit ihren Untergruppen systematisch erforscht und so die Auflösungstheorie algebraischer Gleichungen über das sogenannte Kleinsche Formenproblem geklärt (Anm. 27). Darunter fallen auch die Drehgruppen der regulären Polyeder, für die er mit diesen Untersuchungen vollkommene Klarheit erreicht, vergleichbar den Ergebnissen von Gauss aus dem Jahre 1796 für die regelmäßigen Vielecke. Und in der Vorlesung kommt auch diese Problematik der Kleinschen Mathematik unter Beachtung des bereits genannten didaktischen Prinzips der Beschränkung „auf die Darlegung des eigentlichen Gedankenganges“ vor, denn die Zerlegung der Riemannschen Zahlenkugel nach dem „Kreisteilungstypus“ und dem „Doppelpyramidentypus“ im Abschnitt 5.2.3. der Vorlesung liefert gerade die Kreisteilungsgruppe und die Diedergruppe (Anm. 27).

So sind fast alle wesentlichen mathematischen Resultate Kleins, wenn auch oft nur in Form der ihnen zugrunde liegenden Ideen, bereits in dieser elementaren Vorlesung vorhanden. Ergänzend sei hinzugefügt, daß dies sogar für die Idee der infinitesimalen Transformation gilt, die auf eine gemeinsame Arbeit von Lie und Klein zurückgeht und unter Lie zu einer überaus fruchtbaren Theorie entwickelt wurde (Abschnitt 3.1. und Anm. 14).

Anmerkungen zu einzelnen Textstellen

1. Historisch geht der Funktionsbegriff auf Euler zurück, der zu Beginn des 18. Jahrhunderts von der Notwendigkeit einer Gleichung zwischen x und y sprach. Später, im Zusammenhang mit seinen Untersuchungen zur schwingenden Saite, hat Euler zwar die

Bindung des Stetigkeitsgedankens an den Funktionsbegriff beibehalten, die Forderung nach einer Gleichung allerdings aufgegeben [48, (1), Bd. 23, S. 74, u. Bd. 25, S. XXII, und (2), Bd. X, S. 72], [52, S. 45]. Der um 1880 allgemein übliche Funktionsbegriff (im Reellen) wurde 1870 von H. HANKEL gegeben: „Eine Funktion heißt y von x, wenn jedem Werte der veränderlichen Größe x innerhalb eines gewissen Intervalls ein bestimmter Wert von y entspricht; gleichviel, ob y in dem ganzen Intervall nach demselben Gesetze von x abhängt oder nicht; ob die Abhängigkeit durch mathematische Operationen ausgedrückt werden kann oder nicht" [73, S. 49]. Mit dieser Formulierung wurde nun auch auf die Stetigkeitsforderung verzichtet. In seinen Vorbereitungen auf die Vorlesung notierte KLEIN zum Funktionsbegriff: „Was Alles eine *Function* ist und sein kann, wird Jedem von Ihnen aus der Diff.- und Integralrechnung bekannt sein. Wenn 2 veränderliche Grössen y und x voneinander abhängen, so dass bei gegebenem Werthe von x ein zugehöriges y in bestimmter Weise berechnet werden kann, so nennt man y Function von x. Ich brauche Sie nicht an die gewöhnlichen physikalischen Beispiele zu erinnern (y = Temperatur, x = Zeit, etc.). Eben so ist Ihnen die gewöhnliche geometrische Deutung geläufig: (Function und Curve als gleichberechtigt.)" [98, S. 3].

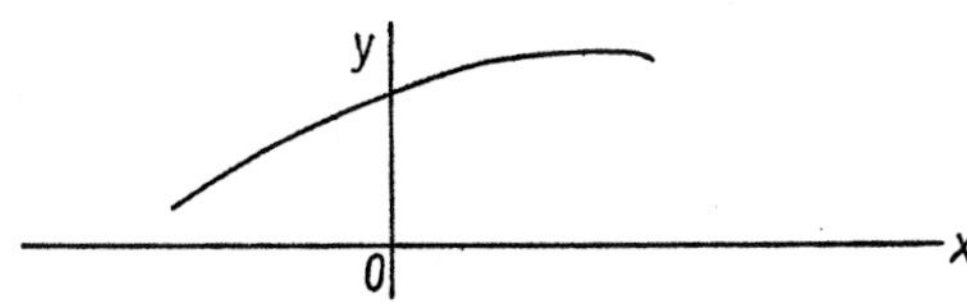

Man kann diese begriffliche Fassung KLEINS durchaus als eine verkürzte Variante der Hankelschen Formulierung auffassen, wenn auch die Orientierung auf „Kurve" als „geläufige Deutung" hier wesentlich einengt. Ein moderner Funktionsbegriff im heutigen Sinne, der auf mengentheoretischer Grundlage steht, konnte von KLEIN um 1880 kaum erwartet werden, schon gar nicht in dieser Vorlesung. Zwar stammen G. CANTORS erste wichtige Arbeiten zum Mengen- und Mannigfaltigkeitsbegriff [22] und R. DEDEKINDS fundamentale zahlentheoretisch-algebraische Untersuchungen zum Abbildungsbegriff zwischen Mengen (insbesondere [31]) aus den siebziger und achtziger Jahren des 19. Jahrhunderts, doch stellen auch sie noch keinen Zusammenhang zum Funktionsbegriff her. Erst G. PEANO gelangte im Jahre 1911 zur Auffassung von der Funktion als einer Relation, also einer Teilmenge eines Mengenproduktes [137]. (Einen Überblick hierzu gibt [180, S. 227–230].)

KLEIN schließt in seinen Vorbereitungen wie folgt an die obige Umschreibung des Funktionsbegriffes an:
„Aber diese Deutung hat eine grosse Schattenseite, die uns später bewegen wird, von ihr ganz abzugehen. Manche Functionen, z. B. $y = \sqrt{x}$, geben für gewisse Werthe von x *imaginäre* Werthe. Soll man /diese/ nun einfach als nicht existirend betrachten? Nun Gleichberechtigung zwischen y und x. *Betrachten wir imaginäre Werthe von y, so müssen wir auch imaginäre Werthe von x in Betracht ziehen.* Wo werden dieselben interpretiert?

Und nun macht eben diess das Wesen der modernen Functionentheorie aus, dass wir imaginäre Werthe neben den reellen durchaus und immer in Betracht ziehen. Sie sehen, wir haben vor allen Dingen zwei Vorfragen zu erledigen:

1.) *Was ist die richtige Auffassung von den imaginären Grössen?* (Gewissermassen philosophisch.)

2.) *Was ist die geeignete geometrische Deutung für den so erweiterten Functionsbegriff?*

Beide Fragen werden wir in den allernächsten Stunden in Angriff nehmen" [98, S. 3f.].

Aufgrund dieser Orientierung läßt nun die Definition am Beginn der Vorlesung auch mehrdeutige Funktionen zu, was natürlich ganz im Sinne der Theorie komplexwertiger Funktionen ist. Historisch geht auch diese Auffassung auf EULER zurück, der bei seinen Untersuchungen der Logarithmusfunktion für komplexe Größen schon Mitte des 18. Jahrhunderts auf die unendliche Vieldeutigkeit dieser Funktionen stieß [49, S. 54 bis 100] (vgl. auch [36, S. 137–140] und [52, S. 46]), eine Erkenntnis, der auch berühmte Zeitgenossen EULERS nicht folgen konnten (wie etwa D'ALEMBERT [2, S. 198]).

Im Rahmen dieser Auseinandersetzungen um die Logarithmen hat EULER auch die Frage nach den rationalen Logarithmen bei negativen Argumenten diskutiert [49, S. 68 bis 70]. Bemerkenswert ist, daß es KLEIN im Jahre 1880 für notwendig erachtet, diese Diskussion in seiner Vorlesung (S. 14ff.) vorab zu führen. Offensichtlich stand dabei der motivierende Aspekt im Vordergrund. Wie EULER, so löst sich natürlich auch KLEIN von der auf der Annahme der Zweideutigkeit geradzahliger Wurzeln beruhenden Auffassung, den negativen Zahlen Logarithmen zuzuordnen (die Darlegungen beider sind ganz analog). In seiner Vorbereitung zur Vorlesung notierte KLEIN an dieser Stelle:

„Alter Streit, *ob negative Zahlen Logarithmen haben.* $e^{\frac{1}{2}}$ kann sowohl $+\sqrt{e}$, als $-\sqrt{e}$ sein. Wenn man hiervon ausgeht, so ist $\log + \sqrt{e} = \log - \sqrt{e} = \frac{1}{2}$. In ähnlicher Weise kann man für alle negativen Zahlen, deren positive Werthe *rationale* Logarithmen haben, dieselben rationalen Logarithmen finden. Wunderbare Idee der ‚punctirten' Curve. Eine solche Definition ist, wie jede in sich widerspruchsfreie Definition, gestattet, aber sie ist *unzweckmässig* und soll daher verlassen werden. *Unzweckmässig* zunächst, weil dann kein eindeutiges Entsprechen zwischen Log. und Zahlen statt finde. Weiterhin werden wir noch einen tieferen Grund erkennen, indem das so definirte $\log x$ keine *irreducible* Function wäre. Einstweilen klare Definition: Wir verstehen unter e^x nicht einen beliebigen derjenigen Werte, die man unter $x = \frac{m}{n}$ für $\sqrt[n]{e^m}$ finden kann, sondern nur denjenigen, den die Reihe $1 + \frac{x}{1} + \frac{x^2}{1 \cdot 2} + \ldots$ liefert. *Der Logarithmus ist die Umkehr der so definirten Exponentialfunktion.* Hieraus: Negative Zahlen haben keinen Logarithmus. Positive haben einen und nur einen.

Ich erläutere das mit solcher Ausführlichkeit, weil eben diese Definition durch Einführung des Imaginären eine sehr bemerkenswerte Erweiterung erfährt" [98, S. 7f.].

Der von KLEIN in der Vorlesung vorgenommenen Einteilung der elementaren Funktionen geht in seinen vorbereitenden Notizen die folgende didaktisch interessante Bemerkung voraus:

„Einigen wir uns vorab, mit Hilfe der entsprechenden Mittel, zunächst über diejenigen Functionen, welche wir fernerhin als bekannt voraussetzen wollen und die wir in der Folge als die *elementaren* bezeichnen werden.

Haupteinteilung: { Algebraische: y mit x durch eine algebraische Gleichung verbunden. Transcendente: andere.

Schlechtigkeit dieser Einteilung:
1.) Die transcendenten Functionen sind nur negativ definirt.
2.) Es entsteht der Eindruck, als wenn die complicirteste algebraische Function einfacher wäre, als die einfachste transcendente" [98, S. 4].

2. In seiner Vorbereitung notierte KLEIN an dieser Stelle als Überschrift: „Die Eulerschen Formeln über den Zusammenhang der beiden Functionselemente." Und als Randbemerkung hierzu heißt es: „als wichtigstes Moment für die Einführung complexer Zahlen in die Analysis" [98, S. 8].

EULER hat die entscheidenden Formeln, einschließlich der berühmtesten unter ihnen ($e^{a+ib} = e^a(\cos b + i \sin b)$), in seiner „Introductio in analysin infinitorum" [48, (1), Bd. 8 und 9] angegeben, die 1748 in Lausanne erschien.

3. Ein axiomatischer Aufbau der Zahlbereiche, den der heutige Leser hier vermissen wird, wurde erst mit den Resultaten von G. PEANO aus dem Jahre 1889 möglich [139]. Zur Gesamtentwicklung bis zur Jahrhundertwende vgl. man [81]. Voll anerkannt und genutzt wurde um 1880 aber bereits das Hankelsche Permanenzprinzip, welches zwar 1834 bereits von G. PEACOCK formuliert wurde, doch erst durch das weit in die Zukunft weisende Buch H. HANKELS „Theorie der complexen Zahlensysteme" [72] die ihm zukommende Popularität erlangte. In diesem Buch aus dem Jahre 1867 findet man aber auch eine ausgezeichnete Darstellung der Hamiltonschen Quaternionen und des Graßmannschen Kalküls. Der zweite Abschnitt von KLEINS Vorlesung orientiert sich an diesem Buch, was besonders deutlich wird, kennt man KLEINS Bemerkungen in seiner Vorbereitung der Vorlesung vom 28. 10. 1880. Es heißt dort: „Ich begann zu schildern, wie der ursprüngliche Begriff der ganzen positiven Zahl successiv durch die Forderung der Ausführbarkeit gewisser Operationen erweitert wird. Dabei muß jeweils die *Bedeutung*, die wir den Zahlen geben, gewechselt werden. Die Berechtigung der Erweiterung ist von jeder Deutung unabhängig. (Darüber erhebt sich noch die Auffassung, dass unsere Zahlen überhaupt keine Bedeutung zu haben brauchen, sondern nur gewisse Operationszeichen (d. h. Symbole, mit denen man operiert – d. Hrsg.) vorstellen, mit denen man nach gewissen Regeln verfährt. Diese *rein formale* Umformung ist theoretisch sehr wichtig, praktisch lassen wir sie zur Seite. Ich empfehle Ihnen das Buch von HANKEL, Vorlesungen über die komplexen Zahlen, L. 1867.) ... Princip der Permanenz formaler Gesetze als ‚hodegetisches' Princip. Dass Das bis zu einer gewissen Grenze *geht*, ist das Merkwürdigste a. d. ganzen Mathematik" [98, S. 12].

4. Eine exakte Theorie der reellen Zahlen, die vom Körper (diesen Begriff führte DEDEKIND bereits 1871 ein [146]) der rationalen Zahlen ausgeht, war eine wesentliche Problematik bei der Fundierung der Analysis im 19. Jahrhundert. Dabei hatten sich zwei grundsätzlich verschiedene Verfahren bereits vor 1880 herausgebildet. Einmal war es DEDEKINDS Idee der nach ihm benannten Schnitte, die er 1872 in völlig exakter Form publizierte [31]. Andererseits war es der Gedanke der Fundamentalfolgen rationaler Zahlen, deren Grenzwerte die Zahlen des neuen Bereiches der reellen Zahlen sind. Dieses letztere Resultat, aus dem später (1892) das Intervallschachtelungsprinzip zur Definition der reellen Zahlen hervorging, geht auf K. WEIERSTRASS [175], G. CANTOR [23] und CH. MÉRAY [123] zurück und fand insbesondere durch die Publikation von E. KOSSAK [112] eine

recht rasche Verbreitung. Zum historischen Überblick vgl. man [36, S. 388–395] und [182, S. 235f.]. In den Vorbereitungen Kleins auf die Vorlesung [98] findet man auch eine kurze Notiz zum Dedekindschen Schnitt, doch hat er sich dann wohl nur auf Weierstrass konzentriert, dessen Theorie er offensichtlich unter Bezugnahme auf Kossak [112] skizzierte. Auf die Schrift von Kossak weist er an anderer Stelle explizit hin [98, S. 17]. Die Methode Dedekinds nennt Klein „geometrisch", die Weierstraßsche „arithmetisch". In Kleins Vorbereitung heißt es: „Geometrisch dementsprechend, dass die gerade Linie ein *zusammenhängendes* Ganzes bildet. Von Dedekind so formuliert: Eine solche Reihenfolge von Zahlen, dass bei jedem *Schnitt* ein Element getroffen wird.
Arithmetisch: *Die Irrationalzahl als ‚Grenze'* (oder als ‚Inbegriff') *einer beliebigen gesetzmässigen (convergenten) unendlichen Summe:* $n + n_1 + n_2 + \ldots$ Beispiel: Unendlicher Decimalbruch" [98, S. 11]. Zum grundlegenden Prinzip führt er dann weiter aus: „Die extensive Grösse einer Dimension veranschaulicht noch andere Zahlen: *die reellen Irrationalzahlen.* (Ihre Einführung fällt nicht ganz, wenigstens nicht ungezwungen, unter das Hankel'sche Princip.) Erzeugung solcher Zahlen durch die Forderung der Ausführbarkeit gewisser Processe: *Wurzelausziehung*, $\sqrt{2}, \sqrt[m]{n}$. Aber diess sind nicht alle Irrationalzahlen. Man kann sogar zeigen, dass der Vorrath der Irrationalzahlen keineswegs durch die algebraischen Irrationalitäten erschöpft wird (d. h. Definition durch den ∞ Process, nicht durch die inverse Operation)" [98, S. 11]. „Also müssen wir uns nach einem allgemeinen Einführungsprincip umsehen. Das Princip liegt zu Tage, wenn wir uns die Irrationalzahl als unendlichen Decimalbruch denken. *Sie erscheint dann als die gedachte Grenze eines unendlichen convergenten Processes.*

Das allgemeine Princip wäre also: Zahlen zu postuliren, welche durch einen beliebigen derartigen Process definirt werden. Diess Princip ist ausreichend, weil man alle im reellen Gebiete lösbaren Inversionsprobleme durch ∞ Processe erledigen kann.

$$\text{Beispiel: } \pi = 4 \cdot \left(1 - \frac{1}{3} + \frac{1}{5} - \frac{1}{7} + \frac{1}{9} - \frac{1}{11} + - \ldots\right)$$

$$= 2 \cdot \left(1 + \frac{1}{2} \cdot \frac{1}{3} + \frac{1 \cdot 3}{2 \cdot 4} \cdot \frac{1}{5} + \frac{1 \cdot 3 \cdot 5}{2 \cdot 4 \cdot 6} \cdot \frac{1}{7} + \ldots\right).$$

Warum darf man mit irrationalen Grössen gerade so rechnen, wie mit gewöhnlichen? Der Beweis lässt sich explicite führen, sobald man sich klar wird, *wann 2 unendliche Zahlenreihen einander gleich sind.* Nämlich, *wenn sie sich um weniger unterscheiden als jede angebbare Grösse.*

Diess wäre die *reine* Theorie der Irrationalzahlen, nun das reale Gegenbild in der geometr. Anschauung. Die Alten hatten die geom. Anschauung, aber sie schwangen sich nicht auf zum Begriff der irr. *Zahl*" [98, S. 13f.].

5. Die Schreibweise komplexer Zahlen als geordnete Paare reeller Zahlen geht auf W. R. Hamilton und das Jahr 1833 (publiziert 1837 [70]) zurück, der auch die Rechenoperationen völlig sauber definierte und ihre Eigenschaften nachwies. Damit war bereits die (bis auf Isomorphie) einzige assoziative, kommutative R-Algebra endlicher Dimension hingeschrieben. Nachdem Dedekind im Jahre 1871 dem Hamiltonschen Resultat eine zeitgemäße begriffliche Fassung mittels des algebraischen Körperbegriffes gegeben hatte (vgl. [146]), gelang dann 1878 Frobenius der Nachweis [62], daß es wirklich der umfassendste kommutative Erweiterungskörper von Q endlicher Dimension ist.

Auch KLEIN benutzte den allgemeinen Dedekindschen Körperbegriff bereits im Erlanger Programm [97, S. 48], verzichtet aber in der Vorlesung auf eine entsprechende Terminologie wohl deshalb, weil er einen solch modernen algebraischen Strukturbegriff bei den mittleren Semestern damals noch nicht voraussetzen konnte und ein näheres Eingehen auf diesen Begriff ihn zu weit vom Vorlesungsziel weggeführt hätte. Auf S. 267 (Anm. 10) geht er jedoch auf die von FROBENIUS bewiesene Tatsache ein.

Im Vorlesungstext des Abschnittes 2.5. findet man nicht die Bezeichnung „komplexe Zahl" für die neu definierten Elemente, jedoch führte KLEIN in seiner Vorbereitung aus: „Nur eine Vereinfachung (auch in der Auffassung) ist es, wenn man statt Zahlenpaar *Zahl* sagt, genauer ‚complexe' Zahl. Und nur eine Umänderung der Schreibweise, dass statt a, b $a + ib$ geschrieben wird. Wir haben zunächst zu zeigen, *dass man mit solchen Zahlen ebenso rechnen darf, wie mit den einfachen.* Das heißt Addition und Multiplikation unterliegen denselben Verknüpfungsregeln" [98, S. 14].

Als Abschluß der verschiedenen Standpunkte beim Aufbau der Zahlbereiche bis zu den komplexen Zahlen, notierte KLEIN in seiner Vorbereitung: „Ueber den relativen Werth der aufgezählten Standpuncte. *Jeder behält seinen Werth.* Es ist aber vielfach lehrreich, den 5ten Standpunct zu acceptiren, und von ihm aus die anderen aufzufassen. Ein Fehler würde es sein, wenn wir die früheren Standpuncte als untergeordnet ein für allemal bei Seite liessen. Dazu sind sie für die *Anwendungen* viel zu wichtig. Ueberdiess *Zahlentheorie*" [98, S. 15].

6. EULER operierte mit komplexen Zahlen fast ausschließlich arithmetisch. Das Bestreben, komplexe Zahlen auch geometrisch zu fassen und geometrisch mit ihnen zu operieren, stellt den Beginn der gesamten anschaulichen Funktionentheorie dar. Erste erfolgreiche Ansätze stammen aus dem Jahre 1799 von GAUSS [63, Bd. 3, S. 2 (Diss.)] (noch implizit) und C. WESSEL [178] (wenig beachtet). Auch L. N. M. CARNOT reflektierte in seiner „Géométrie de position" [25] darüber. Erstmals wirklich gelöst hat die Problematik R. ARGAND im Jahre 1806 [3]. Doch erst mit der Arbeit von GAUSS über die Theorie der biquadratischen Reste [63, Bd. 2, S. 171–174] aus dem Jahre 1831 war der Durchbruch zur Interpretation der komplexen Zahlen in der Gaußschen Zahlenebene, wie wir heute sagen, vollzogen. Dabei hatte GAUSS bereits 1811 in einem Brief an BESSEL [63, Bd. 8, S. 90ff.] diese Auffassung explizit formuliert und schon lange vorher damit gearbeitet. Eine übersichtliche Darstellung der historischen Abläufe in dieser Frage findet man bei H. PIEPER [141].

Die Notiz in KLEINS Vorlesung: „(+ 1803) Gergonnes Annal." ist als ein Hinweis auf die Jahre nach 1803 und auf die „Annales de Gergonne" zu interpretieren. In den Jahren 1813/14 gab es dort eine teilweise recht kontrovers geführte Auseinandersetzung um diese geometrische Interpretation, an der sich auch ARGAND [4] beteiligte.

Auf weiterführende bzw. andere geometrische Darstellungen komplexer Größen, wie sie sich im 19. Jahrhundert herausbildeten, wird in KLEINS Vorlesung noch mehrfach eingegangen (Anm. 12, 42). Von der Aktualität, die diese Problematik auch in den siebziger Jahren des 19. Jahrhunderts noch hatte, zeugt beispielsweise das Thema der Dissertation G. FREGES [57].

Man vgl. bzgl. der komplexen Zahlen insbesondere den Enzyklopädieartikel von E. STUDY [164].

7. In seiner Vorbereitung äußert sich KLEIN über den Grund für die Behandlung höherer komplexer Zahlen in der Vorlesung:

„1.) weil die Sachen an sich so wichtig und verbreitet sind, dass man sie nicht ignoriren darf, 2.) weil dadurch die gemeinen complexen Zahlen noch besser verstanden werden.

1. Allgemeiner Gedanke: statt Zahlenpaare, Aggregate von n Zahlen zu betrachten. Statt Zahlenaggregat zeigt man wieder complexe Zahl und spricht von n Einheiten. Also $a = a_1 e_1 + a_2 e_2 + a_3 e_3 + \ldots + a_n e_n$. (Im gemeinen System wird $e_1 = 1$, $e_2 = i$ bezeichnet.)

2. Alle Zahlensysteme, die man gebraucht hat, kommen nur überein 1.) in der Definition der Addition, 2.) in der Beziehung der Multiplication zur Addition ... So bleibt *Commutativität* und *Associativität* der Addition ... Multiplication ist associativ und distributiv.

3. Aber was sollen wir jetzt mit den Einheitsproducten $e_i \cdot e_k$ beginnen? Doppelte Möglichkeit der Annahme: entweder, dass sie selbst wieder complexe Zahlen der alten Art sind, oder, dass sie ganz neue Einheiten vorstellen. Und dabei hat man sich unter Umständen genöthigt gesehen (um brauchbare Anwendungen zu bekommen), *von der Forderung* $e_i e_k = e_k e_i$ *abzugehen und also die Commutativität der Multiplication fallen zu lassen*" [98, S. 18f.].

In der Tat bestand für diese Problematik zu jener Zeit eine große Aktualität. Dabei konzentrierte sich Klein auf eine kurze Einführung in die Grundgedanken der beiden wesentlichen hyperkomplexen Systeme, die sich für die Entwicklung der Algebra und die Herausbildung der Algebrentheorie (einen historischen Überblick findet man in [155]) als grundlegend erweisen sollten. Sowohl Hamiltons Quaternionen [71] von 1853 als auch Grassmanns alternierende Zahlen [66], [67] von 1844 bzw. 1862 stellen die ersten Schritte in eine nichtkommutative Algebra dar. Während die Quaternionen, die sich als Drehungen um einen festen Punkt im 3dimensionalen Raum interpretieren lassen und auch in dieser Assoziation von Hamilton entwickelt wurden, schnell eine starke Verbreitung fanden, blieb Grassmanns Werk in jenen Jahrzehnten ohne größere Resonanz. Das Graßmannsche Konzept einer äußeren Algebra war allerdings von weitaus größerer Tragweite als die Idee der Quaternionen. Grassmann nahm mit seiner Ausdehnungslehre gewissermaßen den Begriff des n-dimensionalen (ja sogar unendlich-dimensionalen) Vektorraumes vorweg. Dabei hat er die geometrisch-anschauliche Ausdrucksweise des R^3 auf den n-dimensionalen Raum übertragen (vgl. [97, S. 76f.]). Ein Prinzip, das später u. a. in der Theorie der Hilberträume eine bedeutsame Fortsetzung fand. Auch A. Cayley praktizierte etwa zur gleichen Zeit wie Grassmann die formale Übernahme der anschaulichen Terminologie in andere Bereiche. Grassmanns Werk hat zwischenzeitlich zwar relative Anerkennung gefunden, doch erst in den dreißiger Jahren unseres Jahrhunderts fand es weltweit die ihm gebührende Aufmerksamkeit und wurde insbesondere in seiner Bedeutung für die Differentialgeometrie hochaktuell (vgl. dazu [15, S. 80ff. und 140ff.]). Aber auch die Quaternionen spielten eine nicht unbedeutende Rolle in der Entwicklung des strukturellen Denkens in der Mathematik. Sie zeigten sich bald als der einzige nichtkommutative Körper (endlicher Dimension) über dem der reellen Zahlen, was Frobenius, der bereits den Begriff „Schiefkörper" verwendete, 1878 zeigen konnte [62]. Heute sind die „Clifford-Algebren" als eine Verallgemeinerung der Quaternionen von besonderer Bedeutung in der Theorie der Lieschen Gruppen, aber auch der Differentialtopologie.

Um die Mitte des 19. Jahrhunderts waren also schon einige nichtkommutative Strukturen in der Diskussion, u. a. auch eine Matrizentheorie von Cayley [26, Bd. 2, S. 475 bis

496]. Die explizite Untersuchung von Algebren endlicher Dimension setzte dann in den siebziger Jahren ein und führte rasch zu einer Vielzahl grundlegender Resultate (vgl. [15, S. 140–147] und [155]).

Eine zusammenfassende Darstellung über hyperkomplexe Systeme findet man in dem Enzyklopädieartikel von E. STUDY [164], vgl. aber auch die moderne Arbeit von E. ARTIN [8]. H. HOPF nutzte 1935 die hyperkomplexen Zahlensysteme sogar zur Konstruktion interessanter Beispiele für Faserungen.

8. In seiner Vorbereitung schreibt KLEIN die Quaternion auch als geordnetes Quadrupel, etwa bei der Definition der Multiplikation [98, S. 16].

9. An dieser Stelle notierte KLEIN in seiner Vorbereitung: „Wunderbare cubische Gleichung von STOLZ“ [98, S. 17]. Gemeint ist hier O. STOLZ, den KLEIN aus seiner Studienzeit in Berlin gut kannte und von dem er damals in die Grundgedanken der nichteuklidischen Geometrie und in die geometrischen Auffassungen VON STAUDTS eingeführt wurde (vgl. [167, S. 31 und 28]). Er verweist auf einen Brief von STOLZ und darauf, daß bzgl. HANKEL [72] und KOSSAK [112] „noch etwas zu ergänzen“ sei [98, S. 17].

10. In KLEINS Vorbereitung beginnt dieser Abschnitt wie folgt:
„Beide Zahlensysteme haben eine andere Algebra, als die gewöhnliche. Interessante Frage: *Ob es nicht höhere Zahlensysteme gibt, welche sich der gewöhnlichen Algebra fügen.* Also $\sum a_i e_i \cdot \sum b_i e_i = \sum\sum (a_i b_k)\, e_i b_k$, mit $e_i e_k = e_k = e_i$ und übrigens $e_i e_k =$ (lineare Function der e). Zwei dieser Einheiten sollen 1 und i sein. Ob solche Einheiten immer vorhanden sind, wo also $e_{n-1}^2 = e_{n-1}$, $e_{n-1} \cdot e_n = e_n$, $e_n^2 = -e_{n-1}$, lassen wir dahin gestellt. Also: Ich will übrigens annehmen, dass das Zahlensystem das gew. complexe System umfasst, dass also $e_{n-1} = 1$, $e_n = \mathrm{i}$ gesetzt werden kann.
Dann kann man zeigen, dass *ein Product verschwinden kann, ohne dass ein Factor verschwindet*“ [98, S. 20].

KLEIN kommt damit noch direkt auf die wichtige Frage zu sprechen, ob hyperkomplexe Systeme existieren, in denen die Kommutativität erhalten bleibt (Anm. 5). Dabei engt er die Frage darauf ein, daß auch „alle anderen Regeln“ des gewöhnlichen komplexen Zahlensystems erhalten bleiben. Den Beweis, daß dies nicht möglich ist, führt KLEIN, indem er einen Widerspruch zur Nullteilerfreiheit der gewöhnlichen komplexen Zahlen konstruiert. Damit wird indirekt deutlich, daß die Zulassung von Nullteilern durchaus zu ganz neuen kommutativen Systemen führen kann. Diese Problematik und die damit verbundene Bedeutung der Nullteiler hatten die damaligen Algebraiker bereits erkannt (vgl. etwa die Übersicht bei DIEUDONNÉ [36, S. 112 u. 800]).

11. Die Entwicklung der Zahlentheorie um 1880 ist insbesondere mit den Namen DEDEKIND und KRONECKER verbunden (mit letzterem in erster Linie durch sein Buch aus dem Jahre 1882 [116]). Zur Gesamtentwicklung vgl. man die Arbeit von HILBERT [81] und die moderne Darstellung der historischen Entwicklung durch O. NEUMANN [129].

12. In Italien führten um 1830 die Bemühungen der Geometrisierung der komplexen Größen zur „Theorie der Äquipollenzen“, worüber insbesondere G. BELLAVITIS mehrfach publizierte, offensichtlich ohne Gaußschen Einfluß. Hier sei nur auf seine frühe Arbeit von 1835 verwiesen [9]. Es handelt sich dabei um den Vektorkalkül in der Ebene, also einer Vorstufe der Resultate von H. GRASSMANN und W. R. HAMILTON. Das für jene Zeit Besondere ist das Operieren mit freien Vektoren, die man in der Mechanik zwar schon lange benutzte, doch bis dahin keinerlei algebraischen Betrachtungen unterzogen

hatte. Bellavitis bildete ganz im heutigen Sinne Äquivalenzklassen von Vektoren, die durch reine Translation auseinander hervorgehen und nannte diese Klassen „Äquipollenzen".

Klein, der in seiner Vorlesung am 3. 11. 1880 auf die Äquipollenzen eingeht, ließ im Seminar (Forschungsseminar) am 22. 11. 1880 zum gleichen Thema einen Vortrag von J. O. Baumgart halten [109, Anh. 8].

13. Den Fundamentalsatz der Algebra, der dann im Abschnitt 5.1.1. bewiesen wird, nannte Klein bereits hier, denn er ist der Ausdruck für die algebraische Abgeschlossenheit des Körpers der komplexen Zahlen und gehört somit in den Abschnitt 2.7. (vgl. auch Anm. 21).

Um die Anm. 21 zu entlasten, sei an dieser Stelle noch der Hinweis auf den historisch besonders bedeutsame Spezialfall (Kreisteilungsgleichung) $z^m - 1 = 0$ ergänzt, der im Abschnitt 5.2.3. für $w = 1$ vorliegt. Die m Wurzeln dieser Gleichung bilden bekanntlich die Ecken eines regelmäßigen m-Ecks. Den ersten Schritt zum Nachweis des Fundamentalsatzes für diese Gleichung tat A. de Moivre [126] im Jahre 1730 mit der bekannten Formel, die natürlich auch Klein beim Radizieren angibt. Die zahlentheoretischen Untersuchungen dieser Gleichung, die im Prinzip schon den modernen Auffassungen unserer Tage entsprechen, führte dann Gauss in seinen „Disquisitiones arithmeticae" vom Jahre 1801. Zu den diesbezüglichen Resultaten vgl. man [129, Teil 2, S. 35–43, und Teil 3, S. 44–51] und die dort angegebene umfangreiche Literatur. Abel hat 1827/28 die Kreisteilungstheorie nutzbringend auf elliptische Funktionen übertragen bzw. verallgemeinert [1, Bd. 1, S. 403–433 u. 263–388], wobei den Einheitswurzeln nun die Teilungspunkte einer elliptischen Kurve entsprachen. Diese Entwicklung, die unter Kronecker zu einer exakten Fassung des Irreduzibilitätsbegriffes führte (auf den Klein in der Vorlesung S. 116f. eingeht), war für die Kleinsche mathematische Forschung der siebziger Jahre eine wichtige Voraussetzung. Klein hat vor allem durch seine Arbeiten über die elliptischen Modulfunktionen einen wichtigen Beitrag für die Zahlentheorie geliefert. In seinen Vorlesungen über Zahlentheorie, die 1896 und 1897 publiziert wurden (vgl. [88, Bd. 3, S. 287–314]) und die eng verknüpft sind mit den in Anm. 27 besprochenen Problemen, sind diese Zusammenhänge dargestellt.

14. Die hier von Klein im Zusammenhang mit der linearen Transformation betrachtete logarithmische Spirale war für das mathematische Werk Kleins und Lies und damit für die Mathematikentwicklung insgesamt von besonderer Bedeutung. In einer gemeinsamen Publikation aus dem Jahre 1871 [88, Bd. 1, S. 424–459] beschäftigten sie sich mit „ebenen Kurven, welche durch ein geschlossenes System von einfach unendlich vielen vertauschbaren linearen Transformationen in sich übergehen." Sie nannten diese invarianten Kurven, von denen die logarithmische Spirale ein fundamentales Beispiel für sie war [88, Bd. 1, S. 435 und 427], W-Kurven (wir würden heute von speziellen „Orbits" sprechen; Klein und Lie hatten bei der Wahl der Bezeichnung wohl offensichtlich die auf von Staudt zurückgehende projektive Invariante „Wurf" vor Augen).

Für Klein war es der unmittelbare Durchbruch zur Abfassung seines Erlanger Programms [97], und für Lie entstand der fundamentale Begriff der Lieschen Theorie, die „infinitesimale Transformation". Klein und Lie klassifizierten die linearen Transformationen in 5 Klassen und wendeten jede Transformation t-mal an. Dabei entsteht z. B. aus $w = \alpha z$ die Transformation $w = \alpha^t z$ mit $t \in N$. Nun faßten sie t als kontinuierliche Variable ($t \in R$) auf, um so schließlich auch infinitesimale Änderungen von t betrachten zu können. Damit hatte man aus einer gewöhnlichen linearen Transformation ein System von einfach unendlich vielen gemacht. Die Bestimmung der *W*-Kurven läuft damit lediglich auf das Problem der Elimination von t hinaus, wie es in KLEINS Vorlesung vorgeführt ist. Allgemein ist dabei die *W*-Kurve das Integral einer Differentialgleichung. Auch bei der Erwähnung der logarithmischen Spirale und der Loxodrome ist dieser Hintergrund zu bedenken.

Hier sei angemerkt, daß es den Rahmen der Vorlesung gesprengt hätte, wenn KLEIN an dieser Stelle näher auf den ganz neuartigen Zusammenhang zwischen Geometrie und Analysis eingegangen wäre, wie er sich aus den infinitesimalen Transformationen der erwähnten Arbeit von 1871 ergab. Seine Äußerungen zur Bedeutung der Differentialgleichungen, die er auf S. 196f. macht, müssen jedoch auch diesbezüglich gesehen werden. Man vgl. auch das Erlanger Programm [97, S. 73 (Fußnote 41)].

15. Modelle und mechanische Apparaturen waren aus der Sicht auch der höheren Mathematik im 19. Jahrhundert sehr populär, was neben pädagogischen auch rein wissenschaftliche Gründe hatte. Einer der bedeutendsten Förderer dieser Entwicklung war FELIX KLEIN. Schon im Erlanger Programm legte er seinen Standpunkt in dieser Frage umfassend dar [97, S. 75f.]. Als er am 25. 10. 1880 an der Leipziger Universität seine öffentliche Antrittsvorlesung „Über die Beziehungen der neueren Mathematik zu den Anwendungen" hielt, vertrat er erneut eine positive Auffassung zu Sinn und Aufgaben der Modelle [110, S. 61]. Schon im November begann er dann eine mathematische Modellsammlung in Leipzig anzulegen und die Modelle in jenem Hörsaal aufzubewahren, in dem er die hier publizierte Vorlesung vom 26. 10. 1880 an hielt (ab April 1881 im neu eingerichteten „Mathematischen Seminar" [110, S. 61–68]). Auf die erwähnte Apparatur von PEAUCELLIER (vgl. dazu [43, S. 321 und 326]) ist KLEIN im Rahmen seiner Seminarvorträge vom 23. 2. bis 2. 3. 1885 über Kinematik [109, S. A8–6] nochmals eingegangen. Einen Überblick über die Vielzahl der Modelle und Apparate, die im 19. Jahrhundert eine gewisse Rolle spielten, findet man bei W. v. DYCK [43].

Aus der Leipziger Schule KLEINS jener Jahre ist ein Resultat bzgl. der Modelle und Apparate entstanden, das sehr berühmt wurde. Es ist die von O. STAUDE, der auch die hier publizierte Vorlesung hörte, entdeckte Fadenkonstruktion des Ellipsoids, über die er am 22. 2. 1882 im Seminar (Forschungsseminar) bei KLEIN vortrug. (Das Modell ist erläutert in [82, S. 18] und [109, S. 139].)

16. In der hier von KLEIN vorgenommenen Gliederung der linearen Transformationen steckt bereits deren Einteilung in parabolische (genau ein Fixpunkt), hyperbolische (zwei Fixpunkte auf einem Fixkreis), elliptische (zwei Fixpunkte, die durch einen Fixkreis getrennt sind) und loxodromische (zwei Fixpunkte, aber keinen Fixkreis). Diese Einteilung geht historisch auch auf KLEIN zurück, der zwar schon vor 1880 darauf eingeht (z. B. [88, S. 25]), doch in der genannten Form die Sache erst in der Arbeit „Neue Beiträge zur Riemannschen Funktionentheorie" von 1882 ausführt [88, S. 660ff.].

17. Eine Bedeutung des Doppelverhältnisses liegt in seinem Nutzen für die Klärung der metrischen Eigenschaften der verschiedenen Geometrien. Erwähnt sei diesbezüglich ein historisch wichtiges Resultat von LAGUERRE aus dem Jahre 1853 [118], das den euklidischen Winkel α zweier Geraden in der Gaußschen Zahlenebene projektiv durch ein Doppelverhältnis ausdrückt, das die sogenannten isotropen Geraden benutzt. Das Doppelverhältnis hat den Wert $e^{-2i\alpha}$. (Vgl. dazu auch KLEIN [88, Bd. 1, S. 242f.].)

18. Der Begriff der Kollineation ist ein Grundbegriff der projektiven Geometrie, und er spielt im mathematischen Werk KLEINS eine zentrale Rolle. KLEIN zeigt an dieser Stelle seiner Vorlesung, daß die lineare Transformation $w' = \frac{aw + b}{cw + d}$ mit nicht verschwindender Determinante der quadratischen Matrix $M = \begin{pmatrix} a & b \\ c & d \end{pmatrix}$ stets eine kollineare Abbildung liefert, die die Riemannsche Zahlenkugel in sich überführt und i. allg. zwei Fixpunkte besitzt (Anm. 16). Vom heutigen verallgemeinerten Kollineationsbegriff aus betrachtet, werden von KLEIN hier die Kollineationen zweiten Grades behandelt. (Vgl. weiter Anm. 27.)

19. Dies ist die einzige Stelle des 1. Semesters der Vorlesung, an der KLEIN explizit den Gruppenbegriff erwähnt. Daß er ihn nicht ausführlicher erläutert, erstaunt, denn schließlich war dieser Begriff das tragende Element seines Erlanger Programms von 1871, wo auch die linearen Transformationen unter diesem Gesichtspunkt besprochen werden [97, S. 49–53]. Und die Leipziger Habilitation seines Schülers DYCK im Jahre 1882 lieferte sogar die erste völlig abstrakte Behandlung des Gruppenbegriffes. (Zur Geschichte des Gruppenbegriffes vgl. man die Monographie von WUSSING [181].) Andererseits hatte KLEIN bereits 1875/76 [88, Bd. 2, S. 275–301] in der Arbeit „Über binäre Formen mit linearen Transformationen in sich selbst“ den Gruppenbegriff allumfassend genutzt. Ganz in Übereinstimmung mit der Überschrift dieses Abschnittes 4.2. hat er dort die Betrachtungen auf der Kugel unter Zugrundelegung des Kollineationsbegriffes durchgeführt, wobei er bereits die Gruppe der regulären Polyeder und ihr Formensystem angab. Auf das letztere wird allerdings im Abschnitt 5.2.3. der Vorlesung noch näher eingegangen.

20. KLEIN verwendet nachfolgend, wie auch hier bei der Überschrift zu 5.1., oft die Bezeichnung „ganze Funktion“. Damit meint er aber stets nur ganze rationale Funktion, während man heute unter ganzen Funktionen etwas allgemeiner alle in der ganzen Ebene ($z \neq \infty$) holomorphen Funktionen versteht, die höchstens in $z = \infty$ einen singulären Punkt besitzen. Bricht die zugehörige Laurent-Reihe ab, so liegt bei $z = \infty$ ein Pol, und die ganze Funktion ist eine ganze rationale Funktion. Bricht die zugehörige Reihe nicht ab, so liegt bei $z = \infty$ eine wesentliche Singularität, und wir sprechen von einer ganzen transzendenten Funktion (z. B. e^z, $\sin z$).

Obwohl KLEIN den Begriff „ganze Funktion“ nicht in moderner Weise benutzte, entwickelte er doch in einer sehr anschaulichen Form den Begriff der „wesentlichen Singularität“ (siehe S. 108 und Anm. 28) und stellte gerade dabei die direkte Verbindung zur ganzen rationalen Funktion gründlich dar (vgl. Abschnitt 6.). Er fügt diesem Abschnitt aber auch die Tangensfunktion hinzu, in unserem heutigen Sprachgebrauch also bereits eine meromorphe Funktion. Das sind bekanntlich Funktionen, die bis auf endlich oder abzählbar unendlich viele Polstellen holomorph in der ganzen Ebene sind. Im Falle endlich vieler Pole haben wir dann die rationalen Funktionen, also die unter 5.1. und 5.2. behandelten Funktionen insgesamt.

Es sei hier angemerkt, daß diese moderne Gliederung nach den Singularitäten auf WEIERSTRASS zurückgeht und daß das Verhältnis zwischen KLEIN und WEIERSTRASS getrübt war, was KLEIN später bedauerte (vgl. [167, S. 20f.]).

21. KLEIN benutzt zum Beweis des Fundamentalsatzes der Algebra insbesondere die Stetigkeit und die Holomorphie der ganzen rationalen Funktionen. Daher mußte er sich den Verzweigungspunkten auch besonders zuwenden.

In der Geschichte findet man die erste klare Formulierung des Fundamentalsatzes bei EULER im Jahre 1751, als er einen Beweis dieses Satzes versuchte. Einen ersten exakten Beweis gab GAUSS in seiner Dissertation im Jahre 1799, dem er später noch einige andere hinzufügte. Im Verlauf des 19. Jahrhunderts bis ins 20. Jahrhundert hinein wurden weitere sehr interessante Beweise gegeben, wobei derjenige besonders elegant ist und heute bevorzugt wird, der sich auf den Liouvilleschen Satz stützt, daß nämlich eine in der gesamten Ebene gleichmäßig beschränkte holomorphe Funktion konstant ist. Den ersten rein arithmetischen Beweis lieferte A. OSTROWSKI im Jahre 1920. Erwähnenswert ist auch die Tatsache, daß die älteren, auf Stetigkeitsbetrachtungen beruhenden Beweisversuche bei reellen Polynomkoeffizienten eine klärende zusammenfassende Darstellung in der Theorie der geordneten Körper von ARTIN und SCHREIER aus dem Jahre 1927 fanden [5], [6], [7].

Es ist didaktisch interessant, daß KLEIN in die Darstellung des Beweises Definitionen wichtiger Grundbegriffe seiner Vorlesung (Stetigkeit, Verzweigungspunkt, merkwürdiger Punkt, Multiplizität) so einfügt, wie sie unmittelbar gebraucht werden, so daß ein konkretes Motiv für den jeweiligen Begriff vorliegt.

22. Da es sich hier um eine ganze rationale Funktion handelt, die nach der Taylorschen Formel entwickelt wird, ist die Anzahl der Summanden endlich. Diese Endlichkeit verdeutlichen wir durch die Angabe eines letzten Summanden, ein Prinzip, das offensichtlich von KLEIN und, wie es scheint, auch von vielen anderen Mathematikern des 19. Jahrhunderts nicht konsequent befolgt wurde. Dieser Fall wird im Verlauf der Vorlesung noch öfters auftreten, so daß dann nur über den inhaltlichen Zusammenhang der exakte Ausdruck erkennbar ist. Vom Herausgeber ist nur dann diese Schreibweise verändert worden, wenn die Kleinsche Bezeichnungsweise dies ohne größere Abänderungen zuließ.

23. Diese wichtige Eulersche Beziehung, auf die sich KLEIN hier und nachfolgend (vgl. z. B. Abschnitt 7.1.) stützt, ist als Eulerscher Fundamentalsatz für Formen bekannt. Danach genügt eine Form $F(z_1, z_2, \ldots, z_n)$ vom Grad k den folgenden k partiellen Differentialgleichungen ($q = 1, 2, \ldots, k$)

$$\frac{k!}{(k-q)!} F = \sum \frac{q!}{\alpha_1! \, \alpha_2! \ldots \alpha_n!} z_1^{\alpha_1} z_2^{\alpha_2} \ldots z_n^{\alpha_n} \frac{\partial^q F}{\partial z_1^{\alpha_1} \partial z_2^{\alpha_2} \ldots \partial z_n^{\alpha_n}},$$

wobei die Summation über alle Ausdrücke der angegebenen Form zu erstrecken ist, für die $\alpha_1, \alpha_2, \ldots, \alpha_n$ natürliche Zahlen $\geqq 0$ sind, die die Bedingung $\alpha_1 + \alpha_2 + \ldots + \alpha_n = q$ erfüllen (analog der Summation beim polynomischen Lehrsatz).

24. KLEIN notierte in seiner Vorbereitung an dieser Stelle:
„Durch diese Beispiele ist nun wohl hinlänglich klar, was eine ganze Function ist, und was der ‚Fundamentalsatz' der Algebra bedeutet." Randbem.: „Gibt es specielle ganze Functionen? Die charackteristisch abbilden? Kugelfunctionen, Lamé'sche Functionen. LAGUERRE" [98, S. 68].

25. Dieser Begriff KLEINS ist nicht mit dem heute üblichen Begriff der hebbaren Singularität zu verwechseln.

26. Wobei zunächst stets davon ausgegangen wird, daß φ und ψ keine gemeinsamen Nullstellen haben. Der Begriff „Unendlichkeitsstelle" steht für „Polstelle" (eine andere

ältere Bezeichnung ist „Unstetigkeit 1. Art“, siehe S. 108). Völlig sachgemäß wird auch $z = \infty$ als Pol bestimmter Ordnung behandelt, was historisch auf das Buch von BRIOT und BOUQUET [21] zurückgeht, das KLEIN an anderer Stelle der Vorlesung nennt (Anm. 48).

27. KLEIN vollbrachte in den siebziger Jahren des 19. Jahrhunderts mit seinen Arbeiten zu linearen Transformationsgruppen eine bedeutende mathematische Leistung, die die Auflösbarkeit algebraischer Gleichungen mittels elliptischer Modulfunktionen betrifft. Es gelang ihm damit u. a., die Theorie der regulären Polyeder funktionentheoretisch-algebraisch völlig zu klären. In dem vom 24. 5. 1884 datierten Buch KLEINS „Vorlesungen über das Ikosaeder und die Auflösung der Gleichungen vom fünften Grade“ [89] liegt eine unter algebraischem Aspekt erfolgte Zusammenfassung dieser Resultate vor. Tragender Gedanke dieser Gleichungstheorie ist das „Kleinsche Formenproblem“, wonach sich die unabhängigen Unbestimmten (allgemein: $n - 1$) eines rationalen Funktionenkörpers Z (mit Koeffizienten aus einem gegebenen Grundkörper) allein aus den Elementen des, bzgl. einer endlichen Gruppe von Kollineationen C (allgemein: n-ter Ordnung) existierenden rationalen Invariantenkörpers von Z berechnen lassen. KLEIN benutzte den Begriff „Formenproblem“ nur dann, wenn die Transformationen von C linear, ganz und homogen waren. Im allgemeinen Fall der Kollineation sprach er von einem „Funktionenproblem“.

Für KLEIN kam es darauf an festzustellen, wann sich eine algebraische Gleichung auf ein Formenproblem zu einer Gruppe C zurückführen läßt. In den dreißiger Jahren des 20. Jahrhunderts erhielt die gesamte Kleinsche Gleichungstheorie durch R. BRAUER [16] mittels der Algebrentheorie eine moderne Darstellung, die auf geometrisch-anschauliche Aspekte völlig verzichtet. Für KLEIN war die Anschaulichkeit bei der Entwicklung seiner Resultate geradezu das Fundament, wobei die endlichen Drehgruppen der regulären Polyeder eine zentrale Rolle spielten. Er betrachtete diese Körper als der Riemannschen Zahlenkugel einbeschrieben, so daß die Ecken auf der Kugelfläche liegen. Durch Projektion der Kanten vom Kugelmittelpunkt aus entsteht dann eine dem Polyeder adäquate Zerlegung der Kugelfläche, die durch eine wohlbestimmte Gruppe von Kollineationen (Anm. 18), die isomorph ist zur entsprechenden Drehgruppe, auf sich abgebildet wird. Die einfachsten dieser diskontinuierlichen Gruppen stellte KLEIN in seiner Vorlesung vor (Abschnitt 5.2.3.): die Kreisteilungs- und die Diedergruppe (wie heute der „Doppelpyramidentypus“ genannt wird).

Die analytische Behandlung dieser Polyeder wird durch binäre Formen der homogenen komplexen Variablen z_1, z_2 realisiert, denen gewisse Punktsysteme (Ecken, Kantenmitten, Mittelpunkte der Begrenzungsflächen) der Kugel entsprechen. Mit den binären Formen und ihrer geometrischen Interpretation befaßten sich um 1870 sehr viele Mathematiker (CLEBSCH, BELTRAMI, GORDAN, HERMITE, LINDEMANN, KRONECKER), so daß die Theorie der binären Formen in den siebziger Jahren bereits ein recht ansprechendes Niveau hatte. Direkt auf jene Ausführungen aufbauend, die bereits sein Erlanger Programm unter Bezugnahme auf CLEBSCH und BELTRAMI enthält [97, S. 81–83], stellte KLEIN die Zusammenhänge erstmals umfassend in der Arbeit „Über die binären Formen mit linearen Transformationen in sich“ von 1875 dar [88, Bd. 2, S. 275–301]. Für den wichtigen Fall des Ikosaeders beispielsweise hat man die folgenden drei Grundformen, wo die Quotienten $z = z_1/z_2$ der Nullstellen dieser Formen gerade das zugehörige Punktsystem liefern:

$$f(z_1, z_2) = z_1 z_2 (z_1^{10} + 11 z_1^5 z_2^5 - z_2^{10}) \quad \text{für die 12 Eckpunkte,}$$

$H(z_1, z_2) = -(z_1^{20} + z_2^{20}) + 288\,(z_1^{15}z_2^5 - z_1^5z_2^{15}) - 494z_1^{10}z_2^{10}$ für die 20 Mittelpunkte der Begrenzungsflächen und

$T(z_1, z_2) = z_1^{30} + z_2^{30} + 522\,(z_1^{25}z_2^5 - z_1^5z_2^{25}) - 10005\,(z_1^{20}z_2^{10} + z_1^{10}z_2^{20})$ für die 30 Kantenmitten.

Es genügen jedoch zwei dieser drei Invarianten der Ikosaedergruppe, die die Basis des Invariantenkörpers darstellen, um das Ikosaeder zu fixieren (d. h. insbesondere die genannten Punktgruppen bis auf Permutierungen). KLEIN wählte H und f. Bezeichnet man $\frac{H^3}{1728f^5}$ mit w und setzt $z = \frac{z_1}{z_2}$, so erhält man die folgende rationale Funktion für das Ikosaeder

$$w = \frac{(-(z^{20} + 1) + 228\,(z^{15} - z^5) - 494z^{10})^3}{1728z^5(z^{10} + 11z^5 - 1)^5}.$$

Analog ergibt sich beim Oktaeder $w = \frac{(1 + 14z^4 + z^8)^3}{108z^4(1 - z^4)^4}$, beim Tetraeder $w = \frac{(1 - 2\sqrt{-3}\,z^2 - z^4)^3}{(1 + 2\sqrt{-3}\,z^2 - z^4)^3}$, beim Dieder $w = z^n + z^{-n}$ und im Kreisteilungsfall $w = z^n$.

Um diese Gleichungen zu lösen, d. h. diejenigen Werte z zu ermitteln, die zu einem gegebenen w gehören, bestimmt man die den Untergruppen entsprechenden und mittels der Invarianten aufgestellten Galoisschen Resolventen, deren Lösungen auch die Lösungen der Ausgangsgleichung liefern. Da dies beim Ikosaeder, dessen niedrigste Resolvente vom Grade 5 ist, nicht in Radikalen durchführbar war, sondern elliptische Modulfunktionen bzw. hypergeometrische Reihen erfordert, wurden die elliptischen Modulfunktionen zu einem Hauptgegenstand der Kleinschen Forschung und führten ihn zu einer weit über den angegebenen Beispielumfang hinausgehenden Auflösungstheorie algebraischer Gleichungen (Kleinsches Formenproblem).

KLEINS Ausgangspunkt bei den elliptischen Modulfunktionen ist die absolute Invariante $J = g_2^3/(g_2^3 - 27g_3^2)$, wobei g_2 ein Polynom zweiten Grades und g_3 ein Polynom dritten Grades in den Koeffizienten des elliptischen Gebildes von S. 160 (2.) sind und nur von den unabhängigen Perioden ω_1, ω_2 der elliptischen Funktion abhängen. (Die sich aus den genannten Polynomen ergebenden Invarianten waren damals schon einige Jahrzehnte bekannt.) Betrachtet man J in Abhängigkeit von dem nicht reellen Periodenverhältnis $\tau = \frac{\omega_1}{\omega_2}$, so hat man in J eine Modulfunktion mit der bekannten Eigenschaft

$$J\left(\frac{a\tau + b}{c\tau + d}\right) = J(\tau), \text{ sofern } \begin{pmatrix} a & b \\ c & d \end{pmatrix} \in SL(2, Z).$$

τ liefert bzgl. J eine unendlichblättrige Riemannsche Fläche, die für $J = 0, 1$ und ∞ Verzweigungen besitzt. Bei $J = 0$ hängen stets drei, bei $J = 1$ stets zwei und bei $J = \infty$ unendlich viele Blätter zusammen. Nach den Resultaten von SCHWARZ (1872/73) [157] über die hypergeometrischen Reihen liefert $\tau(J)$ als Quotient zweier unabhängiger partikulärer Lösungen η_1, η_2 der hypergeometrischen Differentialgleichung (vgl. S. 282 und

Anm. 44)

$$\frac{d^2\eta}{dJ^2} + \left(\frac{1-\frac{1}{3}}{J} + \frac{1-\frac{1}{2}}{J-1}\right)\frac{d\eta}{dJ} + \frac{\frac{1}{144}}{J(J-1)}\eta = 0$$

die konforme Abbildung der Halbebene $\operatorname{Im}(J) > 0$ auf ein krummlinig begrenztes Dreieck ABC (siehe Abb.) mit den Winkeln $\frac{\pi}{3}$ bei $A(\triangleq J = 1)$, $\frac{\pi}{2}$ bei $B(\triangleq J = 0)$ und 0 bei $C = \infty$ $(\triangleq J = \infty)$. Durch Spiegelung dieses Dreiecks an der Geraden $\operatorname{Re}(\tau) = 0$ erhält man

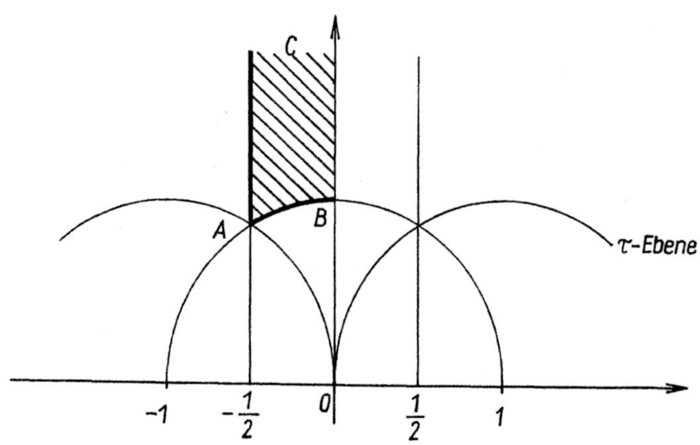

(wenn die Begrenzungen von der Spiegelung ausgenommen werden) ein eindeutiges und konformes Bild der gesamten J-Ebene, den sogenannten Fundamentalbereich. Ein schlichtes Bild der gesamten unendlichblättrigen Riemannschen Fläche in der τ-Ebene ergibt sich durch fortgesetzte Spiegelung des Fundamentalbereiches an seinen Begrenzungslinien, entsprechend der Modulgruppe. In dieser einfachen und lückenlosen Überdeckung eines Teiles der τ-Ebene wird auch die Ordnung der Verzweigungen völlig klar wiedergegeben.

Die Auflösbarkeit einer Gleichung (hier der Resolventen) $f(w, z) = 0$ mittels elliptischer Modulfunktionen beruht nun darauf, daß diese Gleichung (sofern überhaupt) ebenfalls in $w = 0; 1; \infty$ Verzweigungspunkte besitzt, deren Ordnung bei 0 und 1 mit derjenigen von J übereinstimmt. Die Abbildung durch die Lösungen der entsprechenden hypergeometrischen Differentialgleichung für w und z liefert jetzt ein Dreieck mit den Winkeln $\frac{\pi}{3}$, $\frac{\pi}{2}$ und $\frac{\pi}{n}$ (n als Ordnung der Verzweigung bei $w = \infty$). Die Lösung der Gleichung mittels der Modulfunktion besteht nun bei Klein im Auffinden des Zusammenhanges zwischen z und τ, also den Wurzeln der Resolvente und des Periodenverhältnisses.

Dieser wird aus der Abbildung der Dreiecke aufeinander deutlich: Wenn z ein Dreieck mit den Winkeln $\frac{\pi}{3}$, $\frac{\pi}{2}$ und $\frac{\pi}{n}$ durchläuft, so überstreicht π eines mit den Winkeln $\frac{\pi}{2}$, $\frac{\pi}{3}$ und 0, und J bzw. w durchlaufen die zugehörigen Halbebenen. Entsprechend der Kongruenzgruppe der Resolvente existieren aber nur endlich viele dieser Dreiecke.

Diese Methode, die Abhängigkeit zweier Funktionen voneinander dadurch zu erreichen, daß man sie auf den gleichen Zerlegungstyp bezieht und nur die Anzahl der Teilgebiete einmal endlich und im anderen Fall unendlich ist, wird auch in der vorliegenden Vorlesung von KLEIN demonstriert: im Abschnitt 6.1., wo er die Zerlegung der Kugel nach dem Kreisteilungstypus und dem Diedertypus in unendlich viele Teilgebiete durchführt und so zu den elementaren transzendenten Funktionen gelangt (S. 98–107).

KLEINS Forschungen in dieser Richtung gipfelten in der Arbeit „Über die Transformationen siebenter Ordnung der elliptischen Funktionen" von 1878/79 [87, Bd. 3, S. 90–135], wo er die Auflösung der Gleichung vom Grade 168 behandelt und nachweist, daß die Galoisgruppe G_{168} isomorph ist zur Gruppe $PSL\,(2, F_7)$. Die von KLEIN dort angegebene Modulfigur [88, Bd. 3, S. 126], die den Zusammenhang der 168 Blätter in der schlichten komplexen Zahlenebene verdeutlicht, erregt auch bei ästhetischen Betrachtungen zur Mathematik immer wieder besondere Aufmerksamkeit (vgl. [166]). Daß die genannte Modulfigur nur einen endlichen Teil der Zahlenebene (innerhalb des Einheitskreises) bedeckt, erreichte KLEIN durch die Abbildungsverhältnisse zwischen τ und dem Modul k^2 (= Doppelverhältnis; siehe S. 178) des elliptischen Integrals, denn für J gilt auch

$$J = \frac{4}{27}\,\frac{(1 - k^2 + k^4)^3}{k^4(1 - k^2)^2},$$

was KLEIN bereits von CLEBSCH übernahm. In dieser Form ist es eine Funktion vom „Doppelpyramidentypus" (Abschnitt 5.2.3.), die einer sechsseitigen Doppelpyramide entspricht. Durch τ wird die k^2-Halbebene auf ein nullwinkliges Kreisbogendreieck abgebildet, das nach dem erwähnten Doppelpyramidentypus in 6 kongruente Dreiecke mit den Winkeln $\frac{\pi}{2}$, $\frac{\pi}{3}$ und 0 zerfällt, wobei jeweils zwei aneinanderliegende Dreiecke bezüglich J den Fundamentalbereich bilden.
(Eine übersichtliche Darstellung dieser Abbildungsverhältnisse, auch bei allgemeinen Kreisbogenpolygonen, findet man z. B. in [30, S. 430–452]. Eine detaillierte Behandlung der Modulgruppen vom elementaren Standpunkt gibt das lesenswerte Buch [147, S. 83 bis 114]).

28. Sich auf die unmittelbar vorangegangenen Erläuterungen im Vorlesungstext beziehend, notierte KLEIN an dieser Stelle seiner Vorbereitung:
„Was ist denn e^∞?" Randbem.: „Diess kann gar nicht gründlich genug erledigt werden!" Dann folgt Fig. 58 und weiter: „In beliebiger Nähe liegen Puncte, für welche e^z *jeden beliebigen Werth annehmen kann.* Unstetigkeit der zweiten Art (im Gegensatz zur hebbaren Unstetigkeit). Wesentlich singulärer Punct nach WEIERSTRASS. Deshalb gilt doch im Gebiete der *reellen* Grössen unweigerlich: $e^{+\infty} = \infty$, $e^{-\infty} = 0$" [98, S. 89 (diese Seitenzahl kommt zweimal vor, hier ist die zweite gemeint)].

Der Begriff „wesentlicher singulärer Punkt“ geht auf Weierstrass und seine Untersuchungen in den 40er Jahren des 19. Jahrhunderts zurück (vgl. die historische Darstellung bei Dieudonné [36, S. 151 und 159f.]).

Kleins hier in der Fußnote gegebener Hinweis bezieht sich auf eine Reihe wichtiger Publikationen E. Picards in den Bänden 88 und 89 (1879) der „Comptes rendus de livres et analyses de mémoires“ über singuläre Punkte analytischer Funktionen. (Man vgl.: Fortschritte der Mathematik 1879, [140].) Picard beweist u. a., daß die Menge der von einer analytischen Funktion in einer punktierten Kreisscheibe um einen wesentlichen singulären Punkt angenommenen Funktionswerte sich um höchstens zwei Punkte von der ganzen komplexen Zahlenebene (resp. Riemannschen Zahlenkugel) unterscheidet, nachdem Weierstrass bereits die Dichtheit des Wertebereiches (die auch in Kleins Ausdrucksweise enthalten ist) nachgewiesen hatte. So besitzt die von Klein hier behandelte Funktion e^z mit ihrer wesentlichen Singularität in $z = \infty$ die Ausnahmewerte 0 und ∞.

In Kleins Vorbereitung findet man die Formulierung:
„Perspective: Alle eindeutigen transcendenten Functionen haben mindestens eine solche singuläre Stelle. Es gibt Stellen, an die sich die Bilder der w-Ebene überhaupt nicht hinanziehen (doppeltperiodische Functionen). Dagegen gibt es keine Stellen, an die sich die Bilder drei oder noch mehrmal hinanziehen (Picard).

Übungsbeispiel: $w = e^{\frac{1}{z^2}}$“ [98, S. 97].

Die Picardschen Sätze waren auch mehrfach Gegenstand der Kleinschen Forschungsseminare. So trug bereits am 7. 3. 1881 F. Büttner darüber vor, am 25. 6. 1881 A. Hurwitz und am 28. 1. 1884 P. Biedermann [109, Anh. 8]. Diese Problematik fand dann 1904 mit den Untersuchungen von E. Landau über konvergente Potenzreihen ihre vollständige Klärung.

29. Klein führt hier und auf den folgenden Seiten zunächst analytisch in die komplexe projektive Geometrie der Ebene ein (also des dreidimensionalen komplexen projektiven Raumes, wie man heute sagen würde). Historisch geht die projektive Geometrie auf V. Poncelets berühmtes Buch von 1822 [143] zurück, wo viele wichtige Resultate bedeutender Vorgänger auf diesem Gebiet mit verarbeitet und dargestellt sind. Das Ziel bestand darin, alle möglichen Ausnahmen, die gewöhnlich hinsichtlich des Unendlichen und Komplexen in der Geometrie zu machen waren, in einer einheitlichen Theorie zu verschmelzen. Dieses Ziel hebt auch Klein in seiner Vorlesung hervor. Insgesamt blieb die Theorie bei Poncelet natürlich noch recht unvollständig, was jedoch in den Jahrzehnten bis zum Erlanger Programm durch die Leistungen vieler namhafter Mathematiker (Steiner, Möbius, Chasles, Plücker, von Staudt) weitgehend geklärt werden konnte. Die hier von Klein benutzte Darstellung mittels homogener Koordinaten geht auf Möbius und Plücker zurück.

30. Seit Beginn des 18. Jahrhunderts wurde das allgemeine Problem der Schnittpunktbestimmung zweier ebener algebraischer Kurven näher untersucht. Es war dann schließlich Maclaurin, der um 1720 [122] explizit die Vermutung aufschrieb, daß die Anzahl der Schnittpunkte i. allg. gleich dem Produkt der Grade beider Gleichungen ist (zuvor implizit bereits bei Newton). Auch bei der Feststellung der Reduzibilität gewann

MACLAURIN eine erste wichtige Erkenntnis, daß nämlich eine Kurve vom Grade n reduzibel ist, wenn sie mehr als $\frac{1}{2}(n-1)(n-2)$ Doppelpunkte besitzt. Nach vielen wertvollen Resultaten anderer Mathematiker hat dann erst 1881 KRONECKER in seiner Kummer-Festschrift den Reduzibilitätsbegriff allgemein für algebraische Mannigfaltigkeiten präzise untersucht und geklärt.

31. Bereits auf S. 90f., dann jedoch ab S. 139ff. bis zum Ende des Abschnittes 8., im Abschnitt 9., im Abschnitt 10. und im Teil „Neue Riemannsche Flächen" von Abschnitt 12. findet man das Prinzip der stetigen Abänderung von Kurven oder Flächen, mit dem Ziel, die Singularitäten als Grenzfälle aufzufassen bzw. allgemeine Gesetzmäßigkeiten zu erkennen. Auf S. 126 unten wird es namentlich als „Prinzip der Kontinuität" hervorgehoben, und in seiner Vorbereitung heißt es etwa an gleicher Stelle:
„Die Continuität ist die wahre geometrische Methode" [98, S. 114]. In der allgemeinsten Fassung ist dies ein altes geometrisches Prinzip, das man beispielsweise bereits bei EULER [52, S. 433] oder CARNOT [24] findet. Auch RIEMANN benutzte dieses Prinzip, um durch kleine stetige Abänderungen mehrfache Verzweigungspunkte aufzulösen. Und auch in der Topologie (S. 194f.), wo man die stetigen Abänderungen gewissermaßen als Grundprinzip hat, findet man diese Methode wieder, wobei die Stetigkeit der Abbildung im Grenzfall i. allg. gestört ist. KLEIN hat in den 70er Jahren des 19. Jahrhunderts, insbesondere in seinen Arbeiten zur anschaulichen Geometrie [88, Bd. 2], dieses Hilfsmittel (bei dem er auf seinen Lehrer J. PLÜCKER verweist) umfassend genutzt und zu einem grundlegenden mathematischen Prinzip ausgebaut. Dies begann mit der Arbeit über Flächen dritter Ordnung (1873). Dann waren es seine Mitteilungen über eine neue Art der Riemannschen Flächen (1874/76), zwei Mitteilungen über den „Verlauf der Abel'schen Integrale bei den Kurven vierten Grades" (1876/77), die Arbeit „Eine neue Relation zwischen den Singularitäten einer algebraischen Kurve" (1876) und die „Bemerkungen über den Zusammenhang der Flächen" (1874/75/76).
Zu O. HESSES Arbeiten über algebraische Kurven siehe die Hinweise in [96, S. 241 f.].

32. Der Bézoutsche Satz ist ein grundlegendes Theorem der zur algebraischen Geometrie gehörenden Multiplizitätstheorie. Eine moderne Lehrbuchdarstellung findet man etwa bei KELLER [87]. Historisch geht dieser Satz auf NEWTON, MACLAURIN (Anm. 30) und EULER [52, S. 40] zurück. EULER konnte jedoch, trotz vielversprechender Ansätze, zunächst keinen exakten Beweis liefern. Einen ersten wesentlichen Fortschritt brachte dann E. BÉZOUT in den sechziger Jahren des 18. Jahrhunderts (man vgl. seine zusammenfassende Darstellung [10]). Den von KLEIN hier vorgetragenen Stand erreichte die Mathematik etwa mit den Resultaten von J. PLÜCKER (einem Lehrer KLEINS) zur Liniengeometrie. (Man vgl. auch die historische Darstellung [36, S. 80–82].) Die moderne Entwicklung der Multiplizitätstheorie und des Bézoutschen Satzes ist in übersichtlicher Form von G. EISENREICH dargestellt worden [45, S. 222–229], wobei die wichtigen Ergebnisse B. L. VAN DER WAERDENS zu Recht hervorgehoben werden. Man vgl. auch [168], [169] und [172, S. 56–100].

33. In KLEINS Vorbereitung steht an dieser Stelle der Hinweis: „Allgemein bei HALPHEN" [98, S. 110]. Damit ist offensichtlich die Arbeit [69] gemeint.

34. An dieser Stelle der Vorbereitung notierte KLEIN eine kurze Übersicht zu den Problemen, die er bzgl. der Multiplizitätsfragen noch besprechen möchte. Dazu als

Randbem. die Namen der Seminarteilnehmer Büttner, Hurwitz, Dyck; durchgestrichen ist Veronese [98, S. 113].

35. Klein leitet hier eine der berühmten Formeln seines Lehrers Plücker ab. Dabei stützt sich Klein analog dem Plückerschen Vorgehen von 1828 auf die Theorie von Pol und Polare (in der Vorlesung S. 55 eingeführt), die historisch der entscheidende Ausgangspunkt für die Herausbildung des modernen Dualitätsbegriffes war, der heute in den unterschiedlichsten Formen von großem Nutzen in vielen mathematischen Disziplinen ist. Ein erstes bedeutendes Resultat des Dualitätsbegriffes waren die Plückerschen Formeln. Zwar findet man gewisse Ansätze dieser Plückerschen Theorie bereits in dem Buch von Poncelet [143], doch war es schließlich erst Plücker, der den Begriff der „Klasse" einer algebraischen Kurve herausarbeitete und dem der „Ordnung" dual gegenüberstellte. Bezüglich einer modernen Darstellung der Polarentheorie und der damit verbundenen Dualitätsproblematik sei auf Keller [87, S. 173–179 und 204–209] verwiesen. Zur weiteren Behandlung der Plückerschen Formeln in der Kleinschen Vorlesung siehe S. 168.

36. Hier notierte Klein als Randbemerkung:
„Uebrigens Verweis auf Clebsch, Lindemann und Salmon" [98, S. 114].

37. In Kleins Vorbereitung heißt es an dieser Stelle:
„Ich habe bisher nicht von den Principien der *Reihenentwicklung* gesprochen, und kann es auch hier nur beiläufig thun, indem ich sonst von meinen geometrischen Studien zu sehr abkäme." Randbem.: „Hohe Wichtigkeit dieser Theorieen. Sie geben uns ein befriedigendes Fundament. Lehrbuch von Harnack" [98, S. 122].
Mit Harnacks Lehrbuch ist offensichtlich [77] gemeint.

38. Die Reihenentwicklung nach Puiseux, die auf das Jahr 1850 zurückgeht [144], [145], macht eine exakte Behandlung der Verzweigungen algebraischer Funktionen über dem Körper der komplexen Zahlen bzw. der zugehörigen Riemannschen Flächen möglich. Darauf stützt sich auch Riemann in seiner „Theorie der Abel'schen Functionen" von 1857 [150], und sie stellt heute einen zentralen Punkt in jeder Vorlesung zur algebraischen Geometrie dar. Man vgl. etwa Keller [87, S. 183–214]. Ein wesentliches Moment, das mit den Puiseux-Reihen in die Theorie hineinkam, ist die Möglichkeit der Parametrisierung einer Riemannschen Fläche im Kleinen, speziell im Verzweigungspunkt resp. seiner Umgebung. Durch Kleins Ausführungen in 8.1. und insbesondere im eingeklammerten Teil S. 137ff. wird der Gedankengang der Theorie von Puiseux anschaulich verdeutlicht. (Vgl. auch die historischen Notizen in [36, S. 152f.].)

39. Mit Blick auf den gesamten Abschnitt 8.3. notierte Klein an dieser Stelle seiner Vorbereitung (in der Vorlesung umfassend ausgeführt):
„Wenn eine solche *Verzweigung* um einen Punct herum statt findet, so hängen dort die Blätter in gewissen *Cyclen* zusammen. Es sind *Verzweigungspuncte*, wie wir sie von den rationalen Functionen her kennen, überlagert. Ob das in einzelnen Puncten so ist, müssen wir durch Reihenentwicklung entscheiden, cf. Puiseux.

Frage, ob schliesslich *alle Blätter* mit einander zusammenhängen müssen. Behauptung, dass diess bei Irreducibilität so sein muß. Es muß der Satz zugegeben werden, dass *eindeutige* algebraische Functionen rational sind. Dann kann man die Sache machen." Randbemerkung: „Ich kann unmöglich alles in der Vorlesung machen." Dann weiter:

„Nun umgekehrt z in Bezug auf w. ν-blättrige Fläche. Eindeutige Beziehung derselben auf einander. Aufgabe: *sich diese Beziehung möglichst deutlich vorzustellen.* So viel ist klar, dass beide Flächen entweder gleichzeitig aus einem Stück bestehen oder nicht. BÜTTNER." [98, S. 120f.].

40. Von KLEIN findet man, abgesehen vom Erlanger Programm [97, S. 61f.], die ersten wesentlichen Bemerkungen zur Topologie in der Arbeit von 1873 „Über Flächen dritter Ordnung" [88, Bd. 2, S. 11–62, speziell S. 41–43]. Sie rückten jedoch sehr rasch mit in den Mittelpunkt seiner mathematischen Untersuchungen, wobei hier zunächst die Arbeiten „Über den Zusammenhang der Flächen" von 1874 und 1875 [88, Bd. 2, S. 63–67] zu nennen sind. KLEIN setzt sich darin klärend mit einigen topologischen Grundbegriffen auseinander. Dabei wurde er erstmals mit der Notwendigkeit der Zerschneidung von Flächen konfrontiert, um eindeutige stetige Abbildungen herzustellen. Und er schreibt bzgl. vorangegangener Darstellungen anderer Mathematiker:
„Ich finde, daß die Darstellungen dieser Theorie, welche mir gerade zur Hand sind, hierfür keine volle Klarheit geben: es wird von der Möglichkeit eines solchen Zerschneidens und Wiederverbindens gesprochen, aber dasselbe wird nur als nützlich, nicht als für viele Fälle notwendig dargestellt" [88, Bd. 2, S. 66].
Und so baute KLEIN dieses Verfahren zu einem mathematisch-wissenschaftlichen Prinzip aus.

In der Ausarbeitung des 2. Semesters dieser Vorlesung [88, Bd. 3, S. 499–573] gibt KLEIN im § 23 eine für jene Zeit bemerkenswerte topologische Klassifizierung der Flächen (einseitige und zweiseitige Flächen mit und ohne Rand), die auch das heute als Kleinscher Schlauch oder Kleinsche Flasche bekannte Beispiel einer einseitigen geschlossenen Fläche vom Geschlecht 1 enthält. Er steht dabei in der Tradition von MÖBIUS, der ja bekanntlich (neben LISTING) ein erstes Beispiel einer einseitigen (also nicht orientierbaren), aber berandeten Fläche angab (siehe Vorlesung S. 146). Die ersten Schritte hin zu dem erwähnten § 23 werden hier auf S. 146ff. der Vorlesung getan. Dabei ist anzumerken, daß KLEIN die einseitigen Flächen als Doppelflächen bezeichnete. Bedeutsam war auch die von KLEIN in der oben erwähnten Arbeit [88, Bd. 2, S. 68] vorgenommene Unterscheidung der Flächeneigenschaften einseitig zu sein (was von ihrer Einbettung in eine 3dimensionale Mannigfaltigkeit abhängt) oder nicht orientierbar zu sein (was lediglich eine innere Eigenschaft ist). Einen modernen Überblick zur historischen Entwicklung der Topologie findet der Leser in [36, S. 639–679].

Von S. 150 bis zum Abschnittsende nutzt KLEIN den Eulerschen Polyedersatz zur Charakterisierung der Riemannschen Flächen. EULER hat den Polyedersatz in seiner klassischen Form 1750/51 formuliert und bewiesen [52, S. 58f.]. In der ersten Hälfte des 19. Jahrhunderts lebte das Interesse an diesem Satz stark auf, zumal der Eulersche Beweis bzgl. der Strenge nicht ganz befriedigen konnte [36, S. 647]. Einen anderen exakten Beweis gab dann erst 1847 CH. v. STAUDT. Im Jahre 1861 zeigten LISTING und CAYLEY unabhängig voneinander, daß der Satz bei gekrümmten Seitenflächen und Kanten richtig bleibt. Später haben POINCARÉ und dann SCHLÄFLI den Satz weiter verallgemeinert auf Zellen bestimmter Dimension in einem endlichen Komplex, so daß die „Euler-Poincaré-Charakteristik" des Komplexes gleich der alternierenden Summe der Betti-Zahlen des Komplexes ist.

Eine Vorstufe zur Poincaré-Schläflischen Verallgemeinerung ist die hier in der Vorlesung von KLEIN vorgenommene Anwendung des Eulerschen Polyedersatzes auf die

Riemannschen Flächen als Sphären mit p Handhaben. Man findet zwar schon bei Riemann die Anwendung des Satzes auf Riemannsche Flächen, doch nicht in der Auffassung als Sphäre mit p Handhaben. Letzteres geschah erstmals in der hier publizierten Vorlesung. (Eine detaillierte Darstellung der historischen Entwicklung des Eulerschen Polyedersatzes bis etwa 1900 wird in [22] gegeben.) Es ist allerdings erstaunlich, daß Dyck in seinen topologischen Arbeiten von 1890 und 1894 [41], [42] über Flächen und dreidimensionale Mannigfaltigkeiten den Zusammenhang mit dem Eulerschen Satz nicht herstellte, obwohl er die hier vorgelegte Kleinsche Vorlesung gehört hat (vgl. S. 239).

41. Klein geht hier auf eine sehr bedeutsame Problematik ein, die wir heute als birationale Äquivalenz zwischen irreduziblen algebraischen Gleichungen vom Geschlecht p bezeichnen. In seiner Vorbereitung notierte Klein beim Begriff „Wertigkeit": „Schwierige Erörterung" [98, S. 162]. Und in der Tat ist es wieder eine tiefliegende Problematik, die Klein hier behandelt und deren Weiterentwicklung bis in aktuelle mathematische Fragen unserer Zeit reicht. Klein verfolgt in der Vorlesung diesbezüglich zunächst das Ziel, durch birationale Äquivalenz eine Klassifizierung der algebraischen Kurven durchzuführen, um sich auf gewisse „Normalkurven" beschränken zu können. Dabei beruft er sich auf entsprechende Bestrebungen von Clebsch, Gordan und Riemann. Clebsch hat zusammen mit Gordan 1866 [27] den algebraischen Beweis für die Invarianz des Geschlechts gegenüber birationalen Transformationen geliefert, womit Clebsch auch die Plückerschen Formeln beweisen konnte und so die birationale Äquivalenz zwischen dualen Kurven erkannte. Auch Klein beweist die Plückerschen Formeln hier auf diese Weise (Anm. 35).

Die Untersuchung und Bestimmung von Invarianten bzgl. der birationalen Transformationen ist eines der wesentlichsten Forschungsziele der algebraischen Geometrie. Die Entwicklung auf diesem Gebiet hat ihren Fortgang genommen durch verschiedene Spezifizierungen, wobei es sich jedoch stets um isomorphe Abbildungen algebraischer Funktionenkörper handelt. Besonders erfolgreich hat sich dies auch in der Zahlentheorie erwiesen. So kann man die diophantischen Gleichungen der Form $f(x, y) = 0$ nach dem Geschlecht dieser Kurve klassifizieren, wobei allerdings Kurven gleichen Geschlechts nicht ohne weiteres birational äquivalent sind, was Klein hier auf S. 179f. nachweist. Es ist interessant, daß neben anderen gerade A. Hurwitz, ein Schüler Kleins, der in dieser Vorlesung anwesend war, diese Entwicklung später (1917) mitbestimmt hat [86], die dann 1922 in den Untersuchungen von Mordell [127] einen gewissen Höhepunkt erreichte. Die weitere Entwicklung kulminierte mit besonders interessanten Ergebnissen wieder in den sechziger und siebziger Jahren, bis schließlich Faltings 1983 ein sehr starkes Resultat veröffentlichte (Beweis der Mordellschen Vermutung), wodurch u. a. als Spezialfall mit erledigt ist, daß jede irreduzible Kurve über dem Körper Q der rationalen Zahlen (also eine diophantische Gleichung), deren Geschlecht größer als 1 ist, höchstens endlich viele Q-rationale Punkte hat, also solche, deren Koordinaten aus Q sind [50], [51]. Dabei ist es bedeutsam, daß man zu einer solchen Kurve durch den Übergang in einen projektiven Raum eindeutig eine singularitätenfreie Kurve mittels birationaler Äquivalenz angeben kann. Mit diesem Resultat ist auch die berühmte Fermatsche Vermutung zu einem beträchtlichen Teil erledigt (vgl. dazu H. Koch [102]).

In engem Zusammenhang mit Kleins Darlegungen im Abschnitt 10. (insbesondere S. 174–180) zur birationalen Äquivalenz steht das wichtige Resultat, das er in der auf diese Vorlesung folgenden Schrift (das ist die Ausarbeitung des 2. Semesters) gibt [88,

Bd. 3, S. 558], wonach die Klasse einer Kurve vom Geschlecht p durch $3p - 3 + \varrho$ Moduln bestimmt ist. ϱ ist dabei die Anzahl der Parameter, von denen die Automorphismen der Kurve abhängen. KLEIN stützt sich dabei auf analytische Vorleistungen von SCHWARZ (1875) und HETTNER (1880) [79]. Insgesamt ist diese Problematik jedoch erst von NOETHER [133] im Jahre 1882 ausgeführt worden.

42. CH. V. STAUDT hat mit seiner „Geometrie der Lage" von 1847 [161] und den „Beiträgen zur Geometrie der Lage" von 1856 bis 1860 [162] den letzten Schritt zu einem vollkommen metrikfreien Aufbau der projektiven Geometrie getan, indem er den Grundbegriff „Doppelverhältnis" völlig frei von metrischer Ausdrucksweise definierte. Andererseits stellt v. STAUDTS Resultat einen wichtigen Beitrag dafür dar, komplexe Elemente reell geometrisch aufzufassen. Die Grundgedanken der Theorie v. STAUDTS bzgl. der reellen Interpretation erläutert KLEIN in der Vorlesung. Dabei gibt er, wie v. STAUDT, zunächst eine eindeutige reelle Darstellung für ein Paar konjugiert komplexer Punkte durch eine zugehörige elliptische Involution, die ja auch eine Kollineation ist. Die reelle Darstellung ist schließlich durch die sich harmonisch trennenden Punktepaare der Fig. 107 gegeben, wobei durch die Festlegung einer Orientierung der reellen Geraden noch ein Punkt ausgezeichnet wird. Die hier verwendete eindeutige Bestimmtheit einer reellen Geraden durch einen komplexen Punkt $P(x_1 + iy_1, x_2 + iy_2)$ und seinen konjugierten $\bar{P}(x_1 - iy_1, x_2 - iy_2)$ geht bereits auf PONCELET [143] zurück, der einen Punkt P der komplexen affinen Ebene auf ein Paar reeller Punkte $P_u(x_1 - y_1, x_2 - y_2)$ und $P_o(x_1 + y_1, x_2 + y_2)$ abbildete. Im Falle der Abbildung zweier konjugiert komplexer Punkte vertauschen die Bildpunkte lediglich ihre Indizes u und o; sie sind die Fixpunkte einer elliptischen Involution auf der reellen Geraden z durch P_u und P_o.

KLEIN, der sich in der ersten Hälfte der 70er Jahre um eine Weiterentwicklung geometrisch anschaulicher Aspekte der Funktionentheorie sehr bemühte, hat sich in diesem Rahmen gründlich mit der von Staudtschen Auffassung auseinandergesetzt. In KLEINS Arbeit „Zur Interpretation der komplexen Elemente in der Geometrie" von 1872 [88, Bd. 1, S. 402–405] findet man eine Verallgemeinerung der von Staudtschen Interpretation, die wir als (elliptische) zyklische Projektivität bezeichnen: Durch Einführung eines projektiven Maßes mit den beiden Grundpunkten P_u und P_o entsteht auf der Geraden durch P_u und P_o beim Abtragen gleichlanger Strecken im Sinne des definierten Maßes ein Zyklus von bestimmter Ordnung.

Dieses Kleinsche Resultat steht in engem Zusammenhang mit seinen Publikationen zur nichteuklidischen Geometrie der Jahre 1871 bis 1874 [88, Bd. 1, S. 244–350], wo er ein berühmt gewordenes Modell zur hyperbolischen (auch diese Begriffsbestimmung nimmt er dort vor) nichteuklidischen Geometrie gibt, das auf einer ebensolchen Maßbestimmung beruht, die gegenüber projektiven Transformationen invariant ist und einen gewöhnlichen Kegelschnitt als Grundgebilde hat. So war die hyperbolische nichteuklidische Geometrie als eine projektive Geometrie interpretiert, was mit dem Kleinschen Beweis der Unabhängigkeit der projektiven Geometrie vom Parallelenaxiom eine allgemeine theoretische Fundierung fand [88, Bd. 1, S. 330–343]. Damit verbunden war KLEINS Nachweis, daß sich die elliptische nichteuklidische Geometrie als eine projektive Geometrie mit einem imaginären Kegelschnitt als Grundgebilde darstellen läßt.

43. Ein weiteres Resultat der Kleinschen Bestrebungen nach neuen anschaulichen Hilfsmitteln in der Funktionentheorie sind die hier behandelten „neuen Riemannschen Flächen", worüber er 1874 bis 1876 publizierte und die er dabei zu einem sehr anschau-

lichen Studium der Abelschen Integrale benutzte [88, Bd. 2, S. 89–169]. Klein wollte mit diesen Flächen eine direkte Verbindung zwischen dem reellen Kurvenbild und der zugehörigen Riemannschen Fläche herstellen, und er hebt hervor, daß „ein solcher Übergang vom rein geometrischen Standpunkte aus geradezu gefordert werden muß, wenn die Sätze, welche sich auf die Zahl und die Periodizität der längs einer algebraischen Kurve erstreckten Integrale beziehen, zu einem unmittelbaren Verständnisse gebracht werden sollen" [ebenda, S. 89]. Und so kann es nicht verwundern, daß er diese Zusammenhänge auch hier in der Vorlesung bespricht. Bereits in seiner ersten Arbeit zu den „neuen Riemannschen Flächen" von 1874 behandelt er die drei Beispiele, die er auch hier in der Vorlesung angibt [ebenda, S. 91–96].

44. Vorbemerkungen Kleins zum dritten Kapitel: Hier ist zunächst hervorzuheben, daß Klein unzweideutig im praktischen und naturwissenschaftlichen Bedürfnis des Menschen die primäre Triebkraft für die Entwicklung der Mathematik sieht. Bedenkt man Kleins späteres Engagement für die technische Hochschulausbildung und Forschung und die angewandte Mathematik, insbesondere in seiner Göttinger Zeit (ab 1886) (vgl. [167, S. 66–74]), so überrascht diese Bemerkung hier nicht. Sie legt jedoch den tieferen Grund der diesbezüglichen Kleinschen Bestrebungen – z. B. die technischen Wissenschaften auch zu Universitätswissenschaften zu machen – offen dar.

Ansonsten dominiert in Kleins Bemerkungen der Begriff der Differentialgleichung, dem in der Tat in jenen Jahrzehnten eine entscheidende Rolle zufiel. Nur um anzudeuten, sei beispielsweise auf Poincaré verwiesen, der hervorhebt [142, Bd. 6, S. 183], daß er zu seinen tiefliegenden topologischen Resultaten geführt wurde über die Betrachtung von solchen Kurven, die durch Differentialgleichungen definiert sind.[1]) Und diese Problemstellung formuliert auch Klein für dieses dritte Kapitel der Vorlesung, in dem die Verbindung zwischen Differentialgleichungen und Topologie konkret aufgezeigt wird.

In Kleins Vorbereitungen steht bei den linearen Differentialgleichungen der Hinweis: „Besonderer Fall: die zweiter Ordnung, und insbesondere die hypergeometrische Differentialgleichung $\frac{d^2w}{dz^2} + \frac{\gamma - (\alpha + \beta + 1)\,z}{z(1-z)}\frac{dw}{dz} - \frac{\alpha\beta w}{z(1-z)} = 0$" [98, S. 194].
Dies ist kein Zufall, denn, wie bereits in Anm. 27 erwähnt, spielt die hypergeometrische Differentialgleichung eine wichtige Rolle in der Funktionentheorie. Der zu jener Zeit erreichte Stand in der Theorie der hypergeometrischen Funktionen (Lösungen der hyperg. Dgl.) ist etwa durch die Arbeit von Schwarz [157] bestimmt. Klein selbst hat in seinen wissenschaftlichen Seminaren diese Problematik oft zum Gegenstand der Diskussion gemacht. Im Jahre 1894 ist dann erstmals Kleins bekanntes Werk „Vorlesungen über die hypergeometrischen Funktionen" [93] gedruckt erschienen, wo er u. a. die Leistungen seines Schülers E. Papperitz würdigt, der 1889 auch eine schöne historische Darstellung dieser Theorie gab [137].

Kleins Hinweis auf die vorrangige Bedeutung der linearen Differentialgleichungen, insbesondere 2. Ordnung, ist auch dahingehend zu interpretieren, daß sich viele wichtige Differentialgleichungen der mathematischen Physik hier einordnen lassen. So etwa die Hillsche Mondgleichung bzw. die Mathieusche Differentialgleichung und die Lamésche

[1]) Beispielsweise sind auch die wichtigen Grundbegriffe Links- und Rechtsideal 1903 in einer Arbeit Poincarés über die Integration linearer Differentialgleichungen eingeführt worden [142, Bd. 3, S. 140 bis 149].

Differentialgleichung.[1]) Mit letzterer begann sich KLEIN 1880 auf Anregung von C. NEUMANN intensiver zu befassen. Und es waren dann KLEIN und BÔCHER, die zuerst erkannten, daß man all diese Gleichungen unter der allgemeinen Form

$$\frac{d^2w}{dz^2} + \left(\frac{1-\alpha_1}{z-a_1} + \ldots + \frac{1-\alpha_{n-1}}{z-a_{n-1}}\right)\frac{dw}{dz} + \frac{Az^{n-3} + B_0 z^{n-4} + \ldots + B_{n-4}}{(z-a_1)\ldots(z-a_{n-1})}\,w = 0$$

zusammenfassen kann, wobei jedoch die unterschiedlichsten Bedingungen an die Koeffizienten zu stellen sind bzw. Variablentransformationen durchgeführt werden müssen. In der angegebenen Form liefert (in Verallgemeinerung zur hypergeometrischen Differentialgleichung) der Quotient zweier unabhängiger partikulärer Lösungen eine konforme Abbildung der Halbebene $\mathrm{Im}(z) > 0$ auf ein Kreisbogen-n-Eck, wobei die $a_i (a_n = \infty)$ reelle Singularitäten der z-Ebene sind, die auf die Polygonecken abgebildet werden. Die reellen α_i, an die noch eine ganz spezielle Zusatzbedingung im Verein mit A zu stellen ist, fixieren die Polygonwinkel.

KLEIN versäumt es in der Vorlesung offensichtlich auch nicht, auf diesbezüglich aktuelle Arbeiten hinzuweisen. So erwähnt er in seiner Vorbereitung die damals neuesten Untersuchungen von APPELL zu linearen Differentialgleichungen n-ter Ordnung mit algebraischen Koeffizienten [98, S. 194] und auch KÖNIGSBERGERS neueste Publikationen [98, S. 195]. Mit dem Hinweis auf KÖNIGSBERGER spricht KLEIN eine Reihe von Arbeiten an, die 1880/81 im „Journal für die reine und angewandte Mathematik" (CRELLES Journal) Bd. 90 und 91 erschienen.

45. Es ist anzunehmen, daß sich KLEIN bzgl. der Cauchyschen Resultate zu den Funktionen komplexer Veränderlicher auf das damals weit verbreitete Buch von BRIOT und BOUQUET [21] stützte, auf das er an anderer Stelle der Vorlesung (Anm. 48) auch verweist und das die erste große zusammenfassende Darstellung der Cauchyschen Funktionentheorie ist. Diese Autoren haben in späteren Ausgaben das Wort „synectisch" durch das Wort „holomorph" ersetzt, so daß es 1880 bereits benutzt wurde. Im Lange-Heft [99] findet man es nicht, jedoch notierte KLEIN in seiner Vorbereitung an der entsprechenden Stelle den Terminus „holomorph" [98, S. 193].

46. Bei diesen Ausführungen ist offensichtlich die Riemannsche Arbeit [149] aus dem Jahre 1857 grundlegend.

47. Im Abschnitt 14. ist die Dominanz des Beispiels wieder besonders deutlich, wobei eine hohe geometrisch-anschauliche Transparenz erreicht wird. Die hohe Anschaulichkeit und die gründliche Ausführung wichtiger Beispiele hielt KLEIN in treffender Weise für einen wesentlichen Aspekt (wenn nicht gar für den wichtigsten) der Lehrerausbildung. Etwa an der gekennzeichneten Stelle findet man in KLEINS Vorbereitung die Notiz: „Oberlehrerarbeit: Ueber Abbildung durch Integrale rationaler Functionen" [98, S. 208].

48. Etwa dort, wo die Fig. 130 zu finden ist, bemerkte KLEIN in seiner Vorbereitung: „Diess ist ein Hauptzug der Riemann'schen Vorstellungsweise. Gegensatz zu BRIOT – BOUQUET" [98, S. 219].

Damit ist offensichtlich die Riemannsche Fläche als geometrisches Gebilde gemeint. KLEIN behandelt hier im Abschnitt 15. Resultate der Riemannschen Arbeit [150], worauf

[1]) Im inhomogenen Fall gehören hierhin auch die Cartwright-Littlewoodsche bzw. die Liénardsche Differentialgleichung und die van der Polsche Differentialgleichung, die wichtige nichtlineare dynamische Systeme erfassen.

im kommentierenden Anhang schon eingegangen wurde. Bereits RIEMANN betrachtete Systeme geschlossener Kurven (Rückkehrschnitte) auf den Riemannschen Flächen. KLEIN untersucht dies auch auf den Kugeln mit p Handhaben, um (ebenso wie RIEMANN) die Periodizitätseigenschaften der Integrale algebraischer Funktionen allein aus dem Zusammenhang resp. dem Geschlecht der zugehörigen Riemannschen Fläche, auf der integriert wird, zu ermitteln. Insbesondere durch die Vorstellung einer Kugel mit p Handhaben gelangte KLEIN zu einigen Fortschritten in topologischen Fragen, worauf schon in Anm. 40 eingegangen wurde. Im Rahmen von Abschnitt 15. wird unter 2.) (Fig. 136) für $p = 2$ wohl erstmals die Existenz einer Randkurve (Integral ist 0) nachgewiesen, die nicht zu einem Punkt homotop ist.

Die abschließenden Betrachtungen ab S. 234 der Abbildungen durch algebraische Integrale sind eine kurze Darstellung der durch elliptische und hyperelliptische Funktionen vermittelten Abbildung im Sinne der Umkehrabbildung, denn die Umkehrfunktionen dieser Integrale sind elliptische bzw. hyperelliptische Funktionen. Die ausführliche Behandlung folgt dann im Kapitel IV des nachfolgenden Semesters.

49. Im Rahmen der hier vorgelegten Vorlesung hat KLEIN auch die viel gerühmte „physikalische Mathematik“ entwickelt. Die Ausführungen dazu liegen aber sämtlich im 2. Semester. Er hat diese Dinge in seiner Schrift „Über Riemanns Theorie der algebraischen Funktionen und ihrer Integrale“ [88, Bd. 3, S. 499–573] dargelegt, die ja aus dieser Vorlesung hervorgegangen ist. Denkt man sich die Riemannsche Fläche oder überhaupt ein Flächenstück gleichmäßig mit einer inkompressiblen homogenen leitenden Flüssigkeit bedeckt und an einzelnen Stellen (Quellen und Senken) elektrische Pole vorhanden, so repräsentiert der sich einstellende Strömungszustand eine bestimmte komplexwertige Funktion. Erstmals findet man diesen Gedanken bei KLEIN in den Arbeiten zu den Abelschen Integralen von 1876/77 [88, Bd. 2, S. 99–135 und 156–169, insb. S. 100]. In der Vorlesung begann er diese Problematik mit der Betrachtung auf der Kugel wie folgt:

„Denkt man sich eine Kugelfläche gleichförmig von einer imkompressiblen Flüssigkeit überdeckt, kann man dann die Bewegung dieser Flüssigkeit durch stereographische Projektion derart auf eine Ebene übertragen, dass auch diese Bewegungen als von einer inkompressiblen Flüssigkeit ausgeführt gedacht werden können?“ [101, Heft III, S. 55]. Von diesem einfachen Fall ausgehend baut er diesbezüglich eine ganze Theorie auf, die auch von besonderem ästhetischen Reiz ist. In der oben erwähnten Publikation zu dieser Vorlesung findet man z. B. die entsprechenden Strömungsverhältnisse für das Ikosaeder (Anm. 27) illustriert [88, Bd. 3, S. 523].

Diese physikalisch-mathematische Methode weckte naturgemäß das Interesse auch vieler Physiker, wovon die Abschrift der Lange-Hefte durch den Physiker OTTO WIENER [101] zeugt. Die Notizen WIENERS erstrecken sich auch auf das 2. Semester und enthalten sogar ausführliche Aufzeichnungen der Seminarvorträge KLEINS vom 18. 1. bis 8. 2. 1882 über die oben erwähnte Publikation zur Vorlesung und vom 15. 2. 1882 zum Dirichletschen Prinzip. Zumindest die Seminaraufzeichnungen hat O. WIENER möglicherweise von seinem Bruder HERRMANN WIENER übernommen, der bei jenen Vorträgen anwesend war. H. WIENER war Mathematiker und hatte von 1879 bis zur Promotion 1881 in München und 1881/82 in Leipzig bei KLEIN studiert.

50. Wir verstehen heute unter Uniformisierung eines analytischen Gebildes (w, z), speziell einer algebraischen Funktion $F(w, z) = 0$, die Bestimmung zweier, in irgendeinem

Gebiet G_t der komplexen Zahlenebene eindeutiger analytischer Funktionen $z = u_1(t)$ und $w = u_2(t)$, so daß jedem $t \in G_t$ genau ein Element $(w(t), z(t))$ des analytischen Gebildes resp. der zugehörigen Riemannschen Fläche entspricht. Dieses Parametrisierungsprinzip führt KLEIN im Abschnitt 11. (S. 180–189, insb. Bsp. 1) vor, wobei er im Beispiel 2 die uniformisierenden Funktionen u_1 und u_2 nicht explizit angibt, da es sich hier um die von ihm in der Vorlesung noch nicht besprochenen elliptischen Funktionen handelt. Obwohl diese Dinge im einzelnen auch damals als bekannt anzusehen waren, lag bei KLEIN das Neuartige in der in hohem Maße anschaulichen expliziten Beschäftigung mit dem später als Uniformisierung bezeichneten Prinzip. Von „Uniformisierungstheorie" spricht man erst bei den komplizierteren Fällen, wo das Geschlecht p der Riemannschen Fläche größer als 1 ist. Gestützt auf die Arbeiten RIEMANNS und diejenigen von SCHWARZ, SCHOTTKY, HERMITE entwickelten KLEIN und POINCARÉ zu Beginn der achtziger Jahre des 19. Jahrhunderts die Uniformisierungstheorie ([60, S. 358ff., 44ff.], [91, Bd. 2], [106, S. 43], [135, S. 74]). Die ersten fundamentalen Resultate in dieser Richtung waren die im vorliegenden Band erneut abgedruckten Theoreme von KLEIN, der sich 1881/82 in einem fieberhaften, freundschaftlichen Wettstreit mit POINCARÉ befand (vgl. [111, S. 89] und [88, Bd. 3, S. 577–586]). Wie vorn bereits erwähnt, gelang KLEIN der Beweis nicht, den er mit der sogenannten „Kontinuitätsmethode" versuchte. Die Beweise von POINCARÉ und KOEBE beruhen auf dem Begriff der „universellen Überlagerungsfläche", die sich für $p > 0$ aus unendlich vielen Exemplaren derjenigen schlichten Fläche zusammensetzt, die beim kanonischen Zerschneiden der Riemannschen Fläche entsteht (bei KLEIN die „ideale Riemannsche Fläche"). KOEBE hat später jedoch die Brauchbarkeit auch der Kleinschen Kontinuitätsmethode gezeigt [107], [108]. KLEIN, der 1882 einen ersten schweren gesundheitlichen Zusammenbruch erlitt, hat an diesen Forschungen nicht mehr teilgenommen (vgl. [167, S. 54f.], [109, S. 125 und 148f.]).

In den beiden Uniformisierungstheoremen kulminieren KLEINS intensive mathematische Studien algebraischer, geometrischer und funktionentheoretischer Natur des vorangegangenen Jahrzehnts. Das Grenzkreistheorem (das ist die zweite Mitteilung; den Terminus „Grenzkreistheorem" hat 1912 FRICKE [19, Bd. 2, S. 284] eingeführt), das KLEIN in der Nacht vom 22. zum 23. 3. 1882 unter ungewöhnlichen Umständen [88, Bd. 3, S. 584] entdeckte, besagt, daß für $p > 1$ die Uniformisierung stets durch automorphe Funktionen u_1 und u_2 mit Grenzkreis gelingt. Das heißt, die unendlich vielen Exemplare der kanonisch zerschnittenen Riemannschen Fläche lassen sich konform auf das Innere des Einheitskreises abbilden, das sie lückenlos, vollständig und einfach überdecken. Dabei sind die Peripheriepunkte singulär, und ein einzelnes Exemplar eines solchen Kreisbogenpolygons repräsentiert den Fundamentalbereich G_t. So entsteht ein Gebilde, das der (endlichen) Modulfigur aus KLEINS Arbeit über die Gleichung vom Grade 168 (Anm. 27) ähnelt, und diese Figur war auch die letzte Inspiration für KLEINS Erkennen des Grenzkreistheorems [88, Bd. 3, S. 584]. Er stellt die Abbildung jedoch umgekehrt dar, mittels der Uniformisierungstranszendenten $t = \eta = \eta(z)$, so daß bei einem geschlossenen Umlauf in der z-Ebene t eine lineare Transformation erfährt, die den entsprechenden t-Wert eines angrenzenden Exemplars von G_t liefert, falls ein Verzweigungspunkt umkreist wird. Insgesamt setzt sich das Kreisinnere dann aus unendlich vielen (hyperbolisch) nichteuklidisch kongruenten Teilen zusammen. KLEIN hat später einmal geschrieben: „Die Möglichkeit der Auffassung der Riemannschen Fläche als eine Raumform der nichteuklidischen Geometrie ist also geradezu der Inhalt des Uniformisierungssatzes" [92, S. 314].

Da im Fall $p = 0$ (dem eine elliptische nichteuklidische Raumform entspricht) die Uniformisierung stets durch rationale Funktionen und für $p = 1$ (dem eine euklidische Raumform entspricht) durch elliptische Funktionen gelingt (siehe oben bzgl. Abschnitt 11. der Vorlesung), war die Uniformisierung der algebraischen Funktionen bereits geklärt und faktisch auch die vorn genannte Form des Riemannschen Abbildungssatzes schon fixiert.

Zeitlich näher an der hier publizierten Vorlesung liegt Kleins Entdeckung des Rückkehrschnittheorems (d. i. die erste Mitteilung; den Terminus „Rückkehrschnittheorem" hat Fricke 1912 geprägt [91, Bd. 2, S. 439]) im September 1881 [88, Bd. 3, S. 584], als er mit der Ausarbeitung dieser Vorlesung für die bereits mehrfach genannte Schrift „Über Riemanns Theorie der algebraischen Funktionen" beschäftigt war. Auch hier beim Rückkehrschnittheorem stellt er die Abbildungsverhältnisse von der Uniformisierungstranszendenten her dar, führt allerdings nur p Rückkehrschnitte, um die Riemannsche Fläche in ein schlichtes Gebiet G_t zu verwandeln, das nun $2p$-fach zusammenhängend ist und dessen voneinander getrennt verlaufende Randkurven paarweise (durch lineare Transformationen) zu identifizieren sind. G_t hat dann wieder die Eigenschaften eines Fundamentalbereiches automorpher Funktionen, durch die sich die algebraische Funktion, deren Riemannsche Fläche betrachtet wurde, uniformisieren läßt. Durch fortgesetzte Spiegelung von G_t an seinen Rändern, was einer linearen Transformation entspricht, die wie oben bei einem geschlossenen Umlauf in der z-Ebene für t eintritt, legen sich wieder unendlich viele Exemplare von G_t aneinander und überdecken einen Teil der t-Ebene. Die dabei entstehenden interessanten Gebilde sind in [60, S. 380] und [30, S. 532] veranschaulicht. Die Grenzpunkte liefern hierbei (1881) ein frühes nichttriviales Beispiel einer perfekten Menge im Cantorschen Sinne.

Zum Uniformisierungsproblem vgl. man neben den älteren Arbeiten [60] und [91] vor allem die neueren [131] und [30, S. 523–538], wo auch die hier besprochenen Kleinschen Theoreme behandelt sind.

Literatur

[1] Abel, N. H.: Œuvres. 2 Bde. Hrsg. von O. Sylow und S. Lie. Christiania: Grøndahl 1881.

[2] D'Alembert, J.: Opuscules mathématiques, Bd. 1. Paris: David 1761.

[3] Argand, J. R.: Essai sur une manière de représenter les quantités imaginaires. 2. Aufl. Paris: Gauthier-Villars 1874. Neueste franz. Aufl. Paris 1971; engl. Ausg. New York 1981.

[4] Argand, J. R.: Réflexion sur la nouvelle théorie des imaginaires, suivies d'une application à un théorème d'analise. Annales de Mathématiques pures et appliquées (Gergonnes Annalen) **5** (1814), 197–210.

[5] Artin, E.; O. Schreier: Algebraische Konstruktion reeller Körper. Abh. Math. Sem. Univ. Hamburg **5** (1927), 85–99.

[6] Artin, E.; O. Schreier: Eine Kennzeichnung der reellen abgeschlossenen Körper. Ebenda, 225–231.

[7] Artin, E.: Über die Zerlegung definiter Funktionen in Quadrate. Ebenda, 100–115.

[8] Artin, E.: Zur Theorie der hyperkomplexen Zahlen. Ebenda, 251–260.

[9] Bellavitis, G.: Calcolo delle equipollenze. Padua 1835.

[10] Bézout, E.: Théorie générale des équations algébriques. Paris 1779.

[11] Bieberbach, L.: Das Werk Paul Koebes. Jahresberichte der DMV **70** (1968), 148–158.

[12] Biedermann, P. F.: Ueber Multiplicator-Gleichungen höherer Stufe im Gebiete der elliptischen Functionen. Dissertation. Greifswald 1887.

[13] Borel, A.; J.-P. Serre: Le théorème de Riemann-Roch. Bull. Soc. math. France **86** (1959), 97–136.

[14] Bouligand, G.: Étienne Bézout. Bull. Soc. philomath. France **55** (1948).

[15] Bourbaki, N.: Elemente der Mathematikgeschichte. Übersetzung aus dem Französischen von A. Oberschelp. Studia Mathematica, Bd. 23. Göttingen: Vandenhoeck & Ruprecht 1971.

[16] Brauer, R.: Über die Kleinsche Theorie der algebraischen Gleichungen. Math. Ann. **110** (1934), 473–500.

[17] Brill, A.: Ueber eine Eigenschaft der Resultante. Math. Ann. **16** (1880), 345–347.

[18] Brill, A.: Ueber Singularitäten ebener algebraischer Curven und eine neue Curvenspecies. Ebenda, 348–408.

[19] Brill, A.; M. Noether: Die Entwicklung der Theorie der algebraischen Funktionen in älterer und neuerer Zeit. Jahresberichte der DMV **3** (1892/93), 111–566.

[20] Brill, A.; M. Noether: Über die algebraischen Functionen und ihre Anwendungen in der Geometrie. Math. Ann. **7** (1874), 269–316.

[21] Briot, Ch.; J. C. Bouquet: Théorie des fonctions doublement periodiques et en particulier des fonctions elliptiques. Paris: Mallet-Bachelier 1859. Deutsche Ausg. Halle 1862.

[22] Brückner, M.: Vielecke und Vielflache, Theorie und Geschichte. Leipzig: Teubner-Verlag 1900.

[23] Cantor, G.: Über unendliche, lineare Punktmannigfaltigkeiten. Math. Ann. **15** (1879), 1–7; **17** (1880), 355–358; **20** (1882), 113–121; **21** (1883), 51–58, 545–591; **23** (1884), 453–488. Neu herausgegeben: TEUBNER-ARCHIV zur Mathematik, Bd. 2. Hrsg. und kommentiert von G. Asser. Leipzig: Teubner-Verlag 1984.

[24] Carnot, L. N. M.: Sur la corrélation des figures de géométrie. Paris 1801.

[25] Carnot, L. N. M.: Géométrie de position. Paris: Chapelet 1803. Deutsche Ausg. Altona 1807 bis 1810.

[26] Cayley, A.: Collected Mathematical Papers. 13 Bde. Cambridge: University Press 1889–1898.

[27] Clebsch, A.; P. Gordan: Theorie der Abelschen Functionen. Leipzig: Teubner-Verlag 1866.

[28] Conforto, F.: Abelsche Funktionen und algebraische Geometrie. Berlin–Göttingen–Heidelberg: Springer-Verlag 1956.

[29] Courant, R.: Gedächtnisrede für Felix Klein, gehalten am 31. 7. 1925 in Göttingen. Die Naturwissenschaften **13** (1925) 37, 765–772.

[30] Courant, R. (Hrsg.): Vorlesung über allgemeine Funktionentheorie und elliptische Funktionen von Adolf Hurwitz. Herausgegeben und ergänzt durch einen Abschnitt über geometrische Funk-

tionentheorie von R. Courant mit einem Anhang von H. Röhrl. 4. Aufl. New York: Springer-Verlag 1964.

[31] Dedekind, R.: Stetigkeit und irrationale Zahlen. Braunschweig 1872. Auch in: Richard Dedekind Gesammelte mathematische Werke, Bd. 3. Braunschweig: Vieweg 1932.

[32] Dedekind, R.: Was sind und was sollen die Zahlen? Braunschweig 1887. Auch in: Richard Dedekind Gesammelte mathematische Werke, Bd. 3. Braunschweig: Vieweg 1932.

[33] Dedekind, R.; H. Weber: Theorie der algebraischen Functionen einer Veränderlichen. Journal für die reine und angewandte Mathematik (Crelles Journal) **92** (1882), 181–290. Datiert: Oktober 1880. Auch in: Richard Dedekind Gesammelte mathematische Werke, Bd. 1. Braunschweig: Vieweg 1930.

[34] Dehn, M.; P. Heegard: Analysis situs. Encyklopädie der Mathematischen Wissenschaften, Bd. III, 1. 1, Beitrag AB 3. Leipzig: Teubner-Verlag 1907, 153–220.

[35] Dingeldey, F.: Ueber die Erzeugung von Curven vierter Ordnung durch Bewegungsmechanismen. Dissertation. Leipzig 1885.

[36] Dieudonné, J. u. a.: Geschichte der Mathematik 1700–1900. Übersetzung aus dem Französischen von einem Übersetzerkollektiv. Berlin: Deutscher Verlag der Wissenschaften 1985.

[37] Dieudonné, J.: Cours de géométrie algébrique I, Collection SUP. Paris: Presses Univ. de France 1974.

[38] Domsch, P.: Ueber die Darstellung der Flächen vierter Ordnung mit Doppelkegelschnitt durch hyperelliptische Functionen. Dissertation. Greifswald 1885.

[39] Durège, H.: Elemente der Theorie der Functionen einer complexen veränderlichen Grösse. Mit besonderer Berücksichtigung der Schöpfungen Riemann's bearbeitet. Leipzig: Teubner-Verlag 1864.

[40] von Dyck, W.: Gruppentheoretische Studien I und II. Habilitationsschrift. Math. Ann. **20** (1882), 1–44; **22** (1883), 70–108.

[41] von Dyck, W.: Beiträge zur Analysis situs I und II. Math. Ann. **32** (1888), 457–512; **37** (1890), 273–316.

[42] von Dyck, W.: On the Analysis Situs of Threedimensional Spaces. Report of the meeting of the British Association for the Advancement of the Science (1894).

[43] von Dyck, W. (Hrsg.): Katalog mathematischer und mathematisch-physikalischer Modelle, Apparate und Instrumente. München: Deutsche Mathematiker-Vereinigung 1892.

[44] von Dyck, W.: Ueber reguläre verzweigte Riemann'sche Flächen und die durch sie definirten Irrationalitäten. Dissertation. München 1879.

[45] Eisenreich, G.: B. L. van der Waerdens Wirken von 1931 bis 1945 in Leipzig. In: 100 Jahre Mathematisches Seminar der Karl-Marx-Universität Leipzig. Hrsg. H. Beckert; H. Schumann. Berlin: Deutscher Verlag der Wissenschaften 1981, 43–47.

[46] Engel, F.: Zur Theorie der Berührungstransformationen. Dissertation. Math. Ann. **23** (1884), 1–44.

[47] Engel, F.: Ueber die Definitionsgleichung der continuirlichen Transformationsgruppen. Habilitationsschrift. Math. Ann. **27** (1886), 1–57.

[48] Euler, L.: Opera omnia, Serie (1) bis (4). Leipzig–Berlin; Zürich: Teubner-Verlag; O. Füssli 1911–1976.

[49] Euler, L.: Zur Theorie komplexer Funktionen. Arbeiten von Leonhard Euler, eingeleitet und mit Anmerkungen versehen von A. P. Juschkewitsch. Ostwalds Klassiker, Bd. 261. Hrsg. H. Wussing. Leipzig: Akademische Verlagsgesellschaft Geest & Portig 1983.

[50] Faltings, G.: Endlichkeitssätze für abelsche Varietäten über Zahlkörpern. Invent. math. **73** (1983), 349–366.

[51] Faltings, G.; G. Wüstholz u. a.: Rational points, Seminar Bonn–Wuppertal 1983/84. Publikation des Max-Planck-Institutes für Mathematik Bonn. Braunschweig: Vieweg 1984.

[52] Fellmann, E. A.; J. J. Burckhardt; W. Habicht (Redaktion): Leonhard Euler 1707–1783, Beiträge zu Leben und Werk. Basel: Birkhäuser-Verlag 1983.

[53] Fiedler, E. W.: Ueber eine besondere Classe irrationaler Modulargleichungen der elliptischen Functionen. Dissertation. Zürich 1885.

[54] Fischer, O.: Konforme Abbildung sphärischer Dreiecke auf einander mittelst algebraischer Functionen. Dissertation. Leipzig 1885.

[55] Ford, L. R.: Automorphic Functions. New York–London: McGraw-Hill 1929.

[56] Frege, G.: Die Grundlagen der Arithmetik, eine logisch-mathematische Untersuchung über den Begriff der Zahl. Breslau 1884.

[57] Frege, G.: Ueber eine geometrische Darstellung der imaginären Grössen in der Ebene. Dissertation. Jena 1873.
[58] Fricke, R.: Ueber Systeme elliptischer Modulfunctionen von niederer Stufenzahl. Dissertation. Braunschweig 1886.
[59] Fricke, R.: Elliptische Funktionen. Encyklopädie der Mathematischen Wissenschaften, Bd. II, 2, Beitrag B 3. Leipzig: Teubner-Verlag 1913, 177–348.
[60] Fricke, R.: Automorphe Funktionen mit Einschluß der elliptischen Modulfunktionen. Encyklopädie der Mathematischen Wissenschaften, Bd. II, 2, Beitrag B 4. Leipzig: Teubner-Verlag 1913, 349–470.
[61] Friedrich, G.: Die Modulargleichungen der Galois'schen Moduln der 2. bis 5. Stufe. Dissertation. Greifswald 1886.
[62] Frobenius, G.: Ueber lineare Substitutionen und bilineare Formen. Journal für die reine und angewandte Mathematik (Crelles Journal) **84** (1878), 1–63.
[63] Gauss, C. F.: Werke. 12 Bde. Göttingen 1870–1927.
[64] Gauss, C. F.; B. Riemann; H. Minkowski: Gaußsche Flächentheorie, Riemannsche Räume und Minkowski-Welt. TEUBNER-ARCHIV zur Mathematik, Bd. 1. Hrsg. und kommentiert von J. Böhm; H. Reichardt. Leipzig: Teubner-Verlag 1984.
[65] Gierster, J.: Die Untergruppen der Galois'schen Gruppe der Modulargleichungen für den Fall eines primzahligen Transformationsgrades. Dissertation. Leipzig 1881.
[66] Grassmann, H.: Die lineale Ausdehnungslehre, ein neuer Zweig der Mathematik, dargestellt und durch Anwendungen auf die übrigen Zweige der Mathematik, wie auch auf die Statik, Mechanik, die Lehre vom Magnetismus und die Krystallonomie erläutert. Leipzig: Otto Wigand 1844.
[67] Grassmann, H.: Die Ausdehnungslehre, vollständig und in strenger Form bearbeitet. Berlin: Verlag Enslin 1862.
[68] Gröbner, W.: Über einige moderne Aspekte der algebraischen Geometrie. Mitt. Math. Ges. DDR (1971) 1, 21–37.
[69] Halphen, G.-H.: Mémoire sur les points singuliers des courbes algébriques planes. Mém. prés. Ac. sc. Paris **26** (1878).
[70] Hamilton, W. R.: Theorie of Conjugate Functions, or Algebraic Couples. Dublin 1837.
[71] Hamilton, W. R.: Lectures on quaternions. Dublin: Hodges and Smith 1853.
[72] Hankel, H.: Theorie der complexen Zahlensysteme insbesondere der gemeinen imaginären Zahlen und der Hamiltonschen Quaternionen. Leipzig: Voss 1867.
[73] Hankel, H.: Untersuchungen über die unendlich oft oscillierenden und unstetigen Funktionen. Ostwalds Klassiker, Bd. 153. Leipzig: Engelmann 1906. 1. Aufl. Tübingen 1870.
[74] Harnack, A.: Ueber die Verwerthung der elliptischen Functionen für die Geometrie der Curven dritten Grades. Dissertation. Math. Ann. **9** (1876), 1–54.
[75] Harnack, A.: Ueber eine Behandlungsweise der algebraischen Differentiale in homogenen Coordinaten. Habilitationsschrift. Math. Ann. **9** (1876), 371–424.
[76] Harnack, A.: Ueber die Vieltheiligkeit der ebenen algebraischen Curven. Math. Ann. **10** (1876), 189–198.
[77] Harnack, A.: Die Elemente der Differential- und Integralrechnung. Zur Einführung in das Studium dargestellt. Leipzig: Teubner-Verlag 1881.
[78] Herrmann, B. O.: Geometrische Untersuchungen über den Verlauf der elliptischen Transcendenten im complexen Gebiete. Dissertation. Dresden 1883.
[79] Hettner, H. G.: Ueber diejenigen algebraischen Gleichungen zwischen zwei veränderlichen Grössen, welche eine Schaar rationaler eindeutig umkehrbarer Transformationen in sich selbst zulassen. Nachr. Kgl. Ges. Wiss. u. Univ. Göttingen 1880, 386–398.
[80] Hilbert, D.: Die Hilbertschen Probleme. Vortrag „Mathematische Probleme“ von D. Hilbert, gehalten auf dem 2. Internationalen Mathematikerkongreß Paris 1900, erläutert von einem Autorenkollektiv unter der Redaktion von P. S. Alexandrov. Ostwalds Klassiker, Bd. 252. Hrsg. H. Wussing. Leipzig: Akademische Verlagsgesellschaft Geest & Portig 1971.
[81] Hilbert, D.: Über den Zahlbegriff. Jahresberichte der DMV **8** (1900), 180–194.
[82] Hilbert, D.; S. Cohn-Vossen: Anschauliche Geometrie. Berlin: Springer-Verlag 1932.
[83] Holzapfel, R.-P.: Geometry and Arithmetic Around Euler Partial Differential Equations. Berlin: Deutscher Verlag der Wissenschaften 1986.
[84] Hurwitz, A.: Grundlagen einer independenten Theorie der elliptischen Modulfunctionen und Theorie der Multiplicator-Gleichungen erster Stufe. Dissertation. Leipzig 1881.

[85] Hurwitz, A.: Über die Erzeugung der Invarianten durch Integration. Nachr. Kgl. Ges. Wiss. u. Univ. Göttingen 1897, 71–90.

[86] Hurwitz, A.: Ternäre Diophantische Gleichungen dritten Grades. Vierteljahresschrift Naturw. Ges. Zürich **62** (1917).

[87] Keller, O.-H.: Vorlesungen über algebraische Geometrie. Leipzig: Akademische Verlagsgesellschaft Geest & Portig 1974.

[88] Klein, F.: Gesammelte mathematische Abhandlungen. 3 Bde. Berlin: Springer-Verlag 1921–1923.

[89] Klein, F.: Vorlesungen über das Ikosaeder und die Auflösung der Gleichungen vom fünften Grade. Leipzig: Teubner-Verlag 1884.

[90] Klein, F.: Vorlesungen über die Theorie der elliptischen Modulfunktionen. Ausgearbeitet und vervollständigt von R. Fricke. 2 Bde. Leipzig: Teubner-Verlag 1890, 1892.

[91] Klein, F.; R. Fricke: Vorlesungen über die Theorie der automorphen Funktionen. 2 Bde. Leipzig: Teubner-Verlag 1897–1912.

[92] Klein, F.: Vorlesungen über nicht-euklidische Geometrie. Berlin: Springer-Verlag 1928.

[93] Klein, F.: Vorlesungen über die hypergeometrische Funktion. Berlin: Springer-Verlag 1933.

[94] Klein, F.: Vorlesungen über die Entwicklung der Mathematik im 19. Jahrhundert. 2 Bde. Berlin: Springer-Verlag 1926, 1927.

[95] Klein, F.: Elementarmathematik vom höheren Standpunkt aus. Ausgearbeitet von Ernst Hellinger. Teil I, 4. Aufl. Berlin: Springer-Verlag 1933; Teil II, 3. Aufl. Berlin: Springer-Verlag 1925; Teil III, 3. Aufl. Berlin: Springer-Verlag 1928.

[96] Klein, F.: Riemannsche Flächen. Vorlesungen, gehalten in Göttingen 1891/92. TEUBNER-ARCHIV zur Mathematik, Bd. 5. Hrsg. und kommentiert von G. Eisenreich; W. Purkert. Leipzig: Teubner-Verlag 1986.

[97] Klein, F.: Das Erlanger Programm. Eingeleitet und mit Anmerkungen versehen von H. Wussing. Ostwalds Klassiker, Bd. 253. Hrsg. H. Wussing. Leipzig: Akademische Verlagsgesellschaft Geest & Portig 1974.

[98] Klein, F.: Ueber Functionentheorie in geometrischer Behandlungsweise. Handschriftenabteilung der Universitätsbibliothek Göttingen, Cod.: MS Klein, XIV E Funktionentheorie I (1880/1 Leipzig). Kleins Vorbereitungen der Vorlesung gleichen Titels.

[99] Klein, F.: Functionentheorie in geometrischer Behandlungsweise I und II. Leipzig 1880/81. Bibliothek der Sektion Mathematik der Karl-Marx-Universität Leipzig. Normalhefte I und II von E. J. M. Lange in einer Abschrift (handschriftlich) von A. Mayer.

[100] Klein, F.: Einleitung in die geometrische Funktionentheorie. Vorlesung gehalten in Leipzig während des Wintersemesters 1880/81 von F. Klein. Göttingen: 1892. Autographie einer Überarbeitung von P. Epstein der Ausarbeitung dieser Vorlesung durch E. J. M. Lange.

[101] Klein, F.: Functionentheorie in geometrischer Behandlungsweise. Handschriftenabteilung der Universitätsbibliothek Leipzig, Nachlaß O. Wiener 48, 2 Nr. 6, Klein, Funktionentheorie. Teilweise stenographische Abschrift O. Wieners der Ausarbeitung dieser Kleinschen Vorlesung (1. und 2. Semester) von E. J. M. Lange.

[102] Koch, H.: Der Satz von Faltings in der Theorie der Diophantischen Gleichungen. Mitt. Math. Ges. DDR (1985) 2/3, 9–21.

[103] Koebe, P.: Über die Uniformisierung der algebraischen Funktionen I. Math. Ann. **67** (1909), 145–224.

[104] Koebe, P.: Über die Uniformisierung der algebraischen Funktionen II. Math. Ann. **69** (1910), 1–81.

[105] Koebe, P.: Über die Uniformisierung der algebraischen Funktionen III. Math. Ann. **72** (1912), 437–516.

[106] Koebe, P.: Über die Uniformisierung der algebraischen Funktionen IV. Math. Ann. **75** (1914), 42–129.

[107] Koebe, P.: Zur Begründung der Kontinuitätsmethode. Ber. über Verh. Kgl. Sächs. Ges. Wiss. **64** (1912), 59–62.

[108] Koebe, P.: Kontinuitätsbeweis des Fundamentalsatzes der Algebra. Nachr. Kgl. Ges. Wiss. u. Univ. Göttingen, Math.-Physikal. Klasse, 1918, 45–53.

[109] König, F.: Die Entstehung des Mathematischen Seminars an der Universität Leipzig im Rahmen des Institutionalisierungsprozesses der Mathematik an den deutschen Universitäten des 19. Jahrhunderts. Dissertation. Leipzig: 1981.

[110] König, F.: Die Gründung des „Mathematischen Seminars“ der Universität Leipzig. In: 100 Jahre

Mathematisches Seminar der Karl-Marx-Universität Leipzig. Hrsg. H. BECKERT; H. SCHUMANN. Berlin: Deutscher Verlag der Wissenschaften 1981, 43–71.

[111] KÖNIG, F.: Felix Klein. Ebenda, 82–91.

[112] KOSSAK, E.: Die Elemente der Arithmetik. Programm des Friedrich Werder Gymnasiums. Berlin: 1872.

[113] KRA, I.: Automorphic Forms and Kleinian Groups. Reading: Addison-Wesley 1972.

[114] KRAZER, A.: Ueber θ-Functionen, deren Charakteristiken aus Dritteln ganzer Zahlen gebildet sind. Habilitationsschrift. Würzburg 1883.

[115] KRAZER, A.; W. WIRTINGER: Abelsche Funktionen und allgemeine Thetafunktionen. Encyklopädie der Mathematischen Wissenschaften, Bd. II, 2, Beitrag B 7. Leipzig: Teubner-Verlag 1920, 604–873.

[116] KRONECKER, L.: Grundzüge einer arithmetischen Theorie der algebraischen Größen. Journal für die reine und angewandte Mathematik (CRELLES Journal) **92** (1882), 1–122.

[117] KÜHNAU, R.: Paul Köbe und die Funktionentheorie. In: 100 Jahre Mathematisches Seminar der Karl-Marx-Universität Leipzig. Hrsg. H. BECKERT; H. SCHUMANN. Berlin: Deutscher Verlag der Wissenschaften 1981, 183–194.

[118] LAGUERRE, E.: Sur la théorie des foyers. Nouvelles Annales 1853.

[119] LANGE, E. J. M.: Die sechzehn Wendeberührungspuncte der Raumcurve vierter Ordnung erster Species. Dissertation. Dresden 1882.

[120] LÜROTH, J.: Beweis eines Satzes über rationale Curven. Math. Ann. **9** (1876), 163–165.

[121] MANIN, I. J.: Zum fünfzehnten Hilbertschen Problem. In: [80, S. 223–232].

[122] MACLAURIN, C.: Geometrica organica, sive descriptio linearum curvarum universalis. London 1720.

[123] MÉRAY, CH.: Remarques sur la nature des quantités définies des servir de limites à des variables données. Revue des Soc. Savantes, Sci. math. phys. nat. **2** (1869) 4, 280–289.

[124] MESCHKOWSKI, H.: Probleme des Unendlichen, Werk und Leben Georg Cantors. Braunschweig: Vieweg 1967.

[125] MÖBIUS, A. F.: Ueber eine neue Verwandtschaft zwischen ebenen Figuren. Journal für die reine und angewandte Mathematik (CRELLES Journal) **52** (1856) 3, 218–228.

[126] DE MOIVRE, A.: Miscellana analytica. London 1730.

[127] MORDELL, L. J.: On the rational solutions of the indeterminate equation of third and fourth degrees. Proc. Cambridge Phil. Soc. **21** (1922), 179–192.

[128] NEUMANN, C.: Vorlesungen über Riemanns Theorie der Abelschen Integrale. Leipzig: Teubner-Verlag 1865.

[129] NEUMANN, O.: Zur Genesis der algebraischen Zahlentheorie. 3 Teile. NTM-Schriftenreihe **16** (1979) 2, 22–39; **17** (1980) 1, 32–48; **17** (1980) 2, 38–58. Teil 1 trägt den Titel: Bemerkungen aus heutiger Sicht über Gauß' Beiträge zu Zahlentheorie, Algebra und Funktionentheorie.

[130] NEUMANN, O.; W. PURKERT: Richard Dedekind – zum 150. Geburtstag. Mitt. Math. Ges. DDR (1981) 2/4, 84–110.

[131] NEVANLINNA, R.: Uniformisierung. Berlin–Göttingen–Heidelberg: Springer-Verlag 1953.

[132] NIMSCH, G. H. P.: Ueber die Perioden der elliptischen Integrale I. und II. Gattung als Functionen der rationalen Invarianten. Dissertation. Leipzig: 1886.

[133] NOETHER, M.: Zur Grundlegung der Theorie der algebraischen Raumcurven. Journal für die reine und angewandte Mathematik (CRELLES Journal) **93** (1882) 271–318.

[134] OLBRICHT, R.: Studien über Kugel- und Cylinderfunctionen. Dissertation. Leopoldina, Berichte der Kaiserlichen Deutschen Akademie der Naturforscher **52** (1887) 1.

[135] OSGOOD, W. F.: Allgemeine Theorie der analytischen Funktionen. Encyklopädie der Mathematischen Wissenschaften, Bd. II, 2, Beitrag B 1. Leipzig: Teubner-Verlag 1901, 1–144.

[136] PAPPERITZ, E.: Ueber das Problem der kürzesten und weitesten Entfernung eines Punctes von einer Oberfläche II. Ordnung. Dissertation. Leipzig 1883.

[137] PAPPERITZ, E.: Ueber die historische Entwicklung der Theorie der hypergeometrischen Functionen. Sitzungsberichte u. Abh. Naturw. Ges. Isis in Dresden, 1889.

[138] PEANO, G.: Sulla definizione di funzione. Rom. Accad. Lincei Rend. **5** (1911).

[139] PEANO, G.: Arithmetices principia, nova methodo exposita. Torino: Bocca 1889.

[140] PICARD, E.: Mémoire sur les fonctions entières. Ann. Éc. Norm. **9** (1880), 147–166.

[141] PIEPER, H.: Die komplexen Zahlen, Theorie – Praxis – Geschichte. Berlin: Deutscher Verlag der Wissenschaften 1984.

[142] POINCARÉ, H.: Œuvres. 11 Bde. Paris: Gauthier-Villars 1916–1956.

[143] Poncelet, J.-V.: Traité des propriétés projectives des figures. Paris: Bachelier 1822.

[144] Puiseux, V.: Recherches sur les fonctions algébriques. Journal de Mathématiques pures et appliquées par Joseph Liouville **15** (1850), 365–480. Ins Deutsche übersetzt, Halle 1861.

[145] Puiseux, V.: Nouvelles recherches sur les fonctions algébriques. Ebenda, **16** (1851), 228–240. Ins Deutsche übersetzt, Halle 1861.

[146] Purkert, W.: Zur Genesis des abstrakten Körperbegriffs. 2 Teile. NTM-Schriftenreihe **8** (1971) 1, 23–37; **10** (1973) 2, 8–20.

[147] Rademacher, H.: Higher Mathematics from an Elementary Point of View. Boston–Basel–Stuttgart: Birkhäuser-Verlag 1982.

[148] Reichardt, W.: Ueber die Darstellung der Kummer'schen Fläche durch hyperelliptische Functionen. Dissertation. Leopoldina, Berichte der Kaiserlichen Deutschen Akademie der Naturforscher **50** (1887) 5.

[149] Riemann, B.: Lehrsätze aus der Analysis situs für die Theorie der Integrale von zweigliedrigen vollständigen Differentialen. Journal für die reine und angewandte Mathematik (Crelles Journal) **54** (1857), 105–110.

[150] Riemann, B.: Theorie der Abelschen Functionen. Ebenda, 115–155.

[151] Riemann, B.: Beiträge zur Theorie der durch die Gauß'sche Reihe $F(\alpha, \beta, \gamma, x)$ darstellbaren Functionen. Abh. Kgl. Ges. Wiss. Göttingen **7** (1857), 22.

[152] Riemann, B.: Die partiellen Differentialgleichungen und deren Anwendung auf physikalische Fragen, Vorlesungen. Hrsg. K. Hattendorf. Braunschweig 1869.

[153] Riemann, B.: Grundlagen für eine allgemeine Theorie der Functionen einer veränderlichen complexen Grösse. Dissertation. Göttingen 1851.

[154] Roch, G.: De theoremate quodam circa functiones Abelianas. Dissertation. Leipzig 1864.

[155] Schlote, K.-H.: Zur Geschichte der Algebrentheorie – Peirces "Linear Associative Algebra" –. NTM-Schriftenreihe **20** (1983) 1, 1–20.

[156] Schoenflies, A.: Klein und die nichteuklidische Geometrie. Die Naturwissenschaften **7** (1919) 17, 288–297.

[157] Schwarz, H. A.: Ueber diejenigen Fälle, in welchen die Gauß'sche hypergeometrische Reihe eine algebraische Function ihres vierten Elementes darstellt. Journal für die reine und angewandte Mathematik (Crelles Journal) **75** (1873), 292–335.

[158] Staude, O. E.: Ueber lineare Gleichungen zwischen elliptischen Coordinaten. Dissertation. Leipzig 1881.

[159] Staude, O. E.: Geometrische Deutung der Additionstheoreme der hyperelliptischen Integrale und Functionen 1. Ordnung im System der confocalen Flächen 2. Grades. Habilitationsschrift. Math. Ann. **22** (1883), 1–69.

[160] Staude, O. E.: Ueber Fadenconstructionen des Ellipsoides. Math. Ann. **20** (1882), 147 bis 184.

[161] von Staudt, Ch.: Geometrie der Lage. Nürnberg: Korn 1847.

[162] von Staudt, Ch.: Beiträge zur Geometrie der Lage. 3 Hefte. Nürnberg: Korn 1856–1860.

[163] Study, E.: Ueber die Geometrie der Kegelschnitte, insbesondere deren Charakteristikenproblem. Habilitationsschrift. Math. Ann. **27** (1886), 58–101.

[164] Study, E.: Theorie der gemeinen und höheren komplexen Grössen. Encyklopädie der Mathematischen Wissenschaften, Bd. I, 1 Beitrag A 4. Leipzig: Teubner-Verlag 1898, 147–183.

[165] Struik, D. J.: Abriß der Geschichte der Mathematik. Übersetzung aus dem Amerikanischen von H. Karl. 4. Aufl. Berlin: Deutscher Verlag der Wissenschaften 1967.

[166] Terras, A.: Harmonic Analysis on Symmetric Space and Applications I. Berlin–Heidelberg–New York–Tokyo: Springer-Verlag 1985.

[167] Tobies, R.; F. König: Felix Klein. Biographien hervorragender Naturwissenschaftler, Techniker und Mediziner, Bd. 50. Leipzig: Teubner-Verlag 1981.

[168] Vogel, W.: Cohen-Macaulay-Punkte auf einem lokal noetherschen Präschema und Multiplizitätsfragen. Mitt. Math. Ges. DDR (1971) 1, 38–52.

[169] Vogel, W.: Grenzen für die Gültigkeit des Bézoutschen Satzes. Monatsberichte der Deutschen Akademie der Wissenschaften Berlin **8** (1966), 1–7.

[170] Voss, A.: Felix Klein als junger Doktor. Die Naturwissenschaften **7** (1919) 17, 280–287.

[171] van der Waerden, B. L.: Einführung in die algebraische Geometrie. Berlin: Springer-Verlag 1939.

[172] van der Waerden, B. L.: Zur algebraischen Geometrie, Selected Papers. Mit einem Geleitwort von F. Hirzebruch. Berlin–Heidelberg–New York–Tokyo: Springer-Verlag 1983.

[173] WEDEKIND, L.: Beiträge zur geometrischen Interpretation binärer Formen. Dissertation. Math. Ann. **9** (1876), 209–217.

[174] WEICHOLD, G.: Ueber symmetrische Riemann'sche Flächen und die Periodicitätsmoduln der zugehörigen Abel'schen Normalintegrale erster Gattung. Dissertation. Zeitschrift für Mathematik und Physik (SCHLÖMILCHS Zeitschrift) **28** (1883), 321–351.

[175] WEIERSTRASS, K.: Zur Theorie der eindeutigen analytischen Functionen. Abhandlungen der Akademie der Wissenschaften Berlin 1872, 11–60.

[176] WEIERSTRASS, K.: Zur Theorie der Abel'schen Functionen. Journal für die reine und angewandte Mathematik (CRELLES Journal) **47** (1854), 289–306; **52** (1856), 285–380.

[177] WEYL, H.: Die Idee der Riemannschen Fläche. Leipzig: Teubner-Verlag 1913.

[178] WESSEL, C.: Essai sur la représentation analytiqu d'une direction. Kopenhagen 1897.

[179] WIENER, H.: Ueber Grundlagen und Aufbau der Geometrie. Jahresberichte der DMV **1** (1891), 45–48.

[180] WIRTINGER, W.: Algebraische Funktionen und ihre Integrale. Encyklopädie der Mathematischen Wissenschaften, Bd. II, 2, Beitrag B 2. Leipzig: Teubner-Verlag 1901, 115–175.

[181] WUSSING, H.: Die Genesis des abstrakten Gruppenbegriffes. Berlin: Deutscher Verlag der Wissenschaften 1969.

[182] WUSSING, H.: Vorlesungen zur Geschichte der Mathematik. Berlin: Deutscher Verlag der Wissenschaften 1979.

Auszug aus KLEINS Vorlesungsvorbereitung [98, S. 220], der u. a. das Beispiel einer geschlossenen Randkurve auf einer Riemannschen Fläche vom Geschlecht 2 enthält, die nicht zu einem Punkt homotop ist (hier durch KLEIN offensichtlich erstmals in der mathematischen Literatur erwähnt); siehe Anm. 48.

Namen- und Sachverzeichnis

(Die kursiv gedruckten Seitenzahlen verweisen auf den kommentierenden Anhang.)

Die Reihe „TEUBNER-ARCHIV zur Mathematik“ veröffentlicht klassische mathematische Arbeiten, Auszüge aus umfangreichen Werkausgaben, Zeitschriftenbeiträge und bisher noch nicht publizierte Texte. Bereits veröffentlichte Werke werden fotomechanisch nachgedruckt, und jeder Band enthält aktuelle Anmerkungen oder Kommentare kompetenter Mathematiker unserer Tage.

Mit dieser Reihe stellt der BSB B. G. Teubner Verlagsgesellschaft, Leipzig, bedeutende mathematische Arbeiten einem breiten Leserkreis zur Verfügung.

The series „TEUBNER-ARCHIV zur Mathematik“ publishes classical mathematical works, extracts from voluminous treatises, journal articles and hitherto unpublished material. Work previously published will be reproduced photographically, and each volume will contain notes or commentaries by modern specialists.

By means of this series the publishers, BSB B. G. Teubner Verlagsgesellschaft, Leipzig, intend to make important mathematical works available to a wide audience.

La série „TEUBNER-ARCHIV zur Mathematik“ publie des travaux mathématiques classiques, des extraits d'ouvrages édités volumineux, des articles de périodiques et des textes ne publiés pas encore jusqu'ici. Des ouvrages déjà publiés sont réimprimés d'après le procédé photomécanique, et chaque volume contient des annotations ou des commentaires actuels de mathématiciens compétents contemporains.

Avec cette série, la maison d'édition BSB B. G. Teubner Verlagsgesellschaft de Leipzig met des travaux mathématiques importants à la disposition d'un large cercle de lecteurs.

В серии „TEUBNER-ARCHIV zur Mathematik“ публикуются классические математические работы, извлечения из обширных трудов журнальные статьи и до сих пор не опубликованные тексты. Уже изданные работы перепечатываются фотомеханическим способом и каждый том содержит актуальные примечания или комментарии компетентных математиков наших дней.

Эта серия издательства BSB B. G. Teubner Verlagsgesellschaft г. Лейпцига знакомит широкий круг читателей с известными математическими работами.